普通高等学校网络工程专业规划教材

网络工程

王建平 李浩君 李文琴 李洪涛 编著

清华大学出版社
北京

内 容 简 介

本书从实际网络工程的角度出发，详细阐述网络工程的规划和实施过程。全书分 10 章，第 1 章介绍网络工程的基本概念，第 2 章介绍网络工程的规划与设计过程，第 3 章介绍网络工程的实施与管理过程，第 4 章介绍网络工程的基本硬件系统及选型，第 5 章介绍网络工程线缆及互连设备的选型，第 6 章介绍网络工程其他设备及选型，第 7 章介绍网络工程软件系统的部署，第 8 章介绍局域网及综合布线技术。第 9 章介绍广域网及 Internet 接入技术，第 10 章介绍网络工程的验收与管理维护。全书语言通俗易懂，体系结构完整，内容丰富翔实，图文并茂，突出了实用性。每章末尾附有相关习题，便于读者巩固知识点。

本书可以作为高等学校计算机及信息技术相关专业网络工程课程的教学用书，也可以作为网络培训或工程技术人员的自学参考书。

图书在版编目(CIP)数据

网络工程/王建平等编著. —北京：清华大学出版社，2013.8 (2022.1重印)
普通高等学校网络工程专业规划教材
ISBN 978-7-302-32440-9

Ⅰ. ①网… Ⅱ. ①王… Ⅲ. ①计算机网络—高等学校—教材 Ⅳ. ①TP393

中国版本图书馆 CIP 数据核字(2013)第 105123 号

责任编辑：袁勤勇　徐跃进
封面设计：常雪影
责任校对：梁　毅
责任印制：朱雨萌

出版发行：清华大学出版社
网　　址：http://www.tup.com.cn，http://www.wqbook.com
地　　址：北京清华大学学研大厦 A 座　　**邮　　编**：100084
社 总 机：010-62770175　　**邮　　购**：010-62786544
投稿与读者服务：010-62776969，c-service@tup.tsinghua.edu.cn
质量反馈：010-62772015，zhiliang@tup.tsinghua.edu.cn
课件下载：http://www.tup.com.cn，010-62795954

印 装 者：北京富博印刷有限公司
经　　销：全国新华书店
开　　本：185mm×260mm　　**印　张**：19.5　　**字　　数**：492 千字
版　　次：2013 年 8 月第 1 版　　**印　　次**：2022 年 1 月第 9 次印刷
定　　价：49.00元

产品编号：050531-03

前　言

面向社会培养实用性人才战略计划当前成为高等教育教学改革的重要内容。2008 年 9 月教育部教高函〔2008〕21 号[①]文件中明确指出建设高等学校特色专业，要大力加强课程体系和教材建设，改革人才培养方案，强化实践教学。目前，国内很多高校都在开展复合型技能人才培养项目，实现校企联合，任务驱动等多种教学模式，给学生毕业就业创造了很好的条件。

为此，经过多方交流、探讨，我们确定了这套计算机网络实用工程系列教材的体系结构，组织了一批网络工程技术业内人士和长期在计算机网络工程一线教学的教师共同编写了这套教材。

本套计算机网络实用工程系列教材，以当前流行的网络工程技术为依托，结合市场上实用的系统平台、软硬件产品，采用任务驱动模式编写。教材组织中淘汰已经过时的技术，精简理论教学内容，强化实践教学环节。

这本《网络工程》教材从实际网络工程的角度出发，详细阐述网络工程的规划和实施过程。全书分 10 章，详细阐述了网络工程的实施过程。第 1 章介绍网络工程的基本概念，第 2 章介绍网络工程的规划与设计过程，第 3 章介绍网络工程的实施与管理过程，第 4 章介绍网络工程的基本硬件系统及选型，第 5 章介绍网络工程线缆及互连设备的选型，第 6 章介绍网络工程其他设备及选型，第 7 章介绍网络工程软件系统的部署，第 8 章介绍局域网及综合布线技术，第 9 章介绍广域网及 Internet 接入技术，第 10 章介绍网络工程的验收与管理维护。

全书语言通俗易懂，体系结构完整，内容丰富翔实，图文并茂，突出了实用性。每章末尾附有相关实验习题，便于读者巩固知识点。

本书由王建平、李浩君、李文琴、李洪涛任主编。参加本书的编写人员还有王晓峰、马丽娟、王鹏宇、杨建强、李爽。其中第 1、2、4 章由李爽和李文琴编写，第 3、5、6、7、8 章由李洪涛、马丽娟、王鹏宇、杨建强、王晓峰编写，第 9～10 章由李浩君编写，全书由王建平统稿。

---

① 教育部财政部关于批准第三批高等学校特色专业建设点的通知。

本书编写过程中得武汉理工大学、浙江工业大学、长江师范学院、河南科技学院和鹤壁职业技术学院相关领导的大力支持，清华大学出版社的广大员工对本书的编辑出版做了大量工作，在此一并致以衷心的感谢。由于时间仓促，加之编者水平有限，书中不足之处在所难免，恳请读者批评指正。

编　者

2013 年 7 月

CONTENTS

目　录

CONTENTS

CONTENTS

CONTENTS

CONTENTS

CONTENTS

CONTENTS

CONTENTS

C O N T E N T S

CONTENTS

第 1 章　网络工程概述

本章主要讲述如下知识点：

- 网络工程的基本概念；
- 网络工程的构建原则；
- 网络工程的基本平台构成；
- 网络工程管理软件的使用。

1.1　计算机网络与网络工程

本节讲述计算机网络和网络工程的基本概念。

1.1.1　计算机网络的基本概念

计算机网络是指把地理位置上分散的计算机，通过网络和通信技术互联起来，实现数据通信和资源共享的过程。

1. 两级结构模式

按照网络组织的两级结构模式把计算机网络划分为资源子网和通信子网。资源子网由计算机系统、I/O 设备、各种软件和数据资源组成，承担着整个网络的数据处理任务，向用户提供各种资源和网络服务。通信子网由通信硬件和通信软件组成，其功能是提供必要的通信手段和通信服务。

两级结构的计算机网络以资源共享为主要目的，这种网络结构设计简单，把通信子网和资源子网分离，使得这两个部分都可单独设计，从而简化了整个网络的设计。该网络可以搭载已有的公用服务网络，以减少投资。

2. 计算机网络的基本功能

数据通信是计算机网络的基本功能，资源共享是计算机网络的核心。

1）数据通信

数据通信用以实现计算机与终端或计算机与计算机之间传送各种信息，利用这一功能，地理位置分散的数据终端或计算机可通过计算机网络连接起来进行集中的控制和管理。

2）资源共享

资源共享包括软件资源和硬件资源的共享。共享的软件资源包括程序、文件和数据等。利用计算机网络共享硬件设备可以避免重复购置，提高设备的利用率。

3）分布式数据处理

采用计算机网络可以将大型信息处理问题分散在网络中的多台计算机上协同完成，解决单机无法完成的信息处理任务。分布式处理包括分布式输入和分布式输出两种工作方式，分布式输入将需要处理的大量数据分散到多个计算机上进行输入，以解决数据输入的“瓶颈”问题。分布式输出将需要输出的大型任务，选择网络空闲输出设备进行输出，以提高数据输出效率。

1.1.2 网络工程的基本概念

工程指的是以相关给定的目标为依据，应用有关的科学知识和技术手段，通过有组织的活动实现事务的管理过程，基于这种管理方式可以构建和维护有效的、实用的和高质量的项目。

计算机网络工程指的是为达到一定的网络设计目标，根据相关的网络构建规范或者标准，基于工程管理的步骤详细地进行网络的规划，按照实际可行的规划方案，构建实际所需计算机网络的过程。一个可行的网络工程方案要具备三个基本特征，即充分满足应用需求、具有较高的性价比、最大限度保护用户投资。

一个完整的计算机网络工程的实施包括如下几方面内容。

1. 网络规划与设计

网络的规划包括需求、管理、安全性、规模、结构、互联、扩展性等方面的分析；网络设计包括拓扑结构设计、地址分配与聚合设计、冗余设计等。

网络工程是一项复杂的系统工程，不仅涉及很多技术问题，还涉及管理、组织、经费、法律等其他问题，因此必须遵守一定的系统分析与设计方法。生命周期法就是一种有效的网络规划设计方法。网络的生命周期包括可行性研究、分析、设计、实施、维护与升级五个阶段。

2. 网络工程的组织实施

网络工程的组织实施包括工程组织及其建设方案、组织结构、工程的监理与验收、网络技术、网络设备、操作系统、网络管理系统、数据库、防火墙、ISP（Internet 服务提供商）的分析与选型、综合布线、系统集成、Internet 接入等。

3. 网络综合布线系统

综合布线系统是一个模块化、灵活性极高的建筑物或建筑群内的信息传输系统，是建筑物内的“信息高速公路”。一个良好的综合布线系统对其服务的设备应具有一定的独立性，并能互连许多不同的通信设备，还支持视频会议、监视电视等图像系统。综合布线系统一般采用星状拓扑结构，该结构下的每个分支子系统都是相对独立的单元，对每个分支单元系统的改动不影响其他子系统。

4. 网络管理与维护

网络管理与维护的主题涉及：网络管理功能，包括配置、性能、故障、计费、安全管理；网管系统逻辑结构，包括逻辑模型的组成、Internet 管理逻辑模型；SNMP 协议的管理模型、鉴别机制、委托代理、通信过程；网络维护的任务、准备、方法和工具软件；各种网络设备和链路常见故障的排除；网络管理集成化、分布式、智能化等新进展。

1.2 网络工程的构建原则

计算机网络工程的构建必须遵循一定的系统设计原则，并以该总体原则为指导，设计经济合理、技术先进和资源优化的工程构建方案。计算机网络工程的构建原则通常包括如下几方面。

1.2.1 可靠性原则

可靠性是网络信息系统能够在规定条件下和规定的时间内完成规定功能的特性。可靠性是系统安全的最基本要求之一，是所有网络信息系统的建设和运行目标。可靠性用于保证在人为或者随机性破坏下系统的安全程度。提高系统可靠性有很多途径和专门技术，如下方法可供参考：

- 对数据进行完善备份，如进行日备份、周备份；注意数据异地备份，以防止火灾和其他自然灾害或人为破坏。
- 对设备进行备份，发现损坏设备能用备件及时进行更换。
- 对关键设备如重要的服务器及网络设备应具有容错功能，选用双机备份或双机热备份（对不能中断的服务）技术、集群（Cluster）技术等。
- 应用网络管理技术严格监控系统、设备和应用系统的运行和操作。

1.2.2 实用性原则

实用性指的是构建的计算机网络工程系统基于实际的网络需求出发，能极大程度地满足实际业务需求。实用性原则主要包括如下几个方面：

- 系统总体设计要充分考虑用户当前各业务层次、各环节管理中数据处理的便利性和可行性，把满足用户业务要求作为重要目标进行考虑。
- 采用总体设计、分步实施的技术路线。在总体设计的前提下，先选择用户需求迫切、产生应用效益高、管理中的较低层进行实施，稳步向中高层及系统全面推进。这使系统能始终与用户的实际需求紧密联系在一起，增强了系统的实用性，而且可使系统建设保持良好的连贯性。
- 人机操作设计应考虑不同用户层次的实际需求，如对使用频繁的业务人员而言，人机接口应以提高工作效率为主；对领导人员而言，人机接口应以方便使用为主。
- 用户接口设计应充分考虑人体特征和视觉特征进行优化设计，界面尽可能美观大方，操作简便实用。

1.2.3 先进性原则

采用国际、国内先进和成熟的信息技术，使系统能够在一定的时期内保持系统的效能，适应今后技术发展变化和业务发展变化的需要。一般而言，目前系统的先进性原则主要体现在以下几个方面：

- 采用先进的、开放的系统体系结构，如网络通信采用 TCP/IP 体系结构，基于 Intranet 的信息技术等。
- 计算机技术根据需要采用如下一些新技术，如容错技术、双机互为备份技术、廉价冗余磁盘阵列（RAID）技术、共享阵列盘技术和多媒体技术等。
- 先进的网络技术，如宽带 IP 技术、ATM 技术、局域网交换技术、网络管理技术和流量负载平衡技术等。
- 先进的项目管理技术，为了保证项目的质量和系统的科学性，项目管理的科学性是必要的。

1.2.4 可扩展性原则

网络要能满足用户当前需求以及将来需求的增长、新技术发展等变化。因此在保护原有的投资同时，要保证用户数的增加，以及用户随时随地增加设备、增加网络功能等。随着应用规模的发展，系统能灵活方便地进行硬件或软件系统的扩展和升级。在网络设计时应考虑网络在未来几年中的发展，使得网络的扩展可以在现有网络的基础上通过简单的增加设备和提高链路带宽的方法来解决，以适应不断增长的业务需求，保护本次网络建设的投资。提高网络工程的可扩充性一般考虑如下相关问题：

- 以参数化方式设置、管理硬件设备的配置、删减、扩充、端口设置等，系统化管理软件平台，系统化管理并配置应用软件。
- 应用软件要采用面向对象方法进行开发，使之具有较好的可维护性和可移植性，可根据需要修改某个模块、增加新的功能以及重新组合系统的结构，以达到软件可重用的目的。
- 数据存储结构设计在合理、规范的基础上，同时具有可维护性，对数据库表的修改维护可以在较短的时间内完成。
- 系统部分功能考虑采用参数定制及生成方式以保证其具备普遍适应性。
- 部分功能采用多种处理选择模块以适应管理模块的变更。
- 系统提供通用报表及模块管理组装工具，以支持新的应用。

1.2.5 安全性原则

网络安全(Network Security)是指保持网络中的软硬件资源不受非法访问、获取、篡改破坏使用的计算机网络维护技术。网络安全是保障网络稳定正常运行的重要方面。凡是涉及网络上信息的保密性、完整性、可用性、真实性和可控性的相关技术和理论都是网络安全所要研究的领域。网络工程设计的安全性原则主要包括如下几个方面。

1. 网络分段

网络分段通常被认为是控制网络广播风暴的一种基本手段，但其实也是保证网络安全的一项重要措施。其目的就是将非法用户与敏感的网络资源相互隔离，从而防止可能的非法侦听。

2. 虚拟局域网

采用交换式局域网技术组建的局域网，可以应用 VLAN(虚拟局域网)技术来加强内部网络管理。VLAN 技术的核心是网络分段，根据不同的部门及不同的安全机制，将网络进行隔离，可以达到限制用户非法访问的目的。在集中式网络环境下，通常将中心的所有主机系统集中到一个 VLAN 里，在这个 VLAN 里不允许有任何用户节点，从而较好地保护敏感的主机资源。VLAN 内部的连接采用交换实现，而 VLAN 与 VLAN 之间的连接则采用路由实现。

3. 网络访问权限设置

局域网中的主机访问如果不进行权限和用户身份设置，则可以完全被网络中的其他用户访问，所以在局域网中设置访问权限，实现数据的加密服务显得非常重要。局域网是以用户为中心的系统，登录控制能有效地控制用户登录到服务器、路由器和交换机等网络设备并获取资源。用户访问网络控制大致分为用户名的识别和验证、用户口令的识别与验证、用户账号的缺省限制检查三个方面。通过登录控制能有效地保证网络的安全。

权限控制是针对网络非法操作所提出的一种安全保护措施。对用户和用户组赋予一定的权限,可以限制用户和用户组对目录、子目录、文件、打印机和其他共享资源的访问,可以限制用户对共享文件、目录和共享设备的操作。

4. 网络设备安全控制

局域网中的路由器和三层交换机基本上都内置防火墙功能,且可通过设置IP访问列表与MAC地址绑定等方案对网络中的数据进行过滤,限制出入网络的数据,从而增加网络安全性。

5. 防火墙控制

防火墙是目前最为流行也是使用最广泛的一种网络安全技术,防火墙作为一个分离器、限制器和分析器,用于执行两个网络之间的访问控制策略,有效地监控了内部网和Internet之间的任何活动,既可为内部网络提供必要的访问控制,又不会造成网络瓶颈,并通过安全策略控制进出系统的数据,保护网络内部的关键资源。

6. 入侵检测系统

入侵检测系统(Intrusion Detection System,IDS)指的是任何有能力检测系统或网络状态改变的系统或系统的集合。IDS能发送警报或采取预先设置好的行动来帮助保护用户的网络。IDS可以是一台简单的主机,也可以是一个复杂的系统,使用多台主机来帮助捕获、处理并分析网络流量。

7. 杀毒软件

目前,计算机病毒技术与计算机反病毒技术的矛盾越来越尖锐。病毒的危害使得用户防不胜防。每天都要无数种新病毒,稍有不慎,病毒就会给用户造成严重后果。对计算机病毒的防范应该首先杜绝它的传染途径,对存储介质和网络都进行实时监控,并且安装优秀的杀毒软件,对系统时常进行扫描和病毒清除。建立系统备份和还原机制,以防不测。

1.3 网络工程的三个平台

一个完整的网络工程包括硬件系统、软件系统和安全管理系统三个平台。

1.3.1 硬件系统平台

硬件系统平台是构建计算机网络工程的基础,硬件系统平台是计算机网络工程的物理实体,硬件系统是否健壮,直接关系到最终计算机网络工程的质量。计算机网络硬件系统平台牵扯到的设备主要包括相关的计算机设备、通信接口、通信线缆、网络连接设备及相关的辅助设备等。

1. 计算机系统

通信网络中的计算机系统根据其在网络中的用途可分为服务器和工作站。服务器的最主要作用是运行网络操作系统,另一主要作用是存储、管理网络中的共享资源,它具有为各工作站的应用程序服务的功能,可以对各工作站的活动进行监视及控制。服务器作为通信网络系统中的核心部分,主要负责数据处理和网络控制,并向系统内的其他各种网络设备提供服务。工作站是负责用户进行网络操作及人机交互的工具,是网络数据的主要产生场所和使用场所。用户通过工作站使用网络资源并完成特定的任务。

2. 数据通信系统

数据通信系统主要包括通信控制处理机、网络互连设备和通信线路。

通信控制处理机是主计算机与通信线路单元间设置的专用计算机。通信控制处理机负责主机与网络的信息传输控制,具体实现线路传输控制、差错检测与恢复、代码转换以及数据帧的封装和拆封等功能。

网络互连设备主要用来实现网络中主机与主机、网络与网络之间的连接、数据信号的变换以及路由选择等功能。常见的网络互连设备主要有中继器、集线器、网桥、路由器、网关和交换机等。

通信线路用来连接主机、通信处理机和通信控制器等各部分,形成通信网络。根据数据传输速率,可以将通信线路分为高速、中速和低速线路三种,按通信介质分为有线和无线两种线路。有线介质包括双绞线、同轴电缆、光纤,无线介质包括微波、红外线和卫星等。

3. 网络接口

相关的网络接口主要指的是网卡,它是实现网络通信及网络服务的关键设备,是单机与网络间架设的桥梁。网卡主要用于实现主机与网络通信介质之间的连接;将网络上传送过来的数据帧按照在网络上的信号编码要求和数据帧的格式接收进来,经过拆封,将其变成客户机或服务器可以识别的数据,然后送给主机进行处理;将主机需要向外发送的数据按照网络传送的要求封装成帧格式,然后采用网络编码信号向网络上发送出去。

1.3.2 软件系统平台

总体来说,网络软件系统平台由两部分组成,一部分是网络系统软件,另一部分是网络应用软件。网络系统软件是控制和管理网络运行、提供网络通信和网络资源分配与共享功能的网络软件,它为用户提供了访问网络和操作网络的平台。网络应用软件是指为某一个应用目的而开发的网络软件,随着网络应用范围的扩展,网络应用软件的种类越来越丰富。

1. 网络操作系统

网络操作系统是为网络提供通信和资源共享的操作平台,是负责管理整个网络资源和方便网络用户的软件集合。它是网络系统软件的基础,与计算机网络硬件系统密切联系。网络操作系统除具有常规计算机操作系统的功能外,还具有网络通信、网络资源管理和网络服务等功能。

2. 网络协议

协议是指通信双方共同遵守的守则。网络协议是网络软件系统中最核心的部分。不同的网络有不同的体系结构和协议,同一网络体系下的不同网络层其协议也不同,因此网络协议软件的种类繁多。

要使用相关的网络服务,则必须安装对应的网络协议,如果协议之间相互不兼容,则网络通信就不能进行。目前 Internet 中最常使用的网络协议集是 TCP/IP。一般的网络协议都在对应的网络服务软件安装过程中加载。

3. 网络服务器软件

服务器软件运行于特定的网络操作系统之下,提供所需的网络服务。常见的网络服务

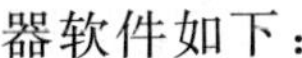

器软件如下：

1）Web服务器软件

Web服务器软件指的是能提供Web服务，实现网页解析和共享服务的服务器软件。最常见的Web服务器有Microsoft IIS、Apache、tomcat、resin、IBM WebSphere、BEA WebLogic等。不同的服务器可以解析的动态网页可能不同，但是它们都支持对静态页面HTML的解析。

2）FTP服务器软件

FTP服务器软件能提供基本的FTP资源共享服务。借助于FTP服务器，用户可以使用FTP命令、浏览器或相关客户端软件下载对应共享的网络资源。目前常见的FTP服务器软件包括Pureftpd、Proftpd、WU-ftpd、Serv-U等。

3）文件服务器软件

文件服务器软件指的是提供基本文件管理和服务的软件，每个服务器操作系统实际上都是一个功能强大的文件服务器软件。如微软的Windows Server 2003可以实现功能强大的文件管理和目录服务。

4）数据库服务器软件

数据库服务器软件主要实现基于网络的数据集中管理，常见的数据库服务器有Oracle、MySQL、PostgreSQL、Microsoft SQL Server等。

5）邮件服务器软件

邮件服务器软件可以实现基于网络的邮件接收和邮件发送服务，常见的邮件服务器软件包括Sendmail、Postfix、Qmail、Microsoft Exchange、Lotus Domino等。

4. 网络应用软件

网络服务器软件提供网络服务，而网络应用软件则是一种用于获取特定网络服务的工具类软件，此类软件实际上都是一个客户端程序，它们能够与对应的网络服务器通信，为用户提供基于C/S或者B/S的网络服务。常见的网络服务器软件如下：

1）网络浏览器软件

网络浏览器软件是通过B/S模式获取服务器的相关文件信息，基于HTML方式呈现给用户浏览的软件。浏览器软件是伴随Internet产生的，借助浏览器，用户可以轻松地获取所需的网络资源。目前常见的网络浏览器包括微软的Internet Explorer，Mozilla的Firefox，Apple的Safari、Opera、HotBrowser、Google的Chrome。

2）上传下载软件

上传下载软件主要用于上传或者下载网络资源。常规的基于IE的上传或者下载资源方式速度较慢，另外不支持断点续传功能，这对于下载信息量较大的文件非常不方便，目前的上传和下载软件占用系统的资源较小，可以同时开启多线程服务，支持断点续传功能，基于P2P技术构建，大大减轻了服务器的压力，提高了下载速度，不少上传下载软件还支持批量下载、探测下载等。目前常见的此类软件包括xunlei、flashget、NetAnts、bitcomet、Edonkey、Cutftp、FlshFXP等。

3）及时通信软件

及时通信软件用于实现网络用户之间的实时交流。这种通信方式集文字、图片、视频、音频为一体，非常受用户的欢迎。目前常见及时通信类软件包括腾讯的QQ、雅虎的雅虎通、网易的网易泡泡等。

1.3.3 安全管理系统平台

网络安全系统是保证该网络正常使用的基础,而网络管理系统平台则可方便网络的日常维护和监管,使网络在出现故障后能及时得到修复。

1. 网络安全类软件

网络安全类软件主要包括杀毒软件、防火墙软件、相关的安全工具类软件等。目前常见的杀毒软件有卡巴斯基、诺顿、金山毒霸、瑞星杀毒软件、江民杀毒软件。常见的防火墙有天网防火墙、瑞星个人防火墙、金山网镖、木马克星、木马防火墙、木马清道夫等。其他安全辅助类工具包括360安全卫士、金山安全精灵等。另外,相关网络安全站点提供在线杀毒、病毒木马扫描、系统和应用程序漏洞扫描和修补等服务,用户可以根据实际要求选择。

2. 网络管理类软件

网络管理软件主要提供网络性能管理、网络配置管理、网络故障管理、网络安全管理、网络计费管理等功能。常见的网管软件有IBM公司的NetView、HP公司的OpenView、3COM公司的Transcend、Cisco公司的CiscoWorks2002和Micromuse公司的Netcool等。

注意: 目前流行的网络管理协议有简单网络管理协议(Simple Network Management Protocol,SNMP)、公共管理信息服务和协议(Common Management Information Services/Common Management Information Protocol,CMIS/CMIP)和远程监控(Remote Network Monitoring,RMON)等。

1.4 网络工程管理软件——Microsoft Project

在实际进行计算机网络工程的开发过程中,必须参考其他工程实施的基本过程进行对实际工程的管理。在实际实施工程管理过程中选择一款项目管理软件进行管理是十分必要的。项目管理软件很多,在构建网络工程时,可以根据实际需求进行选择。

1.4.1 Microsoft Project 概述

Microsoft Project是由微软开发的项目管理软件。目前其最新版本为Microsoft Project 2010,作为一个管理工具,可以帮助用户有效地计划、组织和管理项目。Microsoft Project的数据库中保存了有关项目的详细数据,可以利用这些信息计算和维护项目的进度、成本以及其他要素,并创建项目计划和对项目进行评估。

使用Microsoft Project进行管理项目必须注意如下事项。

1. 定义项目目标

目标应当是可度量的,项目的结束应明确定义,并且应当将与项目有关的各种假设和限制包含在内。

2. 制订项目规划

制订项目规划即寻找实现目标的最佳途径。为做到这一点,首先应收集有关的项目信息,如需要完成任务的列表,每项任务要耗费的时间等。然后,将它们输入Project,此时Project将为项目的完成创建一个计划。

3. 实施项目规划

项目规划是整个项目的核心,它以联机模式指出项目要完成的合作、执行任务的人以及执行任务的时间。项目的日程是规划中最重要的部分,它包括每个任务的开始日期、完成日期、任务工期以及整个项目的长度和完成日期。项目规划可能还包含成本的有关信息以及项目资源使用状况的有关信息。

4. 项目跟踪与管理

项目开始之后,项目成员就开始执行计划。但是,必须密切注意成员的进度,因为随时可能会出现意料之外的事情。使用Project跟踪项目进度,能了解项目的最新状况,并尽快发现和解决那些影响最终结果的问题。

5. 结束项目

每个项目都是一个不断学习和积累经验的过程。无论开始时做的准备多么充分,在项目末尾,可能会发现实际走过的路线与原定的计划已大不相同。如果将初始计划保存在Project中,则通过把该信息用来与项目过程中的实际情况相比较,将能最充分地利用自己取得的经验。

1.4.2 Microsoft Project的视图

视图是用来描述屏幕显示或者打印数据的方式。视图以特定的格式显示Microsoft Project中输入信息的子集,该信息子集存储在Microsoft Project建立的项目中,并且能够在任何调用该信息子集的视图中显示,通过视图可以展现项目信息的各个维度。Microsoft Project的视图主要分为任务类视图和资源类视图,常用的任务类视图有“甘特图”视图、“网络图”视图、“日历”视图、“任务分配状况”视图等。常用的资源视图有“资源工作表”视图、“资源图表”视图、“资源使用状况”视图等。本节以作者在Microsoft Project中创建的河南科技学院校园网计算机网络工程二期建设项目为例,介绍Microsoft Project项目相关视图的显示过程。

1. “甘特图”视图

“甘特图”视图是Project 2007的默认视图,用于显示项目的信息。视图的左侧用工作表显示任务的详细数据,例如任务的工期,任务的开始时间和结束时间,以及分配任务的资源等。视图的右侧用条形图显示任务的信息,每一个条形图代表一项任务,通过条形图可以清楚地表示出任务的开始和结束时间,各条形图之间的位置则表明任务是一个接一个进行的,还是相互重叠的。采用甘特图可以极大地方便对实际构建工程进度的查询。图1-1是一个甘特图视图的展示。

2. “跟踪甘特图”视图

对于每项任务,“跟踪甘特图”视图显示两种任务条形图,一个条形图形在另一个条形图形的上方。下方的条形图显示任务的比较基准,另一个条形图形显示任务的当前计划。当计划发生变化时,就可以通过比较基准任务与实际任务来分析项目偏移原始估计的程度。图1-2是一个跟踪甘特图视图的展示。

3. “任务分配状况”视图

“任务分配状况”视图给出了每项任务所分配的资源以及每项资源在各个时间段内(每天、每周、每月或其他时间间隔)所需要的工时、成本等信息,从而可以更合理地调整资源在

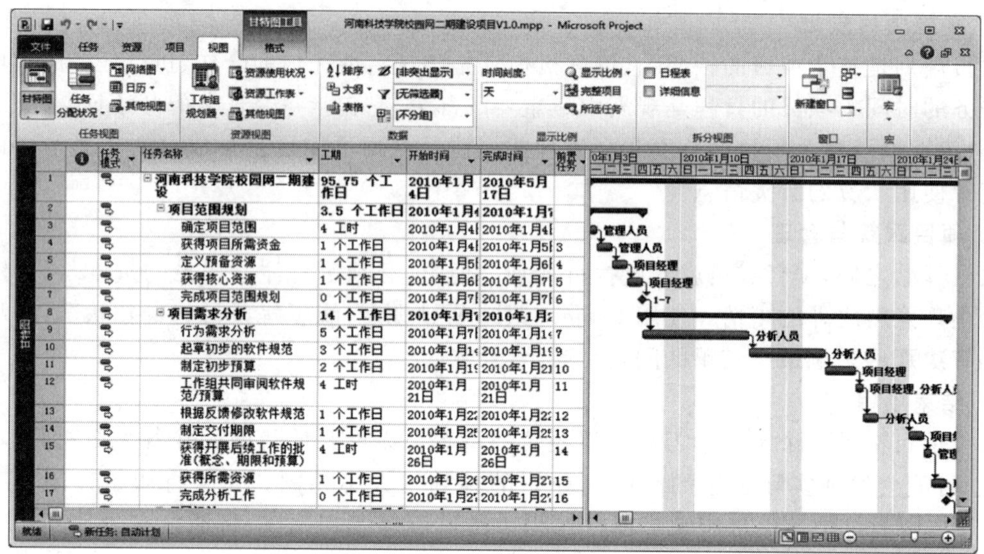

图 1-1　Microsoft Project 甘特图视图

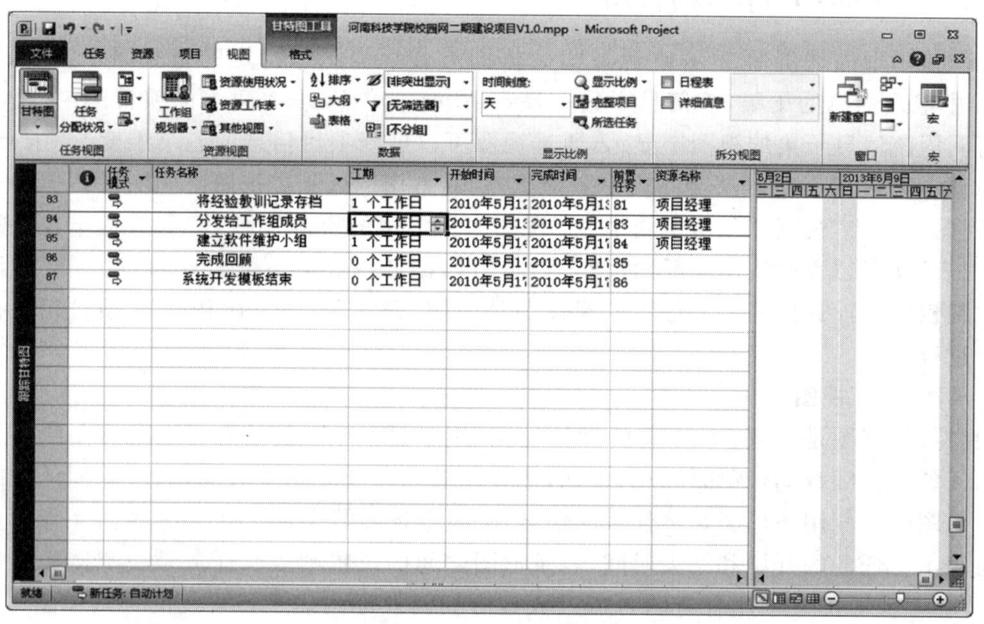

图 1-2　跟踪甘特图视图的展示

任务上的分配。图 1-3 是一个任务分配状况视图的展示。

4. "日历"视图

"日历"视图是以月为时间刻度单位按日历格式显示项目信息。任务条形图将跨越任务日程排定的天或星期。使用这种视图格式，可以快速地查看在特定的时间内排定了哪些任务。图 1-4 是一个日历视图的展示。

5. "网络图"视图

"网络图"视图以流程图的方式显示任务及其相关性。一个框代表一个任务，框与框之

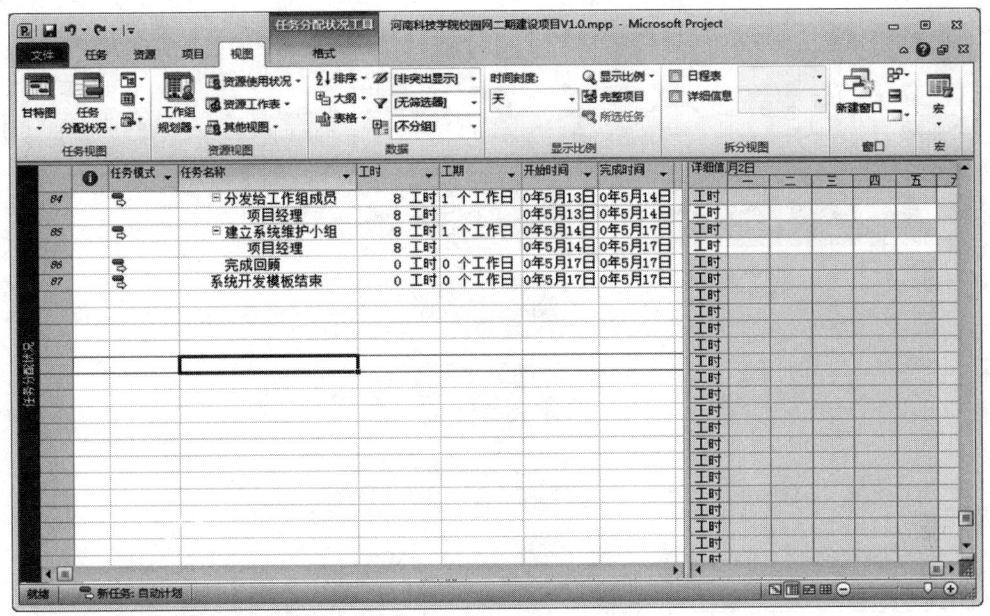

图 1-3　任务分配状况视图的展示

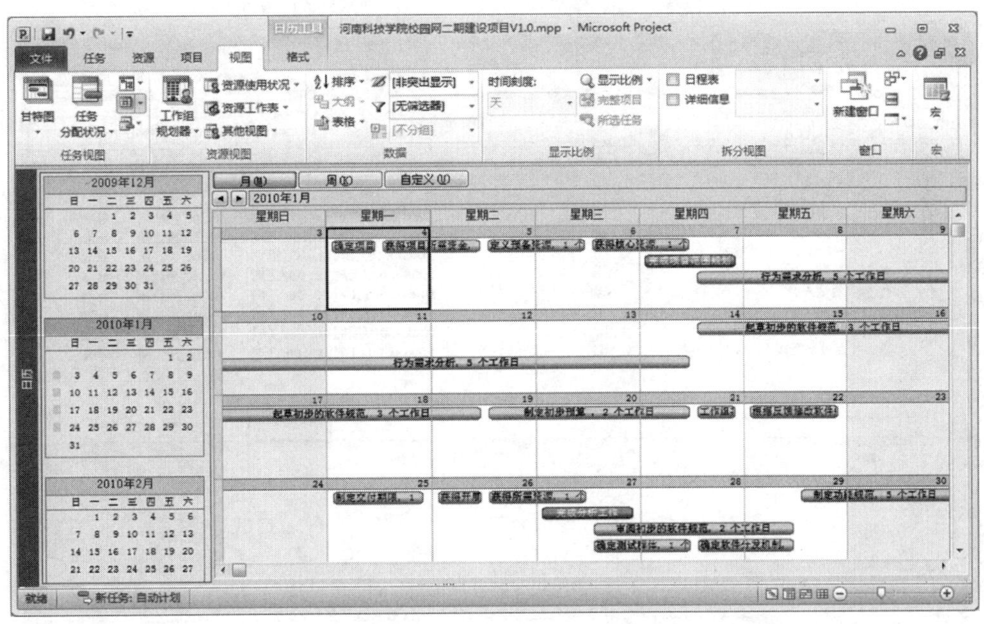

图 1-4　Microsoft Project 日历视图

间的连线代表任务间的相关性。默认情况下，进行中的任务显示为一条斜线，已完成的任务框中显示为两条交叉斜线。图 1-5 是网络图视图的展示。

6. “资源工作表”视图

“资源工作表”视图以电子表格的形式显示每种资源的相关信息，比如支付工资率、分配工作小时数、比较基准和实际成本等。图 1-6 是资源工作表视图的展示。

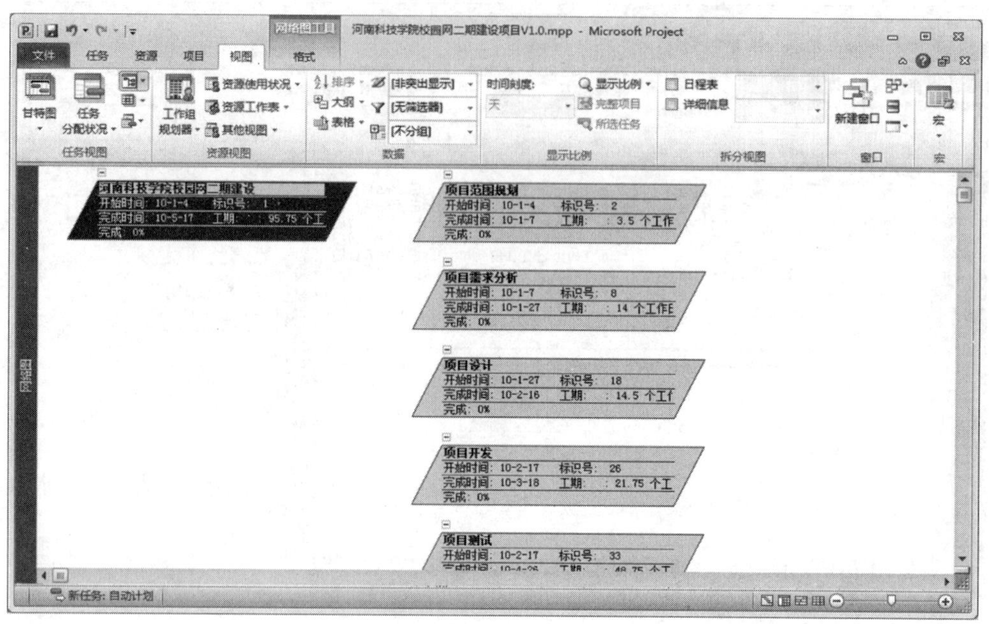

图 1-5　网络图视图的展示

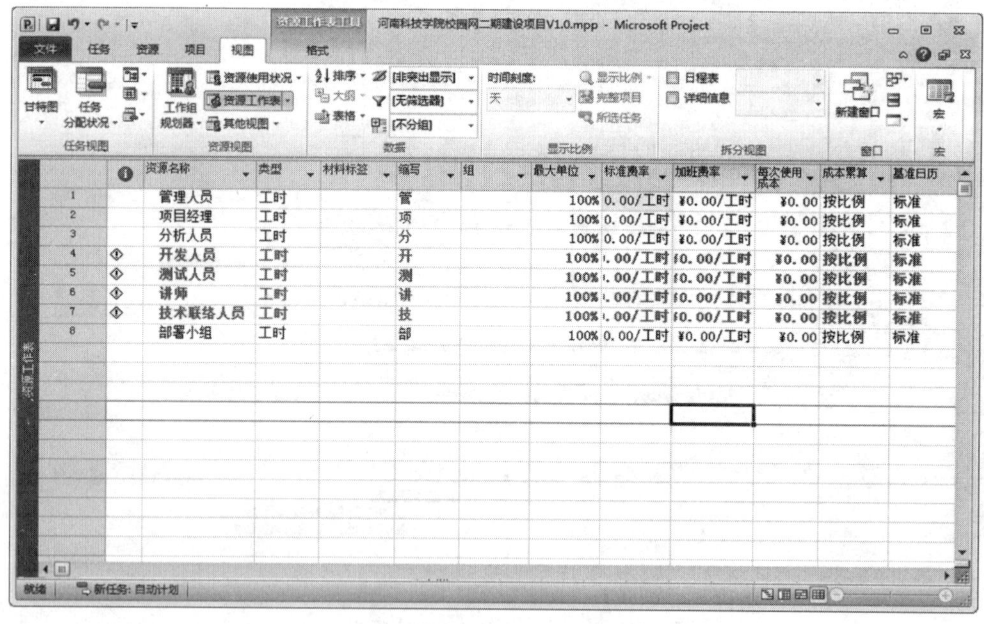

图 1-6　资源工作表视图的展示

7. “资源使用状况”视图

“资源使用状况”视图用于显示项目资源的使用状况，分配给这些资源的任务组合在资源的下方。图 1-7 是资源使用状况视图的展示。

8. “资源图表”视图

“资源图表”视图以图表方式按时间显示分配、工时或资源成本的有关信息。每次可以审阅一个资源的有关信息，或选定资源的有关信息，也可以同时审阅单个资源和选定资源的

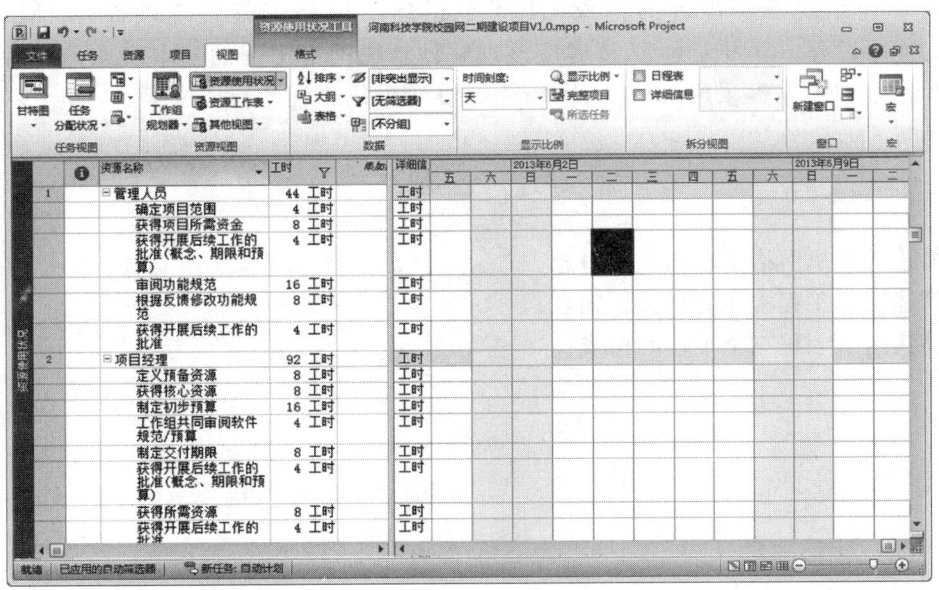

图 1-7　资源使用状况视图的展示

有关信息。如果同时显示会出现两幅图表：一幅显示单个资源，一幅显示选定资源，以便对二者进行比较。图 1-8 是资源图表视图的展示。

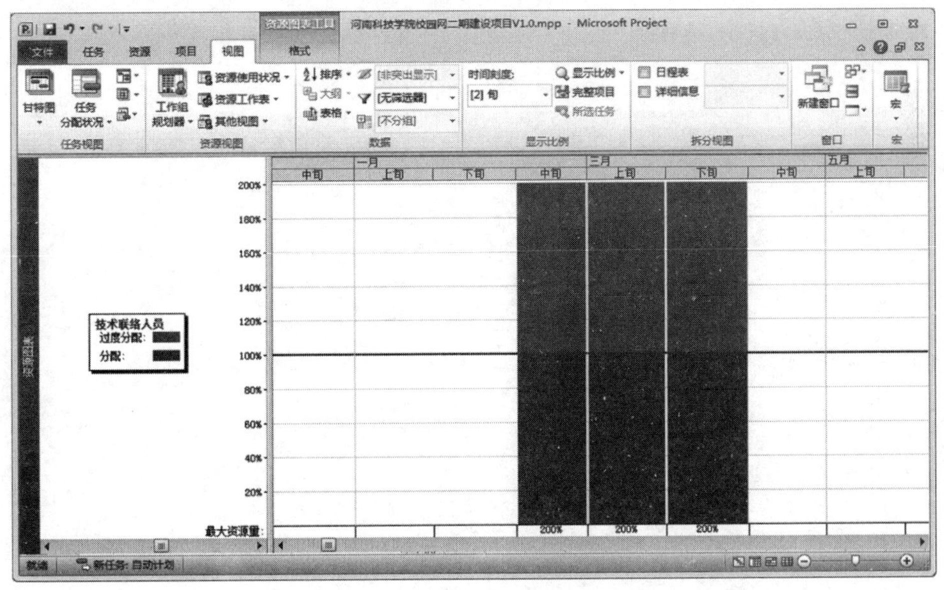

图 1-8　资源图表视图的展示

本 章 小 结

本章主要讲述了网络工程的基本概念。其中，1.1 节主要讲述计算机网络和网络工程的基本概念。1.2 节讲述网络工程构建的几个原则。1.3 节讲述网络工程硬件系统、软件系统和安全管理系统三个平台的构成。1.4 节讲述了网络工程管理软件——Microsoft Project 的使用过程。学习完本章，读者应该理解计算机网络工程的基本概念，理解网络工程构建的相关原则，掌握采用 Microsoft Project 实现网络工程的管理过程。

习　题

1. 简述计算机网络工程的基本概念。
2. 简述网络工程构建的相关原则。
3. 简述网络工程三个平台的构成。

第 2 章　网络工程的规划与设计

本章主要讲述如下知识点：

- 网络工程的需求分析和规划；
- 网络管理的规划；
- 网络工程的三层结构设计；
- IP 地址的规划；
- 网络地址转换；
- VLAN 的规划；
- 网络冗余的规划。

2.1　需求分析

需求分析是网络工程实施的第一个环节，也是关系一个网络工程成功与否的重要环节。需求分析的目的是从用户方网络建设的需求出发，通过对用户方现场实地调研，了解用户方的要求、现场的地理环境、网络应用及工程预计投资等情况，使网络工程设计方获得对整个工程的总体认识，为系统总体规划设计打下基础。

2.1.1　需求分析的内容

1. 可行性研究

可行性研究主要目的是确定用户目标、网络系统目标和网络系统集成的总体要求，它的结果标志着网络集成工程是否在现有条件和技术环境下可行，最终是否能达到系统目标要求。这里主要涉及以下几方面的内容：

(1) 对现行系统的简要分析。

(2) 用户目标及系统目标的一致性。

(3) 组网方案中的技术条件、难点的分析。

(4) 投资和效益分析。

(5) 可行性的研究结论。

2. 环境要求分析

网络系统基于什么环境情况对网络的建设是很重要的，网络规模的大小、物理位置的确定、用户终端的分布情况都对网络规划是至关重要的。经验证明，任何一个系统都不是一成不变的，随着用户业务的需求，终端数会越来越多，因此，规划时必须考虑扩展的需要，留有充分的余地。另一个需要重视的问题是，一定要了解清楚安装网络的建筑情况，这对布线很有影响，如果事先不做出合理的选择，将对以后的更改造成很大浪费。对环境问题应该从以下几方面进行分析：

(1) 网络上的站点数目。

(2) 地理分布情况、站点之间的最大距离、用户的分布情况。

(3) 通信线路情况、数据的流向和流量。

(4) 规模较大网络的子网划分问题。

3. 设备配置分析

设备配置的需求主要从两个方面进行考虑。

(1) 掌握现有设备及网络的使用情况。很多单位可能已经有了一些网络(局域网),需要考虑兼容性的问题。

(2) 新的网络系统所配置的设备情况,它们的可靠性、实用性及先进性,是否能符合系统目标的要求;局域网和广域网的连接方案及设备配置等。

4. 功能需求分析

网络系统建设是否满足用户的功能需求是系统成功与失败的关键所在。用户在网络系统中的应用和网络所能提供的服务是多方面的,网络设计人员必须充分考虑这一点。调查需求时应从以下几个方面考虑。

(1) 数据类型分析及资源共享:要充分了解网络传输数据的类型,例如文本、图形、图像和音频等,设计合理的网络结构,提供必要的数据共享服务。

(2) 数据流量分析:对网络系统中数据流量应做事先估计,对节点的布局、点对点网络带宽进行合理规划,可以减少网络上数据传输的拥挤程度。网络负载与网络共享资源的分配、网络系统的结构和布局都关系密切,合理地划分子网可以有效地控制网络流量,均衡网络负载。

(3) 网络服务:选择好的网络应用软件,可以使网络系统发挥更好的效果。

5. 成本/效益分析

成本/效益分析的目的是从经济角度出发,分析建立一个网络需要多少投资,它能带来多少经济效益,这里需要从以下三个方面考虑。

(1) 成本估算:硬件费用包括工作站、服务器、网桥/路由器、交换机、集线器、网卡、线缆、光缆、不间断电源等费用。软件费用包括网络操作系统、网络服务软件及其工具软件等。其他方面还应包括设备的安装和布线等费用。

(2) 网络的运行和维护费用包括必要的网络管理人员、操作人员、维护人员的费用,必要的备件和消耗品费用。

(3) 经济效益估算。

6. 风险预测分析

对建立网络系统可能出现的各种问题做出预测。这里包括对经费投入、技术故障、设备之间的匹配、布线中出现的问题等,设计者应预先做出充分估计。

7. 用户目标分析

用户目标应在用户需求的基础上给出,各网络系统建设的目的不一样,用户目标会有很大的差异。但必须有明确的目标,不能盲目,否则会影响整个网络系统的建设。

8. 网络系统目标分析

为满足用户需求,根据资金投入的情况,将不同的联网技术、不同厂家的硬件和软件集成在一起进行选择和配置,为用户提供最切合实际需要的、技术先进且低成本、高效益的综合解决方案。

9. 网络安全性需求

一个完整的网络系统应该渗透到用户业务的各个方面，其中包括比较重要的业务应用和关键的数据服务器，公共 Internet 出口或 modem 拨号上网，这就使网络在安全方面有着强烈需求。安全需求分析具体表现在以下几个方面：

(1) 分析存在弱点、漏洞与不当的系统配置。

(2) 分析网络系统阻止外部攻击行为和防止内部员工违规操作行为的策略。

(3) 划定网络安全边界，使园区网络系统和外界的网络系统能安全隔离。

(4) 确保租用线路和无线链路的通信安全。

(5) 分析如何监控园区网络的敏感信息，包括技术专利等信息。

(6) 分析工作桌面系统的安全。

为了全面满足以上安全系统的需求，必须制定统一的安全策略，使用可靠的安全机制与安全技术。安全不单纯是技术问题，而是策略、技术与管理的有机结合。

2.1.2　网络工程的规划步骤

1. 对需求分析的技术性论证

需求分析是用户和部分系统设计人员在对部门进行粗略的调查后提出的报告，它反映了用户的需求和目标，即网络系统的宏观目标。如果仅以此作为网络的规划方案，则还存在着一定的问题。因为从需求到方案的确定，必须有技术上的论证。从网络规划人员的角度看，用户的某些需求可能不确切，甚至有些是不合理的，在目前的情况下，技术上可能实现不了。那么，很重要的一个任务就是，要将用户的问题作技术分析，从中找到用网络系统解决这些问题的途径。

具体的操作方法大致分为两种：

(1) 如果需求分析及用户目标做得非常详细和充分，那么技术人员应逐条论证，并给出明确的技术实施保证。

(2) 如果需求分析做得不充分，或其中很多需求是由一些不熟悉计算机和网络技术的人员提出的，那么双方相互的沟通将是非常重要的，否则，将会给后期网络建设工作带来不必要的麻烦。

解决的办法可采用问答的形式，即用户提出问题，技术人员从技术角度给予解答，从而取得一致意见。

2. 网络系统的先进性、实用性、可靠性

网络系统规划应坚持使整个系统具有先进性、实用性、安全可靠性、开放性、可扩充性和灵活性的原则。设计者应从系统的整体考虑这些问题，切不可片面强调某一方面而忽略其他方面。应根据系统目标，明确指导思想，从用户的实际需要出发，考虑各种性质的优先级。

先进性：网络规划采用的设备和技术应符合国内外网络技术发展的潮流，并在相应的应用领域中占有较大的市场份额。在相关计算机技术及网络技术方面处于领先地位。

实用性：所配置计算机系统的性能指标，应该在尽可能长的一段时间内满足应用系统发展所需的存储量和处理能力的要求。系统性能可靠，易于维护。

安全可靠性：整个系统所采用的设备应具有较高的安全可靠性，在关键的网络服务器和主机设备上，能消除单点失效问题，在各个独立的节点上应考虑相应的系统硬件和软件方面的可靠性，在网络和应用软件方面应注重系统的安全保密工作。

开放性：具有良好的开放性，网络选用的通信协议和设备要符合国际标准和工业界标准的相关接口，可以与 Internet 及其他相关系统联网和通信，支持标准的应用开发平台和系统软硬件平台，在硬件升级后保持兼容性和网络协议的高度统一。

可扩充性：系统具有良好的扩充能力，对设计的网络留有充分可扩充性和升级能力，使系统能够方便地进行处理能力、存储容量和网络规模的扩充。

3. 网络系统总体规划

网络的规划人员在进行总体规划时，应着重考虑以下四个方面。

1）网络的分布

（1）网络用户的数量。

（2）网络用户的地理位置。

（3）任意两个用户之间的最大距离。

（4）用户关系分类，即明确用户之间的联系与相互依赖关系。

（5）用户地理位置分组，即把处于同一大楼或同一楼层的用户分组排列。

（6）弄清在网络区域内所有建网的要求和限制。

（7）弄清有没有可直接利用的通信设备与线路。

2）网络的基本设备和类型

（1）用户工作站（计算机）的数量，可在网络上继续使用的计算机有多少台，还需新添的计算机的台数。

（2）用户工作站（计算机）的型号，它们的具体配置如何等。

（3）服务器的数量，确定网络上总共需要几个服务器；是采用专用服务器，还是采用一般的微机服务器；它们的具体配置如何。

（4）网络共享设备数量和类型，交换机、集线器、路由器和通信设备等；原有多少台，需要新添多少台以及这些设备的具体型号是什么。

（5）网络所需的其他设备。

3）网络的基本规模

（1）建成的网络将是局域网、城域网，还是广域网。

（2）网络互联的设备和型号。

4）网络的基本功能和服务项目

（1）数据库系统和应用软件系统。

（2）文件的传送和存取。

（3）用户设备之间的逻辑连接。

（4）电子邮件、网管系统、计费系统。

（5）网络互联系统。

（6）虚拟网络系统、防火墙系统。

4. 网络系统难点、关键性问题的估计

网络系统在设计时，要充分考虑可能出现的问题。虽然问题的出现有它的随机性，不太容易预测，但经过以往的实践大致可以归纳为以下几个方面。

（1）网络设备之间的匹配问题：当设备采用不同的产品和标准时，在网络实施中出现问题最多。尤其在采用新技术、新产品的过程中,由于对设备的技术指标和性能了解不透彻,给具体实施增加了困难。

(2) 网络拓扑结构设计不合理,造成数据传输出现严重的瓶颈问题。

(3) 线路连接问题:具体反映的现象是线路不通或随机出现不通情况,这类问题主要是结构布线和施工不善等造成的,致使网络不能正常运行。

(4) 网络操作系统选择不当,使得一些必要的应用软件无法运行。

以上问题,网络设计者应根据组网的实际经验,在关键点上有充分的思想准备,在具体的实施中把握质量关,方可杜绝。

网络规划的文档规范:网络规划的每一阶段都将产生一些很重要的技术性文档,这些技术文档对网络设计和网络工程实施起着指导性作用。因此,要求文档简明扼要、全面准确。文档规范非常重要,由于各种网络系统规模、技术要求和系统的目标不同,所以,格式不要求千篇一律,但针对某一类的网络规划应大体相同,下面给出一些格式,仅供参考。

(1) 网络系统名称。

(2) 需求分析:用户目标、系统目标和需求分析报告。

(3) 网络规划:技术性论证、总体规划方案和网络经费预算。

(4) 网络性能简要评价。

5. 网络经费预算

网络系统投入的经费,主要应包括以下几个方面。

(1) 硬件设备投资:包括网络服务器、工作站、交换机、路由器、集线器、网卡、布线设备及材料、辅助设备等。

(2) 软件购置及开发设计投资:网络系统软件、数据库系统、网络互联工具软件等。

(3) 安装调试费用:网络集成费用、设备安装和布线费用。

(4) 培训服务费用:人员培训费包括网络系统管理、使用培训、网络应用软件使用培训。

(5) 运行维护费用:网络运行后,必须考虑日常的运行和维护费用才能保证网络系统的正常运行。

以上这些费用在网络规划时,应本着实事求是的原则,对各项费用逐一落实,并对市场波动和不可预测的情况留有一定的余地。具体实施时可能会有变化,但大的专项经费的预算不可挪用。

2.2 网络管理的规划

网络管理是结合计算机管理技术、网络技术,综合利用网络的资源,进行资源的调配,满足市场以及外部环境的需求,及时上报网络问题,确保网络健康、高效、正常可持续地运行。通过实施性能、网络配置、差错、计费以及安全管理,能够实现服务、事务、网络单元等多方面的管理,支持多媒体等业务,应对复杂的网络需求。

目前广泛采用的网络管理模式是基于 Client/Server 技术的集中式平台模式。这种模式组织结构简单,目前已经得到广泛推广。但是,这种管理方式存在如下缺陷:

（1）一个或几个站点负责收集分析并管理所有网络节点信息，导致中心网络管理站点负载过重。

（2）所有信息都要送往中心站点处理，必然造成此处通信瓶颈。

（3）每个站点上的程序是预先定义的，具有固定功能，不利于扩展。因此随着网络技术的发展，网络规模的扩大，尤其是因特网的发展，集中式平台模式已不能适应发展的需要。

随着 Internet 技术的普及应用，Intranet 正在悄然取代原有的企业内部局域网，由于异种平台的存在及网络管理方法和模型的多样性，使得网络管理软件开发和维护的费用很高，培训管理人员的时间很长，因此人们迫切需要寻求高效、方便的网络管理模式来适应网络高速发展的新形势。这就导致了基于 Web 的网络管理模式的出现和发展。

由于目前的网络管理出现了继承能力有限、信息冗余现象比较严重以及动态数据管理能力弱等问题，很多专家以及学者都提出了相关方面的改进意见，也对网络管理发展提出了新的方向。

1. IP 多媒体系统的网络管理策略

这种网络管理策略包括网络管理员、策略管理的工具、策略的存储器、策略的决策点和执行点，应用这种 IP 多媒体系统的网络管理策略，能够有效地提供授权用户的资源。

2. 网络双协议嵌入式的网络管理

网络管理平台上要增设一个 Web 服务器，使得服务器能够嵌入设备中，简化管理接口，不用受限于地理等因素，就可以实现搜索，保证灵活性。

3. 公共对象请求代理体系结构的网络管理

这种网络管理主要是运用了分布式对象的技术以及方法，以对象为基础来组织资源，定义以及明晰化接口，提供目录、事件、事务以及安全等服务，运用这种体系结构进行网络管理，能够清楚地获知客户请求、实施措施以及完成要求。

4. 全光网网络管理

这种网络管理主要包括性能、故障、安全、配置等问题的管理，其工作原理是应用波分复用链路以及光的网络单元，完成光域上的传输以及监视等任务，避免进行业务的处理，防止出现数字交叉连接问题。网络管理既可以采取集中的方式也可以采取分布的方式，主要的传输方式有光监控信道、副载波调制以及数字包等。

5. 下一代网络管理

这种管理方法主要是基于现代技术以及网络发展基础上产生的，其主要结构包括接入层、网络控制层、传送层以及应用层等结构，其具有开放性、业务与呼叫分离等特性。实施下一代网络管理关键的技术包括软交换技术、ASON 技术等，链路资源管理器、流量策略、路由、呼叫、协议以及连接控制器。

6. 电信综合网络管理

这种网络管理主要由配置、故障、性能、安全以及计费管理等方面组成，其特点是容易使用，处理复杂数据操作简单，拥有比较强大的数据处理功能，扩展性以及兼容性较强，整体表现力很强，可以说是现代网络管理技术中一种比较强大的网络管理，相当具有代表性。

2.3　分层结构规划

在逻辑网络设计中，一般采用分层设计的思路，使得每一层的任务都集中在一些特定的功能上，网络工程中经常采用一种三层网络设计模型，将网络设备按照三个层次进行分组：核心层（core layer）、汇聚层（distribution layer）和接入层（access layer）。图 2-1 展示了网络的三层结构。

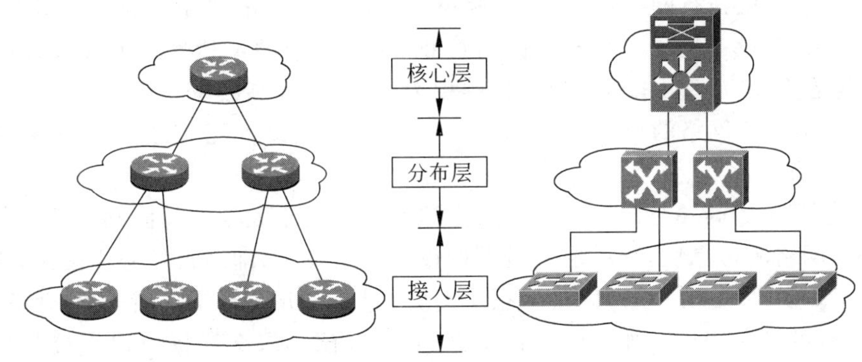

图 2-1　网络的三层结构

核心层：网络的高速主干，设计关注高速率、高可靠性。选择高速率、低延迟的路由器作为主干设备，选择冗余链路和冗余设备作为高可靠的保证。

汇聚层：常在此进行对资源访问的控制，对通过核心层流量的控制，以及 VLAN 的配置。汇聚层可以在高带宽的接入层路由选择协议和优化的核心层路由选择协议之间重新分发路由。汇聚层应该向核心路由器隐蔽接入层的详细拓扑结构信息，只向核心层通告少量的接入层信息。

接入层：为用户提供访问互联网的能力，该层设备主要考虑低成本，满足用户需求的带宽。

1. 分层结构设计目标

分层结构设计目标如下：

(1) 核心层处理高速数据流，其主要任务是数据包的交换；

(2) 汇聚层负责网段的逻辑分割、聚合路由路径、收敛数据流量；

(3) 接入层将流量馈入网络，执行网络访问控制，并且提供相关边缘服务。

2. 拓扑设计的原则

按照分层结构设计网络拓扑结构时，应遵守以下两条基本原则：

(1) 网络中因拓扑结构改变而受影响的区域应被限制到最小程度。

(2) 路由器应传输尽量少的信息。

2.3.1　核心层设计

网络核心层的主要工作是交换数据包。核心层是互联网的高速主干，它的主要任务是交换数据分组，核心层的性能决定了整个网络的整体性能，因此核心层的设计成功与否关系着整个网络的成败。

1. 核心层设计原则

核心层的任务是在网络中的任意两个节点之间提供最优的传送路径，这两个节点可能在不同的子网中，因此，核心层需要提供最佳的路由选择。核心层的设计任务是高速的传输、冗余能力及可靠性，而网络的控制功能尽量不在核心层上实施。总体上说，核心层是所有流量的最终承受者和汇聚者，所以对核心层的设计以及网络设备的要求都非常严格，核心层的设备也会占投资的主要部分。

在进行核心层设计时，要注意以下几点。

(1) 不要在核心层执行网络策略，尽量避免增加核心层路由器配置的复杂程度。

(2) 核心层所有设备应具有足够的路由信息，保证充分的可达性。但在设计时应考虑路由的聚合，聚合路由能够用来减少核心层路由表的大小，提高效率。

(3) 为了保障核心网络的可靠性，通常核心层可以采用设备冗余、模块冗余和链路冗余来达到可靠性的目标。

核心层一般都是由高端三层交换机或路由器实现。对于大型的园区网或重要部门的局域网，为了保证网络的可靠性，核心层一般采用设备冗余技术，即多台核心交换机，它们互为备份，也可以实现负载均衡。当网络规模很小时，通常核心层只包含一个三层设备，该设备与汇聚层上所有的设备相连。如果网络规模更小的话，核心层交换机可以直接与接入层交换机连接，汇聚层就被压缩掉了。单核心设计的网络易于配置和管理，但是其扩展性不好，容错能力差，所以在财务状况良好的前提下，可以充分考虑设备冗余，链路带宽，提高网络的健壮性和自愈性。

2. 核心层设备选型

在一个固定的园区网络设计中，核心层的设计有时候可以简化为核心层设备的选择，通常需要考虑的指标如下：

(1) 路由器或交换机的背板带宽是多少，带宽分配原则是否合理；

(2) 包转发率是多少(要能够满足现在及未来一定时期内的应用需求)；

(3) 核心层应该考虑的安全性及管理性如何实现，如用户的安全认证和计费策略、VLAN、访问控制列表及路由策略等；

(4) 在给定财务预算的情况下，冗余度应该如何考虑，如电源模块、交换模块的冗余；

(5) 设备是否有足够的多余插槽以适应未来业务拓展的需要；

(6) 网络的开放性和多协议选择功能，支持较新的协议和较强的流媒体处理能力；

(7) 网络管理的简单性和透明性，具备优秀的网络管理软件。

2.3.2 汇聚层设计

汇聚层又称为分布层，它是网络核心层与接入层之间的分界点。汇聚层将大量低速的链接(与接入层设备的链接)通过少量宽带的连接接入核心层，以实现通信量的收敛，提高网络中聚合点的效率。同时减少核心层设备路由路径的数量。

1. 汇聚层的任务

汇聚层的主要任务是提供与流量控制、安全及路由相关的策略，具体内容如下：

(1) 定义广播和多播域；

(2) 执行安全和网络策略，包括地址翻译和防火墙策略；

(3) VLAN之间的路由选择；

(4) 部门或者工作组级的访问；

(5) 布线间连接的汇聚和需要进行的各种介质转换。

2. 汇聚层设计的方法

设计汇聚层时，主要考虑的是如何保证提供流量控制及安全控制的策略。通常需要考虑的主要因素有QoS、静态或者动态路由的选择、地址过滤等，而对这些因素的综合考虑最后会转化为交换机的选择。

从物理位置上看，汇聚层交换机属于楼宇交换机，或者说是各楼层的核心交换机。从逻辑上看，它可以是应用系统的汇聚。汇聚层可以通过两条上行线路连接到核心层，以保证线路的冗余。在近几年的产品设计中，汇聚层交换机的上行端口一般是千兆光口，下行端口为百兆电口，连接到接入层交换机。

汇聚层的交换机目前大多数选用三层交换机(也可以选择二层交换机)。最终用户发出的流量直接影响汇聚层交换机的选择。如果选择三层交换机，则可在全网的设计上体现分布式路由思想，以减轻核心层交换机的路由压力，有效地进行路由流量的均衡。如果汇聚层设备选择二层设备，则核心层交换机的路由压力会增加，核心层交换机的投资将加大。

3. 汇聚层设备选型

汇聚层的设备对网络下层VLAN信息和生成树协议具有收敛功能，能实现简单的用户管理和控制功能，如用户的安全接入，下层网络不同层次的屏蔽和接入工作，对不同物理链路，不同特性的网络设备进行统一管理等。因此汇聚层网络设备要求具备多物理接口来完成众多设备的接入工作。

汇聚层产品的选择相对要容易一些，但汇聚层的产品容易成为网络的瓶颈，所以设计人员要对汇聚层交换机的网络流量进行预测，根据预测结果选择相应的产品。另外，需要根据QoS的需要以及安全需要确定设备选型。

2.3.3 接入层设计

接入层是最终用户与网络的接口，它应该提供较高的端口密度和即插即用的特性，同时应该便于管理和维护。接入层为用户提供在本地网络访问互联网的能力，它是最终用户的网络接入点。它以共享、独享或交换带宽的方式为用户提供入网的接口。接入层通过接入交换机的上行端口(100Mbps快速以太网、千兆以太网)连接到汇聚层。接入层一般通过二层交换技术实现。

1. 接入层的设计目标

接入层的设计目标包括如下两个方面。

(1) 将流量馈入网络：为确保将接入层流量馈入网络，要做到接入层路由器所接收的连接数不要超出其与汇聚层之间允许的连接数；如果不是转发到局域网外主机的流量，就不要通过接入层的设备进行转发；不要将接入层设备作为两个汇聚层路由器之间的连接点，即不要将一个接入层路由器同时连接两个汇聚层路由器。

(2) 控制访问：由于接入层是用户进入网络的入口，所以也是黑客入侵的门户。接入层通常用包过滤策略提供基本的安全性，保护局域网段免受网络内外的攻击。

2. 接入层设备的选型

(1) 支持PoE供电技术是一项首要的技术指标,PoE供电交换机的最大好处就是可以轻松接入其他设备。

(2) 支持VLAN的数量。同样为24口交换机,但是支持的VLAN数量差别很多,有的支持64个,有的可高达256个。显然,这个数字也是越大越好,可以划分更多的VLAN。链路聚合可以让交换机之间和接入层交换机与服务器之间的链路带宽有非常好的伸缩性,使链路的带宽成倍增长。链路聚合技术可以实现不同端口的负载均衡,同时也能够互为备份,保证链路的冗余性。

(3) QoS功能。现在的局域网中不仅仅是数据,还有IP语音、视频等的传输,另外,一些员工往往会利用公司网络下载一些电影、玩游戏等非工作内容,这些都会占用局域网的带宽。一个有QoS功能的接入层交换机就能够解决这种情况。

(4) Web管理界面。Web界面配置和管理起来非常方便,易于操作,对网管来说大大减轻了配置的工作量。现在的交换机基本上都有Web管理界面了。

(5) 安全性也是需要考虑的一个因素,交换机应该可以根据端口、MAC地址/IP地址等指标,用来拒绝或限制1～4层的网络访问,还应对多播、广播和泛洪控制等常见的安全威胁有一定的处理能力。

2.4 IP地址规划

IP协议规定了在Internet上进行通信时应遵守的规则。它的作用是向传输层(TCP层)提供统一的IP包,并将MAC帧的物理地址变换为全网统一的逻辑地址(IP地址)。IP协议是面向无连接的协议,IP网中的节点路由器根据每个IP包的包头地址进行寻址,这样同一个主机发出的IP包可能会经过不同的路径到达目的主机。

2.4.1 IPv4地址

IPv4是一个数据报协议,它主要负责在主机之间为数据包进行寻址和路由。IPv4是无连接的,这意味着它在交换数据之前不建立连接;IPv4是不可靠的,这意味着它不能保证数据包的正确传送。IPv4总是尽“最大努力”来尝试传送数据包。IPv4数据包可能会丢失、错序发送、重复或延迟。IPv4不会尝试从这些类型的错误进行恢复。更高层协议(例如TCP或某个应用协议)必须能够确认所传送的数据包并根据需要恢复丢失的数据包。IPv4在RFC 791中定义。

1. IPv4数据包格式

IPv4数据包由IPv4头部和IPv4有效负载组成。IPv4有效负载又包含上层协议数据单元,例如TCP段或UDP消息。IPv4头部包括一个20字节的固定部分和一个可选的头部,其格式如图2-2所示。

下面对IPv4包头的各个部分作出说明。

- 版本号:用于该数据报所使用的IP协议的版本号,这里标识的是版本4。
- 包头长度:给出以32位组为单位的数据包头部长度,它的最小值为5,表示没有可选项,它由4个比特组成,最大值为15,从而限制了头部的最大长度为60字节,可选

<table>
<tr><td>版本号
(4b)</td><td>包头长度
(4b)</td><td>服务类型
(8b)</td><td colspan="2">数据包长度
(16b)</td></tr>
<tr><td colspan="3">标识符
(16b)</td><td>标志
(3b)</td><td>分段偏移
(13b)</td></tr>
<tr><td colspan="2">生存时间
(8b)</td><td>传输协议
(8b)</td><td colspan="2">包头校验和
(16b)</td></tr>
<tr><td colspan="5">源IP地址
(32b)</td></tr>
<tr><td colspan="5">目标IP地址
(32b)</td></tr>
<tr><td colspan="4">选项
(24b)</td><td>填充
(8b)</td></tr>
<tr><td colspan="5">用户数据</td></tr>
</table>

图 2-2　IPv4 协议头的格式

字段多为 40 字节。

- 服务类型：用来让主机告诉子网它需要什么样的服务，包括优先级、延迟、吞吐量和可靠性的要求。理论上路由器按照该字段进行选择路由方式，实际上现在的路由器产品都忽略了该字段。
- 数据包长度：指的是数据报的字节数，包括头部和用户数据。它由 16 个比特构成，所以 IP 数据报的最大长度为 65 535 字节。
- 标识符：用来让目的主机判断新来的分段属于哪个分组，它与源地址和目的地址一起唯一地标识一个数据报，当一个数据报进行分段后，路由器应该在分段中复制该标识字段。
- 标志：它由 3 个比特构成，最前面的一位没有使用，接着是 DF 和 MF 标志。MF 标志指的是该分段是否为原来数据报的最后一个分段。DF 标志为 1 表示数据报在传输过程中不允许进行分段。
- 分段偏移：本字段说明分段在原来数据报中所处位置的偏移量，单位为 8 字节，起始偏移为 0。由于分段偏移有 13 比特，所以每个数据报最多可有 8192 个分段。这样最大的数据报长度为 65 536，比总长度字段的最大值大 1。
- 生存时间：用来限制数据报生命周期的计数器。一般数据报经过一个路由器时，TTL 字段减 1，当 TTL 字段为 0 时，路由器丢弃该数据报，并发送一个错误的信息给发送源。
- 传输协议：该字段标识把该数据报送给哪个高层协议处理，比如 TCP 或 UDP 等。
- 包头校验和：用来确保头部的完整性。该校验和是通过将头部所有 16 位整数按二进制的补码运算累加起来，然后取其结果的补码。

2. IPv4 地址

IP 地址是为了实现网络通信给连入网络的每一台计算机分配的一个全球唯一的标识地址。它由 32 位二进制数构成，分 4 段，每段 8 位(1 字节)，常用十进制数字表示。每段数字范围为 0～255，段与段之间用实心小圆点分隔。每个字节(段)也可以用十六进制或二进制表示。

每个 IP 地址包括两个 ID(标识码),即网络 ID 和主机 ID。同一个物理网络上的所有主机都用同一个网络 ID,网络上的一个主机(工作站、服务器和路由器等)对应一个主机 ID。IP 地址的结构如表 2-1 所示。

表 2-1　IP 地址的结构

NetID	HostID
网络部分	主机部分

3. IP 地址分类

Internet 委员会定义了五种地址类型以适应不同规模的网络,即 A 类、B 类、C 类、D 类和 E 类地址。地址类型定义网络 ID 使用哪些位,它也定义了网络的数目和每个网络的主机数目。对应这五种 IP 地址的划分方法,使得 IP 地址的数量大打折扣,表 2-2 是关于 A、B、C 类网络分别对应的网络数量和各个网络所分配的主机数目。

表 2-2　网络类型和主机号对应表

类别	网络号	总网络数量	每个网络主机数量	用　途
A	1～126	126	$2^{24}-2$	国家级
B	128～191	2^{14}	$2^{16}-2$	跨国组织
C	192～223	2^{21}	$2^{24}-2$	企业组织

注意:表 2-2 列出的 A 类地址中,全 0 开头的网络和 127 开头的网络均不再分配给网络使用,故此从 1～126 开始计算。

1) A 类 IP 地址

一个 A 类 IP 地址由 1 字节(每个字节是 8 位)的网络地址和 3 字节主机地址组成,网络地址的最高位必须是 0,即第一个字节的十进制数值范围为 0～127。通常把 A 类网络叫做巨型网络,A 类网络已经全部分配完毕。

2) B 类 IP 地址

一个 B 类 IP 地址由 2 字节的网络地址和 2 字节的主机地址组成,网络地址的最高两位必须是 10,即第一个字节的十进制数值范围为 128～191。

3) C 类 IP 地址

一个 C 类地址是由 3 字节的网络地址和 1 字节的主机地址组成,网络地址的最高三位必须是 110,即第一个字节的十进制数值范围为 192～223。每个 C 类地址可连接 254 台主机。

4) D 类地址

第一个字节的最高四位以 1110 开始,第一个字节的十进制数值范围为 224～239,是多点播送地址,用于多目的地信息的传输,亦可作为备用。

5) E 类地址

第一个字节的最高五位以 11110 开始,即第一个字节的十进制数值范围为 240～254。E 类地址保留,仅做实验和开发用。

4. 特殊 IP 地址

- 网络地址：主机段 ID 全部设为 0 的 IP 地址称为网络地址。
- 广播地址：主机 ID 部分全设为 1 的 IP 地址称为广播地址。
- 环路自测地址：网络 ID 中，以 127(十进制)开头的地址作为内部环路自测地址，它不能分配给任何网络使用。
- 本地网络地址：网络 ID 的第一个 8 位组全置 0 表示本地网络。
- 受限广播地址：32 位全 1 的 IP 地址用于本地网络广播，叫受限广播地址，它的取值为 255.255.255.255。

2.4.2　IPv6 地址

IPv6 是下一版本的互联网协议，它的提出是因为 IPv4 定义的有限地址空间已被耗尽。为了扩大地址空间，拟通过 IPv6 重新定义地址空间。IPv6 采用 128 位地址长度，按照目前最流行的说法是，IPv6 可以为世界上每一粒沙子都将分配一个 IP 地址。IPv6 纠正了 IPv4 存在的一些问题，如端到端 IP 连接、服务质量(QoS)、安全性、多播、移动性、即插即用等。IPv6 是未来网络通信的主流，目前 IPv4 网络正在实现向 IPv6 的过渡，暂时 IPv4 将不会被淘汰掉，IPv6 还处于实验和调试运行阶段。

1. IPv6 数据包格式

和 IPv4 相似，IPv6 数据包也由包头和有效负载组成。图 2-3 是 IPv6 数据包头的基本结构。

<table>
<tr><td>版本号
(4b)</td><td>优先级
(8b)</td><td colspan="2">流标号
(20b)</td></tr>
<tr><td colspan="2">净荷长度
(16b)</td><td>下一包头
(8b)</td><td>HOP限制
(8b)</td></tr>
<tr><td colspan="4">源IP地址
(128b)</td></tr>
<tr><td colspan="4">目标IP地址
(128b)</td></tr>
</table>

图 2-3　IPv6 协议头的格式

下面对 IPv6 包头的各个部分作出说明。

- 版本号：4 位因特网协议版本号，其值为 6。
- 优先级：8 位业务负载类别字段，类似于 IPv4 中的服务类型。
- 流标号：20 位流标号，用于确定服务质量方面附加控制的业务流。
- 净荷长度：16 位无符号整数，IPv6 有效负载的长度。
- 下一包头：8 位选择器，用于识别紧随 IPv6 包头之后的包头类型。
- HOP 限制：8 位无符号整数，根据转发数据包的每个节点按 1 递减。如果 HOP 限制减至零，则数据包被丢弃。
- 源 IP 地址：数据包始发方的 128 位地址。
- 目标 IP 地址：数据包预期接收方的 128 位地址。

2. IPv6 地址结构

IPv6 地址类似 X：X：X：X：X：X：X：X 的格式，它是 128 位的，用:分成 8 段，每个 X

用4位十六进制数表示。RFC2373详细定义了IPv6地址。为了简化表示，每段中前面的0可以省略，连续的0可省略为::。IPv6用前缀来表示网络地址空间，这种方式类似于IPv4中的CDIR表示法。比如300F:270:6000::/48表示前缀为48位的地址空间，其后的80位可作为主机地址。

3. IPv6地址分类

同IPv4一样，IPv6也被划分为若干类型，主要有单播地址、任播地址和多播地址。

- 单播地址(Unicast)：该地址标识某一单个接口。发往单播地址的包将被传送到该地址指向的接口。
- 任播地址(Anycast)：该地址标识属于不同节点的一组接口。发往任播地址的包将被传送到该地址标识的某一个接口，通常是路由协议计算出的最近的那个接口。
- 多播地址(Multicast)：ff00::/8作为多播地址，该地址标识属于不同节点的一组接口。但发往多播地址的包将被传送到该地址标识的所有接口。
- ::/128即0:0:0:0:0:0:0:0，作为本地内部主机地址，不能作为目的地址分配给真实网络接口。
- ::1/128即0:0:0:0:0:0:0:1，作为内部环路自测地址，相当于IPv4中的127.0.0.1。
- 2001::/16，即全球可聚合地址，由IANA按地域和ISP进行分配，是最常用的IPv6地址。2002::/16是6to4地址，用于6to4自动构造隧道技术的地址。
- 3ffe::/16作为早期开始的IPv6 6Bone试验网地址。
- fe80::/10作为本地链路地址，用于单一链路，适用于自动配置、随机发现等。
- ::A.B.C.D模式的IPv6地址，其中＜A.B.C.D＞代表IPv4地址，它是兼容IPv4的IPv6地址，自动将IPv6包以隧道方式在IPv4网络中传送的IPv4或IPv6节点使用这些地址。
- ::FFFF:A.B.C.D模式的IPv6地址，其中＜A.B.C.D＞代表IPv4地址，是通过IPv4映射的IPv6地址。

4. IPv6隧道技术

ISATAP和6to4都是目前比较流行的自动建立隧道的过渡技术，都可以连接被IPv4隔绝的IPv6孤岛，通过将IPv4地址嵌入IPv6地址中，并将IPv6包封装在IPv4中传送，在主机相互通信中抽出IPv4地址建立Tunnel。

ISATAP将IPv4地址夹入IPv6地址中，当两台ISATAP主机通信时，可自动抽取出IPv4地址建立Tunnel进行通信，并且无须通过其他特殊网络设备，只要彼此间IPv4网络通畅即可。

6to4由RFC3056定义，机制被定义在站点之间进行IPv6通信，每个站点必须至少有一台“6to4”路由器作为出入口，使用特殊的地址格式，地址前缀以2002:开头，并将路由器的IPv4地址夹入IPv6地址中，因此位于不同6to4站点内的主机彼此通信时即可自动抽出IPv4地址在路由器之间建立Tunnel。通过6to4路由器，不同6to4站点内的主机可互相通信，当需与一般IPv6主机通信时，则必须过6to4中继路由器。6to4中继路由器必须同时具备6to4及IPv6接口，同时提供这些接口的封包传送。6to4需要一个全球合法的IPv4地址，所以对解决IPv4地址短缺没有太大帮助，但它不需要申请IPv6地址，通过它可使站点迅速升级到IPv6。

2.4.3　子网划分和 VLSM

子网指的是占用原网络地址的相关主机位来划分子网络的过程。在网络中，通常处于安全性和减少路由表容量的考虑，进行基于 IP 地址的子网划分过程。经过子网划分后的网络范围缩小，提高了安全性，但是子网划分过程中舍弃了全 0 和全 1 的 IP 段，并且把部分在原网络中使用的 IP 地址借用充当子网的网络地址和广播地址，这种划分方式将导致网络中很多 IP 地址的浪费，子网的划分是以牺牲 IP 地址为代价的。

子网划分(sub networking)是指由网络管理员将一个给定的网络分为若干个更小的部分，这些更小的部分称为子网(subnet)。经过划分后的子网因为其主机数量减少，已经不需要原来那么多位作为主机标识了，从而可以将这些多余的主机位用作子网标识，如图 2-4 所示。

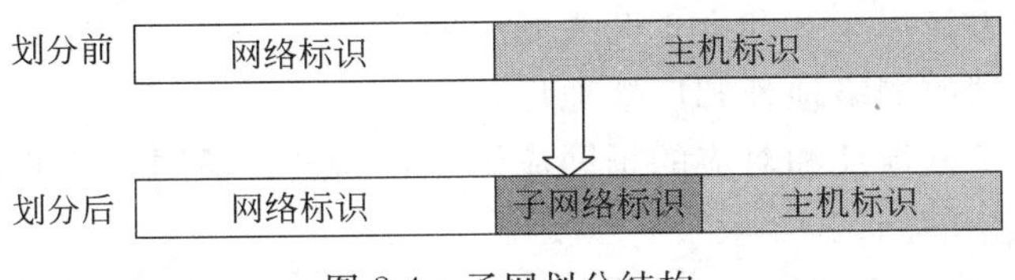

图 2-4　子网划分结构

1. VLSM

VLSM(Variable Length Subnet Masking)指的是可变长子网掩码，如果把网络分成多个不同大小的子网，可以使用可变长子网掩码，每个子网可以使用不同长度的子网掩码。使用 VLSM 允许对同一主网络使用不同的网络掩码，VLSM 可以改变同一主网络的子网掩码的长度。

例如，如果按部门划分网络，一些网络的掩码可以为 255.255.255.0(多数部门)，其他可为 255.255.252.0(较大的部门)。

在使用无类别路由协议(Classless Routing Protocol)如 OSPF、RIPv2、EIGRP 协议时，就可以使用 VLSM。使用可变长子网掩码可以让位于不同端口的同一网络编号采用不同的子网掩码，能节省大量的地址空间，允许非连续寻址则使网络的规划更灵活。VLSM 技术对高效分配 IP 地址(较少浪费)以及减少路由表大小都起到非常重要的作用。需要注意的是使用 VLSM 时，所采用的路由协议必须能够支持 VLSM。

2. 子网掩码

子网掩码是一个 32 位的 IP 地址，用于屏蔽 IP 地址的一部分以区别网络标识和主机标识。使用子网可以把单个网络划分成多个物理网络，并用路由器把它们连接起来。子网掩码的算法是，把对应主机 IP 地址的网络部分全部用 1 来标识，把其对应的主机部分全部用 0 标识。

1) 无子网划分的子网掩码

按照子网掩码的定义，对无子网划分的 IP 地址，可写成主机号为 0 的掩码。

A 类网络的子网掩码为 255.0.0.0。

B 类网络的子网掩码为 255.255.0.0。

C 类网络的子网掩码为 255.255.255.0。

D类网络的子网掩码为255.255.255.255。

2）有子网划分的子网掩码

按照子网掩码的定义，凡是网络部分按全1表示，凡是主机部分按全0表示。在子网划分过程中，占用的主机位充当子网位，这样，将原来网络中的网络位置就扩充了，凡是网络位和子网位将全部用1来表示，剩余的主机位全部用0表示，这就是有子网划分的子网掩码的表示。实际上它和无子网划分的子网掩码的计算方式完全相同，它完全遵循子网掩码的概念。

3. 子网划分的步骤

(1) 确定网络类型，按照子网数目确定占用主机的位数。

(2) 按照占用主机位的位数，写出子网掩码。注意在描述过程中原IP地址的网络部分和要划分的子网部分全部用1表示，剩余的主机ID部分全部用0表示。

(3) 划分过程中去掉以全0和全1开头的子网。

(4) 设置每个子网的网络地址和广播地址。

(5) 把划分好的子网地址和对应的子网掩码配置到进行子网划分的机器上。

(6) 进行子网划分的测试。

下面给出一个C类网络地址210.43.39.0，现在要求其具有6个子网，按理论计算，则必须使用主机的三位进行子网划分。按定义计算该网络进行子网划分后的子网掩码应该为255.255.255.224。子网掩码如表2-3所示。

表2-3 对一个C类网络进行子网划分

子网号	主机号	范围	子网号	主机号	范围
001	00001～11110	33～62	100	00001～11110	129～158
010	00001～11110	65～94	101	00001～11110	161～190
011	00001～11110	97～126	110	00001～11110	193～222

(1) 两台机器的IP地址在同一个子网内的设置如下，现在给网络内的第一台主机分配IP地址为210.43.39.36，另外一台的IP地址为210.43.39.59，如图2-5所示。

用IP地址为210.43.39.36的机器去连通IP地址为210.43.39.59的机器。使用ping命令的测试结果显示两个主机是相通的。

(2) 两台机器的IP地址在不同子网内的设置如下，现在给网络内的第一台主机分配IP地址为210.43.39.59，另外一台的IP地址为210.43.39.87，如图2-6所示。

用IP地址为210.43.39.59的机器去连通IP地址为210.43.39.87的机器。使用ping命令的测试结果显示两个主机不通。这就是子网划分的意义所在。

2.4.4 超网聚合与CIDR

子网划分的目的是为了对原来网络做进一步的限制，它以牺牲很多原来有用的IP地址为代价，在大型网络上，常常使用子网划分技术。然而目前，IP地址的资源相当紧张，比如一个单位可能申请多个C类网段才能实现给每个部门的IP地址的分配，为了减小Internet路由表的数量，将多个网络聚合到一个网络中的技术，就是超网。

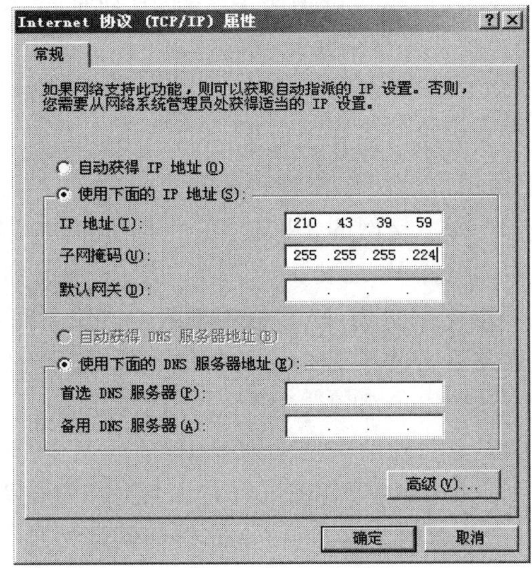

图 2-5　在同一子网内两台机器 IP 的设置

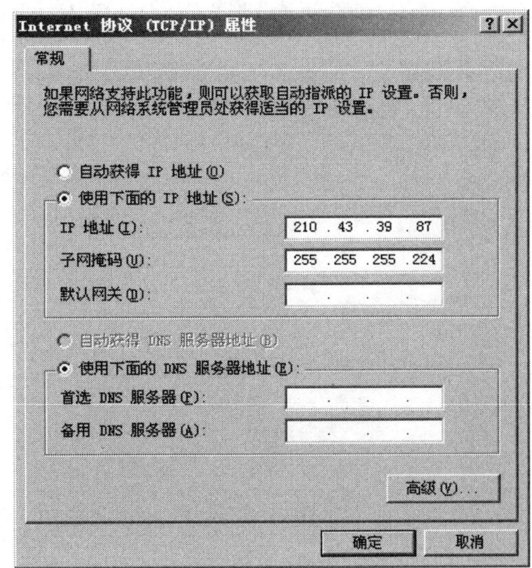

图 2-6　在不同子网内两台机器 IP 的设置

超网的作用和方式刚好和子网相反，在超网中，采用借用网络位充当主机位实现网络聚合服务。和子网不同的是，采用超网后，可能将本来不准备使用的网络也纳入了超网中，这样在安全性上将出现问题。如果聚合不当，将引起网络地址的混乱。

1. CIDR

CIDR(Classless Inter-Domain Routing)，即无类别域间路由，它取消地址的分类结构，允许以可变长分界的方式分配网络数。它支持路由聚合，可限制 Internet 主干路由器中必要路由信息的增长。“无类别”的意思是现在的选路决策是基于整个 32 位 IP 地址的掩码操作，而不管其 IP 地址是 A 类、B 类或是 C 类，都没有什么区别。

CIDR 用于帮助减缓 IP 地址耗尽和路由表增大的问题，多个 C 类地址块可以被组合或聚合在一起以生成更大的无类别 IP 地址集。

2. 超网划分步骤

(1) 将要聚合成超网的所有 IP 地址全部转化成二进制串。

(2) 从第一位开始比较它们之中的相同部分，所有相同的部分将保留为超网的网络部分，剩余的部分将保留为超网的主机部分。

(3) 写出超网的子网掩码，并且可以计算超网的网络地址。

(4) 配置 IP 地址，子网掩码，使用 ping 命令实现测试。

值得注意的是，并不是任意两个网络都可以进行网络聚合，在进行网络聚合的时候必须要考虑是否会将没有指定的其他网段纳入新聚合的网络之中。下面介绍采用超网技术，实现 210.43.32.0 和 210.43.33.0 的聚合。

(1) 上面的两个网络地址中，前面两个部分都是相同的，第三个部分转化成 8 位的二进制分别是 00100000、00100001，对照该 8 位，发现前面的 7 位(0010000)全部相同，所以可以确定，把前面的 23 位可以全部作为网络地址使用。

(2) 按照上面的步骤，求出的二进制子网掩码串为 11111111.11111111.11111110.00000000，转化成十进制后，求出的子网掩码为 255.255.254.0

(3) 给网络中的两台机器分别配置 IP 地址和子网掩码，操作如图 2-7 所示。

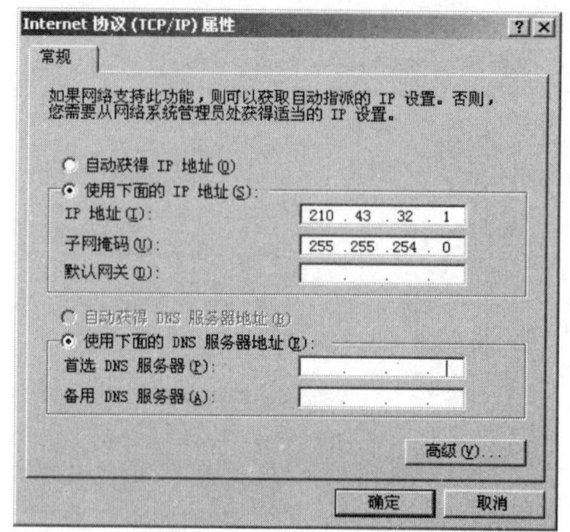

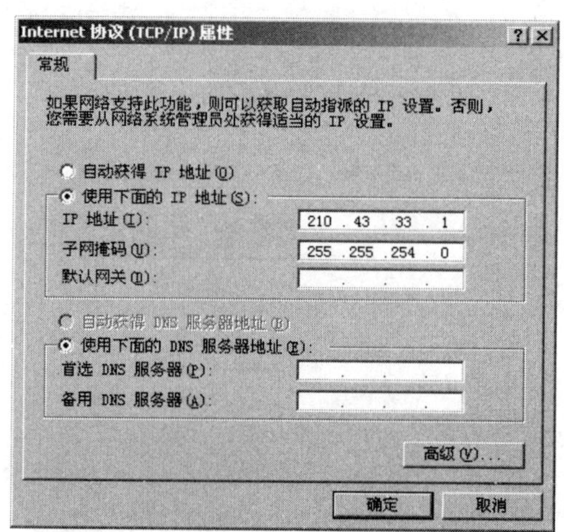

图 2-7 超网的 IP 设置

(4) 采用 ping 命令进行测试，发现互通。显示如图 2-8 所示。如果不进行聚合设置，这两个主机的互通必须要经过路由器，否则是不能直接互通的。

2.4.5 网络地址转换

前面介绍了子网和超网两种地址规划方式，在现实中，可能受到实际企业业务环境的影响，导致 IP 地址匮乏，为此在企业内部通常使用私有地址，而在接入 Internet 时必须使用公有 IP 地址，而公有 IP 地址匮乏成为企业接入 Internet 的最大障碍。网络地址转换(NAT)就是在这种情况下产生的一种网络技术。

NAT 是用于将一个专用地址域(局域网内部或 Intranet)与另一个地址域(如 Internet)建立起对应关系的技术，它使得一个私有网络可以通过 Internet 注册 IP 连接到外部世界，

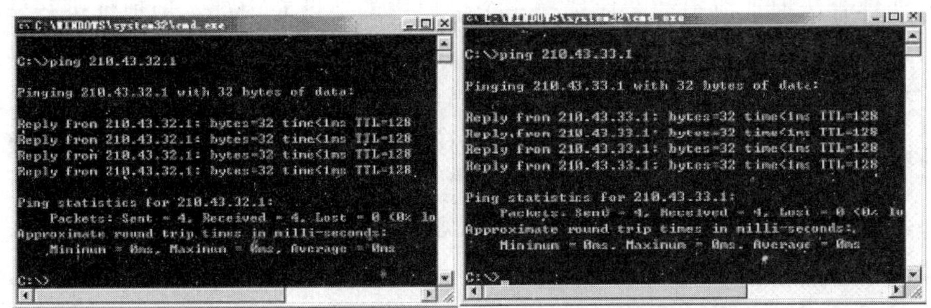

图 2-8　超网的测试

从而使使用私有地址的主机以公用地址出现在 Internet 上。位于内部网络和外部网络边界上的 NAT 路由器在发送数据包之前负责把内部私有 IP 地址翻译成外部合法 IP 地址。NAT 设备维护一个状态表，用来把私有 IP 地址映射到公有 IP 地址上。

1. 保留的 IP 地址

对于 A、B、C 三类网络地址都有一个网络号作为保留 IP 范围，它一般用在私有网络内部，并且无须申请。表 2-4 显示的是此保留 IP 地址。

表 2-4　保留 IP 地址

网络类型	IP 范围
A	10.0.0.0～10.255.255.255
B	172.16.0.0～172.16.255.255
C	192.168.0.0～192.168.255.255

2. NAT 中的地址

配置 NAT 把整个网络分成内部网络和外部网络两部分，对应出现相关的四个地址。

(1) 内部本地地址：局域网内部主机拥有的一个真实地址，一般来说是一个私有地址。

(2) 内部全局地址：对于外部网络来说，局域网内部主机所表现的 IP 地址。

(3) 外部本地地址：外部网络主机的真实地址。

(4) 外部全局地址：对于内部网络来说，外部网络主机所表现的 IP 地址。

3. NAT 的类型

NAT 有四种类型：静态 NAT、动态 NAT、端口地址转换和 TCP 负载均衡。

1) 静态 NAT

静态 NAT(Static NAT)是最容易实现的一种 NAT 技术，在静态 NAT 中，内部网络中的每个主机都被永久映射成外部网络中的某个合法地址。内部地址与全局地址一一对应，当内部节点与外界通信时，内部地址就会转化为对应的全局地址。

注意：如果内部网络有 E-mail 服务器或 FTP 服务器等可以为外部用户提供服务的服务器，这些服务器的 IP 地址必须采用静态地址转换，让外部用户可以使用这些服务。

2) 动态 NAT

动态 NAT 将可用的全局地址集定义成 NAT 池(NAT pool)，采用动态分配的方法映射到内部网络。动态地址转换也是将全局地址与内部合法地址一对一的转换，但是动态地址转换是从外部合法地址池中动态地选择一个未使用的地址对内部本地地址进行转换。

动态转换增加了网络管理的复杂性，但也提供了很大的灵活性。对于要与外界进行通信的内部节点，如果还没有建立转换映射，边缘路由器或防火墙将会动态地从 NAT 池中选择全局地址对内部地址进行转换，每个转换条目在连接建立时动态建立，而在连接终止时会被回收。

注意：当 NAT 池中的全局地址被全部占用后，其后的地址转换申请会被拒绝，这会造成网络连通性的问题，因此应使用超时操作选项来回收 NAT 池的全局地址。另外，由于每次的地址转换是动态的，因此同一个节点在不同连接中的全局地址是不同的，这会使 SNMP 的操作复杂化。

3）端口地址转换

端口地址转换(Network Address Port Translation，NAPT)是动态转换的一种变形，它可以使多个内部节点共享一个全局 IP 地址，而使用源和目的 TCP/UDP 的端口号来区分 NAT 表中的转换条目及内部地址。

4）TCP 负载均衡

当内部节点共享一个 IP 地址时，在外部看来就是一台虚拟主机。如果外部节点要与内部节点建立连接，则边缘路由器会使用 TCP 负载均衡功能。

当边缘路由器接收到外部请求时，会从 NAT 表中检查上一次的转换条目，并为本次连接分配一个新的条目，实现和内部地址进行映射。本次连接结束后，下一次的外部请求将会被分配到接下来的一个新的转换条目中。

TCP 负载均衡负责信息由外到内的翻译，实现外部主机与虚拟主机通信时，NAT 路由器接受外部主机的请求，依据 NAT 表建立与内部主机的连接，把全局地址(目的地址)翻译成内部局部地址，并转发数据包到内部主机，内部主机接受包并作出响应。NAT 路由器再使用内部地址和端口查询数据表，根据查询到的外部地址和端口作出响应。此时，如果同一主机再进行第二个连接，NAT 路由器将根据 NAT 表建立与另一个虚拟主机的连接，并转发数据。

2.5 VLAN 的规划

2.5.1 VLAN 的基本概念

VLAN(Virtual Local Area Network)，即虚拟局域网，它是指在交换局域网的基础上，通过配置交换机创建的可跨越不同网段、不同网络的逻辑网络。一个 VLAN 便是一个逻辑子网(即一个逻辑广播域)。它可以覆盖多个网络，允许处于不同地理位置的网络用户加入一个逻辑子网中。

为了解决设备兼容性问题，IEEE 定义了两种 VLAN 标准，即 IEEE 802.10 和 IEEE 802.1Q。IEEE 802.10 标准曾经在全球范围内作为 VLAN 安全性的统一规范，1995 年，Cisco 公司也提倡使用这一标准，但由于其技术原因，没有得到推广。1996 年 3 月，IEEE 802.1 Internetworking 委员会结束了对 VLAN 初期标准的修订工作，提出了新的 VLAN 标准，完善了 VLAN 的体系结构，统一了 Frame Tagging(帧标志)方式中不同厂商的标签格式，并制定了VLAN的发展方向。IEEE于1998年完成了IEEE 802.1Q标准，开创了VLAN发展的新局面。

VLAN的优点如下。

(1) 控制广播风暴。一个VLAN是一个逻辑广播域，通过VLAN隔离了广播域，缩小了广播范围，可以控制广播风暴的产生。

(2) 提高网络安全性。通过路由访问列表和MAC地址分配等VLAN划分的原则，可以控制用户访问权限和逻辑网段大小，将不同用户群划分在不同VLAN组里，从而提高了交换式网络的整体性能和安全性。

(3) 提高网络管理效率。VLAN是一种逻辑划分方式，指的是在不移动物理网络结构的情况下，实现对网络的配置和划分。一个单位如果采用VLAN技术，可以将不同地理位置的网络用户划分为一个逻辑网段，在不改动网络物理连接的情况下可以任意地将工作站在工作组或子网之间移动。利用虚拟局域网技术，大大减轻了网络管理和维护工作的负担，降低了网络维护费用。在一个交换网络中，VLAN提供了网段和机构的弹性组合机制。

2.5.2　VLAN的规划类型

VLAN是为解决以太网的广播问题和安全性而提出的，它是在以太网帧的基础上增加了VLAN头，用VLAN ID把用户划分为更小的工作组，限制不同工作组间用户的二层互访。每个工作组就是一个虚拟局域网，虚拟局域网的好处是可以限制广播范围，并能够形成虚拟工作组，动态管理网络。

一个VLAN内部的广播和单播流量都不会转发到其他VLAN中，即使是两台计算机有着同样的网段，但是它们却没有相同的VLAN号，它们各自的广播流也不会相互转发，从而有助于控制流量、减少设备投资、简化网络管理、提高网络的安全性。使用VLAN隔离了广播风暴，同时也隔离了各个不同VLAN之间的通信，所以不同VLAN之间的通信通过路由完成。

常见的VLAN划分有以下六种方式。

1. 基于端口划分VLAN

利用交换机的端口划分VLAN的方式目前最普遍，许多VLAN厂商都利用交换机的端口划分VLAN成员。被设定的端口都在同一个广播域中。这样做允许各端口之间的通信，并允许共享型网络的升级。但是，这种划分模式将虚拟网限制在一台交换机上。第二代端口VLAN技术允许跨越多个交换机的多个不同端口划分VLAN，不同交换机上的若干个端口可以组成同一个虚拟网，以交换机端口划分网络成员，其配置过程简单。

2. 基于MAC地址划分

这种划分VLAN的方法是根据每个主机的MAC地址划分，即对每个MAC地址的主机都配置它所隶属的组。这种划法的优点是当用户物理位置移动时，VLAN不用重新配置。缺点是在进行网络的初始化时，所有的用户都必须进行配置。如果用户过多，这种配置过程将非常耗时，工作量太大。另外这种划法导致了交换机执行效率的降低，因为在每一个交换机的端口都可能存在很多个VLAN组的成员，这样就无法限制广播包。

3. 基于网络层划分VLAN

这种划分VLAN的方法是根据每个主机的网络层地址或协议类型划分的。其优点是用户的物理位置改变不需要重新配置所属的VLAN，而且可以根据协议类型划分VLAN，大大减轻了网络管理。这种方法不需要附加的帧标签识别VLAN，可以减少网络的通信量。其缺点是工作效率低，因为检查每个数据包的网络层地址比较耗时。

4. 基于IP多播划分

IP多播实际上也是一种VLAN的定义，即认为一个多播组就是一个VLAN，这种划分的方法将VLAN扩大到了广域网，因此这种方法具有更大的灵活性，而且也很容易通过路由器进行扩展，当然这种方法不适合于局域网，主要是效率不高。

5. 基于策略划分

基于策略组成的VLAN能实现多种分配方法，包括VLAN交换机端口、MAC地址、IP地址、网络层协议等。网络管理人员可根据具体的管理模式和实际需求决定选择配置VLAN的类型。

6. 基于用户定义划分

基于用户定义划分VLAN，是指为了适应特别的VLAN网络，根据具体的网络用户的特别要求定义和设计VLAN，这种方式可以让非VLAN群体用户访问VLAN，但是需要提供用户名和密码，在得到VLAN管理的认证后才可以加入VLAN。

2.6 网络冗余的规划

冗余是保证网络安全稳定运行的基础，网络冗余指的是采用相关软件或者软件技术实现对当前网络的冗余备份过程，当网络设备在运行时出现故障后，另一备用设备则会及时替代其进行工作，保证网络正常运行。冗余技术又称储备技术，它是利用系统的并联模型提高系统可靠性的一种手段。

2.6.1 硬件冗余

在网络中硬件冗余的规划主要体现在如下几个方面。

1. 电源冗余

冗余电源是用于服务器中的一种电源，是由两个完全一样的电源组成，由芯片控制电源进行负载均衡，当一个电源出现故障时，另一个电源马上可以接管其工作，在更换电源后，两个电源协同工作。冗余电源是为了实现服务器系统的高可用性。

电源冗余一般可以采取的方案有容量冗余、冗余冷备份、并联均流的N+1备份、冗余热备份等方式。

冗余冷备份是指电源由多个功能相同的模块组成，正常时由其中一个供电，当其故障时，备份模块立刻启动投入工作。这种方式的缺点是电源切换存在时间间隔，容易造成电压豁口。

并联均流的N+1备份方式是指电源由多个相同单元组成，各单元通过或门二极管并联在一起，由各单元同时向设备供电。这种方案在一个电源故障时不会影响负载供电，但负载端短路时容易波及所有单元。

冗余热备份是指电源由多个单元组成，并且同时工作，但只由其中一个向设备供电，其他空载。主电源故障时备份电源可以立即投入工作，输出电压波动很小。

冗余电源一般配置 2 个以上电源。当 1 个电源出现故障时，其他电源可以立刻投入工作，不中断设备的正常运行。这类似于 UPS 电源的工作原理：当市电断电时由电池顶替供电。冗余电源与 UPS 的区别主要是由不同的电源同时供电，而 UPS 则是一个电源供电另一个则随时备用，有需要时自动切换。

2. 引擎冗余

引擎是模块化交换机和路由器等网络设备的重要组件，引擎用来管理网络设备中的其他模块，引擎是整个设备的核心，如果引擎出现故障，整个网络将出现故障。为了提高系统的可靠性，双引擎可以提供硬件冗余。一个引擎作为主引擎，一个作为备份引擎。

3. 模块冗余

模块是网络设备承载数据流的最直接部件，同时也是最容易受损的部件。一般而言，核心层的连接设备必须配置备份模块，即每个接口需要一个备份接口，每个模块需要一个备份模块。

4. 设备堆叠

堆叠用于实现单交换机端口的扩充，它相当于电源、引擎、模块的多重冗余，当多个交换机连在一起时，其作用就像一个模块化交换机一样，堆叠在一起，多个交换机可以当作一个单元设备进行管理。

5. 链路冗余

在骨干网设备连接中，单一链路的连接很容易实现，但一个简单的故障就会造成整个网络的中断。为了保持网络的稳定性，在多台网络设备组成的网络环境中，通常都使用链路冗余备份为网络带来健壮性、稳定性和可靠性等好处，但是备份链路也会使网络存在环路，因此通常采用生成树协议避免环路。

生成树协议通过阻断冗余链路来消除桥接网络中可能存在的环路，当前活动路径发生故障时，激活冗余备份链路，恢复网络连通性。在冗余网络中，通过 STP 算法将特定的端口置于阻塞状态，实现即使没有环路也可以冗余的网络。

2.6.2　软件方面

1. EtherChannel

EtherChannel 指的是端口聚合技术，它通过将多个端口进行绑定增加可用带宽。EtherChannel 可以在连接设备链路失效的情况下，通过其他未失效的链路维护连接。基于 Cisco IOS 软件的交换机，既可以支持第二层 EtherChannel，也可以支持第 3 层 EtherChannel。在第 3 层上，路由协议将 EtherChannel 当作单条链路，并且路由选择协议不会在链路失效的过程中重新收敛。

EtherChannel 有 PAgP（Port Aggregation Protocol）和 LACP（Link Aggregation Control Protocol）两种协议。PAgP 是 Cisco 专有的链路聚合协议，LACP 是由 IEEE 802.3ad 定义的链路聚合协议。

EtherChannel 的规划原则如下：

在每个 EtherChannel 中，Cisco 交换机最多允许包括 8 个端口。这些端口既不必是连续分布的，也不必位于相同模块中。一个 EtherChannel 内的所有端口必须使用相同的协议（PAgP 或 LACP）。一个 EtherChannel 内的所有端口必须具有相同的速度和双工模式，

LACP要求端口只能工作在全双工模式。一个端口不能在相同时间内属于多个通道组。一个EtherChannel内的所有端口必须通过配置接入相同的VLAN中，或者配置具有相同VLAN许可列表和相同Native VLAN的VLAN干道中。为了避免意想不到的结果，一个EtherChannel内的所有端口都需要配置相同的Trunk模式。一个EtherChannel内的所有端口都要求具有相同的VLAN开销配置。如果EtherChannel的端口通道接口是第3层接口（而不是物理接口），那么就应当为接口配置IP地址。

2. HSRP

HSRP是Cisco推出的一种网络冗余技术。HSRP为IP网络提供了容错和增强的路由选择功能。通过使用同一个虚拟IP地址和虚拟MAC地址，LAN网段上的两台或者多台路由器可以作为一台虚拟路由器对外提供服务。HSRP使组内的Cisco路由器能相互监视对方的运行状态，如果其中一台出现故障，另一台就能接替它，继续完成路由功能。

HSRP备份组由一台活跃路由器、一台备份路由器、一台虚拟路由器和其他路由器组成。活跃路由器的功能是转发到虚拟路由器的数据包。备份路由器的功能是监视HSRP组的运行状态，并且当活跃路由器不能运行时，迅速承担起转发数据包的责任。虚拟路由器的功能是向最终用户提供一台可以连续工作的路由器。

HSRP组内的每个路由器都有指定的优先级，用于衡量路由器在活跃路由器选择中的优先程度，默认优先级是100。组中有最高优先级的路由器将成为活跃路由器，如果优先级相同，IP地址大的路由器成为活跃路由器。活跃路由器替虚拟路由器对数据流进行响应。如果末端主机发送了一个数据包到虚拟路由器的MAC地址，那么活跃路由器将接收并且处理这个数据包。如果末端主机对虚拟路由器的IP地址发送ARP解析请求，那么活跃路由器将使用虚拟路由器的MAC地址进行应答。

HSRP协议提供了一种决定使用主动路由器还是备份路由器的机制，并制定一个虚拟的IP地址作为网络系统的默认网关地址。如果主动路由器出现故障，备份路由器继承主动路由器的所有任务，并且不会导致主机通信中断现象。

3. VRRP

虚拟路由器冗余协议（VRRP）是一种标准化协议，它可以把一个虚拟路由器的责任动态分配到局域网上的VRRP路由器中的一台。控制虚拟路由器IP地址的VRRP路由器称为主路由器，它负责转发数据包到这些虚拟IP地址。一旦主路由器不可用，这种选择过程就提供了动态的故障转移机制，这就允许虚拟路由器的IP地址可以作为终端主机的默认第一跳路由器。使用VRRP的好处是有更高的默认路径的可用性而无须在每个终端主机上配置动态路由或路由发现协议。VRRP包封装在IP包中发送。

在一个VRRP组内的多个路由器共用一个虚拟的物理地址和IP地址，该地址被作为局域网内所有主机的缺省网关地址。VRRP协议决定哪个路由器被激活，该被激活的路由器接收发过来的数据包并进行路由。组内的各路由器之间交换呼叫信号，如果当前路由器无法使用，备用路由器将进入激活状态，接管路由任务。

4. GLBP

GLBP协议全称为Gateway Load Banancing Protocol，和HRSP、VRRP不同的是，GLBP不仅提供冗余网关，还在各网关之间提供负载均衡，而HRSP、VRRP都必须选定一个活动路由器，而备用路由器则处于闲置状态。

GLBP 可以绑定多个 MAC 地址到虚拟 IP，从而允许客户端选择不同的路由器作为其默认网关，而网关地址仍使用相同的虚拟 IP，从而实现一定的冗余。在 GLBP 中，优先级最高的路由器成为活动虚拟网关，称作 Active Virtual Gateway，其他非 AVG 提供冗余。某路由器被推举为 AVG 后，AVG 分配虚拟的 MAC 地址给其他 GLBP 组成员。所有的 GLBP 组中的路由器都转发包，但是各路由器只负责转发与自己的虚拟 MAC 地址相关的数据包。这样就实现了一种轮询，在各路由器间实现了负载均衡。

2.7　高等学校校园网规划案例

高等学校校园网建设的目标应该既能满足学生即将进入社会、面临网络信息时代激烈的知识竞争的需要，又能满足教师教学活动和研究人员迅速吸收最新知识、进行学术交流和创新的需要，同时还能达到在面积较大、环境较为复杂的校园内，进行行政、生活、教务管理以及开展多种业务活动的目的。这些需求使高等学校校园网应能适应多种不同的数据传输类型，体现出不同的应用特点。同时，网络设计要尽量简单化、模块化，既可以节省资金投入，又便于网络管理和升级。

1. 网络应用特点

高等学校校园网一般的应用主要有：

(1) 电子邮件系统。主要进行与同行交往、开展技术合作和学术交流等活动。

(2) 文件传输 FTP。以获取重要的科技资料和技术文档。

(3) 学校可建立自己的主页，通过 Internet 进行学校宣传、提供各类咨询信息等，利用内部网络进行管理(如发布通知、收集学生意见等)。

(4) 计算机教学。包括多媒体教学和远程教学。

(5) 数字图书馆系统。用于计算机查询、检索、阅读等其他应用，如大型分布式数据库系统、超性能计算资源共享/管理系统、视频会议等。

(6) 教务和办公。使校领导能及时、全面、准确地掌握全校的教学、科研、学籍考绩、一般管理、财务和人事等方面的情况。

(7) Internet 接入。通过实现与 Internet 的互联，使教职员工和学生上网，从事办公、课外学习和资料查询。

2. 需求分析

高等学校校园网的网络应用类型非常复杂，信息媒体类型较多，且具有信息流猝发特点。在校园网建设中，应充分兼顾信息资源共享与服务、多媒体教学和教务管理等因素对网络的需求。在网络技术上应该留有一定的发展空间。

校园网设计应该能满足以下条件：

(1) 网络应具有传递语音、图形、图像等多种信息媒体功能，二级以上交换机应支持多播功能。

(2) 具备性能优越的资源共享功能，以及校园网中各信息点之间的快速交换功能。

(3) 由于校园网规模较大，教学与科研部门众多，如果所有信息点在同一冲突域中，广播风暴就会使网络性能严重下降，中心系统交换机应支持 VLAN 和第三层交换技术，支持 QoS，对网络用户具有分类控制功能，对网络资源的访问提供完善的权限控制，以提高网络的安全与性能。

(4) 校园网与 Internet 相连后,应具有"防火墙"过滤功能,以防止黑客入侵。

(5) 能够对接入因特网的用户进行权限控制和计费管理。

3. 方案设计要点

高等学校校园网建设的目标就是要在校内构筑一套高性能、全交换、以千兆以太网为主体、以双星(树)结构为主干的遍布整个校园的网络信息系统,以满足大负荷网络的访问需求。

在校外,采用宽带接入方案连接到 Internet,实现高校之间和国际间的高效率资源共享和学术交流。还应考虑与当地城域网的连接、校园网与企业网不同,它一般采用开放的网络结构。在广域网连接的安全性考虑上稍弱,一般采用路由器防火墙,即包过滤功能防火墙,而不是企业网的物理防火墙。

布线系统是网络通信基础设施,应当一步到位,尤其是主干光缆,铺设费用较高,如果几年内改造将造成巨大浪费,应当备足光缆芯数。

4. 层次化方案设计

图 2-9 展示了一个高校校园网的通用模型。在实施时要根据很多因素重新扩展定义更复杂的网络模型。

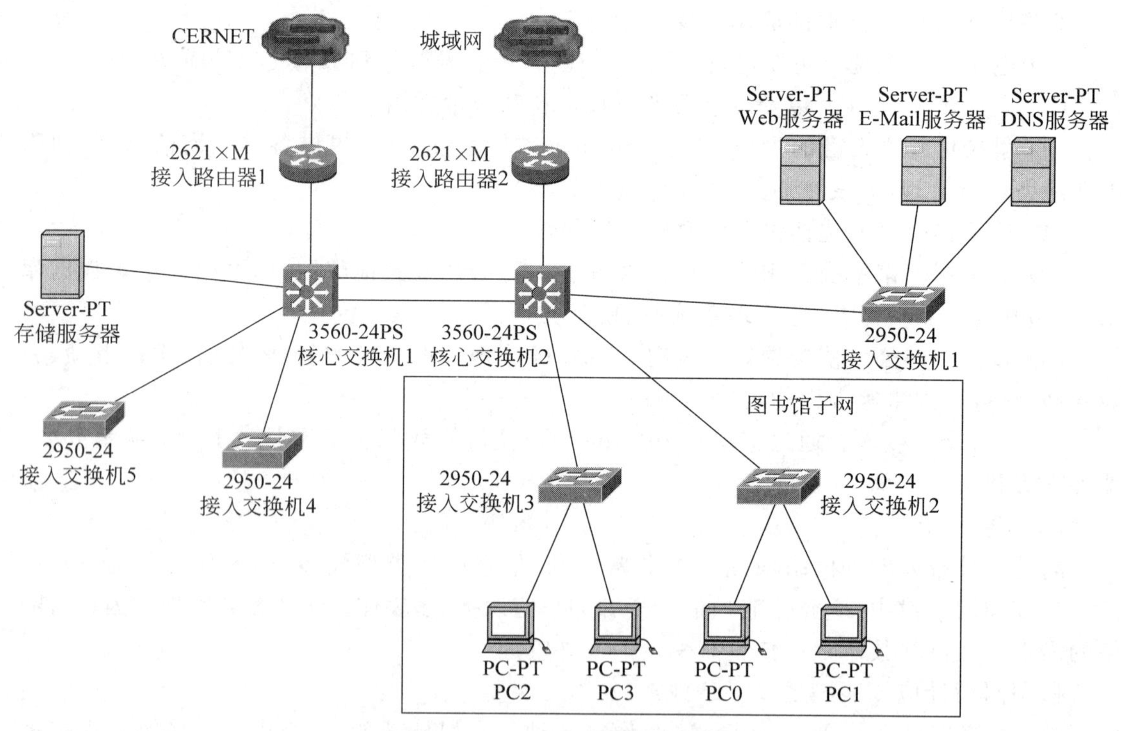

图 2-9 大学校园网通用模型

从逻辑设计的角度来看,大型网络可分为核心层、汇聚层和接入层,每层都有其特点。

1) 网络核心层设计

大学校园网采用层次化网络拓扑结构,核心层采用两台带有第三层交换模块的千兆以太网交换机。核心交换机之间采用聚合链路(Port Trunking),该技术可使交换机之间连接最多 4 条负载均衡的冗余连接。当两个交换机之间的一条线路出现故障时，传输的数据会快速自动切换到另外一条线路上进行传输，以使网络真正具备高容量、无阻塞、可靠的多媒体传输和优质的管理能力，可将千兆以太网交换、快速以太网交换以及路由构成一套有机的网络主干。

核心层为下两层提供优化的数据转移功能，它是一个高速的交换骨干，其作用是尽可能快地交换数据包而不应卷入具体数据包的运算中(ACL，过滤等)，否则会降低数据包的交换速度。

核心层还包括 IP 路由配置管理、IP 多播、静态 VLAN、生成树、设置陷阱和警报、RMON 监控管理以及服务器群的高速连接等。

2) 网络汇聚层设计

在校园园区内楼宇间连接时，主要楼宇可放置二级交换机，当然也可以是第三层(路由)交换机。汇聚层交换机和核心层交换机之间均在全双工模式下运行，提供吉比特的宽带连接，保证分支主干的无阻塞交换。

汇聚层提供基于统一策略的互连性，它连接核心层和接入层，对数据包进行复杂的运算。在园区网络环境中，汇聚层主要提供如下功能：地址的聚集、部门和工作组的接入、广播域；多播传输域的定义、VLAN 划分、介质转换和安全控制等。

3) 网络接入层设计

接入层交换机放置于每幢楼的楼层内可用于直接接入信息点。应采用可网管、可堆叠的高性能交换机，以便于扩展，交换机应具备扩展槽，以便根据需要加插 2 口堆叠模块、单口或双口的千兆模块。

接入层的主要功能是为最终用户提供网络访问途径。主要提供如下功能：带宽共享、交换带宽、MAC 层过滤和网段微分。

在接入 Internet 设计时，推荐采用局域网(LAN)光纤专线接入方式，此方式通过配备路由器设备，租用电信部门的专线并向 Internet 管理部门申请 IP 地址及注册域名，并通过路由器计费代理进行上网计费。

层次化设计的优点可以总结为如下几点：

(1) 可扩展性。因为网络可模块化增长而不会遇到问题。

(2) 简单性。通过将网络分成许多小单元，降低了网络的整体复杂性，使故障排除更容易，能隔离广播风暴的传播、防止路由循环等潜在问题。

(3) 设计的灵活性。使网络容易升级到最新技术，升级任意层次的网络不会对其他层次造成影响，无须改变整个环境。

(4) 可管理性。层次结构使单个设备配置的复杂性大大降低，更易管理。

5. 网络服务器

高等学校校园网的网络服务器主要包括文件服务器、电子邮件、数据库、VOD、Web 服务器等。与企业网不同，校园网对应用服务器和数据库服务器的要求不是很高，用高档企业级 NT 服务器即可；而其 E-mail、FTP、Web 等服务器却十分忙碌，可考虑采用高性能的 UNIX 服务器。

6. 应用系统

高等学校校园网网络应用系统基本可分为校园网络中心、教学子网、办公子网、图书馆子网和宿舍区子网等几大部分。主要应用系统包括：

(1) 学籍管理。包括学生信息管理、新生分班管理。

(2) 考绩管理。包括与每次考试相关的成绩信息录入、修改、浏览和查询等功能。

(3) 教学管理。它涵盖的信息较为全面，包括教师评估内容管理、教师评估结果管理、教案管理、课件管理。

(4) 班级管理。主要对学校班级信息进行管理，为跨学年信息提供自动升级信息。

(5) 课表管理。

(6) 网上图书管理。管理员输入有关图书信息，并设置图书统计维护、图书查询、图书预借等功能。

(7) 公告管理。管理员要进行公告登记和公告维护两项操作，可将校内通知、公文等发布到校园网上，达到网上办公、校务公开的目的。

本章小结

本章主要讲述网络工程的规划和设计过程。其中2.1节讲述了网络工程的需求分析，网络的规划方案并设计了一个网络工程设计方案。2.2节讲述了网络的管理分析。2.3节讲述了网络的核心层、汇聚层和接入层的设计过程。2.4节讲述了IPv4和IPv6地址，子网划分和VLSM，超网和CIDR，网络地址转换等。2.5节讲述了VLAN的规划。2.6节讲述了网络冗余的规划。学习完本章，读者应该重点掌握网络工程的需求分析，网络的三层结构设计，子网划分和超网聚合的规划，VLAN的设计和规划过程等。

习　　题

1. 简述网络工程需求分析的主要内容。

2. 什么是网络的三层结构？它有什么特点？

3. 210.43.32.0网络按照主机的4位进行子网划分，可划分多少个子网？3号子网的IP地址范围是多少？其子网的网络地址和广播地址是多少？

4. 192.168.0.0、192.168.1.0、192.168.2.0、192.168.3.0这四个网络地址能否实现超网聚合，如果可以，聚合后的网络IP地址范围是多少？子网掩码为多少？网络地址和广播地址是多少？

5. 简述NAT的类型和作用。

6. 简述VLAN的类型及其划分方法。

7. 网络的硬件冗余都有哪些方法？各有什么特点？

8. 网络的软件冗余都有哪些方法？各有什么特点？

第 3 章　网络工程的实施与管理

本章主要讲述如下知识点：

- 网络工程的招标；
- 网络工程的投标；
- 网络工程的评标；
- 网络工程的组织；
- 网络工程的实施；
- 网络工程的监理；
- 网络工程的验收和维护。

3.1　网络工程的招标、投标与评标

本节主要讲述网络工程的招标、投标和评标过程。

3.1.1　网络工程的招标

招标是由招标人(采购方或工程业主)发出招标通告,说明需要采购的商品或发包工程项目的具体内容,邀请投标人(卖方或工程承包商)在规定的时间和地点投标,并与所提条件对招标人最为有利的投标人订约的一种行为。网络工程招标指的是网络工程需求方通过发布招标公告向网络工程构建方提供网络工程项目的过程。

本书面对的读者既可以是计算机网络工程的招标方,也可以是计算机网络工程的投标方,作为计算机网络工程的招标方,则必须明确计算机网络工程的相关技术要领,做到能完善招标程序,撰写较为完整而高水准的招标书,以供招标使用。通过本书阐述的相关内容对整个计算机网络工程的过程有个整体把握,可以实现对整个计算机网络工程实施过程的整个宏观监控过程。

计算机网络工程的招标步骤如下。

1. 项目需求分析

首先要对招标工作进行总体安排,包括确定招标项目的实施机构和项目负责人及其相关责任人、具体的时间安排、招标费用测算、采购风险预测以及相应措施等。对要招标采购的项目从资金、技术、生产、市场等几个方面进行全方位综合分析,为确定最终的采购方案及其清单提供依据。必要时可邀请有关方面的咨询专家或技术人员参加对项目的论证、分析,同时也可以组织有关人员对项目实施的现场进行勘察或者对生产、销售市场进行调查以确保综合分析的准确性和完整性。

通过进行项目分析确定招标采购方案,包括招标采购活动的组织安排、采购项目清单及服务、有关的技术要求、规格、标准以及主要商务条款等。对有些较大的项目在确定采购方案和清单时,有必要对项目进行分包。

2．编制招标文件

根据招标项目的要求和招标采购方案编制招标文件。招标文件一般应包括招标公告、投标邀请函、招标项目要求、投标人须知、合同格式及主要合同条款、投标文件格式5部分。

1）招标公告或投标邀请函

主要是招标人的名称、地址和联系人及联系方式等招标项目的性质、数量，招标项目的地点和时间要求，对投标人的资格要求，获取招标文件的方式、地点和时间，招标文件售价，投标时间、地点以及需要公告的其他事项。

2）招标项目要求

主要是对招标项目进行详细介绍，包括项目的具体方案及要求、技术标准和规格、合格投标人应具备的资格条件、竣工交货或提供服务的时间、合同的主要条款以及与项目相关的其他事项。

3）投标人须知

主要是说明招标文件的组成部分、投标文件的编制方法和要求、投标文件的密封和标记要求、投标价格的要求及其计算方式、评标标准和方法、投标人应当提供的有关资格和资信证明文件、投标保证金的数额或其他担保形式和提交方式、提供投标文件的方式和地点以及截止日期、开标和评标及定标的日程安排以及其他需要说明的事项等。

4）合同格式

主要包括合同的基本条款、工程进度、工期要求、合同价款包含的内容及付款方式、合同双方的权利和义务、验收标准和方式、违约责任、纠纷处理方法、生效方法和有效期限及其他商务要求等。

5）投标文件格式

主要是对投标人应提交的投标文件作出格式规定，包括投标函、开标一览表、投标价格表、主要设备及服务说明、资格证明文件及相关内容等。

3．发布招标公告或投标邀请函

公开招标应当发布招标公告，招标公告应当通过报刊或者其他媒体发布。招标公告包括下列事项：

（1）招标人的名称、地址和联系人及联系方式等；

（2）招标项目的性质、数量；

（3）招标项目的地点和时间要求；

（4）对投标人的资格要求；

（5）获取招标文件的办法、地点和时间；

（6）对招标文件收取的费用、投标截止时间和地点；

（7）开标时间、地点；

（8）需要公告的其他事项。

4．资格预审

招标人或招标投标中介机构可以对有兴趣投标的供应商法人或者其他组织进行资格预审。资格审查的办法和程序可以在招标公告中载明或者通过指定报刊、媒体发布资格预审通告。资格预审通告应当载明下列事项：

（1）招标人的名称和地址；

(2) 招标项目的性质、数量;

(3) 招标项目的地点和时间要求;

(4) 获取资格预审文件的办法、地点和时间;

(5) 对资格预审文件收取的费用;

(6) 提交资格预审申请书的地点和截止日期;

(7) 资格预审的日程安排;

(8) 需要通告的其他事项。

上述预审应当主要审查有兴趣投标的法人或者其他组织是否具有圆满履行合同的能力。有兴趣投标的法人或者其他组织应当向招标人或者招标投标中介机构提交证明其具有圆满履行合同的能力的证明文件或者资料。招标人或者招标投标中介机构应当对提交资格预审申请书的法人或者其他组织作出预审决定。

5. 招标文件及发售

在招标公告或投标邀请函规定的时间、地点向有兴趣投标且经过审查符合资格要求的供应商发售招标文件。招标人或者招标投标中介机构根据招标项目的要求编制招标文件。招标文件一般包括投标人须知,招标项目的基本情况及其性质和数量等,技术规格,投标价格的要求及其计算方式,评标的标准和方法,交货、竣工或提供服务的时间;投标人应当提供的有关资格和资信证明文件、法人授权书、营业执照副本原件及复印件、专业等级原件及复印件、产品代理协议、企业简介等;投标保证金的数额或其他形式的担保;投标文件的编制要求;提供投标文件的方式、地点和截止日期;开标、评标、定标的日程安排;合同格式及主要合同条款;需要载明的其他事项。

招标文件不得要求或者标明特定的供应商以及含有倾向或者排斥潜在投标人的内容。对投标人是否可以由两个以上供应商组成一个联合体以一个投标人的身份共同投标的情况进行规定。招标人或者招标投标中介机构在招标文件中可以规定投标人在提交符合招标文件要求的投标文件的同时提交备选投标文件,但应作出说明并规定相应的评审和比较办法。招标文件规定的技术规格应当采用国际或者国内公认的法定标准。招标文件中规定的各项技术规格不得要求或者标明某一特定的专利、商标、名称、设计、型号、原产地或生产厂家,不得有倾向或排斥某一有兴趣投标的法人或者其他组织的内容。

招标人或者招标投标中介机构需要对已售出的招标文件进行澄清或者非实质性修改的,一般应当在提交投标文件截止日期 15 天前以书面形式通知所有招标文件的购买者。该澄清或修改内容为招标文件的组成部分。

3.1.2　网络工程的投标

作为承担计算机网络工程的投标方,首先要做到对计算机网络工程核心技术的全面掌握,同时采用一套工程管理的思路实现对整个工程实施的管理。从微观上来说,投标是网络工程承建方首先要解决的核心问题之一,只有接到工程才能承建工程。随着市场竞争的日益激烈,如何在众多的投标方中脱颖而出,成为工程投标商最头痛的问题之一。笔者认为首先自身的功底要硬,在业界的口碑要好。工程承建是一个积木式的过程,认真做好每一个工程,才能为企业赢得更多的承建业务机会。但是另一方面,技术也并不是中标的唯一因素。关注投标的细节,这样才能增加投标的中标率。

在整个投标的过程中主要关注的就是标书的撰写，标书的撰写格式要准确，相关的内容要求全面，采用的技术可行，分析计算内容合理。另外，要关注相关的标书提交时间，遵守招标方的相关招标要求，提供完善的投标材料。整个计算机网络工程投标的基本步骤如下所示。

1. 编制投标文件

投标人应当按照招标文件的规定编制投标文件。投标文件包含如下相关内容：

(1) 投标函；

(2) 投标人资格、资信证明文件、法定代表人资格证明书、授权委托书、企业营业执照、税务登记证及加盖公章的复印件、企业基本情况及主要业绩资料、银行或税务部门出具的财务状况等；

(3) 投标项目方案及说明；

(4) 投标价格；

(5) 投标保证金或者其他形式的担保；

(6) 招标文件要求具备的其他内容。

2. 投标文件的密封和标记

投标人对编制完成的投标文件必须按照招标文件的要求进行密封和标记。

注意：此过程非常重要，由于密封或标记不规范可能导致投标被拒绝接受。

3. 投标文件的送达

投标文件应在规定的截止日期前密封送达投标地点。招标人或者招标投标中介机构对在提交投标文件截止日期后收到的投标文件，应当原样退还，不得开启。招标人或者招标投标中介机构应当对收到的投标文件签收备案。投标人有权要求招标人或者招标投标中介机构提供签收证明。

4. 投标文件的撤回、补充或者修改

投标人可以撤回、补充或者修改已提交的投标文件，但是应当在提交投标文件截止日之前书面通知招标人或者招标投标中介机构。投标文件的撤回、补充或者修改必须以书面形式。补充、修改的内容为投标文件的组成部分。

3.1.3 网络工程的开标、评标与定标

1. 开标

开标指的是招标单位在规定的时间、地点内，在有投标人出席的情况下，当众公开拆开投标资料(包括投标函件)，宣布投标人(或单位)的名称、投标价格以及投标文件中的其他主要内容的过程。

《标准施工招标文件》(2007 年版)规定，按下列程序进行开标：

(1) 宣布开标纪律；

(2) 公布在投标截止时间前递交投标文件的投标人名称，并点名确认投标人是否派人到场；

(3) 宣布开标人、唱标人、记录人、监标人等有关人员姓名；

(4) 按照投标人须知规定检查投标文件的密封情况；

(5) 按照投标人须知规定确定并宣布投标文件开标顺序；

(6) 设有标底的，公布标底；

(7) 按照宣布的开标顺序当众开标，公布投标人名称、标段名称、投标保证金的递交情况、投标报价、质量目标、工期及其他内容，并记录在案；

(8) 投标人代表、招标人代表、监标人、记录人等在开标记录上签字确认；

(9) 开标结束。

2. 评标

评标指的是招标领导小组对投标人所报送的标函进行审查、评比和分析的过程，它是整个招标投标的重要环节。评标过程要求从价格、工期、企业的信誉度等方面进行。评标过程中应该重点审查投标文件的有效性和完整性是否在实质上满足相应招标文件的要求。从技术角度评价投标文件提出实施方案的可行性和可靠性，审查相关预算是否科学合理。最后将所有投标人的评标结果进行排序，提出候选人推荐名单。

评标主要包括如下几个步骤。

1) 评标准备工作

评标准备工作包括招标人向评标委员会成员发放招标文件和评标有关表格。招标人或者其委托的招标代理机构向评标委员会提供评标所需的重要信息和数据，然后确定招标最低控制价。

《评标委员会和评标办法暂行规定》指出，评标委员会应当根据招标文件规定的评标标准和方法，对投标文件进行系统地评审和比较。招标文件中没有规定的标准和方法不得作为评标的依据。招标文件中规定的评标标准和评标方法应当合理，不得含有倾向或者排斥潜在投标人的内容，不得妨碍或者限制投标人之间的竞争。

2) 评标方法

《评标委员会和评标办法暂行规定》指出评标方法包括经评审的最低投标价法、综合评估法或者法律、行政法规允许的其他评标方法。

经评审的最低投标价法指的是能够满足招标文件的各项要求，投标价格最低的投标即可作为中选投标。该方法一般适用于具有通用技术、性能标准或者招标人对其技术、性能没有特殊要求的招标项目。评标方法的选择，应该优先选择经评审的最低投标价法。因为这个方法最能体现招标的宗旨，也最能体现授予合同的公正性，因为除低于成本被淘汰外，经评审的投标价格最低只有一个，无充分理由否定外，只能让其中标。根据经评审的最低投标价法，能够满足招标文件的实质性要求，并且经评审的最低投标价的投标，应当推荐为中标候选人。

综合评估法用于不宜采用经评审的最低投标价法的招标项目。根据综合评估法，最大限度地满足招标文件中规定的各项综合评价标准的投标，应当推荐为中标候选人。

另外，衡量投标文件是否最大限度地满足招标文件中规定的各项评价标准，可以采取折算为货币的方法、打分的方法或者其他方法。需量化的因素及其权重应当在招标文件中明确规定。评标委员会对各个评审因素进行量化时，应当将量化指标建立在同一基础或者同一标准上，使各投标文件具有可比性。

3) 初步评审

初步评审的内容包括投标人资格是否符合要求(资格后审)，投标文件是否完整，是否按规定方式提交投标保证金，投标文件是否符合招标文件的要求，有无计算上的错误等。

《评标委员会和评标办法暂行规定》第二十二条规定，投标人资格条件不符合国家有关规定和招标文件要求的，或者拒不按照要求对投标文件进行澄清、说明或者补正的，评标委员会可以否决其投标。第二十三条规定，评标委员会应当审查每一投标文件是否对招标文件提出的所有实质性要求和条件作出响应。未能在实质上响应的投标，应作废标处理。

在评标过程中，评标委员会发现投标人以他人的名义投标、串通投标、以行贿手段谋取中标或者以其他弄虚作假方式投标的，该投标人的投标应作废标处理。在评标过程中，评标委员会发现投标人的报价明显低于其他投标报价或者在设有标底时明显低于标底，使得其投标报价可能低于其个别成本的，应当要求该投标人作出书面说明并提供相关证明材料。投标人不能合理说明或者不能提供相关证明材料的，由评标委员会认定该投标人以低于成本报价竞标，其投标应作废标处理。

4）详细评审

经初步评审合格的投标文件，评标委员会应当根据招标文件确定的评标标准和方法，对其技术部分和商务部分作进一步评审、比较。

招标人要求投标人提交技术文件的，评标委员会仅对经过资格审查评审合格的投标人进行技术文件评审。应按照《施工组织设计评分标准表》对各投标人的技术文件进行评审。由评标会工作人员对技术文件进行编号后，交给评标委员会进行评审，技术文件采用百分制量化或价格折算的办法进行评审。对投标人的技术文件作合格与否的评审，技术文件的评审结论分为合格与不合格两种，技术文件评审不合格的视为不响应招标文件的技术要求，按废标处理，不再进行商务文件的评审。

评标委员会对每组投标文件进行评审按先技术文件、后商务文件的方式进行，前一阶段评审合格的，方可进入下一阶段的评审。主要对投标报价的偏差及修正；招标项目完成期限和达到的质量水平是否符合招标文件要求；工程量清单内容、配套服务、优惠条件等进行评审。必要时进行询问、评估，要求投标人澄清、说明。

5）提交评标报告

评标委员会在评标过程中发现的问题，应当及时做出处理或者向招标人提出处理建议，并作书面记录。评标委员会完成评标后，应当向招标人提出书面评标报告，并抄送有关行政监督部门。评标报告应当由全体评标委员会成员签字并如实记载以下内容：

（1）基本情况和数据表；

（2）评标委员会成员名单；

（3）开标记录；

（4）符合要求的投标一览表；

（5）废标情况说明（含投标人资格审查不合格的情况说明）；

（6）评标标准、评标方法或者评标说明一览表；

（7）经评审的价格或者评分比较一览表；

（8）经评审的投标人排序；

（9）推荐的中标候选人名单与签订合同前需要处理的事宜；

（10）澄清、说明、补正事项纪要。

评标报告由评标委员会全体成员签字。对评标结论持有异议的评标委员会成员可以书面方式阐述其不同意见和理由。评标委员会成员拒绝在评标报告上签字且不陈述其不同意见和理由的，视为同意评标结论。评标委员会应当对此作出书面说明并记录在案。向招标人提交书面评标报告后，评标委员会即宣告解散。评标过程中使用的文件、表格以及其他资料应当及时归还招标人。

6）确定中标人

招标人根据评标委员会提出的书面报告和推荐的中标候选人确定中标人；招标人也可以授权评标委员会直接确定中标人。评标委员会推荐的中标候选人应当限定在一至三个人，并标明排列顺序。在确定中标人之前，招标人不得与投标人就投标价格、投标方案等实质性内容进行谈判。评标委员会经评审，认为所有投标都不符合招标文件要求的，可以否决所有投标。

中标人的投标应当符合下列条件之一：

（1）能最大限度地满足招标文件中规定的各项综合标准；

（2）能够满足招标文件的实质性要求，并且经评审的投标价格最低，但是投标价格低于成本的除外；

（3）综合评估法，得分最高的。

3. 定标

定标指的是从评标结果确定的候选人名单中选择中标人的过程。定标过程应该择优选择。中标人确定后，招标方应当及时向其发送中标通知书，并在 30 个工作日内签订合同。《评标委员会和评标办法暂行规定》第四十条规定，评标和定标应当在投标有效期结束日 30 个工作日前完成。不能在投标有效期结束日 30 个工作日前完成评标和定标的，招标人应当通知所有投标人延长投标有效期。

作为计算机网络工程的招标方，招标和评标过程对整个网络工程的实现起着决定性的作用，完善的招标和公允的评标才能选择优秀的网络工程承建方，才能保证网络工程的正常实施。

3.2　网络工程的实施方案

一套行之有效的工程实施组织方法，可以提高工作效率，明确工作职责，保证工程的质量。工程实施组织方案的主要内容包括工程实施组织结构、工程实施流程、工程实施的管理与考核。

3.2.1　网络工程的实施组织结构

网络工程实施组织结构包括项目集成部、项目经理、项目管理人员、质量监督人员、商务运作人员、培训小组、实施小组负责人、机动小组和售后服务小组等。

1. 项目集成部

项目集成部是整个项目运转的核心，对于整个项目的工程进度、施工质量起着极其重要的作用。其任务包括响应来自用户的要求、建议等相关信息，并协调项目经理与其他相关人员的关系，接受项目经理的有关汇报事项。

2. 项目经理

项目经理是项目实施中最主要的角色。集成商与客户双方都需要有人担当此角色。项目经理负责与相关人员的协调工作，并向工程总负责人汇报任何有关本项目工作的执行情况。在系统集成完成过程中用户的情况都统一反映到项目经理。

3. 项目管理人员

项目管理人员负责整个项目的管理，从成本管理、变更管理到沟通管理，涉及整个项目的跟踪运作情况。此外还有1人专门负责实施过程中的文档管理。

4. 质量监督人员

质量监督人员负责整个施工过程中的施工质量，规范执行情况，向项目总协调及时汇报施工情况，并接受用户的监督。

5. 商务运作人员

商务运作人员负责用户单位的货物订购、接收、转运、发送等事宜，及时向用户方通告有关货物的运转情况，保证在要求的时间内完成所有集成工作。

其任务有：

(1) 按照标书、合同及设计方案订购工程所需的货物。

(2) 监督货物的全部转运过程，包括装运、报关、商检、转运。

(3) 及时向用户方通报货物转运的有关事宜。

6. 培训小组

培训小组主要负责集中基础技术培训的组织授课工作。任务有按照标书、合同及方案的要求，制定培训计划。编写培训教材，组织、安排和实施培训，并提交培训报告。

7. 实施小组负责人

实施小组负责人具有精通本项目所需要的某专项技术，具备很好的用户需求理解能力。在项目实施的各个阶段通过自身技术专长安排各任务小组及时实现用户需求，并向项目经理及时汇报项目进展情况。主要职责如下：

(1) 依照规定和项目计划，完成安排的任务，并向经理汇报进展，反馈用户意见。

(2) 制作更新与任务相关的工程文档。

(3) 承担用户满意度的责任。

3.2.2 网络工程的实施流程

网络工程的实施流程依次包括立项、计划、准备、实施、验收五个顺序阶段。

1. 立项

网络工程实施企业通过投标获得的网络工程建设项目，通过立项构建完善的网络工程建设团队，根据企业签订的网络工程合同，明确项目背景和技术方案，由部门负责人任命总的项目负责人和项目经理，并下达工程任务书。

2. 计划

网络工程项目确定之后，必须制定完善的项目计划，由项目经理负责制定详细的项目实施计划和任务进度，细化项目任务，设计相关的人员配置要求，并作出相关的工程预算，将相关材料上报部门负责人批准。

3. 准备

准备工作是进行网络工程项目实施之前的一系列工作，准备工作是进行项目实施的基本条件，准备的主要工作包括设备的采购，确定网络的相关拓扑结构设计，确定网络的构建实施方法和技术，准备网络的中央节点位置，确定中央机房的环境准备，准备网络布线的相关线缆及其设备，准备相关的通信及测试设备等。网络工程的任务繁多而复杂，因此，必须要在项目实施前做好准备工作。

4. 实施

在准备工作完善之后，项目组成员就可以进入实际企业进行网络工程的实施过程。网络工程项目的实施工作主要包括将相关采购的设备搬运到实际企业，对到货设备进行验收，相关网络设备的安装和配置，相关网络传输线缆的制作和连接，系统相关软硬件系统的安装和调试等。

5. 验收

完成网络工程的实施之后，必须进行网络工程的验收。该验收过程为后期招标方进行验收做准备工作。计算机网络工程的验收包括相关构建网络的连通性测试，网络的可用性和性能测试。测试相关服务是否可用，测试网络的实际使用效率，通过相关的测试来调试实际网络实施中存在的问题，修正网络工程中存在的错误，实现对网络运行效率的优化处理，实现对网络安全性的测试，以提高网络的安全运行。

3.2.3　网络工程实施的管理与考核

1. 网络工程实施过程的管理和考核

网络工程主要分为构建系统硬件平台及配套工程设计实施，主机系统安装调试，网络系统的安装调试，配置网络设备与网络调试，安全系统的安装调试，系统功能、性能测试等六方面的任务，根据这个范围，每个工程参与人员都有可能承担其中一项或多项任务，因此必须对相关的任务进行审核。

整个工程实施过程要进行管理和考核，对于每一个实施阶段对应不同的考核措施和标准，以加强工程实施的成效性。为保证工程实施的质量和保证工程的实施进度，对整个网络工程进行管理与考核，整个管理和考核以项目经理为主要考核对象，以其所划分出的各种不同子任务的目标责任制进行对任务参与人员的管理和考核。

2. 网络工程规范的管理

工程规范的管理包括工程文档管理、工程准备管理、工程实施管理和工程验收管理四大部分。工程实施文档是规范整个工程所需的各类文档，是贯串系统集成管理规范最重要的纽带。工程的其他管理都必须紧紧与文档管理相结合。文档的制作是考核工程参与人员的依据。对于每一项子任务的完成，根据其任务按“任务完成考核的范围”划分性质进行管理。验收管理是企业与用户共同检验工程是否达到预定目标并进行最终确认的重要环节，是直接关系企业利益的重要工作，每个成员必须高度重视，支持项目验收工作。

3.2.4　网络工程的实施准备工作

为了保证网络工程在后续实施过程的规范，在合同签订后进入实施准备工作阶段，该阶段需要投标方制定项目的详细实施计划和有关的技术准备工作，为现场实施作充分的准备。整个网络工程的实施准备期主要完成如下工作：

- 任命项目总负责和项目经理，就网络工程所需达到的各项技术指标等进行明确的规定。

- 项目经理提交项目实施计划，项目实施计划涉及项目工作量的估算、项目的进度、人员配置计划等内容，经部门负责人批准后方可正式实施。
- 项目经理在项目计划批准后，在项目启动之初，形成工程实施任务，任命实施小组技术负责人，作好网络IP地址的总体分配方案，同时，项目经理向工程参与人员安排相应的任务，包括设备清单、参数、测试草案和各类技术培训文档。
- 网络工程项目中如果涉及厂方工程师的参与，则要全面考虑和落实厂方工程师在本项目中的参与程度，并联系厂家负责人确定实施工程师的职责安排。
- 工程参与人员按照实施小组负责人或项目经理的任务安排，必须充分利用企业的资源，全面考虑前期的准备工作，根据实际需要，制作工程准备期相应的文档资料，预先设计任务测试内容，需要用户做的前期准备工作则应与用户以书面形式联系进行确认，如机房环境要求文档、布线和通信线路到位情况等，并向项目经理或实施小组负责人提交任务准备完成情况。

3.2.5 准备现场实施环境

实施小组负责人按照项目实施日程到用户现场后，首先向用户现场负责人通报主要工作目标，检查前期的准备工作，提出需用户方配合的工作及必备的人员与物资条件。现场实施环境的检查与准备主要包括如下内容：

- 确认设备位置，确认提供的工作电压和电源功率，检查设备的工作环境，对于不符合设计的条件，要区分是否影响安装设备的安全。
- 若影响安装的设备安全，向现场负责人指出，提出相应的补救措施，并在结束任务前以书面形式递交用户现场负责人安装设备时的防静电措施，确保设备安装的整洁和牢靠。

3.3 网络工程的实施

网络工程的实施主要包括如下几方面的内容。

3.3.1 结构化的布线

结构化的布线又称为综合布线，它是指一幢建筑物内(或综合性建筑物)或建筑群体中的信息传输媒质系统。它将相同或相似的缆线(如双绞线、同轴电缆或光缆)、连接硬件组合在一套标准的且通用的、按一定秩序和内部关系而集成为整体的系统中。结构化布线是一套具有标准、设计、施工及信息界面的无源系统，不包含任何相关的有源连接设备。结构化的布线系统能支持多种应用系统，即使用户尚未确定具体的应用系统，也可进行布线系统的设计和安装。综合布线系统中不包括应用的各种设备。

3.3.2 设备采购

网络工程是一项集成的工程过程，在整个网络工程的建设中，采购的任务量巨大，小到一个水晶头、一根标签或者扎带，大到一台报价30多万的路由器或者服务器，都是采购所需要注意的。如果水晶头采购出现质量问题同样可能引起网络故障。为此在网络工程的设备采购过程中无论设备的价格贵贱，其采购过程都必须谨慎。

网络工程的设备采购过程中要注意如下几个方面。

1. 确定采购设备的档次与相关参数

首先，应该根据实际网络工程的需求和预算结合采购设备的大致价位确定要选择的设备档次，确定其相关参数，通过比较几个经销商的推荐方案作出合理选择。

2. 确定采购设备的品牌及经销商

采购网络设备及相关产品的时候要关注设备的品牌，必须选择在业界口碑较好厂商的产品。通过对两三家厂商同等档次的产品比较作出选择。应从产品特点（MAF）、产品质量、服务质量、厂商信誉等几个方面比较。由于激烈的市场竞争，一般来说厂商之间的价格差异不会太大，并且由于产品除主要配置外，附件及扩展能力方面也会影响价格，所以不能一味追求价格低。一般认为，大型品牌的售后服务都做得比较完善，这对后期进行网络工程的维护带来极大的方便。

确定品牌及型号后，接下来应选择经销商。一般来说，从厂商认证的二级经销商中选择经销商比较保险，因为如果有问题，厂商可协助调节，产品及部件质量也有保障。在比较不同经销商的报价时，要首先确定经销商可以提供什么增值服务。因为有些时候，经销商能对厂商标准服务以外提供更周到的服务，在谈定价格的时候应该明确所有细节问题。

3. 考虑网络的可扩充性

在采购实际网络设备的时候必须要考虑网络的可扩充性，当前网络未采用的相关技术和模块不能保证未来也不采用，为此在采购时必须进行权衡，设备的可扩充对未来网络的升级至关重要，为此必须要关注。

3.3.3　应用服务的设置

采用布线系统连接所有网络设备之后，就需要进行对设备和相关应用服务的配置，在整个网络工程的配置过程中主要完成如下几方面的配置。

1. 配置服务器的相关操作系统

对相关的服务器设备来说，正确配置服务器的操作系统是整个网络工程中极为重要的一个任务。在构建实际所需的网络环境中，选择要配置安装的服务器平台，然后对服务器操作系统进行安装和正确配置就表现尤为重要。关于具体服务器操作系统的选型及其配置在后续章节将进行详细介绍，在此不再阐述。

2. 安装和配置相关网络服务

根据实际网络业务需求，安装和配置所需的相关网络服务，例如安装和配置 Web 服务、FTP 服务、数据库服务和电子邮件服务等。要求按照实际业务的规模进行划分安装这些网络服务的硬件服务器的位置和主机的数量，例如在小规模的网络服务中，可能将 Web 和 FTP 服务都集成在一台硬件服务器上，而在大规模的网络服务中，可能构建一个 Web 服务就要同时采用多台硬件服务器基于集群技术实现。

另外，在实际构建网络过程中，可能要规划内部网络的二级 DNS 名称及其 IP 地址的对应关系，确定 DHCP 服务器的 IP 地址池及其分配方式，确定相关的 IP 地址划分方式等。

3. 配置路由器和交换机等相关核心网络设备

路由器和交换机是整个网络中最核心的连接设备，为此路由器和交换机的配置也成为网络连通的关键配置。

1）路由器的配置

路由器的配置包括对相关连接端口的配置，配置相关管理方式，配置相关路由协议，配置相关网络技术和安全管理方式等。例如，设计相关端口的 IP 地址、设计相关远程登录管理方式、设置连接外部网络的路由协议、配置 NAT 和 ACL 访问控制列表等。

2）交换机的配置

交换机主要用于连接局域网，其主要的配置包括交换机的基本配置，相关的 VLAN 配置，生成树协议的配置，相关的端口聚合配置，VLAN 间路由的配置和三层交换的配置等。

4. 客户机的基本配置

客户机的基本配置包括客户机操作系统的安装、相关网络协议的安装和基本配置、相关客户端软件的安装等。就目前说来，主要采用的客户机操作系统为 Windows 系统的操作系统，主要采用的网络协议为 TCP/IP 协议。连接网络的客户端软件主要有浏览器和其他相关的软件。相对说来，客户机的配置最简单，可能主要工作是设置 TCP/IP 协议，配置上网即可。

3.3.4 网络工程的调试

调试是网络工程实施的最后一个阶段，其主要目的用于实现对已安装网络从功能和性能上进行测试的过程。通过系统调试实现对网络工程中已存在问题的修正，实现网络的功能和性能优化。网络测试是对网络设备、网络系统以及网络对应用的支持进行的检测，以展示和证明网络系统是否满足用户在性能、安全性、易用性、可管理性等方面需求的测试。网络测试的实施一般包括以下环节：

- 根据测试目的，确定测试目标；
- 在对关键网络技术和实现细节透彻掌握的基础上，设计测试方案；
- 建立网络负载模型；
- 配置测试环境，包括测试工具的选择及必要的测试方案的设计；
- 采集和整理数据；
- 分析和解释数据；
- 准确、直观、形象地表示测试结果。

1. 结构化布线系统的测试

1）测试仪器及测试标准

在进行测试前，需要选择合适的测试仪器和测试标准。通常，采用国际上认可的测试仪进行测试工作。比如，在对铜缆进行测试时，采用线缆测试仪进行基本的连接性（导通）测试。在对 5 类线进行测试时，采用 Pentascanner 5 类测试仪进行 5 类线测试。在做光纤损耗方面的测试时，采用光缆测试仪进行测试。同时，选择 EIA/TIA568A TSB-76 标准作为测试的依据。

2）测试方法

目前，网络建设使用的线缆主要有三种类型，即光纤、非屏蔽双绞线和同轴电缆。光纤具有很高的传输速率、良好的抗干扰性能以及远距离传输等特点，主要用于主干线。非屏蔽双绞线是近几年来使用较广泛的通信介质，它的传输性能好，可用交换机或集线器实现转接，常用于近距离传输。同轴电缆是早期网络广泛使用的传输介质，由于存在种种弊端，现在用得较少。

(1) 非屏蔽双绞线测试。

从工程的角度来讲，结构化布线非屏蔽双绞线测试可划分为两类，一类是导通测试；另一类是认证测试。

为了确保线缆安装满足性能和质量的要求，在施工的过程中由施工人员边施工边测试，这种方法就是导通测试，它可以保证所完成的每一个连接都正确。导通测试注重结构化布线的连接性能，不关心结构化布线的电气特性。

认证测试是指对结构化布线系统依照标准进行测试，以确定结构化布线是否全部达到设计要求。通常结构化布线的性能不仅取决于布线的施工工艺，还取决于采用的线缆及相关连接硬件的质量，所以对结构化布线必须要做认证测试。通过测试，可以确认所安装的线缆、相关连接硬件及其工艺能否达到设计要求。

① 链路的验证测试。线缆安装是一个以安装工艺为主的工作，由于没有人能够完全无误地工作，为确保线缆安装满足性能和质量的要求，必须进行链路测试。在没有测试工具的情况下，连接工作可能出现一些错误。常见的连接错误有线缆标签错误、连接开路和短路等。

- 开路和短路：在施工中，由于工具、接线技巧或墙内穿线技术欠缺等问题，会产生开路或短路故障。
- 反接：同一对线在两端针位接反，比如一端为 1-2，另一端为 2-1。
- 错对：将一对线接到另一端的另一对线上，比如一端是 1-2，另一端接在 4-5 上。
- 串绕：所谓串绕是指将原来的两对线分别拆开后又重新组成新的线对。由于出现这种故障时端到端的连通性并未受影响，所以用普通的万用表不能检查出故障原因，只有通过使用专用的线缆测试仪才能检查出来。

② 线缆传输性能的认证测试。认证测试并不能提高综合布线的性能，只是确认所安装的线缆、相关连接硬件及其工艺能否达到设计要求。只有使用能满足特定要求的测试仪器并按照相应的测试方法进行测试，所得结果才是有效的。

比如，采用 Pentascanner5 类测试仪进行 5 类测试，方法是先用测试仪连接跳线两端，再按 AutoTEST 进行测试，接着按 F1 键显示测试结果，最后打印测试结果。

认证测试的内容包括 Length、Next(Near and crosstalk)、Attenuation、Acr(Attenuation to crosstalk)、Wire Map、Impedance、Capacitance、Loop Resistance 和 Noise 共 9 项 5 类技术指标。当所有测试结果均为 PASS 时表示该布线系统符合 Category 5 Cable 的传输技术要求。

如果在测试过程中出现一些问题，需要从以下几个方面着手分析，然后一一排除故障。

- 近端串扰未通过。故障原因可能是近端连接点的问题，或者是因为串对、外部干扰、远端连接点短路、链路线缆和连接硬件性能问题、不是同一类产品以及线缆的端接质量问题等。
- 接线图未通过。故障原因可能是两端的接头有断路、短路、交叉或破裂，或是因为跨接错误等。
- 衰减未通过。故障原因可能是线缆过长或温度过高，或是连接点问题，也可能是链路线缆和连接硬件的性能问题，或不是同一类产品，还有可能是线缆的端接质量问题等。

- 长度未通过。故障原因可能是线缆过长、开路或短路，或者设备连线及跨接线的总长度过长等。
- 测试仪故障。故障原因可能是测试仪不启动(可采用更换电池或充电的方法解决此问题)、测试仪不能工作或不能进行远端校准、测试仪设置为不正确的线缆类型、测试仪设置为不正确的链路结构、测试仪不能存储自动测试结果以及测试仪不能打印存储的自动测试结果等。

(2) 光纤传输性能测试。

虽然光纤的种类较多，但光纤及其传输系统的基本测试方法大体相同，所使用的测试仪器也基本相同。

对磨接后的光纤或光纤传输系统，必须进行光纤性能测试，使之符合光纤传输性能测试标准。基本的测试内容包括连续性和衰减/损耗、光纤输入功率和输出功率、分析光纤的衰减/损耗及确定光纤连续性和发生光损耗的部位等。实际测试时还包括光缆长度和时延等内容。光纤测试指标主要是衰减，如果衰减在标准范围内为PASS，反之为FAIC。

如果在测试光纤过程中出现一些问题，需要查看光纤磨接是否正确，光纤头是否一一对应。

2. 网络设备测试

网络设备测试主要包括以下几个方面：功能测试、可靠性和稳定性测试、一致性测试、互操作性测试和性能测试。

- 功能测试验证产品是否具有设计的每一项功能。
- 可靠性和稳定性测试往往通过加重负载的办法来分析和评估。
- 网络产品不同于其他产品的最大特点是必须符合标准，不同的网络产品之间要能互操作。一致性测试验证产品的各项功能是否符合标准。如交换机对IEEE 802.3、IEEE 802.3Z、IEEE 802.1P、IEEE 802.1q、IEEE 802.3x等的支持。
- 互操作性测试考察一个网络产品是否能在一个不同厂家的多种网络产品互连的网络环境中很好地工作。
- 性能测试的主要目标是分析产品在各种不同的配置和负载条件下的容量和对负载的处理能力，如交换机的吞吐量、转发延迟等。

典型的网络设备测试方法有两种：第一种将设备放在一个仿真的网络环境中进行测试；第二种方法是使用专门的网络测试设备对产品进行测试。

3. 网络系统和应用测试

网络系统测试除了普通意义上的物理连通性、基本功能和一致性测试以外，还包括网络系统的规划验证测试、网络系统的性能测试、网络系统的可靠性与可用性的测试与评估、网络流量的测试和模型化等。

网络系统的规划验证测试主要采用的两个基本手段是模拟与仿真。模拟是通过软件的办法，监理网络系统的模型，模拟实际网络的运行。通过设定各种配置和参数模拟系统的行为，对系统的容量、性能以及对应用的支撑程度给出定量的评价。这对大型网络的规划设计是必不可少的环节。国外有支持不同网络技术或多种网络技术相结合的模拟系统，售价十分昂贵。仿真是指通过建立典型的试验环境，仿真实际的网络系统。规划验证测试的目的在于分析所采用网络技术的可用性和合理性，网络设计方案的合理性，所选网络设备的功能、性能等是否能够合理有效地支持网络系统的设计目标。

网络系统的性能测试是指通过对网络系统的被动监测和主动测量确定系统中站点的可达性、网络系统的吞吐量、传输速率、带宽利用率、丢包率、服务器和网络设备的响应时间、哪些应用和用户产生最大的网络流量以及服务质量等。此项工作同时可以发现系统物理连接和系统配置中的问题，确定网络瓶颈，发现网络问题。测试设备记录一段时间内的网络流量，实时和非实时地分析数据。被动测量不干涉网络的正常工作，不影响网络的性能。主动测量向网上发送特定类型的数据包或网络应用，以分析系统的行为。

网络应用层次上的测试主要体现在测试网络对应用的支持水平，如网络应用的性能和服务质量的测试等。例如部署基于 IP 的语音传输 VoIP 时，最直接的问题是网络中的交换机和路由器是否有效地支持语音传输；网络能支持多大的语音流量、多少个语音通道；如果支持 VoIP，对网络的其他业务特别是关键业务，会产生什么影响；网络是否支持服务质量 QoS。这些问题都需要通过网络测试来回答。

网络系统测试的核心工具是协议分析仪。这是一种专用的网络测试设备，它能够连接到网络上，产生并向网络发送数据、捕捉网络数据、分析数据。协议分析仪一般具有网络监视、故障查找、协议解码和流量产生等功能。

网络流量的测试和模型化。网络流量的测试和模型化对于分析网络性能和带宽的利用率，指导网络流量管理，开发高效的网络应用十分重要。这方面的工作主要有：

- 产生已知特征的流量，使该流量沿网络传播，最后回到测试仪。记录和分析流量特征的任何改变（如延迟漂移）。
- 对链路总体流量的测量和传输时间、吞吐量、带宽利用率等的分析。
- 分析特定流量的特征和提供的 QoS：搜集一个时间段的测量数据进行分析，分析流量沿网络传播过程中流量特征的变化和网络流量的统计行为，建立流量模型。

3.4 网络工程监理

在网络工程中通常存在三方，即网络工程的招标方，又叫甲方；网络工程的实施方，又叫乙方；对整个网络工程进行实施监管工作的监理方，又叫丙方。网络工程监理是指应用工程监理的基本方法与技术，对网络工程的建设过程实施有效的监督管理，对质量、进度、投资加以控制，对信息文档、合同进行管理，对参与项目的各方组织协调，促使交付的网络工程使系统设计要求，使用户满意。

网络工程监理主要是对招标阶段、设计阶段、实施阶段和验收维护阶段进行全过程监理，实施质量监控、进度控制、投资控制、信息管理、合同管理、组织协调等。

3.4.1 需求分析阶段的工程监理

需求分析阶段的工程监理主要包括如下方面的基本任务：

- 对甲方实施综合布线的相关建筑物进行实地考察，由甲方提供建筑工程图，了解相关建筑物的建筑结构，分析施工需要解决的问题和达到的要求；了解中心机房的位置、信息点数、信息点与中心机房的最远距离、电力系统供应状况、建筑接地情况等。

了解甲方的网络应用和整体投资概况等；了解甲方数据量的大小、数据的重要程度、网络应用的安全性、实时性及可靠性等要求。

- 了解乙方的网络系统集成方案，了解网络系统的功能（包括硬件与软件），其硬件包括网络物理结构拓扑图、网络系统平台选型、网络基本应用平台选型、网络设备选型、网络服务器选型以及系统设备报价等。衡量乙方的方案是否满足甲方的需求。确定验收标准，协助甲方签订网络系统建设项目合同，以达到招、投标书的要求。

3.4.2 综合布线建设阶段

综合布线建设阶段监理的主要任务如下：

审核综合布线系统设计、施工单位与人员的资质是否符合合同要求。验收网络综合布线系统的相关材料。对综合布线系统进度进行考核。督促施工单位进行网络布线测试，根据测试结果，判定网络布线系统施工是否合格，若合格则继续履行合同；若不合格，则敦促施工单位根据测试情况进行修正，直至测试达标。根据合同进行网络综合布线系统验收，包括综合布线系统文档的验收。布线项目验收后，敦促甲方按照合同付款。

3.4.3 网络系统集成阶段

网络系统集成阶段监理的主要任务如下：

- 审核网络系统集成的设计、实施单位与人员的资质是否符合合同要求。网络设备及系统软件验收，包括装箱单、保修单、配置情况、设备产地证明、系统软件的合法性、网络设备加电试机等。
- 监督实施进度，根据实际情况，协调客户与系统集成商之间的问题，设法促成工程如期进行。督促施工单位进行网络系统集成性能测试，对存在的问题，督促系统集成商及时解决。
- 督促施工单位网络应用测试。包括网络应用软件配置是否合理、各种网络服务是否实现、网络安全性及可靠性是否符合合同要求等，并敦促系统集成商按合同要求认真、及时解决。

3.5 网络工程的验收和维护

3.5.1 网络工程的验收

网络工程验收是乙方向甲方移交已构建网络工程的过程。验收是甲方对网络工程施工工作的认可，检查工程施工是否符合设计要求和符合有关施工规范。工程验收可由甲方或者甲方聘请的验收专业团队进行审查。如果工程验收合格，乙方则可以将已构建网络工程向甲方交付使用。

网络工程的验收由乙方提供相关材料，甲方按照相关技术标准及其乙方提供的材料，对实际网络的相关验收指标进行详细测试考核，以确定网络是否满足实际需求。网络工程的验收过程中需要提供的相关材料包括网络工程建设报告、测试报告、工程资料审查报告、用户试用意见、工程验收报告等。其中网络工程建设报告是验收审查的主要依据，其主要内容包括构建网络工程的概况、网络工程的设计与实施过程、工程的构建特点、工程构建相关文档等。

1. 验收工作的内容

验收工作的内容包括如下几方面：

(1) 确定验收测试内容，涉及线缆、网络设备性能测试，网络技术指标检查，网络流量分析。

(2) 制定验收测试方案，说明测试流程和实施方法。

(3) 确定验收测试指标，参照网络工程有关标准。

(4) 安排验收测试进度，制定验收时间表。

(5) 分析并提交验收测试数据和报告，对测试数据和验收情况进行综合分析。

2. 设备验收

网络工程建设中需要购置的设备繁多，设备验收是网络工程验收的首要任务。网络工程的设备验收主要包括查看设备的包装是否完好；该仪器设备是否原包装；安装的网络仪器设备的完好程度，是否有损伤、损坏或生锈等情况；设备的附件、备件是否齐全；设备的使用说明书、技术资料是否齐全；仪器设备名称、型号规格配置是否符合要求；按合同和装箱单清点所到物品是否齐全一致。

3. 系统安装验收

对已经构建的所有网络关键设备及其应用软件是否全部连通运行进行验收，确认已经安装的相关软件清单，实现装机测试，测试验收是否构建的系统安装服务达到要求。相关配置的核心交换机和路由协议是否完善、正确，相关网络服务是否可达。

4. 综合布线验收

综合布线的验收主要包括如下几方面。

1) 信息墙座的安装验收

主要验收的项目包括安装的相关信息墙座的规格、位置、质量与网络工程合同是否符合，各种螺丝安装是否紧固，相关的标志是否齐全完整，安装是否符合工艺要求，是否整洁。

2) 缆线及 PVC 管槽布放验收

主要验收的项目包括缆线及管槽是否符合布放缆线工艺要求，安装位置是否正确，缆线是否进行了标识。

3) 线缆端接验收

主要验收的项目包括信息墙座是否连通，配线模块是否规范，跳线是否连通等。

3.5.2 网络工程的维护

在网络工程验收合格之后，网络工程就可以投入试运行，通过网络的试运行进一步实现对网络的测试过程。在网络运行中的主要任务是实现网络的维护，对通过运行发现的相关问题进行维护，以便于实现网络的性能优化。

1. 网络维护措施

建立完整的网络技术档案，如网络类型，拓扑结构，网络配置参数，网络设备及网络应用程序的名称、用途、版本号、厂商运行参数等。定期进行计算机网络的检查和维护，现场监测网络系统的运营情况，及时解决发现的问题。在用户遇到网络严重问题时，集成商技术人员应在规定的时间内上门排除故障。当用户有重大活动或遇到网络要做重大调整或升级等情况,需要集成商的技术人员现场维护。

2. 网络维护的内容

网络维护的主要内容包括通信线路的维护、相关核心硬件设备的维护和相关网络服务的维护等。

1) 通信线路的维护

通信线路的安全性关系整个网络的通信,为此在网络维护时应该首先关注通信线路,应该定期维护通信线路,查看线路的可靠性,线路的相关接头是否出现松动或者老化,线路是否存在潜在的故障威胁,例如使用环境是否会造成线路的损坏,是否存在鼠害等,在发现潜在问题之后,应该立即上报并采取相关措施,以维持通信线路的安全。

2) 核心硬件设备的维护

定期对路由器和交换机等核心网络设备进行维护,定期检测路由器的 CPU 的运行负载,检测路由器的发热程度,检测交换机的相关端口是否正常运行等。如果发现相关模块存在问题,则应该及时进行处理,上报对应厂商进行返修。检测相关配置的功能是否正常运行,是否满足相关的性能要求,如配置相关的路由协议测试是否可达,配置的 VLAN 是否正确,能否实现远程网络管理等。

3) 相关网络服务的维护

检查配置的服务是否可靠,是否能正常运行,相关服务是否存在安全问题,如果在检查中发现问题,则应该及时进行维护处理以确保网络服务的可行性。在这种维护过程中,通常要关注系统日志,通过日志分析网络的使用情况,以此作为指定网络维护的基本准则。

本章小结

本章主要讲述网络工程的实施和管理过程。其中,3.1 节主要讲述了网络工程的招标、投标、开标、评标及其定标过程。3.2 节主要讲述了网络工程的组织结构,实施流程,实施的管理和考核,实施准备工作和装备现场实施环境等。3.3 节主要讲述了网络工程的实施过程,包括结构化的布线、设备的采购、应用服务的设置、网络工程的调试。3.4 节讲述了网络工程的监理。3.5 节讲述了网络工程的验收和维护过程。学习完本章,读者应该重点掌握网络工程的招标注意事项,掌握投标技巧,掌握开标、评标及其定标过程的实施。掌握网络工程的实施组织过程。

习　　题

1. 简述网络工程招标的主要环节。
2. 简述网络工程投标的主要环节。
3. 简述网络工程的实施过程。
4. 简述网络工程监理的实施过程。
5. 简述网络工程的验收和维护过程。

第 4 章 网络工程基本硬件系统及选型

本章主要讲述如下知识点：

- 服务器系统的相关技术；
- 服务器的基本性能指标；
- Web 服务器的选型；
- 数据库服务器的选型；
- 电子邮件服务器的选型；
- 工作站的内部设备采购；
- 工作站的外部设备采购；
- SCSI 设备的采购；
- 打印机的采购；
- UPS 的采购；
- 网络测试设备的采购。

4.1 服务器系统的选型

服务器是在网络环境下提供资源共享、数据传输处理的计算机类设备，具有高可靠性、高性能、高吞吐能力、大内存容量等特点，并且具备强大的网络功能和友好的人机界面。

4.1.1 服务器的基本概念

服务器指的是为网络提供服务的一台或者一组计算机系统，通常所说的服务器包括硬件系统和软件系统。硬件系统的服务器和用户使用的常见客户机(PC)相比较，一般认为服务器的性能强大、价格高昂，体系结构和 PC 也有所区别。

1. 服务器的工作模式

1) C/S(client/server)模式

(1) 两层结构 C/S 模式。

事务处理逻辑单元在客户端实现，客户为“胖客户”，服务器为“瘦服务器”。

任何一个 C/S 应用系统都由显示逻辑部分(表示层)、事务处理逻辑部分(功能层)和数据处理逻辑部分(数据层) 三部分组成。表示层的功能是实现与用户的交互，功能层的功能是进行具体的运算和数据的处理，数据层的功能是实现对数据库中的数据进行查询、修改、更新等任务。

两层结构 C/S 模式中，显示逻辑和事务处理逻辑部分均被放在客户端，数据处理逻辑和数据库放在服务器端，从而使客户端变得很“胖”，成为胖客户机，相对服务器端的任务较轻，成为瘦服务器。两层 C/S 的结构如图 4-1 所示。

这种传统的二层体系结构比较适合于小规模的、用户较少、单一数据库且有安全性和快

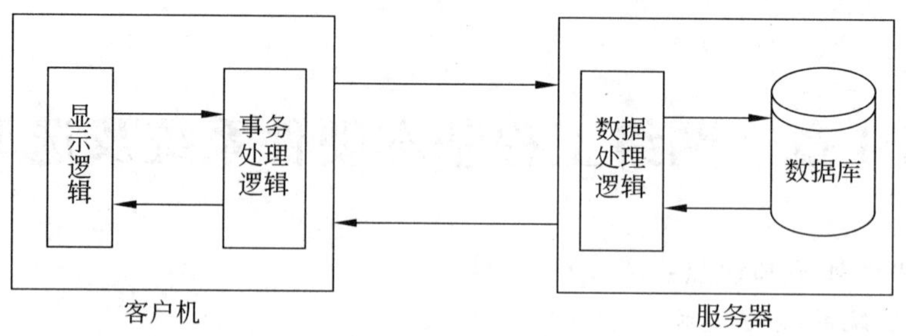

图 4-1　两层 C/S 模式

速性保障的局域网环境下运行。

(2) 三层结构 C/S 模式。

三层 C/S 结构对表示层、功能层和数据层三部分进行了明确分割，并在逻辑上使其独立。显示逻辑放在客户端，事务处理逻辑作为事务处理服务器放在功能层，数据处理逻辑和数据库放在服务器端，由于事务处理逻辑单元在专门的事务处理服务器中实现，所以客户机的任务大大减轻，成为“瘦客户”。三层 C/S 的结构如图 4-2 所示。

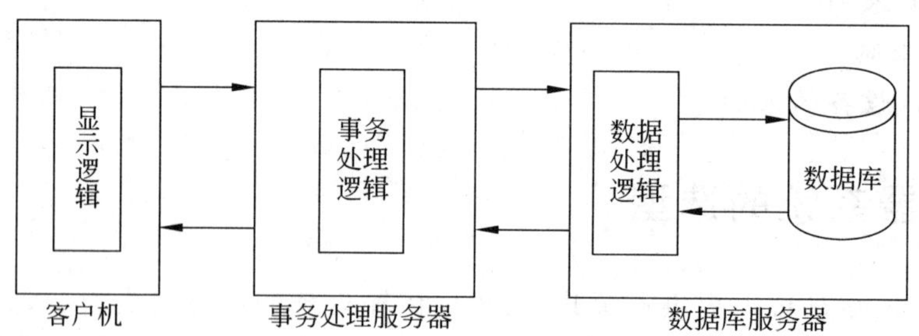

图 4-2　三层结构 C/S 模式

2) B/S 模式

B/S(browser/server)模式是一种以 Web 技术为基础的新型的网络管理信息系统平台模式。B/S 是一种三层体系结构，在这种结构下，表示层、功能层、数据层被分割成三个相对独立的单元：Web 浏览器，具有应用程序扩展功能的 Web 服务器和数据库服务器。

三层的 B/S 体系结构是把二层 C/S 结构的事务处理逻辑模块从客户机的任务中分离出来，由单独组成的一层负担其任务，这样客户机的压力大大减轻了，把负荷均衡地分配给了 Web 服务器，这种 B/S 三层体系结构如图 4-3 所示。

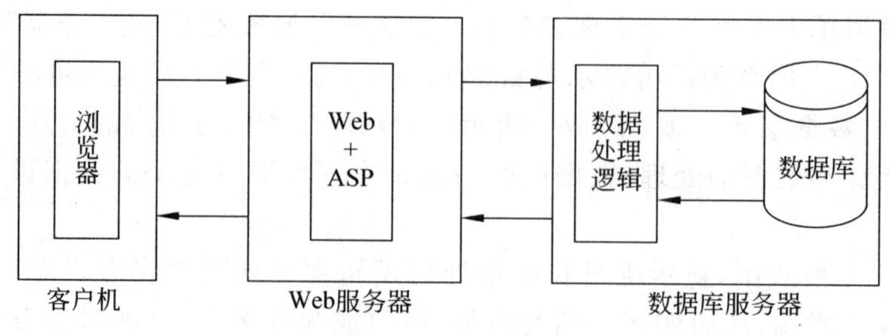

图 4-3　B/S 模式

2. 服务器的特点

1）可扩展性(scalability)

可扩展性指的是服务器具有良好的扩展能力。具备较多的 PCI、PCI-E 插槽，较多的磁盘驱动器支架和较大的内存扩展能力。多网卡设计使得用户网络扩充时，服务器也能满足新的需求。高端的服务器支持 PCI 和 PCI-E 插槽的在线热插拔，提供了在线更换功能，可以有效地支持用户不间断工作，保护用户的投资。

2）可用性(usability)

可用性是以服务器处于正常运行状态的时间比例作为平衡量指标，服务器的时间状态为 365×24 小时表示。例如 99.999%的可用性表示每年有 5 分钟的时间设备不能正常运行。服务器通常采用部件冗余的方法提高可用性。

3）可管理性(manageability)

可管理性是指服务器提供的易于实现简单网络管理和维护的特征。服务器在运行中的故障修复、维护和管理等过程易于实现，另外服务器支持远程的网络安全维护和管理等。

4）可靠性及安全性

服务器是网络中的核心设备，它采用 ECC 内存、RAID 技术、热插拔技术、冗余电源、冗余风扇、机箱锁等方法使服务器具备高容错能力和高安全保护能力。上述硬件技术与安装于服务器之上的网络操作系统的系统备份等功能结合起来，可达到更高的可靠性。可靠性是指服务器运行的稳定性，可靠性和可用性息息相关。可靠性关系到服务器操作系统和服务器硬件系统的协作。

4.1.2　服务器的分类

1. 按体系架构划分

目前，按照体系架构来区分，服务器主要分为 CISC 架构的服务器和 RISC 架构的服务器。

CISC 架构服务器，又叫 IA 架构的服务器，它基于 PC 体系架构，使用 Intel 或其他兼容 x86 指令集的处理器芯片和 Windows 操作系统。CISC 架构服务器，价格便宜，兼容性好，稳定性和安全性差，主要用在小型网络中。

RISC 架构的服务器使用 RISC 或 EPIC 处理器，并且主要采用 UNIX 和其他专用操作系统，这种服务器价格昂贵，体系封闭，但是稳定性好，性能强，主要用于核心网络使用。

2. 按应用层次划分

服务器按应用层次可分为入门级服务器、工作组级服务器、部门级服务器、企业级服务器。

1）入门级服务器

入门级服务器是最低档的服务器。这类服务器的配置与一般的 PC 相似。入门级服务器所连的终端有限，稳定性、可扩展性以及容错冗余性能较差，适用于中小型网络使用。这类服务器主要采用 Windows 网络操作系统，一般使用 IA 架构，价格低廉。通常可以采用高性能的 PC 代替入门级服务器。图 4-4 显示了一款 IBM System x3100 的入门级服务器。

表 4-1 列出了该服务器的基本配置。

2）工作组级服务器

工作组级服务器较入门级服务器来说性能有所提高，功能有所增强，有一定的可扩展性，但容错和冗余性能仍不完善。工作组级服务器仍属于低档服务器，工作组级服务器所连的终端通常为50台左右。图4-5显示了一款曙光天阔A440-FY工作组级服务器。

图 4-4　IBM System x3100 服务器

图 4-5　曙光天阔 A440-FY 服务器

表4-2列出了该服务器的基本配置。

表 4-1　System x3100 基本配置

CPU 类型	Xeon 3065
CPU 频率	2330MHz
最大处理器数量	1
CPU 二级缓存	4MB
FSB(总线)	1333MHz
扩展槽	4个
内存类型	DDR Ⅱ
内存大小	1GB
最大内存容量	8GB
硬盘大小	160GB
硬盘类型	SATA
硬盘最大容量	1.5TB
磁盘阵列卡	RAID-0,RAID-1 可选
网络控制器	集成千兆以太网卡
显示芯片	ATI ES1000
标准接口	1个并口、Serial、Video 1个千兆以太网接口(RJ-45) 2个 USB 2.0(前面) 4个 USB 2.0(后面)

表 4-2　A440-FY 基本配置

处理器类型	AMD Opteron 2376
标称主频(MHz)	2.3GHz
CPU 核心	四核心
标配处理器数量	1
最大处理器数量	2
处理器缓存	2MB
处理器外频	200MHz
前端总线	1000MHz
内存类型	ECC DDR2
标准内存容量	1GB
最大内存容量	16GB
主板芯片组	Nvidia MCP55Pro
RAID	支持，128M SAS RAID 卡
主板扩展插槽	共有5个 PCI 插槽 2个 PCI-E X16 插槽(支持 SLI) 1个 PCI-E X8 插槽 2个 32bit PCI 插槽
硬盘类型	SATA
随机硬盘容量	250GB
热插拔硬盘	支持6块可选热插拔 SATA 硬盘
SCSI 控制器	支持 SATA 控制
IDE 控制器	ATA 133
网卡数量	2
网卡类型/数量	集成双千兆以太网卡

3）部门级服务器

部门级服务器属于中档服务器，部门级服务器一般都是支持双 CPU 以上的对称处理器结构，具备比较完全的硬件配置。部门级服务器一般采用 RISC 架构，所采用的操作系统一般是 UNIX 或 Linux。这类服务器需要安装比较多的部件，所以机箱通常较大，采用机柜式的。图 4-6 显示了一款曙光天阔 A650 R-FY1 部门级服务器。

图 4-6　曙光天阔 A650 R-FY1 服务器

表 4-3 列出了该服务器的基本配置。

表 4-3　A650 R-FY1 基本配置

处理器类型	AMD Opteron 2214
标称主频/MHz	2200MHz
CPU 核心	Santa Rosa（双核心）
标配处理器数量	1
最大处理器数量	2
处理器缓存	1MB×2
处理器外频	200MHz
内存类型	ECC Registered DDR2 400/533/667
标准内存容量	1GB
最大内存容量	16GB
主板扩展插槽	5
硬盘类型	SATA Ⅱ
随机硬盘容量	160GB
热插拔硬盘	支持 6 块热插拔 SATA 硬盘 支持 hostraid RAID 0、1、10、5
网卡类型/数量	两个千兆以太网 2 个 RJ-45 网络接口 网络唤醒（WOL-Wake On Lan） MODEM 唤醒（WOM-Wake On Modem）

4）企业级服务器

企业级服务器属于高档服务器，它采用多个 CPU 的对称处理器结构。企业级服务器一般为机柜式，有的还由几个机柜组成。

企业级服务器一般具有独立的双 PCI 通道和内存扩展板设计，具有高内存带宽、大容量热插拔硬盘和热插拔电源、超强的数据处理能力和集群性能等。企业级服务器具有高度的容错能力、优良的扩展性能、故障预报警功能、在线诊断能力，RAM、PCI、CPU 等具有热插拔性能。

目前在全球范围内生产高档企业级服务器的厂商有 IBM、HP、SUN 等，国内有曙光等，如图 4-7 显示了一款曙光天阔 A950 R-F 服务器。

图 4-7　曙光天阔 A950 R-F 服务器

表 4-4 列出了该服务器的基本配置。

表 4-4　A950 R-F 基本配置

处理器	最大支持 8 颗 AMD Opteron 8000 系列处理器
L2 Cache	1MB Per Core
L2&L3 Cache	512KB L2 Cache Per Core，共享 2MB/6MB L3 cache
芯片组	Nvidia 高性能芯片组
内存特性	支持 DDR2 533/667 ECC Registered 内存
插槽及容量	32 根内存插槽，最大支持 256GB 内存 8 个热插拔硬盘位
硬盘	可选 SAS RAID 卡，支持 SAS RAID 0,1,5,10 可选 SAS HBA 卡，支持 SAS RAID 0,1,1E
显示系统	XGI 图形控制器 可选 PCI-E x16 高端图形卡
网络	集成三个千兆网卡(RJ-45 接口)
扩展插槽	共 5 个 扩展插槽
外设接口	1 个后部串口 1 个后部 VGA 接口 2 个后部 USB 2.0 接口，2 个前置 USB 2.0 接口 3 个后置 RJ-45 网口 1 个后置标准 PS/2 鼠标/键盘接口

3. 按用途划分

按用途划分，服务器可以分为通用型服务器和专用服务器。

1）通用型服务器

通用型服务器是指可以提供各种基本网络服务功能的服务器。这类服务器不是专为某一功能而设计，在设计时就要兼顾多方面的应用需求，这类服务器的结构相对较为复杂，价格昂贵。部门级服务器和企业级服务器基本上都属于通用型服务器。

2）专用服务器

专用服务器是指为某一种或几种特定网络服务设计的服务器。这种服务器专注于所提供的网络服务，其他网络服务功能相对较弱。例如 FTP 服务器主要用于实现文件传输，这就要求服务器在硬盘稳定性、存取速度、I/O 带宽等方面占有优势。

注意：随着网络规模的增大，在通用服务器上架设专用网络服务的方式越来越多。

4. 按外形划分

按服务器的机箱外形结构，可以把服务器划分为“台式服务器”、“机架式服务器”、“机柜式服务器”和“刀片服务器”四种。

1）台式服务器

台式服务器也称为“塔式服务器”，一般的台式服务器采用大小与立式 PC 大致相当的机箱或柜子。通常的低档服务器都是台式服务器，由于整个服务器的内部结构较为简单，如图 4-8 所示。

2）机架式服务器

机架式服务器安装在标准的 19 英寸机柜里面。有 1U(1U＝1.75 英寸)、2U、4U 等规格，主要是为了便于在机架中与其他网络设备一起安装。这种结构的服务器多为功能型服务器。部门级或企业级服务器通常采用这种机架式的机箱结构，如图 4-9 所示。

图 4-8　台式服务器

图 4-9　机架式服务器

3）机柜式服务器

机柜式服务器用于高档企业级服务器中，这类服务器由于内部结构复杂，设备较多，有的还具有许多不同的设备单元或几个服务器实现集群化。为了实现封装，必须采用机箱，由于机箱较大，整个外形就像一个大柜子，因此称为机柜式服务器。图 4-10 显示了一款机柜式服务器。

4）刀片服务器

刀片服务器是一种高可用高密度的低成本服务器平台，是专门为特殊应用行业和高密度计算环境设计的服务器集群。刀片服务器的组成单元外形都扁而平，活像个刀片，所以称之为刀片服务器。刀片服务器中的每一个刀片是符合工业标准的一张板卡，其上有处理器、内存和硬盘等，并安装了操作系统，每一个“刀片”就是一台小型服务器。

刀片服务器是在标准高度的机架式机箱内插装多个刀片，这些刀片组合起来，进行数据的互通和共享，在系统软件的协调下同步工作就可以变成高可用和高密度的新型服务器。图 4-11 显示了一款刀片服务器。

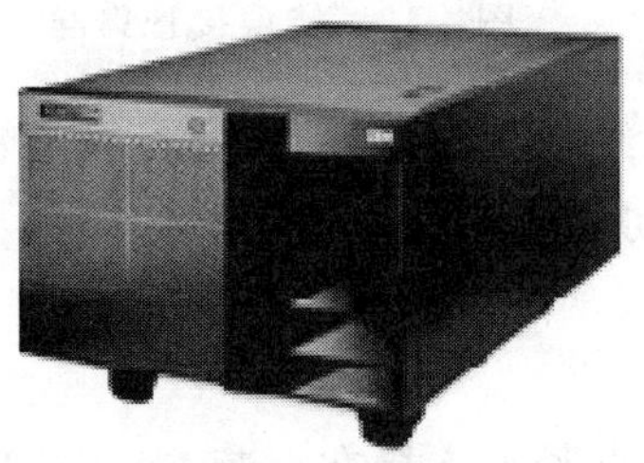

图 4-10　机柜式服务器

图 4-11　刀片服务器

4.1.3 服务器的集群技术

集群(Cluster)是指通过特殊的软件和硬件将一组相互独立的计算机通过高速的通信网络组成的一个单一的计算机系统,并以单一系统的模式加以管理。采用集群技术能够提高系统的稳定性和网络中心的数据处理能力和服务能力。

集群技术通常包括服务器镜像、错误接管集群、容错集群、并行运行和分布式处理集群及可连续升级的集群五种技术。

1. 服务器镜像技术

服务器镜像技术是将建立在同一个局域网之上的两台服务器的硬盘通过软件或其他特殊的网络设备(比如镜像卡)做镜像的过程。其中,一台服务器被指定为主服务器,另一台为从服务器。客户只能对主服务器上的镜像卷进行读写,即只有主服务器通过网络向用户提供服务,从服务器上相应的卷被锁定以防对数据的存取;主从服务器分别通过心跳监测线路互相监测对方的运行状态,当主服务器因故障宕机时,从服务器将在很短的时间内接管主服务器的应用,如图 4-12 所示。

服务器镜像技术成本较低,提高了系统的可用性,保证了在一台服务器宕机的情况下系统仍然可用,但是这种技术仅限于两台服务器的集群,系统可扩展性差。

2. 错误接管集群技术

错误接管集群技术将建立在同一个网络里的两台或多台服务器通过集群技术连接起来。集群节点中的每台服务器各自有不同的作用,分别为用户提供不同的服务,同时每台服务器又监测其他服务器的运行状态,为指定服务器提供热备份。当某一节点因故障停机时,集群系统中指定的服务器会很快接管故障机的数据和应用,继续为用户提供服务。为了能有效地进行数据和应用接管,错误接管技术一般都采用共享外部存储设备的方式,如图 4-13 所示。

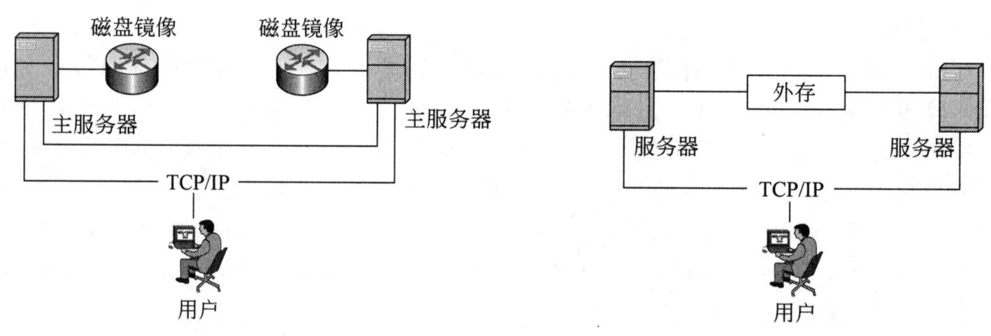

图 4-12　服务器镜像示意图　　图 4-13　错误接管集群

这种集群系统中通常是两个节点互为备份,集群系统中的节点通过串口、共享磁盘分区或内部网络互相监测对方的心跳。这种集群技术最多可以实现 32 台机器的集群,极大地提高了系统的可用性及可扩展性。

3. 容错集群技术

容错集群技术中,集群系统的每个节点都与其他节点紧密连接在一起,节点之间共享内存、硬盘、CPU 和 I/O 等资源,各个节点被共同映像成为一个独立的系统,并且所有节点都是这个映像系统的一部分。

在容错集群系统中，各种应用在不同节点之间的切换可以平滑地完成，不需要切换时间，它最大限度地提高了系统的可用性，但是容错集群技术需要特殊的软硬件设计，成本高。

4. 并行运行和分布式处理集群技术

这种集群系统中，向系统提交应用被分配到不同的节点上分别运行，如果提交系统的是一个比较大的任务，系统将把它分成许多小块，然后交于不同的节点处理。

5. 可连续升级的集群技术

这种集群系统中，通常有一个负责管理整个集群系统的中央节点，它将用户的请求分配给集群系统中的某个节点，然后这个节点将直接通过 Internet 向用户提供服务。

在集群系统中每一个节点都互为备份，包括中央节点，它在完成向集群节点分配任务的同时，也向用户提供服务，一旦中央节点宕机，系统将自动推举一个节点为中央节点，来接管它的全部应用。这种可连续升级的集群系统通常只需简单地设置就可以添加或移除一个节点，使用管理比较简单。

4.1.4 服务器的 RAID 技术

RAID(Redundant Array of Independent Disks)，即独立磁盘冗余阵列，它采用若干硬磁盘驱动器，按照一定要求组成一个整体，整个磁盘阵列由阵列控制器管理。磁盘阵列提高了存储容量，多台磁盘驱动器可并行工作，提高了数据传输率。由于有校验技术，提高了可靠性。

RAID 通过对硬盘上的数据进行条带化，实现对数据成块存取，减少硬盘的机械寻道时间，提高数据存取速度。通过镜像或者存储奇偶校验信息的方式，实现对数据的冗余保护。经常应用的 RAID 阵列主要分为 RAID0、RAID1、RAID5 和 RAID0＋1。

1. RAID0

RAID0 又称为 Stripe 或 Striping，它代表了所有 RAID 级别中最高的存储性能。RAID0 提高存储性能的原理是把连续的数据分散到多个磁盘上存取，这样，系统有数据请求就可以被多个磁盘并行执行，每个磁盘执行属于它自己的那部分数据请求。这种数据上的并行操作可以充分利用总线的带宽，显著提高磁盘整体存取性能。

RAID0 是唯一的一个没有冗余功能的 RAID 技术，但 RAID0 的实现成本低。硬件和软件都可以实现 RAID0。实现 RAID0 最少用两个硬盘。对系统而言，数据采用分布方式存储在所有的硬盘上，当某一个硬盘出现故障时数据会全部丢失。

2. RAID1

RAID1 又称为 Mirror 或 Mirroring，它的宗旨是最大限度地保证用户数据的可用性和可修复性。RAID1 的操作方式是把用户写入硬盘的数据全部自动复制到另外一个硬盘上。当读取数据时，系统先从源盘读取数据，如果读取数据成功，则系统不去管备份盘上的数据；如果读取源盘数据失败，则系统自动转到读取备份盘上的数据，不会造成用户工作任务的中断。由于系统写数据需要重复一次，所以会影响系统写数据的速度。硬盘容量的利用率只有 50％。

3. RAID0＋1

对 RAID0 阵列做镜像。这是一种 Dual Level RAID，也有人称为 RAID level 10。它是

两组硬盘先做 RAID0，组成两颗大容量的逻辑硬盘，再互为“镜像”。每次写入数据时，磁盘阵列控制器会将资料同时写入该两组“大容量数组硬盘组”内。同 RAID 1 一样，虽然其硬盘使用率只有 50%，但它却是最具高效率的规划方式。

4. RAID3

RAID3 同样采用数据分块并行传送的方法，但不同的是，它在数据分块之后计算它们的奇偶校验和，然后把分块数据和奇偶校验信息一并写到硬盘阵列中。采用这种方法对数据的存取速度和可靠性都有所改善，当阵列中任一硬盘损坏时，可以利用其他数据盘和奇偶校验盘上的信息重构原始数据。

在硬盘利用率方面，RAID3 比 RAID1 要高，例如由 5 个硬盘组成的阵列，冗余度只有 20%。不过，RAID3 也有缺点，由于奇偶校验信息固定存储在一个硬盘上，使该硬盘负担较重，从而产生新的瓶颈。

5. RAID4

与 RAID3 不同的是，RAID4 在分割时是以区块为单位分别存放于硬盘中，但每笔数据存取都必须从同位检查的那颗硬盘中取出对应的同位数据检验，由于使用频繁，所以该块硬盘耗损率可能会提高。

6. RAID5

RAID5 是在 RAID3 和 RAID4 的基础上发展来的，它继承了它们数据冗余和条带化的特点，并将数据校验信息均匀保存在阵列中的所有硬盘上。系统可以对阵列中所有的硬盘同时读写，减少了由硬盘机械系统引起的时间延迟，提高了磁盘系统的 I/O 能力；当阵列中的一块硬盘发生故障，系统可以使用保存在其他硬盘上的奇偶校验信息恢复故障硬盘的数据，继续进行正常工作。

7. RAID6

RAID6 使用一种分配在不同驱动器上的第二种奇偶方案，扩展了 RAID5。它能承受多个驱动器同时出现故障，但是写操作性能很差，而且系统需要一个极为复杂的控制器。

8. RAID7

RAID7 采用一个实时嵌入操作系统的控制器，一个高速总线用于缓存。它提供快速的 I/O 接口，但是价格昂贵。

9. RAID53

RAID53 是最新的一种 RAID 类型，实施情况同 RAID0 数据阵列，其中每一段都是一个 RAID3 阵列。它的冗余与容错能力同 RAID3 一样。这对需要高数据传输率的 RAID3 配置的 IT 系统有益，但是它价格昂贵、效率偏低。

RAID 的基本特征见表 4-5。

表 4-5　RAID 的基本特征

级别	技　术	容错能力
RAID0	磁盘分段	数据无备份
RAID1	磁盘镜像	数据 100%备份
RAID2	磁盘分段＋海明码纠错	允许单个磁盘错

续表

级别	技　　术	容错能力
RAID3	磁盘分段＋奇偶校验	允许单个磁盘错，校验盘除外
RAID4	磁盘分段＋奇偶校验	允许单个磁盘错，校验盘除外
RAID5	磁盘分段＋奇偶校验	允许单个磁盘错，无论哪个盘均可

4.1.5 服务器的其他相关技术

1. SMP

SMP(Symmetric Multi-Processing)，即对称多处理器，SMP结构是当前并行服务器常用的结构。它是由多个微处理器互连而成，处理器数多达几十个，各个处理器完全相同，能同等地访问存储器的每一个单元和控制每一台I/O设备。服务器中最常见的对称多处理系统通常采用2路、4路、6路或8路处理器。SMP采用共享存储器结构，其互联网络采用总线或交叉开关方式，多个CPU对称地与互联网络相连，整个系统采用单一的地址空间，处理速度高，避免了高速缓存的不一致性问题。

2. NUMA

NUMA(Non-Uniform Memory Access)，即分布式内存存取技术，在NUMA中，每一Intel处理器都有自己的局部内存，并能够形成与其他芯片中的内存静态或动态的连接。NUMA服务器可容纳64个及其以上的处理器。NUMA体系结构的服务器传输通道速度非常高。

3. ISC

ISC(Intel Server Control)，即Intel服务器控制，它是一种网络监控技术，只适用于使用Intel架构的带有集成管理功能主板的服务器。采用这种技术后，用户在一台普通的客户机上，就可以监测网络上所有使用Intel主板的服务器，监控和判断服务器是否"健康"。监控端和服务器端之间的网络可以是局域网也可以是广域网，可直接通过网络对服务器进行启动、关闭或复位，极大地方便了管理和维护工作。

4. EMP

EMP(Emergency Management Port)，即应急管理端口，它是服务器主板上所带的一个用于远程管理的接口。远程控制机可以通过modem与服务器相连，控制软件安装于控制机上。远程控制机通过EMP Console控制界面可以打开或关闭服务器的电源，重新设置主板BIOS和CMOS的参数，监测服务器内部情况，如温度、电压、风扇情况等。通过ISC和EMP两种技术可以实现对服务器的远程监控管理。

5. I²C

I²C(inter-integrated circuit)总线是一种由飞利浦公司开发的串行总线，主要在服务器管理中使用。I²C总线包括一个两端接口，通过一个带有缓冲区的接口，数据可以被I²C发送或接收。控制和状态信息则通过一套内存映射寄存器传送。

利用I²C硬件总线技术可以对服务器的所有部件进行集中管理，可随时监控内存、硬盘、网络、系统温度等多个参数，增加了系统的安全性，方便了管理。

6. I^2O

I^2O(Intelligent Input and Output)，即智能输入输出技术，它把任务分配给智能I/O系统，在这些系统中，专用的I/O处理器将负责中断处理、缓冲存取以及数据传输等任务，这样增强了I/O的吞吐量，并减轻了服务器主CPU的负载，从而提高系统性能。

7. 多处理器通信和协调技术

多处理器通信和协调技术可将超过四个以上的处理器群分为多个组，每个处理器组都配有一个高速缓存系统，通过对缓存映射结构的一致性检验，从而保证在计算过程中每组处理器中内置的高速缓存信息和内存中相应信息的一致性。

8. 热插拔

服务器的热插拔(Hot Swap)功能是指在不关闭系统、不切断电源的情况下取出和更换损坏的服务器部件，从而提高了系统对灾难的及时恢复能力和灵活性。目前的服务器系统基本上都支持热插拔和即插即用功能。

4.1.6 服务器的基本性能指标

服务器的性能直接影响网络的整体性能。

1. 处理器

CPU是计算机的“大脑”，是衡量服务器性能的首要指标。多数服务器支持两个或两个以上CPU。多个CPU集中在一个服务器上，通常可提供较强的处理能力。

1) CISC型CPU

CISC即“复杂指令集”，它是指Intel生产的x86(Intel CPU的一种命名规范)系列CPU及其兼容CPU(其他厂商如AMD、VIA等生产的CPU)，它基于PC体系结构。这种CPU一般都是32位的结构，所以人们也把它称为IA-32 CPU。CISC型CPU目前主要有Intel的服务器CPU和AMD的服务器CPU两类。

基于CISC型CPU的服务器称为IA(Intel Architecture，Intel架构)架构服务器，IA架构服务器价格低廉，一般应用在中小公司机构或大企业的分支机构。

2) RISC型CPU

RISC即“精简指令集”，它是在CISC指令系统基础上发展起来的。相对于CISC型CPU，RISC型CPU不仅精简了指令系统，还采用了超标量和超流水线结构，大大增加了并行处理能力(并行处理是指一台服务器有多个CPU同时处理)。RISC型CPU的服务器价格昂贵，一般应用在大中型企业或机构，作为网络中枢系统，提供高性能的网络服务。

2. 内存

服务器支持较大的内存空间，可以帮助提高服务器的处理能力与运算能力。为了提高数据的存取速度和稳定性等特征，服务器的内存引入了ECC、ChipKill、Register、热插拔技术等。

1) ECC技术

常用的内存检测技术同位检查码(Parity Check Codes，PCC)采用奇偶检错技术，只能检查错误，但是不能确定错误的位置，因此无法实现纠错，错误数据只能重新传输，这样就降低了内存的数据交换效率。错误检查和纠正(Error Checking and Correcting，ECC)是一种指令纠错技术，它的主要功能是发现并纠正错误，通过纠错提高了内存的数据交换效率，提

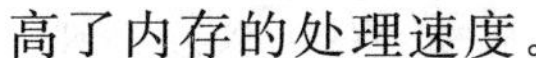

高了内存的处理速度。

2) ChipKill 技术

ChipKill 技术是 IBM 公司开发的一种 ECC 内存保护标准。由于 ECC 技术只能同时检测和纠正单一比特错误,但它不能纠正双比特以上的错误,采用 ChipKill 技术的内存可以同时检查并修复 4 个错误数据位,服务器的可靠性和稳定得到了更加充分的保障。

3) Register 技术

Register 即寄存器或目录寄存器,采用 Register 的内存进行数据读写等操作时,会先检索目录寄存器,然后再进行读写操作,这将大大提高服务器内存的工作效率。带有 Register 的内存都带有 Buffer(缓冲区)。

4) 速度要求

一般地,服务器的事务处理速度要比它所"服务"的台式机的平均处理速度快 2～10 倍。服务器上通常采用的一些技术,如总线控制、直接读取内存、大容量缓冲器以及其提高适配器速度和处理能力的技术,在服务器上的作用比在台式机上显得更为必要。

3. 磁盘空间

服务器为网络用户提供一个共享文件和应用软件的存储中心。服务器除了采用大容量本机硬盘外,有些还采用磁盘阵列。由于磁盘直接与内存交换信息,是随机存储数据的高速存储设备,因而服务器磁盘阵列必须是高可靠性硬盘组,因为它们决定了服务器系统存储空间的大小,还决定了系统的安全稳定性能。

4. 容错能力及容错系统

容错能力是指在出现故障时服务器能继续工作的能力。容错系统一般有两种:即有热备份方案而允许出错的系统和对出错非常敏感的系统。服务器除了选用高质量、低故障的电源、磁盘阵列等设备外,还应采用多种部件备份容错方式,如双电源、双风扇、双主机备份通道及双设备通道等。

另外,许多服务器还配置一些专用适配器对系统进行实时监控,这些设备随时与控制台保持通信,实时报告服务器的内部工作温度,提供系统各个组件的状态信息。

5. UPS 电源

网络核心服务器通常需要配置备用 UPS。在主 UPS 突然发生故障中断时,这类系统通常能够自动切换到备用 UPS 上。这类多 UPS 系统,一般支持热插拔功能,允许在系统正常运行过程中更换发生故障的电源。

注意: *是否需要冗余电源,要根据服务器所执行任务的重要程度决定,任务越关键,电源冗余要越多。低档服务器系统,通常只配备有一个 UPS 或最多一个备用电源。*

4.1.7 服务器的选型

1. 服务器选购要求

1) 确定服务器档次

应该根据实际网络需求和资金预算,结合服务器产品的大致价位确定要选择的服务器档次,也可通过比较几个经销商的推荐方案作出合理选择。

2) 确定服务器的用途

在选购服务器的时候,必须要关注服务器的用途,不同用途的服务器的选购标准不同,例如，对于数据库服务器，联机事务处理能力是最需关注的性能指标。对于Web服务器则就非常注重总吞吐率，这些就需要采用一定的服务器测评标准进行衡量，在选购时用户需要关注。

3）确定服务器品牌

通过对几家厂商同等档次的产品比较作出选择。应从产品特点、产品质量、服务质量、厂商信誉等几个方面比较。采用的产品最好是业界著名的品牌，必须有规格齐全的产品系列。整个系统应该具备优秀的可管理性，在数据保护方面应该具备先进的技术，售后服务，技术支持体系必须完善。

注意：一般来说厂商之间的价格差异不会太大，不要一味追求价格低。

4）选择经销商

一般来说，选择服务器厂商认证的二级经销商比较可靠，这样购买的产品应该是正品，产品质量和售后服务都有保证，在购买的时候，用户一定要注意经销商的口碑，口碑好的经销商，应该着重考虑。另外，在比较不同经销商的报价时，要确定经销商可以提供的增值服务。

2. Web服务器的选购

Web服务是当前Internet中使用最广泛的一种网络技术，Web服务器性能的优劣直接影响整个Web站点的访问速度。由于Web服务器具备强大的并发使用量，为此在Web服务器端选购时必须强调如下几方面的问题。

1）性能要求

Web服务器提供的数据通常是多媒体形式，静态Web页相比较大多数动态页对于性能要求较低，所以对于Web服务器来说，首要考虑的是“多网卡优化”和“高速硬盘I/O”。另外，考虑CPU处理能力对网络带宽的影响、硬盘I/O和随机读写比率的峰值对实际应用中客户端Web点击的影响、网络性能对系统效率的影响、并发事件对系统资源占用率等方面。

2）响应能力

响应能力与所支持的并发用户数量有关，但反映出的性能是不一样的，主要是在接受用户请求后做出反应的快慢，这由服务器的硬件和软件配置情况决定。在购买服务器时，必须要关注该服务器所能运行的操作系统平台和Web服务器软件平台的支撑，例如是支持Apache还是支持Tomcat等，这部分内容将在后续章节详细介绍。

3）安全性

由于Web服务器通常放置在防火墙之外，所以必须要关注其安全性，一方面要保护Web服务器的机密信息；另一方面要防止黑客攻击。要具备这两项安全功能，除了要配备一些安全策略和工具软件外，还要注意在服务器上尽可能减少应用系统和软件的安装，同时安装专门的操作系统。

3. 数据库服务器的选购

数据库服务器作为业务系统的核心，具有业务量大、存储数据量大等特点。它承担着业务数据的存储和处理任务，因此关键数据库服务器的选择就显得尤为重要。服务器的可靠性和可用性是首要的需求，其次是数据处理能力和安全性，然后是可扩展性和可管理性。

数据库服务器的构建必须关注如下硬件指标。

1）服务器 CPU

处理能力指的是服务器在单个时间段内可并发处理的数据量，目前选购服务器系统是通常关注采用超标量和超流水线结构，这种结构大大增加了并行处理能力，并行处理能够大大提升服务器的数据处理能力。部门级、企业级的服务器应支持 CPU 并行处理技术。

2）内存

服务器要求同时支持多用户进行操作，尤其对数据库服务器而言，其内存容量的要求就更高一些。服务器内存不但容量要大，存取速度要快，另外必须考虑其内在的纠错能力和稳定性。

3）总线 I/O 带宽

在高 CPU、大容量内存的配置下，必须要求主机系统总线带宽、I/O 总线带宽都达到很高；否则，系统性能将形成瓶颈。

4）存储容量

数据库是用来存储数据的区域，为此数据库服务器的容量就尤为关键，数据库服务器所能支持的最大存储容量成为衡量其性能指标的主要因素之一。目前 T 级别（1TB＝1024GB）容量的数据库服务器正在逐步普及。

4. 电子邮件服务器的选购

1）以用户数量确定服务器的档次

电子邮件服务器选购时，应该充分考虑够用和好用的原则，必须首先考察构建的邮件服务器的使用范围，在准确考核该服务器用户数量的基础上选择服务器的级别。一般而言，很多电子邮件服务器仅供企业内部使用，则可以考虑低配置的服务器，如果供大量用户使用，则可能采用高配置的服务器。

2）扩展性

随着业务的增长、员工和客户数量的增加，企业对电子邮件服务器性能的要求可能会逐渐提高。因此实现对原来的低配置服务器的扩展是必需的，为此在首次购置电子邮件服务器时必须要考虑到相关的扩展性要求。

3）操作系统和邮件系统的影响

任何一款服务器都必须在服务器软件系统的调度下才能运行，为此在购置电子邮件服务器的时候有必要考虑后期运行该服务器的邮件服务器软件，就目前说来，电子邮件服务器软件的类型非常多，不同的邮件服务器软件可能对邮件服务器的硬件要求也各不相同，另外这些邮件服务器软件必须要在对应的操作系统上运行，例如微软的 exchange server 电子邮件服务器软件必须在微软的 Windows 平台上运行。为此用户在构建服务器时，必须要考虑后期运行的电子邮件服务器软件和相关的操作系统支持。目前流行的操作系统有 UNIX、Linux 和 Windows，操作系统处理机制的不同往往有可能造成邮件服务器系统性能的差异。

4）服务器的稳定性

为保证电子邮件不会丢失或者出现大量的延迟，为达到高稳定性，在硬件层面，电子邮件服务器应该对内存的要求极高，除了服务器中常用的 ECC 内存校验外，还需要更高的内存保护机制。同时，电子邮件服务器需要存储系统有良好的扩展能力，从而满足不断增长的邮件容量。

除此之外，对于电子邮件服务器来说，另一个重要的指标是其同时能够支持的用户数量，以及峰值数据带宽的承受能力。电子邮件的应用特性决定，服务器需要进行大量读取与写入，这要求硬盘有很高的吞吐量。因此要针对实际用户量和电子邮件的使用频度，在硬件方面适当考虑选择RAID磁盘阵列，利用磁盘分段、磁盘镜像、数据冗余技术提高磁盘存取速度，同时提供磁盘数据备份、提高系统的可靠性。

4.2 工作站的选型

在计算机网络工程中，工作站的选购也是非常关键的，在一个网络工程中，可能涉及大量的工作站的采购过程。一般而言，工作站指的是用于专门领域使用的客户机。例如构建的一个图形图像处理工程中，可能要布设图形处理工作站，那么构建这样的工作站，就必须要关注其处理图像处理的能力。

4.2.1 组装机和品牌机

组装机是将计算机配件（包括CPU、主板、内存、硬盘、显卡、光驱、机箱、电源、键盘、鼠标、显示器）组装到一起的计算机，组装机可以自己组装，也可以到DIY配件市场组装。它的搭配随意性强，可根据用户自己要求搭配。

品牌机指的是有一个明确品牌标识的计算机，它是由公司性质组装起来的计算机，并且经过兼容性测试，而正式对外出售的整套的计算机，称为品牌机，它有质量保证，以及完整的售后服务。

在进行采购时，是选择组装机还是品牌机应该根据实际构建的网络工程要求进行。

组装机的售后指的是单独配件的售后，而品牌机指的是对整个计算机整体的售后，一般认为组装机的售后维护比品牌机要复杂一些。当然在实际采购时，组装机也可以委托相关的公司进行，采购方提供完善的配置方案后，提交给相关计算机公司进行组装即可，双方可以签订相关的售后服务协议。一般认为品牌机的兼容性好，稳定性高，和同等档次的组装机相比，价格更高一些，但是售后服务相对更加完善。

如果要购买组装机，则必须设计完善的组装方案，要求设计的装机方案能满足实际网络工程的需求。

4.2.2 工作站内部硬件的采购

1. CPU

CPU是一台计算机的运算核心和控制核心，其功能主要是解释计算机指令以及处理计算机软件中的数据。就目前看来，工作站的CPU主要有Intel和AMD两大公司的产品，目前Intel的CPU系列主要是酷睿系列，AMD的CPU主要是速龙、羿龙系列，CPU的核心数量有八核、六核、四核、三核、双核心几种。每种CPU的结构各不相同，在选购时也需要注意。另外，核心数量不要一味追求多，满足实际需求即可。例如，工作站从事大型工作量处理，则可以选择核心数量较多，主频较高的CPU，如果仅仅是在办公环境下使用，一般的双核CPU应该足够。选购CPU的性能越高，价格越贵，另外配套使用的主板价格也较高。

2. 内存

内存是与CPU进行沟通的桥梁，内存用于暂时存放CPU中的运算数据，以及与硬盘等外部存储器交换的数据。在选购时，应该关注单根内存条的容量，目前单根内存条的容量可达到 8GB。还有就是需要考虑内存的类型，是 DDR，还是 DDR2、DDR3，另外需要考虑内存的主频，主频越好性能越好，当然价格也稍高一些。内存选购时应该选择威刚、金泰克、三星、金士顿等一线厂商的产品。

3. 硬盘

硬盘是用来存储数据的最主要的外部存储器，选购硬盘时，首先要关注硬盘的容量，目前可见单盘容量达 3T 的硬盘，另外需要关注硬盘的转速、缓存的容量、接口的类型和速率等。当前硬盘的价格较低，技术也比较成熟，在选择时应该根据实际工程需求进行。

另外，当前市场上出现了一种固态硬盘，固态硬盘（Solid State Disk、IDE FLASH DISK）用固态电子存储芯片阵列制成，由控制单元和存储单元组成。固态硬盘采用闪存作为存储介质，读取速度相对机械硬盘更快。另外，固态硬盘没有机械马达和风扇，工作时噪音值为 0 分贝。基于闪存的固态硬盘在工作状态下能耗和发热量较低。相对来说固态硬盘的价格稍高，容量也相对少一些，在实际工程构建时，可根据需要进行选择。

4. 显卡

1）显示芯片

显示芯片又称"图形处理芯片（Graphic Processing Unit，GPU）"。显示芯片是显示卡的核心部件，负责图形数据的处理。在计算机的数据处理过程中，CPU 将其运算处理后的显示信息通过数据总线传输到 GPU 中，GPU 再进行处理，最后通过显示卡输出显示在屏幕上。所以在采购时必须要关注 GPU 的性能。

2）显存

显卡需要运算大量的三维图像输出时所需的函数，显存用于交换数据和缓存数据，其速度的快慢对于显示卡性能的充分发挥是至关重要的。显存与系统内存的功能相似，用来暂时存储显示芯片处理的数据。显示卡的分辨率越高，屏幕上显示的像素点越多，所需的显存也越大。

3）总线接口

显示卡必须插在主板插槽上才能与主板交换数据，这就要求必须有与之对应的总线接口。目前主流的总线接口是 AGP 接口。

4）分辨率和色深

分辨率（resolution）是指显示画面的细腻程度。一般以画面的最大"水平点数"×"垂直点数"为代表。分辨率越高，说明显示卡的显示性能越好。色深（color depth）是指显示画面的颜色数量。色深的位数越高，屏幕上所能显示的颜色数就越多，显示的图像质量就越高。

5）刷新频率

刷新频率（Vertical Refresh Rate）是指显示器每秒能对整个画面重复更新的次数，即影像每秒钟在屏幕上出现的帧数。刷新频率最好要在 72Hz 甚至 75Hz 以上。

5. 主板

主板（Main Borad/Mother Board）是计算机系统中最大的一块电路板，主板上分布着各种电子元件、插座、插槽以及接口，它把 CPU、内存和各种外围设备有机地联系在一起。采购主板时主要考虑如下性能参数。

1）芯片组

芯片组(ChipSet)是CPU与周边设备沟通的桥梁，主宰着主板的性能。芯片组决定了计算机对自身组件的支持程度。目前能够设计芯片组的厂商主要有Intel(英特尔)、VIA(威盛)、SiS(矽统)、AMD、ALi(扬智)、NVIDIA等。

2）主板结构

主板结构分为ATX、Micro ATX、BTX等结构。其中，ATX是目前市场上最常见的主板结构，Micro ATX又称Mini ATX，是ATX结构的简化版；BTX是英特尔制定的最新一代主板结构；其他主板结构并不常见。在选购时必须要注意这些结构和采购的CPU、内存、显卡等相关设备是否匹配，是否适合当前采购的机箱安装等。

3）升级和扩充性

由于考虑到未来升级等相关因素，为此必须要求考虑主板的升级和扩充性，例如相关的扩充接口是否丰富，是否能实现升级，有没有升级空间等。

6. 电源

电源是计算机用于供电的设备，电源的性能直接决定着计算机的寿命，目前在工作站上广泛使用的是ATX电源。电源的选购必须关注如下性能指标。

1）功率

电源功率的大小决定着电源所能负载设备的多少。普通用户一般选择功率为250～300W的电源就足够了。

2）电源插头

一般情况下，所选择的电源应具有三种类型的插头(D型插头、软驱电源插头和专用CPU插头)，总数量至少在6个或以上。

3）可靠性

衡量电源的可靠性一般采用平均无故障时间(Mean Time Between Falure，MTBF)作为衡量标准，单位为小时。电源的MTBF指标应在10 000小时以上。

4）安全认证

为确保电源的可靠性和稳定性，每个国家或地区都根据自己区域的电网状况制定不同的安全标准，目前主要有CCEE认证(中国电工产品认证委员会质量认证标志，俗称长城认证)、CE(欧盟国家电气和安全标准认证)、FCC(美国联邦通信委员会认证)、TUV(德国TUV国际质量体认证)等几种认证标准。电源产品至少应具有这些认证标准中的一种或多种。

4.2.3 工作站外部硬件的采购

工作站的外部硬件主要关注机箱、相关接口和显示器。

1. 机箱

机箱是主机的外壳，对内部硬件起保护作用，选购机箱应从以下几方面考虑。

1）机箱的用料和厚度

就目前来说，市场上常见的机箱大多为钢材机箱，钢板厚度1mm、0.8mm～0.4mm不等。钢板越厚，机箱的结构就会坚固不易变形，另外其防辐射能力也就越强，密封性越高，噪音就会降低。

2）机箱内的布局

机箱内的布局要科学合理，要有很充分的扩充升级空间。一般说来，选购机箱时，要考虑机箱附带多少扩充接口的位置，例如是否有前置 USB 接口位置，是否前置耳机、麦克风接口，是否方便用户进行插拔。

3）机箱的防尘性能与散热性能

主要考察机箱散热孔与扩展插槽挡板的防尘能力和机箱提供的散热风扇或散热孔的多少。

4）机箱使用的便利性与安全性

机箱使用的便利性是指机箱拆装都很方便，机箱的安全性是指机箱对电磁辐射的屏蔽效果。

2. 显示器

目前市场上多为液晶显示器，采购多大屏幕应该根据实际需求进行选择，目前 17～26 英寸的液晶显示器都有，在选择时应该考虑是用于设计制图、娱乐影音还是游戏竞技，另外要关注屏幕比例，是采用宽屏 16∶10、宽屏 16∶9，还是普屏 4∶3、普屏 5∶4，还有就是采用的面板类型，目前市场上有 IPS 面板、PVA 面板、TN 面板、MVA 面板、PLS 面板、不闪式 3D 面板等。最后一个项目是视频接口，目前的视频接口有 D-Sub（VGA）DVI、HDMI、Displayport、MHL、分量、色差、S 端子等。这些是综合考虑采购显示器的因素。

4.3　SCSI 接口总线

SCSI（Small Computer System Interface），即小型计算机系统接口，SCSI 是一种有效的外设总线，用来支持多个设备，允许包括多个主机。SCSI 接口具备如下性能优势：独立于硬件设备的智能化接口，减轻了 CPU 的负担。多个 I/O 并行操作，因此 SCSI 设备传输速度快。可连接的外设数量多，可扩展多个外设（如硬盘、磁带机、CD-ROM 等）。当同时访问服务器的网络用户数量较多时，使用 SCSI 硬盘的系统 I/O 性能明显强于使用 IDE 硬盘的系统。

4.3.1　SCSI 的常见规格

1. SCSI-1

SCSI-1 是最原始的版本，异步传输的频率为 3MB/s，同步传输的频率为 5MB/s。虽然现在几乎被淘汰了，但还会使用在一些扫描仪和内部 ZIP 驱动器中，采用的是 25 针接口。若是将 SCSI-1 设备连接到 SCSI 卡，则必须有一个内部的 25 针对 50 针的接口电缆；若是用外部设备时，就不能采用内部接口中的任何一个（即此时的内部接口均不可以使用）。

2. SCSI-2

早期的 SCSI-2，称为 FastSCSI，通过提高同步传输的频率使传输速率从原有的 5MB/s 提高为 10MB/s，支持 8 位并行数据传输，可连接 7 个外设。后来出现的 WideSCSI，支持 16 位并行数据传输，数据传输率也提高到 20MB/s，可连接 16 个外设。此版本的 SCSI 使用一个 50 针的接口，主要用于扫描仪、CD-ROM 驱动器及老式硬盘中。

3. SCSI-3

SCSI-3，称为 UltraSCSI，数据传输率达到了 20MB/s。若使用 16 位传输的 Wide 模式，数据传输率可以提高至 40MB/s。此版本的 SCSI 使用一个 68 针的接口，主要应用在硬盘上。SCSI-3 的典型特点是将总线频率大大提高，并降低信号的干扰，以此来增强其稳定性。

4. Ultra2 SCSI

它是在 Ultra SCSI 的基础上推出的 SCSI 接口类型，于 1997 年提出。它采用了低电平微分(Low Voltage Differential，LVD)的传输模式，允许接口电缆的最长为 12 米，这大大增加了设备的灵活性；与上面几种 SCSI 接口一样，分为采用 8 位的 Narrow 模式和采用 16 位的 Wide 模式。8 位的 Narrow 模式即为 Ultra2 SCSI，它的传输率为 40MB/s，最大支持连接设备数为 7 台；而采用 16 位的 Wide 模式则称为 Ultra2 Wide SCSI，它将传输率提高了 80MB/s，最大支持连接设备数为 15 台。

5. Ultra3 SCSI

它是 Ultra2 SCSI 的更新接口，于 1998 年 9 月份提出，它除支持现有的 SCSI 规格，使用和 Ultra2 SCSI 完全一样的接口电缆及终结器外，还包含了一些新功能。首先 Ultra3 SCSI 采用双缘传输频率(Double Transition Clocking)，而 Ultra2 SCSI 采用的是单缘传输频率，因此 Ultra3 SCSI 的传输率是前者的两倍，即 160MB/s。

此外，Ultra3 SCSI 还提供了领域确认(Domain Validation)、冗余循环校正(Cyclic Redundant Check，CRC)、封包化(Packetized Protocol)、快速仲裁选取(Quick Arbitrate & Select)这几项新功能。

6. Ultra320 SCSI

它的全称为 Ultra320 SCSI SPI-4 技术规范。Ultra320 SCSI 单通道的数据传输速率最大可达 320MB/s，如果采用双通道 SCSI 控制器可以达到 640MB/s。从基础架构的发展来看，160MB/s 到 320MB/s 的提升在技术上并不复杂，花费也不大，因此对于系统集成商来说，服务器从 SCSI Ultra160 到 Ultra320 SCSI 的技术过渡是非常容易实现的。

4.3.2 SCSI 相关设备

常见的 SCSI 设备包括 SCSI 卡和 SCSI 硬盘。

1. SCSI 卡

SCSI 卡是一种提供一个或以上(一个接口通过电缆可连接 15 个 SCSI 设备)的 SCSI 接口内置板卡，它可插在服务器(或其他设备)主板的普通 PCI(或服务器上的 PCI-X)插槽上，提供多个 SCSI 接口，以方便多个 SCSI 外设的连接。

SCSI 卡扩展了 SCSI 接口数量，SCSI 卡可以提供多达 4 个 SCSI 接口。图 4-14 显示了一块 SCSI 卡。

2. SCSI 硬盘

SCSI 硬盘是指采用 SCSI 接口的硬盘。这类硬盘性能稳定、安全性高，因此在服务器上得到广泛应用。采用 Ultra Wide SCSI、Ultra2 Wide SCSI、Ultra160 SCSI、Ultra320 SCSI 等标准的 SCSI 硬盘，数据传输率分别可以达到 40MB/s、80MB/s、160MB/s、320MB/s。SCSI 接口硬盘的数据吞吐量大、CPU 资源占有率低。另外一块 SCSI 接口卡可以接 7 个

SCSI 设备，这样提高了硬盘设备的集成度。图 4-15 显示了一款 SCSI 接口的硬盘。

图 4-14　SCSI 卡

图 4-15　SCSI 接口硬盘

4.4　打印机及其采购

本节主要讲述网络打印机、UPS 及其相关的测试设置。

4.4.1　打印机的类型

打印机(printer) 是计算机的输出设备之一，用于将计算机处理结果打印在相关介质上。打印机的种类分为针式打印机、喷墨打印机、激光打印机、热敏打印机等。

1. 针式打印机

针式打印机利用直径 0.2～0.3mm 的打印针通过打印头中的电磁铁吸合或释放来驱动打印针向前击打色带，将墨点印在打印纸上而完成打印动作，通过对色点排列形式的组合控制，实现对规定字符、汉字和图形的打印。

针式打印机的耗材主要是色带，色带的工作原理就是利用针式打印机机头内的点阵撞针或是英文打字机中的字母撞件，去撞击打印色带，在打印纸上产生打印效果。色带的价格低廉，为此针式打印机主要用于打印账单、发票等。针式打印机的缺点是速度慢、噪音大、打印质量差。图 4-16 显示了一款色带。

目前市场上常见的针式打印机品牌有爱普生、OKI、富士通、得实、芯烨、佳博、实达、联想、新北洋、思普瑞特、瑞工、捷宝等。图 4-17 显示了一款最新的爱普生 3250K 针式打印机。

图 4-16　色带

图 4-17　爱普生 3250K 针式打印机

表 4-6 列出了该款打印机的相关配置。

2. 喷墨打印机

喷墨打印机是一种点阵式打印机，它是靠喷头将墨水喷在纸上而完成打印任务。喷墨打印机按工作原理可分为固体喷墨和液体喷墨两种，而液体喷墨方式又可分为气泡式与液体压电式。

表 4-6 爱普生 3250K 针式打印机配置

打印方式	(双打印头)宽行点阵击打式
打印方向	双向逻辑查找
打印宽度	136 列(在 10CPI 下)
打印针数	48 针
打印头寿命	4 亿次/针
复写能力	8 份(1 份原件+7 份拷贝)
缓冲区	128KB
行间距	1/6 英寸或以 1/360 英寸为增量进行编程
接口类型	IEEE-1284 双向并行接口,Type B 接口
打印分辨率	360×180dpi(信函质量模式)
平均无故障时间	10 000 个小时
工作噪音	约 59dB(A)

喷墨打印机具有体积小、操作简便、打印噪音低、打印质量高的优点。目前市场上常见的喷墨打印机品牌有爱普生、佳能、惠普、利盟、联想、富士施乐、驰能、三星、呈妍、明基等。图 4-18 显示了是一款最新的 Canon PIXMA IX7000 喷墨打印机。

表 4-7 列出了该款打印机的相关配置。

喷墨打印机的主要耗材是墨盒,墨盒是喷墨打印机中用来存储打印墨水,并最终完成打印的部件。墨盒的组成结构可分为分体式墨盒和一体式墨盒两种。一体式墨盒指的是带喷头的墨盒,此类墨盒一般在墨水使用完后就必须要重新更换,更换墨盒后,喷头也就更换。一般用户自行加墨 2~3 次后基本上喷头就损坏了。这类墨盒代价较高。

分体式墨盒是指将喷头和墨盒设计分开的产品。这种墨盒可以方便用户自行添加墨水,但是由于长期使用老的喷头会导致打印质量下降,直到喷头损坏。这类墨盒代价相对较低。

另外,墨盒按照色彩类型有四色墨盒、六色墨盒和八色墨盒三类,可以根据实际使用进行选择。颜色种类越丰富,墨盒的价格越高。图 4-19 展示了一款六色墨盒。

图 4-18 PIXMA IX7000 喷墨打印机

图 4-19 六色墨盒

3. 激光打印机

激光打印机是利用激光扫描成像技术完成高质量打印的设备。激光打印机可分为黑白激光打印机和彩色激光打印机两大类。就目前说来，普通办公领域一般使用黑白激光打印机，而彩色激光打印机由于价格高昂，一般被喷墨打印机替代。图 4-20 展示了一款 HP 激光打印机。

表 4-8 列出了该款激光打印机的基本配置。

表 4-7　PIXMA IX7000 的相关配置

产品定位	商用打印机、照片打印机
文档打印速度	文档黑白-ESAT/单面，约 10.2ipm 彩色-ESAT/单面，约 8.1ipm
照片打印速度	照片(8″×10″图像)约 80 秒 照片(4″×6″)约 44 秒
最高分辨率	4800×1200dpi
最大打印幅面	A3＋
网络打印	支持有线网络打印
双面打印	自动
墨盒类型	分体式墨盒
墨盒数量	六色墨盒
喷头配置	喷嘴数量 3584 个
接口类型	USB 2.0 10Base-T/100Base-TX

表 4-8　HP 激光打印机基本配置

产品类型	黑白激光打印机
黑白打印速度	达到 18ppm
最高分辨率	1200×1200dpi
最大打印幅面	A4
处理器	266MHz
双面打印	手动
耗材类型	鼓粉一体
接口类型	USB 2.0
介质尺寸	A4、A5、A6、B5 明信片、信封(C5、DL、B5)

硒鼓是激光打印机的主要耗材。激光打印机硒鼓按组合方式可分为以下三类：

一体化硒鼓指的是光导鼓(感光鼓)、磁鼓(显影辊)以及墨粉盒为一体硒鼓。这种硒鼓在设计结构上原则上不允许用户添加墨粉，但随着技术的更新，此类硒鼓也可以添加墨粉。

二体化硒鼓指的是硒鼓为两个独立的部分：一部分为感光鼓；另一部分为磁鼓和墨粉盒。用户用完墨粉后，只需要更换磁鼓和墨粉盒，而不用更换感光鼓。

三体化硒鼓指的是硒鼓为感光鼓、磁鼓、墨粉盒三个独立的部分，用户用完墨粉后，只需更换墨粉盒即可，这种技术被称为鼓粉分离技术。对于二体和三体硒鼓，在达到了使用寿命时也需要更换。图 4-21 展示了一款硒鼓。

图 4-20　HP 激光打印机

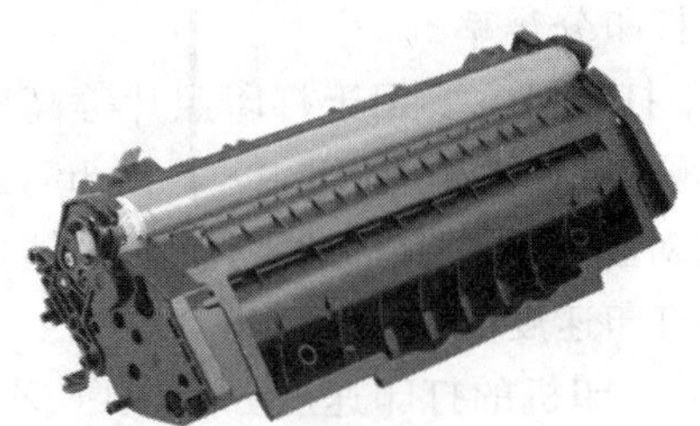

图 4-21　硒鼓

4.4.2 打印机的采购

打印机作为网络工程中常见耗材设备，它的选购也尤为重要，就目前来说，有针式打印机、喷墨打印机和激光打印机三种类型，应该根据实际使用进行选择。如果打印量非常多，例如使用在打印票据等仅文字信息的领域，可以选择针式打印机。如果使用在照片打印等高质量的打印要求领域，则可以选择采用喷墨打印机，当然这种打印要求配套使用高质量的打印纸。如果用在一般办公环境，则经常采用黑白激光打印机。

1. 针式打印机的选购

1）针式打印机的速度

针式打印机用每秒钟能够打印多少个字符来标识打印速度。如果使用在一般的表单打印等环境，则选择普通的24针针式打印机即可，这种打印机在中文高速情况下在120～180字/秒之间，性价比较高。如果要进行大批量报表打印，则最好选择打印速度在200～400字/秒之间的高速针式打印机，但这种打印机价格较贵。

2）打印厚度

打印厚度是针式打印机选购中需要关注的重要技术指标，它的标识单位为mm，一般来说如果需要用来打印存折或进行多份拷贝式打印的，打印厚度至少应该在1mm以上，如果能够达到2mm以上那就更好了。如果仅仅用来进行普通打印或者用来打印蜡纸，那么对这个指标则不必太在意。

3）复写能力

复写能力是指针式打印机能够在复写式打印纸上最多打出“几联”内容的能力，其直接关系到产品打印多联票据、报表的能力。如复写能力标识为1＋3的话，则表示打印机能够用复写式打印纸最多同时打出“4联”。当然，在进行拷贝打印的同时还需要考虑打印机的打印厚度。

4）针头的寿命

针式打印机使用的耗材是色带，价格非常便宜。在针式打印机中影响较大的是针头的寿命。断针是针式打印机较为常见的故障，因此在选购时应该关注针头的使用寿命。针头的使用寿命一般有两种标识，一种是打印次数，目前针式打印机的打印次数一般达到2亿～3亿次。另一个标识则是保修时间，这对于打印量特别大的用户来说是非常有意义的，因为即使针头因为打印次数达到、超过了使用寿命而损坏，而保修期没有到的话，厂商也是应该免费给予保修。

2. 喷墨打印机的选购要求

就喷墨打印机的选购而言，主要关注如下问题。

1）打印分辨率

喷墨打印机主要用于打印照片等高质量的打印输出，所以打印分辨率的选择是首要考虑的问题。目前主流是4800×1200dpi，这是打印A4照片的精度。分辨率越高打印质量越好，当然对墨盒的要求就越高，价格也越贵。

2）打印速度

喷墨打印机的打印速度分为黑白、彩色两种，打印文本（黑白）比图像（彩色）要快。通常打印速度越快，价格就越贵。如果在办公环境使用，不必追求高速打印速度的设备，而在商业环境如照片处理输出环境，则追求高速的打印速度是第一位的选择。

3）考虑打印耗材

打印设备中，最主要的支出是耗材，对喷墨打印机而言，主要耗材就是墨盒，在选购时要考虑到墨盒的价格与打印张数的关系，采用分色墨盒还是多色墨盒，墨盒是否与喷头一体，是否有相应的兼容墨盒等。

3. 激光打印机的选购

激光打印机的选购中，主要关注如下问题。

1）打印速度

打印速度是激光打印机的一个非常重要的指标，单位 ppm，指每分钟输出的页数。对于小型办公环境的工作量和打印机性价比的考虑，打印速度 16ppm 最合适。如果是中型工作组，建议选择 20ppm 以上的打印机。

2）打印分辨率

打印分辨率是激光打印机重要的技术指标之一，即指每英寸打印多少个点，单位是 dpi。它的数值直接关系到打印机输出图像和文字的质量好坏，一般来说，分辨率越高打印质量也会越好。对于黑白激光打印机，600dpi 就可以保证较为清晰的图文混排文件的输出，目前千元左右产品都达到这一水平，而彩色激光打印机的表现参差不齐，价差较大，需要根据对输出精度的需求来选择。

3）打印幅面

常见的激光打印机分为 A3 和 A4 两种打印幅面，对于普通办公环境，使用 A4 幅面的打印机就足够了，而对于一些广告、建筑等处理大幅面的用户来说，可以考虑选择使用 A3 幅面的激光打印机。

4）是否支持双面打印

打印机如果支持双面打印，则可以避免传统单面打印手动翻页的烦琐操作，不仅能够节约纸张费用，而且能大幅提高工作效率。

5）硒鼓的选择

硒鼓是激光打印机的主要耗材，采用鼓粉一体式还是鼓粉分离式必须从当前的实际需求出发进行考虑，另外在购买打印机时，必须考虑选购品牌的打印机兼容硒鼓的数量和质量。

4.5 UPS 及其采购

UPS 是英文 Uninterruptible Power Supply 的缩写，意为“不间断供电电源”，是一种含有储能装置（常见的是蓄电池），以逆变器为主要组成部分的恒压恒频的不间断电源，它可以解决现有电力的断电、低电压、高电压、突波、杂讯等现象，使计算机系统运行更加安全可靠。

4.5.1 UPS 的类型

UPS 按其工作方式分类可分为后备式、在线互动式及在线式三大类。

1. 后备式 UPS

后备式 UPS 也称为离线式 UPS，后备式 UPS 平时处于蓄电池充电状态，在停电时逆变器紧急切换到工作状态，并将电池提供的直流电转变为稳定的交流电输出。图 4-22 展示了一款常见的 APC 后备式 UPS。

后备式 UPS 存在 2～10ms 的时间切换，不适合于关键性供电场所。此外，后备式 UPS 一般只能持续供电几分钟到十几分钟。后备式 UPS 电源的优点是：运行效率高、噪音低、价格相对便宜，主要适用于市电波动不大，对供电质量要求不高的场合。

表 4-9 列出了该款后备式 UPS 的基本配置。

表 4-9　APC UPS 基本配置

UPS 类型	后备式	输出电压范围	220～240 可调
电池类型	48V 电池组	输出频率范围	50/60±3Hz
输入电压范围	160～280V	噪音值/dBA	59
输入频率范围	40～70Hz	电源效率	94%

2. 在线式 UPS

在线式 UPS 在工作时，首先将市电转化为直流电给 UPS 电池充电，同时逆变器将此直流电逆变成交流电为负载供电，由于市电经过了交流到直流、再到交流的转换过程，所以市电中原有的干扰和脉冲电压成分已经过滤得非常干净，因此，由在线式 UPS 逆变出来的电压很稳定。图 4-23 展示了一款常见的山特 C3K 在线式 UPS。

图 4-22　APC 后备式 UPS

图 4-23　C3K 在线式 UPS

由于逆变电路始终在工作，所以当停电时，UPS 能马上将其存储的电能通过逆变器转化为交流电对负载进行供电，从而达到了输出电压零中断的切换目标。

该款 UPS 的相关性能参数如表 4-10 所示。

3. 在线互动式 UPS

在线互动式 UPS 是一种智能化的 UPS，当输入市电正常时，UPS 的逆变器处于反向工作（即整流工作状态），给电池组充电；在市电异常时逆变器立刻转为逆变工作状态，将电池组电能转换为交流电输出，因此在线互动式 UPS 也有转换时间。图 4-24 展示了一款常见的易事特 EA215 在线互动式 UPS。

图 4-24　EA215 在线互动式 UPS

在线互动式 UPS 的保护功能较强，它具有较强的软件功能，可以方便地进行 UPS 的远程控制和智能化管理。它与计算机之间可以通过数据接口进行数据通信，通过监控软件，用户可直接监控电源及 UPS 状况，简化、方便管理工作，并可提高计算机系统的可靠性。

表 4-11 列出了该款在线互动式 UPS 的基本参数。

表 4-10 C3K 在线式 UPS 基本配置

UPS 类型	在线式
额定功率	1KVA
输入电压范围	115～300V
输入频率范围	软件可调,40～60Hz
输出电压范围	220(1±2%)V
输出频率范围	50×(1±0.2%)Hz
输出电压波形	正弦波
市电保护	110～150%维持 30s 150%以上维持 300ms

表 4-11 EA215 基本参数

UPS 类型	在线互动式 UPS
UPS 额定容量	1.5KVA
UPS 转换时间	≤10ms
标称后备时间	50 分钟
输出电压	220V
输出电压频率范围	50±1Hz
输入电压	165～265
输入电压频率范围	45～65Hz
电池类型	密封铅酸蓄电池

4.5.2 UPS 的选购

就目前说来,在网络工程中,UPS 主要是面向服务器等核心网络设备进行选购的,是面向单个设备还是面向大型设备组的 UPS 价格差异极大,UPS 的选购过程中主要考虑如下因素。

1. 最大输出负载容量

最大输出负载容量是 UPS 非常重要的性能指标,最大输出负载容量越大,表示可同时接入 UPS 上使用的设备越多。当然容量越大,UPS 的体积也越大,价格也更贵,在实际网络工程的构建过程中,要依据实际需要挂载 UPS 的服务器的情况进行选购。如果仅对核心服务器挂载 UPS,则可以选择负载容量较小的 UPS,如果挂接较多的服务器等核心网络设备,则选择容量相对较大的 UPS。

2. 电池备用时间

电池备用时间的长短,决定了当市电断电时,UPS 能够给网络设备持续供电的时间。一般说来,UPS 的作用是用于断电后在有效时间段内实现持续供电,以防止网络设备由于突然断电导致损坏。如果 UPS 电池供电时间太短,一旦 UPS 失效,就会导致网络出现故障。对于服务商构建的网络而言,对 UPS 的供电时间要求较高,而对一般企事业的 UPS 来说,主要是用于市电中断后,实现设备的保护,当市电能及时恢复后,则自动切换到原市电下运行。

电池备用时间的长短,受到很多方面的影响。一台 UPS,它的最大输出负载容量越大,所能持续供电的时间也就越长。同时,UPS 使用的年限和使用环境,都会不同程度地影响电池备用时间的长短。

3. 输入输出电压和频率

输入功率的高低直接影响着输入电网电压的质量,UPS 的输入功率越低,所产生的电流谐波含量就越大,对电网的干扰也越大。带有谐波干扰的电网电压就会再去干扰同线路上的其他用电设备。UPS 市电电压输入范围宽,则表明对市电的利用能力强,则可以减少电池放电。输出电压和输出频率范围小,则表明对市电调整能力强,输出稳定。

4. UPS 的附加功能

部分 UPS 设备附带管理软件,不但能够对 UPS 的使用情况进行实时监控管理,还可以实现在市电断电的情况下自动保存文件,如果在设定等待时间内市电供电没有接上,则会实现设备的自动关机,当市电正常恢复后,基于机器主板的自动激活功能实现自动正常开机运行功能。这些对实现网络服务器的无人化自动管理提供了方便。

4.6 网络测试设备

测试设备对于构建网络工程而言是关键的,通过测试设备可以检测网络故障,实现网络的连通性测试。随着网络技术的发展,目前新出的测试仪器还能实现网络的性能测试。采用一款高效可靠的测试仪器可以实现网络性能的公允测试,为进行网络性能的合理优化作基础支撑。此类设备的价格波动比较大,有几十万元的产品,也有几千元的产品,在选择时应该根据实际需求进行选择。

1. 电缆测试仪

电缆测试仪具有电缆的验证测试和认证测试功能,主要用于检测电缆质量及电缆的安装质量。验证测试包括测试电缆有无开路、断路,UTP 电缆是否正确连接,对串绕、近端串扰故障进行精确定位,同轴电缆终端匹配电阻连接是否良好等基本安装情况测试。

认证测试则完成电缆满足 ANSI/TIA/EIA568-A、ANSI/TIA/EIATSB-67 等有关标准的测试,并具有存储和打印有关参数的功能。比较典型的产品如 FlukeDSP-100、FlukeDSP-2000 测试仪、Fluke620 电缆测试仪及 FlukeDSP-4000 系列测试仪等。图 4-25 展示了一款 FLUKE DTX-1800 电缆认证分析测试仪。

2. 网络测试仪

网络测试仪主要用于计算机网络的安装调试、网络监测、维护和故障诊断。网络测试仪也可用于迅速准确地进行网络利用率与碰撞率等有关参数的统计、网络协议分析、路由分析及流量测试,还可对电缆、网卡、集线器、网桥、路由器等网络设备进行故障诊断,并具有存储和打印有关参数的功能。比较有代表性的产品是 Fluke67XLAN 测试仪、Fluke68X 企业级 LAN 测试仪等。网络测试仪也是网络工程构建过程中必不可少的设备之一,所以在构建网络工程时,必须考虑购置。图 4-26 展示了一款 FLUKE EtherScope Ⅱ 网络测试仪。

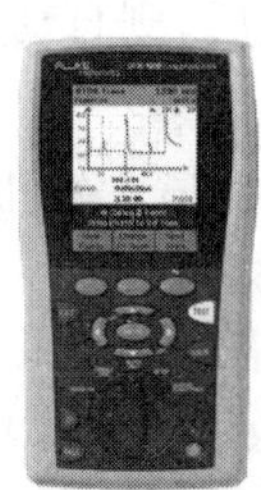

图 4-25　FLUKE DTX-1800 电缆认证分析测试仪

图 4-26　FLUKE EtherScope Ⅱ 网络测试仪

3. 光纤测试仪

常用光纤测试仪有光功率计、稳定光源、光万用表、光衰减器、光时域反射仪(OTDR)和光故障定位仪。

光功率计用于测量绝对光功率或通过一段光纤的光功率相对损耗。稳定光源对光系统发射已知功率和波长的光。光万用表是将光功率计和稳定光源组合在一起的设备。光万用表同时具备光源、光功率计的所有功能。光衰减器主要用于光纤通信系统的特性测试和一些验证测试中,是对光功率有一定衰减量的仪器。在实际应用中可以将光衰减器接入测试线路中对光纤系统进行模拟、测量、调整和评价。光时域反射仪(OTDR)表现为光纤损耗与距离的函数。借助于 OTDR,技术人员能够看到整个系统轮廓,识别并测量光纤的跨度、接续点和连接头。OTDR 通过光纤的一端就可测量光纤损耗。光纤故障定位仪将可见的红光高效耦合入单模或多模光纤,让用户直观地查看光在光纤中传输路径的故障点,进而达到故障点检测的目的。

最常用的光纤测试仪器有光功率损耗测试(OLTS)仪和光时域反射计(OTDR)。此外,也有部分用户使用可视故障定位仪(VFLs)检测光纤极性、断点以及衰减,例如配线架上光缆的过紧捆扎等。某些 VFLs 可以产生两个光源,一个稳定一个振荡,来帮助识别微型接口(SFF)的光纤极性。有时 OTDR 也被用来定位连接器、熔接点以及弯曲过度的故障。在很多情况下,用户也可用 OTDR 曲线和 OLTS 一起来保证所安装的光缆没有过度弯曲和不良熔接等。

有些电缆测试仪也可与光纤测试套件配套使用,如 FlukeDSP-2000 测试仪与 FlukeDSP-FTK 光纤测试套件配套使用,实现光纤的安装测试,并符合 ANSI/TIA/EIA568-A 关于“多模光纤的安装及光功率损耗的测试”中的有关要求。光缆测试套件通过 RJ-45 适配器与 DSP-2000 连接,可以把测试数据存储至 FlukeDSP-2000,可与测试仪内置的相关测试标准进行比较,得到所测光纤性能是否达标的报告。把 Fluke 提供的测试和认证单模、多模光纤布线系统的光纤测试适配器产品选件,与 FlukeDSP-4000 系列数字式电缆分析仪配合使用,可组成高性能、高效率的光纤测试仪器。

4. 万用表

万用表又叫多用表、三用表、复用表,是一种多功能、多量程的测量仪表。一般万用表可测量直流电流、直流电压、交流电压、电阻和音频电平等,有的还可以测量交流电流、电容量、电感量及半导体的一些参数。

现在,数字式万用表已成为主流,有取代模拟式仪表的趋势。与模拟式仪表相比,数字式仪表灵敏度高,准确度高,显示清晰,过载能力强,便于携带,使用更简单。

本 章 小 结

本章主要讲述网络工程基本硬件系统的采购和选型,其中 4.1 节主要讲述服务器的基本概念和分类,服务器的集群技术、RAID 技术和其他相关技术,服务器的基本性能指标和服务器的选型注意事项等;4.2 节主要讲述组装机和品牌机的概念,工作站内部和外部硬件的采购等;4.3 节主要讲述服务器 SCSI 接口的常见规格和相关设备;4.4 节主要讲述打印机的基本类型及其采购;4.5 节主要讲述 UPS 的基本类型及其采购;4.6 节讲述了网络测试设备的功能及选型。学习完本章，读者应该重点掌握服务器的相关技术及其性能指标，掌握服务器的选型技巧，掌握工作站的选型方法，掌握工作站相关内外部设备的参数及其选型技巧，掌握打印机的类型及其选型，掌握 UPS 的类型及其选型。

习 题

1. 简述服务器的基本分类。
2. 什么是集群技术，它有什么作用?
3. 简述服务器 RAID 技术的级别及其特点。
4. 简述服务器选型的注意事项。
5. 简述工作站的内外部常用设备。
6. 简述工作站的选型注意事项。
7. 简述打印机的基本类型及其使用场所。
8. 简述打印机的选购注意事项。
9. 简述 UPS 的基本类型及其工作原理。
10. 简述 UPS 的选型注意事项。
11. 简述常用的网络测试设备及其作用。

第5章　网络工程线缆及互连设备选型

本章主要讲述如下知识点：

- 双绞线的采购；
- RJ-45水晶头的采购；
- 同轴电缆的采购；
- 光缆的采购；
- 网卡的采购；
- 交换机的采购；
- 路由器的采购。

5.1　双绞线及其选型

双绞线(Twisted-Pair Wiring)是最常见的一种传输介质，它是按一定密度的螺旋结构排列的两根绝缘铜线，外部包裹屏蔽层或塑料皮而构成。它既可以传输数字信号，也可以传输模拟信号。

5.1.1　双绞线的分类

双绞线的传输速率比较高，能支持各种不同类型的网络拓扑，双绞线抑制共模干扰能力强，可靠性高。值得指出的是，每对双绞线每英寸长度互绞的次数不同，即电缆的绞距(lays)不同，施工中不要随意改变。互绞的目的是用来消除来自相邻双绞线和外界设备的电子干扰。双绞线的特性如下。

(1) 物理特性：铜质线芯，传导性能良好。直径一般是0.4～0.65mm，常用的是0.5mm。

(2) 传输特性：可用于传输模拟信号和数字信号，对于模拟信号，约5～6km需要一个放大器；对于数字信号，约2～3km需要一个中继器。双绞线的带宽达268kHz。

(3) 连通性：可用于点对点连接或多点连接，普遍用于点对点连接。

(4) 地理范围：对于局域网，速率100kbps，可传输1km；速率10～100Mbps，可传输100m。

(5) 抗干扰性：低频(10kHz以下)抗干扰能力强于同轴电缆，高频(10～100kHz)抗干扰能力弱于同轴电缆。

(6) 相对价格：比同轴电缆和光纤便宜。

1. 按是否带屏蔽层分类

1) 屏蔽双绞线

屏蔽双绞线外面包有一层屏蔽用的金属网，它的抗干扰性能强于非屏蔽双绞线。屏蔽双绞线的屏蔽作用只有在整个电缆均有屏蔽装置，并且两端正确接地的情况下才起作用。

它要求整个系统全部是屏蔽器件，包括电缆、插座、水晶头和配线架等，同时建筑物需要有良好的地线系统。图 5-1 展示了一根屏蔽双绞线。

注意：由于安装问题、成本等因素，除非有特殊需要，通常在综合布线系统中多采用非屏蔽双绞线。

2）非屏蔽双绞线（UTP）

非屏蔽双绞线没有配套的屏蔽层，相对屏蔽双绞线，它的价格较低，安装也较为方便，在面向桌面的网络连接中，非屏蔽双绞线最常见。图 5-2 展示了一根非屏蔽双绞线。

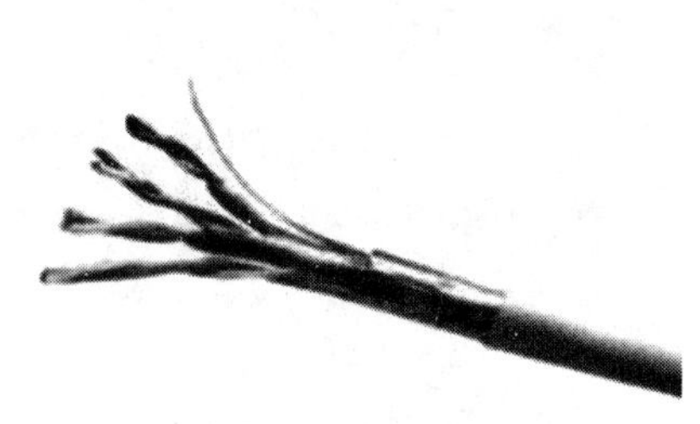

图 5-1　屏蔽双绞线

图 5-2　非屏蔽双绞线

2．按类型划分

1）一类线

铜线无缠绕，支持低于 100kHz 的频率，一类线主要用于传输语音，一类标准主要用于 20 世纪 80 年代初之前的电话线缆，不能传输数据。

2）二类线

铜线无缠绕，包含 4 对线，传输频率为 1MHz，用于语音传输和最高传输速率为 4Mbps 的数据传输，常见于使用 4Mbps 规范令牌传递协议的令牌环网。

3）三类线

三类线指目前在 ANSI 和 EIA/TIA568 标准中指定的电缆，该电缆的传输频率为 16MHz，用于语音传输及最高传输速率为 10Mbps 的数据传输，主要用于 10BASE-T。三类线铜线有缠绕，是 10Mbps 以太网的标准用线，绞合程度为每 0.305m 3 绞。

4）四类线

四类线的传输频率为 20MHz，用于语音传输和最高传输速率为 16Mbps 的数据传输，主要用于基于令牌的局域网和 10BASE-T/100BASE-T。四类线铜线有缠绕，且较紧密。

5）五类线

五类线增加了绕线密度，外套一种高质量的绝缘材料，传输频率为 100MHz，用于语音传输和最高传输速率为 100Mbps 的数据传输，主要用于 100BASE-T 和 10BASE-T 网络。这是最常用的以太网电缆。五类线有缠绕，且紧密，绞合程度为每 0.025m 3 绞，支持 100Mbps 的数据传输，是 100Mbps 以太网的标准用线。

6）超五类线

高质量的铜线和高紧密度缠绕，性能比五类线更高，超五类线的传输频率为 100MHz。目前广泛应用于数据传输和语音通信领域。超五类线具有衰减小，串扰少，并且具有更高的衰减与串扰的比值（ACR）和信噪比（Structural Return Loss）、更小的时延误差，性能得到很大提高。

超五类线主要用于千兆位以太网(1000Mbps)。超五类非屏蔽双绞线采用 8 条芯线和 1 条抗拉线,芯线颜色分别为橙白、橙、绿白、绿、蓝白、蓝、棕白和棕。表 5-1 展示了 AMP 超五类网线的参数。

表 5-1　AMP 超五类网线的参数

产品适用	1000Base-T	传输速率	100Mbps
最大单段长度	100m	包装长度	305m

7) 六类线

六类线的传输频率为 200～250MHz,采用高质量的铜线和高紧密度缠绕,性能比超五类线更高。支持 1000Mbps 的传输速率,目前应用于服务器机房的布线,以及准备升级至千兆以太网的综合布线系统中。六类非屏蔽双绞线在外形和结构上与超五类非屏蔽双绞线有一定的差别,不仅增加了绝缘的十字骨架,将双绞线的 4 对线分别置于十字骨架的 4 个凹槽内,而且电缆的直径也更粗。表 5-2 展示了 AMP 六类非屏蔽电缆 1427254-6 的参数。

表 5-2　1427254-6 的参数

产品适用	高性能的六类非屏蔽电缆 十字骨架分隔结构
包装长度	305m
产品特性	性能超 TIA/EIA 568B ISO ClassE11801:2002 六类标准 系统性能测试至 250MHz 经独立机构 ETL/SEMKO 测试和认证

8) 超六类线

超六类线是六类线的改进版,同样采用的是 ANSI/EIA/TIA-568B.2 和 ISO 6 类/E 级标准中规定的一种 UTP 电缆,超六类线的传输频率为 200～250MHz,最大传输速率为 1000Mbps,在串扰、衰减和信噪比等方面比六类线有较大改善。

9) 七类线

七类线的传输频率为 500MHz,主要用于 10Gbps 的数据传输。七类线是 ISO 7 类/F 级标准中最新的一种双绞线,它适应万兆以太网技术的应用和发展的需要。七类线是一种屏蔽双绞线,因此它可以提供至少 500MHz 的综合衰减对串扰比和 600MHz 的整体带宽,是六类线和超六类线的 2 倍以上,传输速率可达 10Gbps。在七类线缆中,每一对线都有一个屏蔽层,四对线合在一起还有一个公共屏蔽层。从物理结构上来看,额外的屏蔽层使得七类线有一个较大的线径。图 5-3 展示了一根七类线。

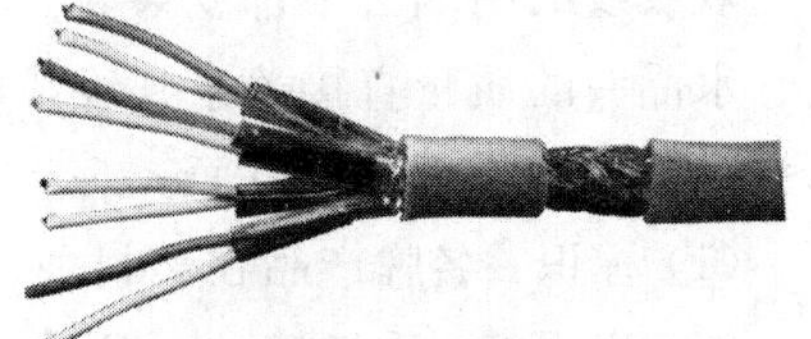

图 5-3　七类线

5.1.2 双绞线的采购

双绞线质量的优劣是决定局域网带宽的关键因素之一，只有标准的超五类或六类双绞线才可能达到100～1000Mbps的传输速率；而品质低劣的双绞线是无法满足高速率的传输需求的。双绞线的采购要注意如下几方面。

双绞线是网络中最常使用的介质，它的质量和品质直接关系网络整体性能的发挥，双绞线的选购中，建议使用著名厂商的产品。目前双绞线市场上较为著名的有AMP(安普)、慧远(HY)、TCL、CommScope(康普)、SHIP(一舟)、中国普天、泛达等。

正规厂商的线缆都有相应的技术参数，都提供完善的质量保证。正品双绞线打开包装箱应当无任何异味，点燃双绞线的外皮，正品线采用聚乙烯，应当基本无味，而劣质线采用聚氯乙烯，则味道刺鼻。正品线缆手感舒服，外皮光滑，捏一捏线，手感应当饱满。线缆还应当可以随意弯曲，以方便布线。

双绞线的采购首先要仔细查看线缆的箱体，查看包装是否完好。另外，许多厂家还在产品外包装上贴上了防伪标志，用户可以通过厂商提供的防伪码，采用网络查询、打电话或者发送短信的方式来辨别真伪。要认真查看外皮颜色及标识，双绞线绝缘皮上应当印有诸如厂商产地、执行标准、产品类别(如CAT5e、CAT6等)、线长标识之类的字样。

其次要查看绞合密度，每对双绞线每英寸长度互绞的次数应该不同，如果发现电缆中所有线对的扭绕密度相同，或线对的扭绕密度不符合技术要求，或线对的扭绕方向不符合要求，均可判定为伪品。

另外，每对缠绕的线缆都应该是一根纯色，配合一根混合色，混合色对应和白色搭配。例如与橙色线缠绕在一起的是白橙色相间的线，与绿色线缠绕在一起的是白绿色相间的线，与蓝色线缠绕在一起的是白蓝色相间的线，与棕色线缠绕在一起的则是白棕色相间的线。需要注意的是，这些颜色绝对不是后来用染料染上去的，而是使用相应的塑料制成的。

双绞线最外面的一层包皮除应具有很好的抗拉特性外，还应具有阻燃性。判断线缆是否阻燃，最简单的方法就是截取一小段用火烧一下，阻燃性能较差的线缆肯定不是真品。

最后可以采用相关的软件或者线缆测试仪器进行线缆速度和质量的测试。

5.1.3 RJ-45水晶头的选购

双绞线的两端必须都安装RJ-45插头，以便插在网卡、集线器或交换机的RJ-45端口上。水晶头的质量直接关系到线缆电气信号的连通。因此，选购水晶头尤为重要。选购水晶头时应注意以下几个方面。

(1) 标识：名牌产品在塑料弹片上都有厂商的标注。

(2) 透明度：质量好的产品晶莹透亮。

(3) 可塑性：用线钳压制时可塑性差的水晶头会发生碎裂等现象。

(4) 弹片弹性：质量好的水晶头用手指拨动弹片会听到铮铮的声音，将弹片向前拨动到90°，弹片也不会折断，而且会恢复原状并且弹性不会改变，将做好的水晶头插入集线器或网卡中的时候能听到清脆的"咔"的响声。

5.2　同轴电缆及其选型

同轴电缆(coaxial cable)的中心有根导线,导线外面是绝缘层,绝缘层的外面是金属屏蔽层,金属屏蔽层可以是密集型的,也可以是网状的,用于屏蔽电磁干扰和辐射,电缆的最外层又包了一层绝缘材料,如图 5-4 所示。

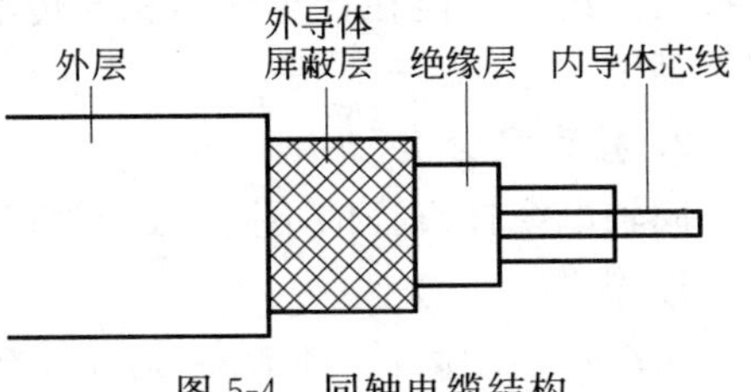

图 5-4　同轴电缆结构

同轴电缆是一项较为成熟的产品,并且已建立了固定的技术标准。在抗电磁干扰方面,同轴电缆比双绞线要强得多。这就保证信号能传输较长的距离而无须中继放大。同轴电缆还有较高的可靠性和较大的带宽。无论是粗缆还是细缆均为总线拓扑结构,这种拓扑适合机器密集的环境。但是当一个触点发生故障时,故障会串联影响到整根电缆上所有的机器,故障的诊断和修复都很麻烦。所以,在结构化布线系统中,一般很少使用同轴电缆,逐步被非屏蔽双绞线或光缆所替代。

5.2.1　同轴电缆的分类

1. 按传输信号的类型分类

按传输信号的类型分类,可把同轴电缆分为基带和宽带两种。

1) 基带同轴电缆

基带(baseband)同轴电缆是特性阻抗为 50Ω 的同轴电缆,用于传输数字信号。基带同轴电缆仅用于数字传输,并使用曼彻斯特编码,数据传输速率最高为 10Mbps。通常把表示数字信号的方波所固有的频带称为基带。

基带同轴电缆多适用于直接传输数字信号(即基带信号),无须加调制解调器,信号可在电缆上双向传输,数据传输速率一般为 10Mbps,最大数据传输速率可达 50Mbps,其抗干扰能力较好。但仍不能完全避开电磁干扰。每段电缆可支持近百台设备正常工作,加中继器后可接上千台设备。

2) 宽带同轴电缆

宽带(broad band)同轴电缆是阻抗为 75Ω 的 CATV(Community Antenna Television,公用天线电视)电缆。宽带同轴电缆常用的电缆屏蔽层通常是用铝冲压成的。宽带同轴电缆既可用于模拟信号传输又可用于数字信号传输。在有线电视技术中由于使用模拟信号,需要在接口处安放一个数模转换器,把进入网络的比特流转换为模拟信号,并把网络输出的信号再转换成比特流。

宽带同轴电缆由于其通频带宽,故能将语音、图像、图形、数据同时在一条电缆上传输。宽带同轴电缆的传输距离最长可达 10km(不加中继器),一般为 20km(加中继器)。其抗干扰能力强,可完全避开电磁干扰,可连接上千台设备。要把计算机产生的数字信号变成模拟信号在 CATV 电缆传输,就要求在发送端和接收端加入调制解调器(modem)。对于带宽为 400MHz 的 CATV 电缆,其传输速率为 100～150Mbps。

宽带系统又分为多个信道,电视广播通常占用 6MHz 信道。每个信道可用于模拟电视、CD质量声音(1.4Mbps)或3Mbps的数字比特流。电视和数据可在一条电缆上混合传输。

宽带系统和基带系统的一个主要区别是：宽带系统由于覆盖的区域广，因此，需要模拟放大器周期性地加强信号。这些放大器仅能单向传输信号，因此，如果计算机间有放大器，则报文分组就不能在计算机间逆向传输。为了解决这个问题，已经开发了双缆和单缆两种宽带系统。

2. 按直径分类

同轴电缆按直径的不同，可分为粗缆和细缆两种。

1）粗缆

粗缆传输距离长，性能高，适用于较大局域网的网络干线，布线距离较长，可靠性较好。用户通常采用外部收发器与网络干线连接。粗缆局域网中每段长度可达500m，采用4个中继器连接5个网段后最大可达2500m。用粗缆组网如直接与网卡相连，网卡必须带有AUI接口(15针D型接口)。用粗缆组建局域网虽然各项性能较高，具有较大的传输距离，但是网络安装、维护等方面比较困难，造价较高。

2）细缆

细缆传输距离短，相对便宜，用T型头与BNC网卡相连，两端需安装50Ω的终端电阻器。细缆网络每段干线长度最大为185m，每段干线最多接入30个用户。如要拓宽网络范围，需使用中继器，如采用4个中继器连接5个网段，使网络最大距离达到925m。细缆安装较容易，而且造价较低，但因受网络布线结构的限制，其日常维护不很方便，一旦一个用户出故障，便会影响其他用户的正常工作。

粗缆的传输性能优于细缆，在传输速率为10Mbps时，粗缆网段传输距离可达500～1000m，细缆传输距离为200～300m。

3. 粗缆的连接设备

在计算机网络布线系统中，对同轴电缆的粗缆和细缆有三种不同的构造方式，即细缆结构、粗缆结构和粗/细缆混合结构。

下面是建立一个粗缆以太网需要的一系列硬件设备。

1）网络接口适配器

网络中每个节点需要一块提供AUI接口的以太网适配器。

2）收发器(Transceiver)

粗缆以太网上的每个节点通过安装在干线电缆上的外部收发器与网络进行连接。在连接粗缆以太网时，用户可以选择任何一种标准的以太网(IEEE 802.3)类型的外部收发器。

3）收发器电缆

用于连接节点和外部收发器，通常称为AUI电缆。

4）电缆系统

连接粗缆以太网的电缆系统包括：

- 粗缆(RG-11 A/U)。直径为10mm，特征阻抗为50Ω的粗同轴电缆，每隔2.5m有一个标记。
- N-系列连接器插头。安装在粗缆段的两端。
- N-系列桶型连接器。用于连接两段粗缆。

- N-系列终端匹配器。N-系列 50Ω 的终端匹配器安装在干线电缆段的两端,用于防止电子信号的反射。干线电缆段两端的终端匹配器必须有一个接地。

5）中继器

对于使用粗缆的以太网,每个干线段的长度不超过 500m,可以用中继器连接两个干线段,以扩充主干电缆的长度。每个以太网中最多可以使用四个中继器,连接五段干线段电缆。

4. 细缆的连接设备

下面是建立细缆以太网需要的硬件设备:

(1) 网络接口适配器。网络中每个节点需要一块提供 BNC 接口的适配器。

(2) BNC-T 型连接器。细缆 Ethernet 上的每个节点通过 T 型连接器与网络进行连接,它水平方向的两个插头用于连接两段细缆,与之垂直的插口与网络接口适配器上的 BNC 连接器相连。

(3) 电缆系统。用于连接细缆以太网的电缆系统包括:

- 细缆(RG-58 A/U)。直径为 5mm,特征阻抗为 50Ω 的细同轴电缆。
- BNC 连接器插头。安装在细缆段的两端。
- BNC 桶型连接器。用于连接两段细缆。
- BNC 终端匹配器。BNC 50Ω 的终端匹配器安装在干线段的两端,用于防止电子信号的反射。干线段电缆两端的终端匹配器必须有一个接地。

(4) 中继器:对于使用细缆的以太网,每个干线段的长度不能超过 185m,可以用中继器连接两个干线段,以扩充主干电缆的长度。每个以太网中最多可以使用四个中继器,连接五个干线段电缆。

5.2.2 同轴电缆的采购

同轴电缆的采购中要注意如下相关问题。

1. 观察绝缘介质的整度

标准同轴电缆的截面很圆整,电缆外导体、铝箔贴于绝缘介质的外表面。介质的外表面越圆整,铝箔与它外表的间隙越小,间隙越小电缆的性能越好。

2. 测量同轴电缆的外径

剖出一段电缆的绝缘介质,用千分尺仔细检查各点外径,看其是否一致,同轴电缆绝缘介质直径波动主要影响电缆的回波系数,如果外径一致,则同轴电缆的信号质量就会高一些。

3. 测量同轴电缆的网状金属屏蔽层

网状金属屏蔽层对同轴电缆的屏蔽性能起着重要作用,在集中供电 CATV 网络中,网状金属屏蔽层还是电源的回路线。剖开同轴电缆外护套,剪一小段同轴电缆的金属屏蔽层,对该金属屏蔽层的编织网数量进行鉴定,如果与所给指标数值相符,则该同轴电缆的质量合格,另外可以检查金属屏蔽层每根金属网线的线径,线径越粗质量越好。

4. 查看铝箔的质量

同轴电缆中的铝箔用于屏蔽,因此铝箔的质量对同轴电缆的性能有较大的影响。剖开护套层,观察编织网线和铝箔层表面是否保持良好光泽,取一段电缆,经多次揉搓和拉伸后,割开电缆护套层观看铝箔有无折裂现象，如没有折裂，则说明铝箔的质量过关。

注意：就目前说来，同轴电缆在网络通信上基本淘汰了，目前主要用于 CATV 网络使用，实际上关于同轴电缆的组网技术内容非常丰富，由于其基本淘汰，限于本书篇幅，不再大篇幅进行阐述。有兴趣的读者查阅相关资料自学。

5.3 光纤及其选型

光纤是一种由石英玻璃(Sio_2)、塑料或晶体等对光透明材料制成的能传输光波的纤维。光纤通常制成横截面很小的双层同心圆柱体，这种圆柱体称为纤芯。在纤芯外围再加一层包层，便形成裸光纤。纤芯的折射率较高，包层的折射率较低。图 5-5 展示了裸光纤的剖面示意图。

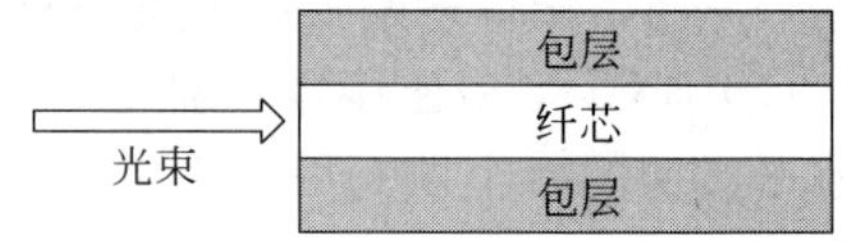

图 5-5 裸光纤剖面结构示意图

裸光纤质地脆、易断裂，因此在其外层一般加有保护层，从而形成光纤芯线。实际使用的光纤是纤芯与其他材料一起制成不同结构的光缆(Optical Fiber Cable)，使其达到一定的机械强度，并具有防潮、耐侵蚀和抗挤压等特性。光缆呈圆柱形，由多部分组成，处于中心位置的是纤芯，在其外面是波导(Wave Guide)。除光纤和波导之外，还有隔离层、保护套等，在保护套和内层之间，有时还夹有一层液体胶状的涂敷层。根据使用的场合不同及架式的方法不同，光缆有直埋式、架空式及室内用的普通光缆。光缆的种类非常之多，一根光缆中可以包含多根纤芯，也可以只有一根纤芯。

光缆(optical fiber cable)指的是由一定数量的光纤经过一定的工艺而形成的线缆，光缆外包有护套，是一种用以实现光信号传输的通信线路。

注意：就目前说来，光纤主要在主干网络的布线范围使用，光纤连接到桌面在国内市场还不是非常普遍，光纤组网技术受到成本等多方面的影响，相对说来在局域网内的使用还没有双绞线广泛，作为未来的主流，光纤和无线技术必将逐步普及，限于篇幅，本节仅介绍光纤的基本知识，实际上光纤的应用领域和相关知识极其广泛，有兴趣的读者请参考相关资料自学。

5.3.1 光纤的种类

光纤的分类方法很多，常用的有传输总模数分类法和折射率分布分类法。按传输总模数分类，光纤分为单模光纤和多模光纤两种。模式本质上是电磁场的一种分布形式，分布形式不同，其模式也不相同。

1. 多模光纤

在给定的工作波长上，能以多个模式同时传输的光纤称为多模光纤 MMF(multi mode fiber)。与单模光纤相比，多模光纤的传输性能要差一些。但它所用的光源是普通的发光二极管发出的普通光，考虑到人身安全和成本等因素，局域网中大多采用多模光纤。

多模光纤采用发光二极管 LED 为光源，1000Mbps 光纤的传输距离为 220～550m。多模光缆和多模光纤端口的价格都相对便宜，但传输距离较近，因此被更多地用于垂直主干子系统，有时也被用于水平子系统或建筑群子系统。

基于多模光纤的结构，光可以从发射机到接收机之间选择几种路径(方式)通过。多模光纤有两种类型：Step index 和 Graded index。

Step index 多模光纤是电缆芯和外包层容易界定的类型。以反射到外包层的光线被反射回芯的循环方式传输，产生各种路径长(模)。

Graded index 多模光纤是利用光的各种折射通过其截面实现传输的。由于具有不同的模，信号的传输延迟被大大降低。这类光纤具有更高的频宽功能。

多模光纤可适用各种类型的传输需要，像现在最普遍应用的 50/125μm、62.5/125μm 和 100/140μm，其中 62.5/125μm 用得最频繁。(第一组数字表示纤芯类型，第二组数字代表纤芯和外包层)多模光缆的光纤传输触发脉冲是 850nm 或 1300nm。

一般来说，多模系统比单模系统要廉价得多，像 LED 发射机和容易操作的接收机都使用多模系统。在没有中继器的情况下，一条以 LED 为光源的光缆最大限制范围是 5km。这种具有低成本的多模系统是传输速率在 500Mbps 或以下的短距离声音和数据传输的理想介质。

2. 单模光纤

在给定的工作波长上只能以单一模式传输的光纤称为单模光纤(single mode fiber，SMF)。单模光纤的直径很小，传输频带宽，传输容量大。一般用于远距离通信传输，所用的光源是激光。

单模光纤采用激光二极管作为光源，1000Mbps 光纤的传输距离为 550m～100km。单模光缆和单模光纤端口的价格都比较昂贵，但是能提供更远的传输距离和更高的网络带宽，通常被用于远程网络或建筑物间的连接。

单模光纤是一种与多模光纤有一定区别的光的波导，最明显的区别是它有一个极小的纤芯(8～96μm)。带有这个小芯，光信号从一端到另一端只能选择一条路径(模)通过。单模光纤需要既小又精确的光源，例如激光光源。

单模光纤只适用于 9/125μm 类型。单模光缆的传输触发脉冲是 1300nm 和 1550nm。

一般来说，单模系统成本比多模系统成本要高，这是因为单模系统要使用激光机和特制接收机的缘故。在没有中继器的情况下，单模系统的传输范围可达 80km 以上。单模系统的传输频率很大，因此它是远距离传输的理想介质。

5.3.2　光纤的功率损耗

光波在光纤中传输会产生损耗，随着传输距离的增加光功率会逐渐下降，这就是光纤的传输损耗特性。损耗的基本度量单位为分贝(dB)，表示单位长度内的光功率损耗值。单位长度的光功率损耗直接关系到光纤通信系统传输距离的长短。影响光纤系统功能的因素有衰减、频宽和光纤的本身结构。

1. 衰减

衰减在能量输出发射机和接收机上是不同的。衰减主要由泄露和吸收两个因素造成。玻璃固有的特性可造成光在通过它时形成反射和吸收。吸收是由于玻璃内的杂质吸收了一些信号造成的。由不正确安装或端接技术引起的宏观和微观上的弯曲也可造成衰减。

衰减的单位是分贝每千米(dB/km)。1dB 是一对数能量测量单位。1dB 的衰减代表到达远端的传输信号强度是发出信号的 80%，3dB 的衰减意味信号强度只有 50%。

2. 频宽

频宽是表示一条光缆的信息携带能力。多模和单模光缆的频宽限制是造成光扩散的直接原因。

在光脉冲通过光纤的时候，这种扩散使光脉冲分散到边缘。这里有三种影响频宽的因素：

- 模扩散；
- 色散；
- 波导扩散。

在多模光纤内，在光传输的过程中，那些选择最近路径的脉冲比其他信号到达的早，由此就会引起光的扩散。这种影响就是模扩散。

色散是由于不同波长的脉冲到达接收机的各种时间不同造成的。所用的光源和固有的频宽是这种扩散的直接原因。用 LED 作为光源的系统对于这种扩散比较敏感，因为它的特殊频宽高于激光机。

波导扩散由单模光纤的芯和外包的材料造成。波导扩散与波长成反比，即波长减小，这种扩散就会增大。

频宽由频率/距离表示(MHz/km)。一个有 200MHz/km 频宽的光缆表明，它可以把一个 200MHz 的信号传输到 1km 远的地方；或是把 100MHz 的信号传输到 2km 远的地方或把 50MHz 的信号传输到 4km 远的地方，依此类推。

5.3.3 光缆的类型

光缆是由多束光纤构成的通信介质，在光缆中采用光纤实现信号传输，由于光通信的单向性，为此每两芯光纤就可以传输一路信号。光缆按照其使用环境分为室外光缆和室内光缆。

1. 室内光缆

室内光缆是敷设在建筑物内的光缆，室内光缆是基于光纤入户方案衍生的产品，它可实现光纤到桌面，与计算机直接连接，提高带宽与网速。室内光缆采用紧套光纤外均匀施放加强作用的多股芳纶丝，再挤制阻燃外护套而成。室内光缆适用于通信设备、光纤跳线、尾缆、楼宇综合布线等，室内光缆主要用于建筑物内的通信设备连接。

由于室内光缆受到建筑物环境、敷设条件等限制，导致了室内光缆的结构设计趋于复杂化，光纤与光缆所用材料多样化，光缆的机械性能与光学性能各有侧重等。

室内光缆一般分为室内紧套和分支两种，室内光缆没有防水结构，柔软度较好，弯曲性能高。室内用的光缆在选用时应注意其阻燃、毒和烟的特性。一般在管道中或强制通风处可选用阻燃但有烟的类型，暴露的环境中应选用阻燃、无毒和无烟的类型。

从肉眼上看，室内光缆的外护套一般是黄色或者橙色的 PVC 材料。从型号上看一般以 GJ 开始标示的是室外光缆。图 5-6 展示了一款 AMP 室内万兆多模紧套管型光缆 8-1664050-9。

表 5-3 列出了该款光缆的基本配置。

2. 室外光缆

室外光缆用于室外布线，它持久耐用，外包装厚，具有耐压、耐腐蚀、抗拉等一些机械特性和环境特性。室外光缆因为使用环境在室外，所以必须具备防水功能，由于光芯细的传播过程中受到水的影响极大，为此光纤必须防水。室外光缆一般使用 PE 材料的外护套，其内部结构一般分为中心管式结构和层绞结构。从肉眼上看，室外光缆一般是黑色，采用 PE 材料护套，从型号上看一般以 GY 开始标示的是室外光缆。

室外光缆的抗拉强度较大，保护层较厚重，并且通常为铠装(即金属皮包裹)。室外光缆主要适用于建筑物之间以及远程网络之间的互连。一般来说，室外光缆只是填充物、加强构件、护套等选用不同的材料。如户外用光缆直埋时，宜选用铠装光缆。架空时，可选用带两根或多根加强筋的黑色塑料外护套的光缆。图 5-7 展示了一款大唐保镖室外架空单模 4 芯光缆(GYXTW-4B)。

图 5-6　AMP 万兆多模紧套管型光缆

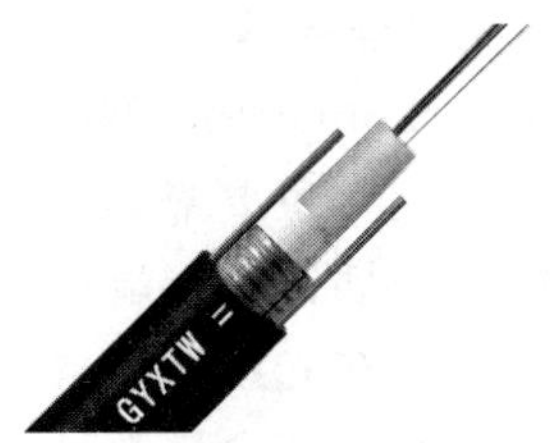

图 5-7　GYXTW-4B 光缆

该款室外架空单模 4 芯光缆的基本配置如表 5-4 所示。

表 5-3　8-1664050-9 配置

产品类型	多模光缆
波长	850nm、1300nm
纤芯数量	12
损耗	850/1.5dB/km、1300/1.0dB/km
规格	50/125μm
工作温度	−20℃～60℃
工作湿度	0%～90%

表 5-4　GYXTW-4B 的基本配置

产品类型	单模光纤
波长	1310nm、1550nm
纤芯数量	4
损耗	1310/0.35dB/km、1550/0.2dB/km
规格	9.3/125μm
工作温度	−30℃～60℃
工作湿度	0%～90%

5.3.4　光纤连接器

光纤连接器是指连接在光纤两端的接头，用来实现光路活动连接。在光纤通信中，能实现不同模块、设备和系统之间灵活连接需要的器件就是光纤连接器。光纤连接器的基本原理是采用某种机械和光学结构，利用适配器将光纤的两个端面精密对接起来，实现光纤端面物理接触，以使发射光纤输出的光能量能最大限度地耦合到接收光纤中。光纤连接器是光系统中使用量最大的光无源器件。对连接器的要求主要是插入损耗小，反射损耗高，重复插拔性好，环境稳定和机械性能好等。

目前，大多数的光纤连接器是由三部分组成的，即两个配合插头和一个耦合管。两个插头装进两根光纤尾端；耦合管起对准套管的作用。另外，耦合管多配有金属或非金属法兰，以便于连接器的安装固定。

光纤连接器可分为固定连接器和活动连接器两类。光纤固定连接器用于中继段之间的固定连接,固定接头的方法有熔接法、V形槽法、毛细管法、套管法等。光纤活动连接器俗称活接头,它是光纤线路与设备之间的可拆卸连接。光纤活动连接器是一种以单芯插头和适配器为基础组成的插拔式连接器。光纤活动连接器按接头可分为FC、SC、LC、ST、MU等。按端面分为PC、UPC、APC等。光纤活动连接器适用于光纤收发器、路由器、交换机、光端机等带光口的设备。

光纤连接器的对准方式有两种:高精密组件对准和主动对准。高精密组件对准方式是最常用的方式,这种方式是将光纤穿入并固定在插头的支撑套管中,将对接端口进行打磨或抛光处理后,在套筒耦合管中实现对准。主动对准连接器对组件的精度要求较低,可按低成本的普通工艺制造。光学仪表(显微镜、可见光源等)辅助调节,以对准光纤芯。

1. FC型光纤连接器

FC(Ferrule Connector)型光纤连接器由日本NTT公司研制,它是一种螺旋式的连接器,外部采用金属套,主要靠螺纹和螺帽之间锁紧并对准,因此简称为“螺口”。FC型光纤连接器采用的陶瓷插针对接端面呈球面的插针(PC)。FC型光纤连接器结构简单,操作方便,制作容易,多用在光缆终端盒或光纤配线架(Optical Distribution Frame,ODF)上,在实际工程中用在光缆终端盒最常见。图5-8展示了一款FC型光纤连接器。

2. SC型光纤连接器

SC型光纤连接器由日本NTT公司开发。其外壳呈矩形,它是用于连接路由器或交换机的GBIC光模块的连接器,所采用的插针与耦合套筒的结构尺寸与FC型完全相同,紧固方式是采用插拔销闩式,无须旋转。SC型光纤连接器插针的端面多采用PC或APC型研磨方式。此类连接器价格低廉,插拔操作方便,插入损耗波动小,抗压强度较高,安装密度高。图5-9展示了一款SC型光纤连接器。

图5-8　FC型光纤连接器

图5-9　SC型连接器

GBIC(Giga Bitrate Interface Converter)是将千兆位电信号转换为光信号的接口器件。GBIC可以热插拔使用。GBIC是一种符合国际标准的可互换产品。图5-10展示了一款GBIC光模块。

3. ST型光纤连接器

ST型光纤连接器中心是一个陶瓷套管,外壳呈圆形,所采用的插针与耦合套筒的结构尺寸与FC型完全相同。其中,插针的端面采用PC型或APC型研磨方式,紧固方式为螺丝扣,ST型光纤连接器插针体为外径2.5mm的精密陶瓷插针。ST光纤连接器有一个卡销式金属圆环以便与匹配的耦合器连接,上有一个卡槽,直接将插孔的卡口卡进卡槽并旋转即可。

在出现SC之前ST一直被认为是标准连接器。SC后来同ST一起被TIA/EIA-568-B标准列为结构化布线推荐连接器。ST型光纤连接器多用在光缆终端盒或光纤配线架上。

图 5-11 展示了一款 ST 型光纤连接器。

图 5-10　GBIC 光模块

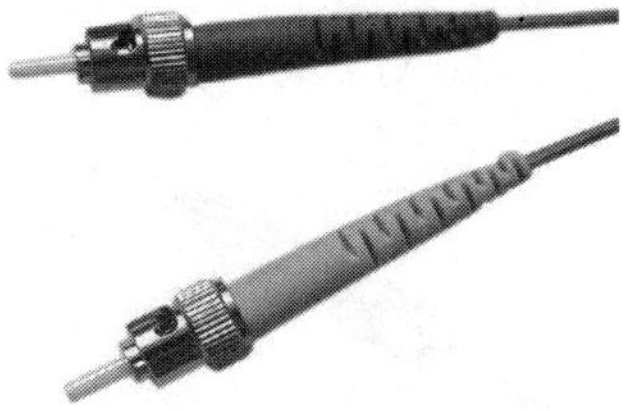

图 5-11　ST 型光纤连接器

4. LC 型光纤连接器

LC 型光纤连接器是由 Bell 实验室开发的光纤连接器，它采用操作方便的模块化插孔(RJ)闩锁机理制成。它采用的插针和套筒的尺寸是普通 SC、FC 等所用尺寸的一半，为 1.25mm。这样可以提高光配线架中光纤连接器的密度。

LC 型光纤连接器是为了满足客户对连接器小型化、高密度连接的使用要求而开发的一种新型连接器。它压缩了整个网络中面板、墙板及配线箱所需要的空间，使其占有的空间只相当传统 ST 和 SC 连接器的一半。LC 型连接器体积小，尺寸精度高，采用 1.25mm 陶瓷插芯，插入损耗低，回波损耗高。目前 LC 型连接器多见应用在 SFP(mini GBIC)光纤模块中，而 SFP 模块用在提供 SFP 扩展槽的交换机中。图 5-12 展示了一款 LC 型光纤连接器。

SFP(Small Form Pluggable)是 GBIC 的升级版本。SFP 模块体积比 GBIC 模块减少一半，可以在相同的面板上配置多出一倍以上的端口数量。SFP 模块的其他功能基本和 GBIC 一致。有些交换机厂商称 SFP 模块为小型化 GBIC(Mini-GBIC)。图 5-13 展示了一款 SFP 光模块。

图 5-12　LC 型光纤连接器

图 5-13　SFP 光模块

5. MU 型光纤连接器

MU(Miniature Unit Coupling)是 NTT 公司研制开发的光纤连接器，它以目前使用最多的 SC 型连接器为基础。MU 是最小的单芯光纤连接器，该连接器采用 1.25mm 直径的陶瓷插针和自保持机制，其优势在于能实现高密度安装。随着光纤网络向更大带宽更大容量方向的迅速发展和 DWDM 技术的广泛应用，对 MU 型连接器的需求也将迅速增长。图 5-14 展示了一款 MU 型光纤连接器。

6. MT-RJ 型光纤连接器

MT-RJ 型连接器是一种集成化的双纤连接器。MT-RJ 起步于 NTT 公司开发的 MT 连接器，它有与 RJ-45 型以太网连接器相同的闩锁机构，通过安装在小型套管两侧的导向销对准光纤，便于与光收发器相连，连接器端面光纤为双芯(间隔 0.75mm)排列设计。MT-RJ

接口类似于 RJ-45 口，由于它横截面小，所以多见于含有光接口的交换机中。MT-RJ 型连接器是用于数据传输的下一代高密度光纤连接器，目前多见于含有光接口的交换机中。图 5-15 展示了一款 MT-RJ 型连接器。

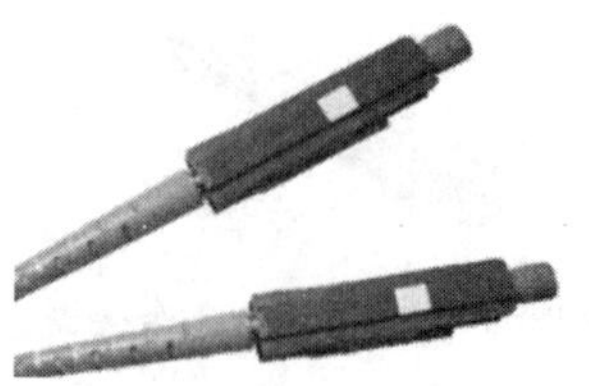

图 5-14　MU 型光纤连接器

图 5-15　MT-RJ 型连接器

5.3.5　光纤跳线

光纤跳线指的是一般用在光端机和终端盒之间的连接光纤。光纤跳线按光纤种类分为单模光纤和多模光纤两类。跳线长度的规格有 0.5m、1m、2m、3m、5m、10m 等。按线缆外护层材料可分为普通型、普通阻燃性、低烟无卤型、低烟无卤阻燃型等。

目前使用最多的光纤跳线是铠装光纤跳线，它针对光纤易折断、易被损坏的缺点，特别设计生产一种细小的可挠性不锈钢套管来保护光纤，从而获得了抗张力强、耐侧压、耐弯折、耐重复弯曲、防鼠咬等特性。再在套管外加上阻燃 PVC 材料，实现防潮防火等功能。这种柔顺而坚固的双重保护，保证了信息的可靠传送。此外，独特的设计使光纤的施工布放方式变得更加简便，降低施工过程中的损耗，并可提高光纤连接器的使用寿命。

光纤跳线产品广泛运用于通信机房、光纤到户、局域网络、光纤传感器、光纤通信系统、光纤连接传输设备、国防战备等。适用于有线电视网、电信网、计算机光纤网络及光测试设备。

光纤跳线按照连接器的类型可以分为 FC-FC、FC-SC、FC-LC、FC-ST、SC-SC、SC-ST 等。例如 FC-SC 光纤跳线指的是一头采用 FC 连接器，另一头采用 SC 连接器的光纤。图 5-16 展示了一款 FC-SC 光纤跳线。

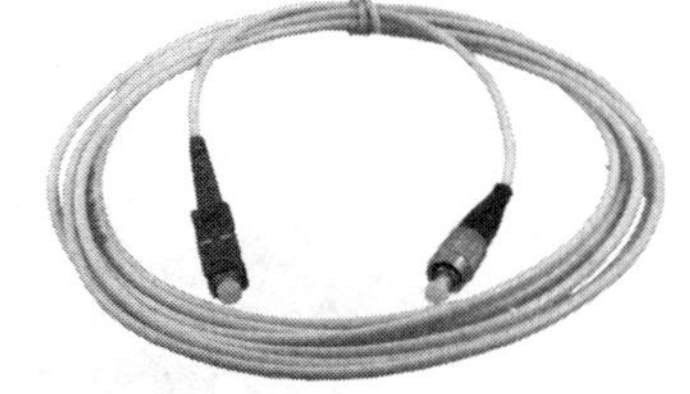

图 5-16　FC-SC 光纤跳线

在光纤接头的标注中，常能见到 FC/PC、SC/PC 等，其中/前面部分表示光纤的连接器型号。/后面表示光纤连接器端面接触方式，通常有 PC、UPC、APC 三种。网络级通常采用 PC 型，其接头截面是平的。UPC 一般用于有特殊需求的设备，电信级一般采用 UPC 型光纤。APC 型光纤属于光电的光纤，多用在广电和早期的 CATV 系统中。

其中 PC(Physic Contact)指的是插针体端面为物理端面，采用微球面研磨抛光，表明其对接端面是物理接触，即端面呈凸面拱型结构。APC(Angled Physical Contact)指的是插针体端面为角度物理端面，其采用呈 8 度角并做微球面研磨抛光，UPC(Ultra Physical Contact)指的插针体端面为超级物理端面。

注意：多模光纤没有 APC 型。

所以光纤跳线按照连接器的类型和连接器端面接触方式的不同，可分为较多的类型。表 5-5 列出了目前常见的光纤跳线的类型。

表 5-5　常见光纤跳线类型

跳线接头类型	连接器端面接触方式		
	PC(网络级)	UPC(电信级)	APC(广电级)
FC-FC 型	FC-FC/PC	FC-FC/UPC	FC-FC/APC
SC-SC 型	SC-SC/PC	SC-SC/UPC	SC-SC/APC
ST-ST 型	ST-ST/PC	ST-ST/UPC	SC-ST/APC
LC-LC 型	LC-LC/PC	LC-LC/UPC	LC-LC/APC
FC-SC 型	FC-SC/PC	FC-SC/UPC	FC-SC/APC
SC-FC 型	SC-FC/PC	SC-FC/UPC	SC-FC/APC
ST-FC 型	ST-FC/PC	ST-FC/UPC	ST-FC/APC
LC-SC 型	LC-SC/PC	LC-SC/UPC	LC-SC/APC

5.3.6　尾纤

尾纤指的是一端做好了连接器，另一端是一根光缆纤芯断头的光纤。尾纤用于连接传输设备和 ODF 架，它通过熔接与其他光缆纤芯相连，常出现在光缆终端盒内，用于连接光缆与光纤收发器。一般来说，尾纤就由光纤跳线制成的。一条单芯光纤跳线可以制成两条单芯尾纤，一条双芯的光纤跳线，可以制成四条单芯的尾纤，它的距离一般很短，通常都是 1m 左右，图 5-17 展示了一根单芯尾纤。

图 5-17　单芯尾纤

5.3.7　光纤布网的其他设备

1. 光缆终端盒

光缆终端盒是一条光缆的终接头，它的一头是光缆，另一头是尾纤，相当于是把一条光缆拆分成单条光纤的设备。光缆终端盒主要用于光缆终端的固定，实现光缆中纤芯和尾纤的熔接及余纤的收容和保护。图 5-18 展示了光缆终端盒内的基本部件。在使用时，首先要

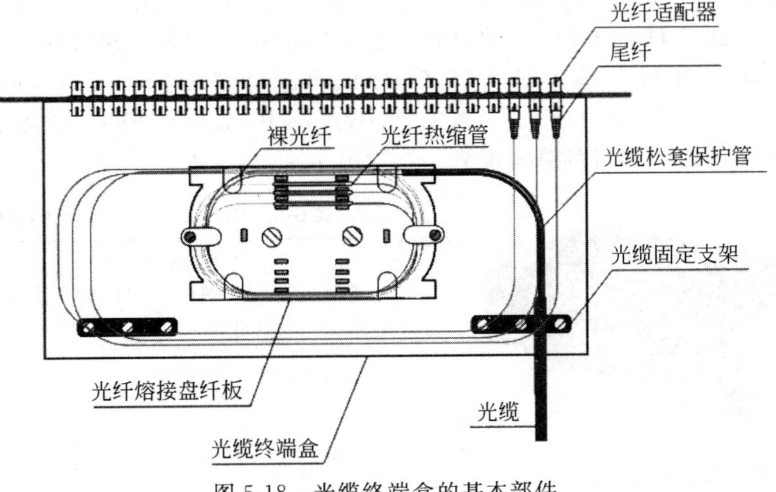

图 5-18　光缆终端盒的基本部件

将接入的光缆分离出裸光纤，裸光纤和尾纤进行熔接，然后将尾纤连接到光纤适配器。

光缆终端盒提供光缆与配线尾纤的保护性连接，它不适合在露天使用，如要在露天使用，则必须采用相应的防水等保护措施，光缆终端盒根据实际组网需求可选择挂墙安装、机架安装或直接放置于槽道多种安装方式。图 5-19 展示了一款 48 芯抽拉式光缆终端盒。

图 5-19　一款 48 芯抽拉式光缆终端盒

2. 光端机

光端机是一个延长数据传输的光纤通信设备，它主要是通过信号调制、光电转化等技术，利用光传输特性达到远程传输的目的。光端机一般成对使用，分为光发射机和光接收机，光发射机完成电/光转换，并把光信号发射出去用于光纤传输。光接收机主要是把从光纤接收的光信号再还原为电信号，完成光/电转换。光端机目前主要用于实现视频监控。图 5-20 展示了光端机在视频监控中的位置。

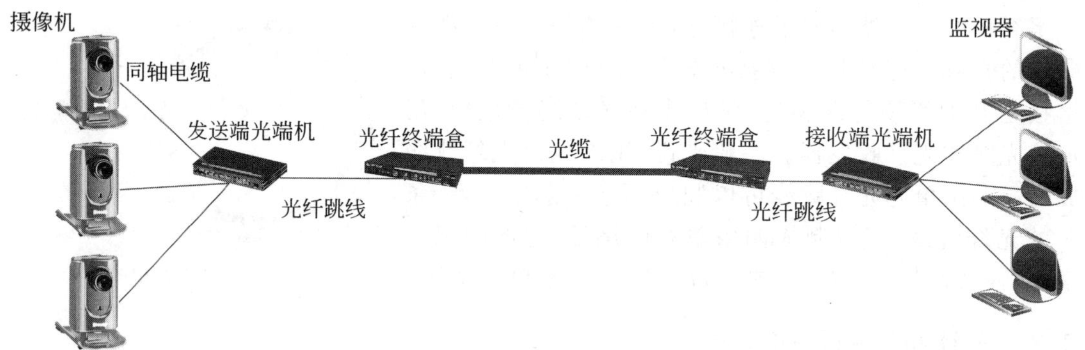

图 5-20　光端机在视频监控中的位置

光端机通常分为 PDH、SPDH、SDH 三类。

PDH(Plesiochronous Digital Hierarchy，准同步数字系列)光端机是小容量光端机，一般是成对应用，也叫点对点应用，容量一般为 4E1、8E1、16E1。SDH(Synchronous Digital Hierarchy，同步数字系列)光端机容量较大，一般是 16E1 到 4032E1。SPDH(Synchronous Plesiochronous Digital Hierarchy)光端机介于 PDH 和 SDH 之间。SPDH 是带有 SDH(同步数字系列)特点的 PDH 传输体制(基于 PDH 的码速调整原理，同时又尽可能采用 SDH 中一部分组网技术)。图 5-21 展示了一款 BRO-WAY DH-120H 16E1 光端机。

表 5-6 列出了该款光端机的基本配置。

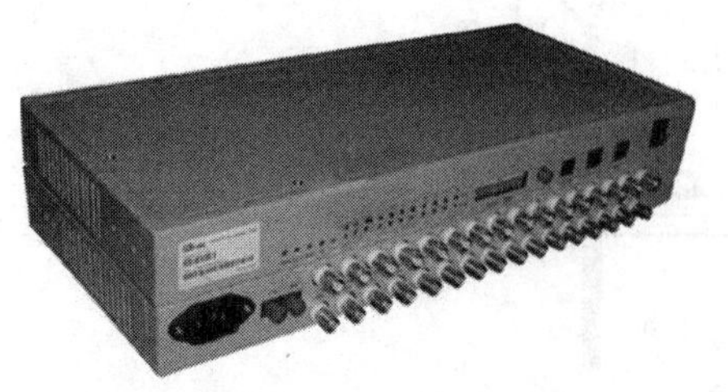

图 5-21　BRO-WAY 光端机

表 5-6　DH-120H 16E1 光端机的基本配置

接口类型	16 路 E1 接口、1 路 RS-232 网管控制口和 1 路公务电话 SC、FC 或 ST 可选
传输距离	120km
误码率	低
信号阻抗	E1：75Ω(非平衡)或 120Ω(平衡)

3. 光纤耦合器

光纤耦合器(Coupler)又称分离器(Splitter),是用于两条光纤或尾纤的活动连接,它是将光信号从一条光纤中分至多条光纤中的元件。光纤耦合器可分标准耦合器、星状/树状耦合器以及波长多工器等。制作方式有烧结(Fuse)、微光学式(Micro Optics)、光波导式(Wave Guide)三种,以烧结式方法生产占多数。图 5-22 展示了一些常见的光纤耦合器。

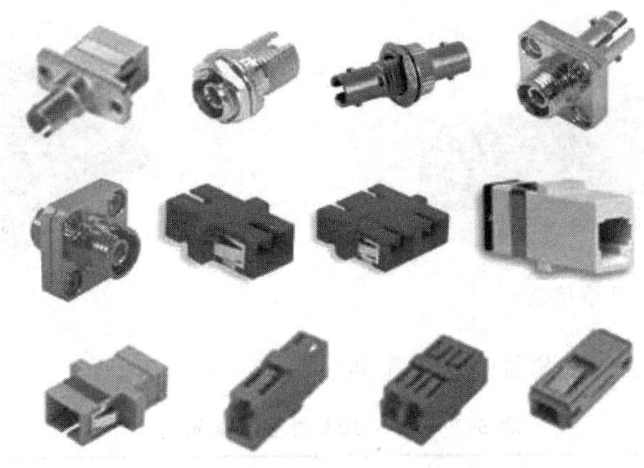

图 5-22　常见的光纤耦合器

4. 光纤熔接盒

光纤熔接盒也叫光缆接续盒或炮筒,在光通信网络中,由于光缆长度有限以及光缆在传输线路上需要分支,因此产生光缆接头,光缆接续盒为光缆接续、分支提供条件并对接头进行保护。

光纤熔接盒主要适用于各种结构光缆的架空、管道、直埋等敷设方式的直通和分支连接。光纤熔接盒采用进口增强塑料,强度高,耐腐蚀。

光纤熔接盒通常用于多根光缆之间的保护性连接,实现光纤分配,它是用户接入点的常用设备之一,主要完成配线光缆与入户线光缆在室外的连接作用。光纤熔接盒是全密封的,可以防水但是它无法固定尾纤。

光纤熔接盒按外形结构分类可分为帽式和卧式两种,根据光缆敷设方式有架空、管道(隧道)和直埋等类型,按光缆连接方式分为直通接续和分歧接续两种,按密封方式有热收缩密封型和机械密封型。图 5-23 展示了一款光纤熔接盒。

5. 光纤收发器

光纤收发器又叫光纤转换器,它是用于实现将以太网电信号和光纤信号进行转换的网络设备。光纤收发器一端连接光纤,另一端连接以太网接口。光纤收发器的主要原理是通过光电耦合实现的。

光纤收发器从不同的角度出发,可分为如下几个类型:

按光纤的性质可以分为多模光纤收发器和单模光纤收发器。由于使用的光纤不同,收发器所能传输的距离也不一样,多模收发器一般的传输距离在 2km 到 5km 之间,而单模收发器覆盖的范围可以从 20km 至 120km;按所需光纤可分为单纤光纤收发器和双纤光纤收发器。单纤光纤收发器接收发送的数据在一根光纤上传输;双纤光纤收发器接收发送的数据在一对光纤上传输。按工作层次/速率来分,可以分为10Mbps、100Mbps的光纤收发器、10/100Mbps自适应的光纤收发器和1000Mbps光纤收发器。按结构来分,可以分为桌面式(独立式)光纤收发器和机架式光纤收发器。桌面式光纤收发器适合于单个用户使用,如满足楼道中单台交换机的上联。机架式(模块化)光纤收发器适用于多用户的汇聚,如小区的中心机房必须满足小区内所有交换机的上联。图5-24展示了一款VBON VBN-303千兆光纤收发器。

图5-23 光纤熔接盒

图5-24 VBN-303光纤收发器

表5-7列出了该款光纤收发器的基本配置。

表5-7 VBN-303的基本配置

收发器接口	RJ-45:1000Mbps;SFP:1000Mbps
协议标准	IEEE802.3z/ab,1000Base-T,1000Base-SX/LX
传输距离	多模224/550m,单模20~100km

5.3.8 光缆的采购

1. 考虑光缆的使用位置和使用方式

根据使用环境的不同,光缆可分为架空光缆、管道光缆、直埋光缆、海底光缆和无金属光缆等。如果是在室内使用,则考虑使用室内光缆,如果是在室外使用,则考虑使用室外光缆。在采购室外光缆时,还必须要关注光缆的一些性能指标,例如架空或者直埋等应该选择不同的光缆。每种光缆的性能特征要对应其使用位置和使用方式。

2. 根据传输距离选择采用单模还是多模

传输距离在2km以内的,可选择多模光缆,超过2km可用中继或选用单模光缆。如果最大无中继传输距离在50~100km,那么G.652常规光纤因其价格低是较为合适的选择。如果距离更长,而且每个波长的最大比特率小于10Gbps,那么还是应该首选常规光纤。如果距离长,但只需要单波长高速率(10Gbps以上),则可选用G.653色散位移光纤。如果距离长,而且需要多波长承载10Gbps或更高速率,那么G.655非零色散位移光纤是最佳的选择。

3. 考虑光缆的纤芯

光缆只能单向传输,为了实现双向通信,光缆就必须成对出现,一个用于输入,一个用于输出。所以在选择光纤时,必须要考虑纤芯的数量。根据芯数选择不同型号,光缆的结构可分为层绞式、骨架式、带状式和中心束管式等几种,不同的用途结构又不相同,用户可以根据线路情况提出相应要求。

一般12芯以下的采用中心束管式,中心束管式工艺简单,成本低,在架空敷设或具备良好的管道保护的支干线网络中具有竞争力。

层绞式光缆采用中心放置钢绞线或单根钢丝加强，采用 SZ 续合成缆，成缆纤数可达 144 芯。层绞式光缆用于直埋。这种光缆易于分叉，部分光纤需分别使用时，不必将整个光缆开断，只需将需要分叉的光纤断开即可，这对于在网络沿途增设光节点有利。

带状光缆的芯数可以做到上千芯，它是将 4-12 芯光纤排列成行，构成带状光纤单元，再将多个带状单元按一定方式排列成缆。

5.4　网卡及其选型

网卡(Network Interface Card，NIC)也叫“网络适配器(Network Adapter，NA)”，它是局域网中最基本的部件之一，它是连接计算机与网络的硬件设备。

网卡的主要工作是整理计算机上发往网线上的数据，并将数据分解为适当大小的数据包之后向网络上发送出去。网卡由以太网络控制器及其他控制部件组成，主机以传输命令的方式控制网卡的工作。

5.4.1　网卡的类别

网卡按照总线类型、带宽和网络接口分为如下几个类别。

1. 按总线分类

按照总线类型，网卡可划分为如下几种。

1) ISA 总线网卡

ISA(Industrial Standard Architecture，工业标准结构总线)采用 16 位总线，带宽为 8.3MHz，ISA 总线网卡的 CPU 的占用率高，速度较慢，最大传输速率为 10Mbps。目前这种网卡已经淘汰了，很少见。

2) PCI 总线网卡

PCI(Peripheral Component Interconnect，外设组件互连标准)总线为 32 位，带宽为 33MHz，PCI 总线的网卡，CPU 的占用率较低，速度快，最大传输速率可达 1000Mbps，是目前最流行的网卡。目前主流的 PCI 规范有 PCI2.0、PCI2.1 和 PCI2.2 三种，PC 上用 32 位 PCI 网卡，三种接口规范的网卡外观基本上差不多(主板上的 PCI 插槽也一样)。服务器上用的 64 位 PCI 网卡外观就与 32 位的有较大差别，主要体现在金手指的长度较长。图 5-25 展示了一款 B-Link BL-L 8139 PCI 总线的网卡。

表 5-8 列出了 B-Link BL-L8139 PCI 总线网卡的基本配置。

3) PCMCIA 总线网卡

PCMCIA(Personal Computer Memory Card International Association)网卡是笔记本专用的网卡。PCMCIA 总线分为两类，一类为 16 位的 PCMCIA，另一类为 32 位的 CardBus。图 5-26 展示了一款 B-Link BL-L02 的 PCMCIA 网卡。

表 5-9 列出了该款网卡的基本配置。

4) PCI-E 总线网卡

PCI-Express，简称 PCI-E，它是最新的总线和接口标准，它原来的名称为 3GIO，是由英特尔提出。PCI-E 技术规格包括 X1(250MB/s)、X2、X4、X8、X12、X16 和 X32 通道规格，目

表 5-8　BL-L8139 的基本配置

适用网络类型	快速以太网
传输速率	10/100Mbps
总线类型	PCI
网络标准	IEEE 802.3、IEEE 802.3u
网线接口类型	RJ-45
传输介质类型	10Base-T:3 类或 3 类以上 UTP 100Base-TX:5 类 UTP

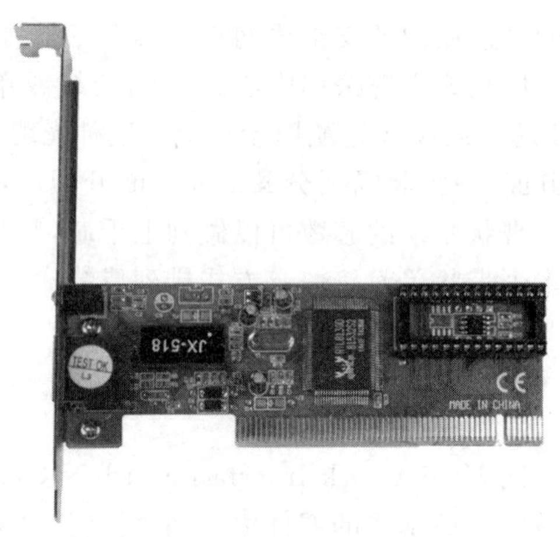

图 5-25　B-Link PCI 总线的网卡

前 PCI-E X1 和 PCI-E X16 已成为 PCI-E 主流规格。它的主要优势就是数据传输速率高，目前最高可达到 10GB/s 以上，而且还有相当大的发展潜力。图 5-27 展示了一款 Intel E10G42 BFSR 的 PCI-E 总线的网卡。

图 5-26　B-Link BL-L02 的 PCMCIA 网卡

图 5-27　Intel E10G42 PCI-E 总线网卡

表 5-10 列出了该款 PCI-E 网卡的基本配置。

表 5-9　BL-L02 的基本配置

传输速率	10/100Mbps
总线类型	PCMCIA
网络标准	IEEE 802.3、IEEE 802.3u
网线接口类型	RJ-45
传输介质类型	10BASE-T:3 类或 3 类以上 UTP 线 100BASE-TX:5 类 UTP 线
适用领域	笔记本

表 5-10　E10G42 BFSR 的基本配置

适用网络类型	万兆以太网
传输速率	10 000Mbps
总线类型	PCI-E
网线接口类型	LC,SFP+
传输介质类型	SMF(10Km)
适用领域	服务器
主芯片	Intel 82599ES
其他技术参数	8 条 5.0GT/秒通道
以太网存储	iSCSI,FCoE,NFS

5）PCI-X 总线网卡

PCI-X 是目前在服务器开始使用的网卡类型，它与原来的 PCI 相比在 I/O 速度方面提高了一倍，比 PCI 接口具有更快的数据传输速度。PCI-X 总线接口的网卡一般采用 32 位的总线宽度，也有 64 位的总线宽度。图 5-28 展示了一款 Intel PXLA8591 LR 的 PCI-X 网卡。

表 5-11 列出了该款 PCI-X 网卡的基本配置。

6）USB 总线网卡

USB 总线网卡是最近才出现的产品，这种网卡是外置式的，具有不占用计算机扩展槽的优点，因而安装更为方便。这种网卡支持热插拔和即插即用。图 5-29 展示了一款 B-Link BL-L7832 USB 总线网卡。

图 5-28　Intel PXLA8591 PCI-X 网卡

图 5-29　BL-L7832 网卡

表 5-12 列出了该款网卡的基本配置。

表 5-11　Intel PXLA8591 LR 的基本配置

适用网络类型	万兆以太网
传输速率	10 000Mbps
总线类型	PCI-X
网络标准	IEEE 802.3ae
网线接口类型	SC
适用领域	服务器
主芯片	82597EX 133MHz/64 位

表 5-12　BL-L7832 的基本配置

适用网络类型	快速以太网
传输速率	10/100Mbps
总线类型	USB
网络标准	IEEE 802.3、IEEE 802.3u
网线接口类型	RJ-45
传输介质类型	10Base-T 3 类或 3 类以上 UTP
100Base-TX	5 类 UTP

2. 按带宽分类

按照网卡的传输速率（即其支持的带宽）可分为 10Mbps 网卡、100Mbps 网卡、10/100Mbps 自适应网卡、1000Mbps 网卡以及 10 000Mbps 网卡。

目前，10Mbps 网卡除了在老式网络和对传输速率要求不高的网络中使用外，基本上已经淘汰了，10Mbps 的网卡多是 ISA 总线接口的。10/100Mbps 自适应网卡的最大传输速率为 100Mbps，该类网卡可根据网络连接对象的速度，自动确定是工作在 10Mbps 还是 100Mbps 速率下。100Mbps 网卡的传输速度为 100Mbps。1000Mbps 网卡也称为千兆以太网卡。10 000Mbps 网卡是最新推出的速度最快的网卡，对于高端用户可以选用。

3. 按应用的计算机分类

按照应用的计算机分类，可以将网卡分为应用于工作站的网卡和应用于服务器的网卡。就目前说来，工作站上的网卡，通常都采用 RJ-45 接口。服务器上采用的网卡通常采用光纤接口,这类网卡通常采用PCI-X或者PCI-E接口总线。在大型网络中,服务器通常采用光纤接口的网卡。这种网卡在带宽、接口数量、稳定性、纠错等方面都有比较明显的提高。部分服务器网卡支持冗余备份、热拔插等服务器专用功能。

4. 按网络接口分类

目前常见的网络接口主要有支持双绞线以太网的RJ-45接口、支持细同轴电缆的BNC接口、支持粗同轴电缆的AUI接口、支持光纤接入的相关接口等。

RJ-45接口网卡是最为常见的、应用最广的一种接口类型网卡。这种RJ-45接口类型的网卡应用于以双绞线为传输介质的以太网中。BNC和AUI接口的网卡基本上已经淘汰,BNC接口网卡应用于以细同轴电缆为传输介质的以太网或令牌网中。AUI接口的网卡应用于以粗同轴电缆为传输介质的以太网或令牌网中。光纤接口的网卡主要用于服务器类型,其价格较高,光纤接口模块一般采用SFP(传输率2Gbps)或者GBIC(1Gbps),对应的接口通常有SC、ST和LC。

5. 有线网卡和无线网卡

上面讲述的网卡都是有线网卡,采用光或者电实现网络信号的传输,这类网卡,必须附带相关的网络接口,以便实现和光纤、双绞线或者同轴电缆的连接。

无线网卡是随着无线网络技术出现的一种新网卡。和有线网卡的功能相似,无线网卡主要用于实现将客户的计算机采用无线方式连入无线网络,实现基于无线技术的网络信息收发过程。无线网卡主要用于构建无线局域网环境,无线网卡是一个无线网络信号收发器,主要用于客户端使用。

无线网卡根据接口不同,主要有PCMCIA无线网卡、PCI无线网卡、MiniPCI无线网卡、USB无线网卡、CF/SD无线网卡几类产品。从支持的无线网络标准看,主要分为支持IEEE 802.11b、IEEE 802.11g、IEEE 802.11n标准的网卡。支持IEEE 802.11n标准的无线网卡传输速率可达300Mbps。

5.4.2 网卡的技术参数

1. 端口类型

不同的传输介质,需要不同类型端口的网卡。如果网络中仅仅使用双绞线一种传输介质,只需要网卡有一个RJ-45口就可以了。如果网络中既有双绞线又有细缆,则要考虑多购置一些BNC+ RJ-45双接口的网卡,以适应部分计算机从双绞线移动到细缆或从细缆移动到双绞线的需要。

2. 数据传输速率

由于存在多种规范的以太网,所以网卡也存在多种传输速率,以适应它所兼容的以太网。网卡在标准以太网中传输速率为10Mbps,在快速以太网中传输速率为100Mbps,在千兆以太网中传输速率为1000Mbps。

3. 总线方式

网卡目前主要有PCI、ISA和USB三种总线方式。对于现在普通的100Mbps网络,32位接口是充分使用所有带宽的必备条件,而PCI总线的理论带宽是133Mbps,完全可以满足100Mbps网络的需求。PCI总线的网卡的特点是速度快且占用CPU资源少。

4. 支持全双工

半双工的意思是指网卡在同一时间内只能发送或接收信息，而全双工网卡，却可以在发送的同时进行接收。

5. ACPI 电源管理

ACPI 是一种新的工业标准，它通过硬件和操作系统提供支持系统的电源管理功能，支持 ACPI 电源管理的网卡可以通过计算机的睡眠模式减少电量的损耗。

6. 远程唤醒

远程唤醒是一个 ACPI 功能，它允许用户通过网络远程唤醒计算机，进行系统维护等操作。要实现远程唤醒功能还要求主板支持远程唤醒，并且网卡和计算机主板都符合 PCI2.2 规范。

7. 系统资源占用率

网卡在网络数据量大的情况下系统资源的占用率十分明显，如进行在线点播、语音传输、IP 电话时。

8. 芯片和兼容性

主控制芯片是网卡的核心元件，一块网卡性能的好坏，主要是看这块芯片的质量。和其他计算机产品一样，网卡的兼容性也很重要，不仅要考虑和自己的计算机兼容，还要考虑和它所连接的网络兼容，所以选用网卡尽量采用知名品牌的产品，不仅安装容易，而且还能享受一定的售后服务。

5.4.3 网卡的选购

工作站网卡的选购和服务器网卡选购关注的侧重点不同。

1. 工作站网卡的选购

(1) 接口类型。

(2) 传输速度。

(3) 总线类型。

(4) 对操作系统的支持。

目前网卡支持的操作系统主要有 Windows 类操作系统、UNIX 类操作系统、Linux 系统以及 Netware 操作系统等几大类。

(5) 对全双工通信方式的支持。

(6) 对远程唤醒功能的支持。

(7) 对远程引导功能的支持。

2. 服务器网卡的选购

服务器网卡应具备以下特性中的几个或全部：

(1) 较高的数据传输速率。

(2) 较低的处理器占用率。

(3) 网管特征。

就总线接口类型来看，应选用在服务器上使用的 PCI-X 总线接口类型的网卡。

5.5 交换机及其选型

交换机拥有一条很高带宽的背部总线和内部交换矩阵，交换机的所有端口都挂接在这条背部总线上。控制电路收到数据包以后，处理端口会查找内存中的MAC地址(网卡的硬件地址)对照表，以确定目的MAC的网卡挂接在哪个端口上，通过内部交换矩阵直接将数据包迅速传送到目的节点，若目的MAC不存在，则广播到所有端口。

5.5.1 交换机的基本类型

交换机产品按照不同的规模和应用领域可以分为不同的类型。

1. 按网络覆盖范围分类

按照网络的覆盖范围，可分为局域网交换机和广域网交换机两种。广域网交换机主要应用于电信城域网互联、互联网接入等领域，提供通信应用的基础平台。局域网交换机应用于局域网处理设备间的通信问题，用于连接终端设备，如服务器、工作站、集线器、路由器和网络打印机等网络设备，提供高速独立的通信通道。

2. 按传输速度分类

按照交换机使用的网络传输介质及传输速度的不同，一般可以将局域网交换机分为以太网交换机、快速以太网交换机、千兆(G位)以太网交换机、万兆(10G位)以太网交换机等。

以太网交换机是指带宽在100Mbps以下的交换机，以太网交换机是最普遍和便宜的，它的档次比较齐全，应用领域也非常广泛。就目前而言，以太网交换机基本上都已经淘汰。

快速以太网交换机用于100Mbps快速以太网，快速以太网是一种在普通双绞线或者光纤上实现100Mbps传输带宽的网络技术。这种快速以太网交换机通常所采用的介质是双绞线，有的快速以太网交换机为了兼顾与其他光传输介质的网络互联，会留有少数的光纤接口SC。

千兆以太网交换机的带宽可达1000Mbps。它一般用于大型网络的骨干网段，所采用的传输介质有光纤、双绞线两种，对应的接口为SC和RJ-45接口两种。图5-30展示了一款TP-LINK TL-SG1024DT千兆以太网交换机。

表5-13列出了该款交换机的基本配置。

表5-13 BL-L7832的基本配置

产品类型	千兆以太网交换机
应用层级	二层
传输速率	10/100/1000Mbps
背板带宽	48Gbps
包转发率	10Mbps:14 800pps,100Mbps:148 800pps,1000Mbps:1 488 000pps
MAC地址表	8KB
端口结构	非模块化
端口数量	24个

续表

端口描述	24 个 10/100/1000Mbps RJ45 口
网络标准	IEEE 802.3、IEEE 802.3u、IEEE 802.3ab、IEEE 802.3x

万兆以太网交换机主要是为了适应万兆以太网络的接入，它一般应用于骨干网段上，采用的传输介质为光纤，其接口方式也相应为光纤接口。这种交换机也称之为“10G 以太网交换机”。图 5-31 展示了一款 H3C S5800-56C 万兆以太网交换机。

图 5-30　B-Link BL-L7832

图 5-31　H3C S5800-56C 万兆以太网交换机

表 5-14 列出了该款万兆交换机的基本配置。

表 5-14　S5800-56C 的基本配置

产品类型	万兆以太网交换机
应用层级	三层
传输速率	10/100/1000/10 000Mbps
包转发率	192Mpps
MAC 地址表	32KB
端口结构	非模块化
端口数量	52 个
端口描述	48 个 10/100/1000Base-T 以太网端口，4 个 1/10G SFP＋端口
控制端口	1 个 Console 口
扩展模块	1 个业务槽位数
网络标准	IEEE 802.3、IEEE 802.3u、IEEE 802.3ab、IEEE 802.3z，ANSI/IEEE 802.3、IEEE 802.3x
VLAN	支持基于端口、协议、MAC、IP 子网的 VLAN
网络管理	支持命令行接口(CLI)、Telnet、Console 口进行配置

3. 按应用规模分类

按照应用规模，可以将交换机分为企业级交换机、部门级交换机、工作组交换机、桌面型交换机等四种。

1）企业级交换机

企业级交换机一般用于一个大型企业级网络或大型园区网的骨干核心层，所采用的传输介质有光纤、双绞线两种。这类交换机全部采用机箱式模块化设计，支持三层到更高层的交换。企业级交换机可以提供用户化定制、优先级队列服务和网络安全控制，并能很快适应数据增长和改变的需要。对于有更多需求的网络，企业级交换机不仅能传送海量数据，更具有硬件冗余(如交换引擎模块、电源、风扇等)，保证网络的可靠运行。这种交换机在背板带宽、包转发速率上要比一般交换机高出许多，所以企业级交换机一般都是千兆以太网交换机，图 5-32 展示了一款 Cisco WS-C6509-E 企业级交换机。

表 5-15 列出了该款交换机的的基本配置。

表 5-15　WS-C6509-E 的基本配置

应用层级	四层
传输速率	10/100/1000Mbps
交换方式	存储-转发
背板带宽	720Gbps
包转发率	387Mpps
MAC 地址表	64KB
端口结构	模块化
扩展模块	9 个模块化插槽
网络标准	IEEE 802.3、IEEE 802.3u、IEEE 802.1s、IEEE 802.1w、IEEE 802.3ad
VLAN	支持
QoS	支持
网络管理	CiscoWorks2000、RMON、ESPAN、SNMP、Telnet、BOOTP、TFTP

2）部门级交换机

部门级交换机一般用在网络的配线间或园区网网络中心以外的建筑物，为接入层交换机进行汇聚。这类交换机采用机箱式模块化配置，一般除了常用的 RJ-45 双绞线接口外，可能有光纤接口，能支持百兆到千兆的端口速度。部门级交换机具有智能型特点，支持 VLAN，支持三层交换，可实现端口管理，可对流量进行控制，有网络管理功能。

部门级交换机大多配置 64Gbps 的背板带宽。图 5-33 展示了一款思科 Catalyst 4507R 交换机。

图 5-32　Cisco WS-C6509-E 企业级交换机

图 5-33　Catalyst 4507R 交换机

表 5-16 列出了 Catalyst 4507R 交换机的基本配置。

表 5-16　Catalyst 4507R 的基本配置

背板带宽	100Gbps
端口类型	100BASE-TX、10/100/1000Base-T、1000BASE-SX、1000BASE-LX/LH、1000BASE-ZX
端口数目	127 个
支持速率	10/100/1000Mbps
是否可堆叠	不支持
模块化插槽数	7 个
网络标准	IEEE 802.3、IEEE 802.3u、IEEE 802.3z、IEEE 802.3x、IEEE 802.3ab、IEEE 802.1Q、IEEE 802.1D、IEEE 802.1w、IEEE 802.1s、IEEE 802.1x、IEEE 802.3af
是否可网管	支持
网管功能或协议	支持 SNMP MIB
是否支持 VLAN	支持
MAC 地址表	32KB
工作协议层	二，三，四
传输速度	千兆

3）工作组交换机

工作组交换机一般认为有 10/100M 端口，并有 1000M 上行级联口或级联扩展模块。这种类型的交换机具有较高的性价比，背板带宽在 8.8Gbps 以上，多数支持 3 层交换功能以及 VLAN 功能，这种交换机普遍用于 100Mbps 快速以太网，支持 100 个以内的信息点。

图 5-34 展示了一款 Cisco WS-C3560-48TS-E 工作组级的接入层交换机的基本配置。

表 5-17 列出了该款交换机的基本配置。

表 5-17　WS-C3560-48TS-E 的基本配置

传输速率	10/100Mbps
产品内存	DRAM 内存 128MB
FLASH 内存	32MB
背板带宽	32Gbps
包转发率	13.1Mpps
MAC 地址表	12KB
端口结构	非模块化
端口数量	52 个
端口描述	48 个以太网 10/100Mbps PoE 端口 4 个 SFP 上行链路端口

续表

传输模式	支持全双工
网络标准	IEEE 802.3、IEEE 802.3u、IEEE 802.3z
堆叠功能	可堆叠
VLAN	支持
QoS	支持
网络管理	功能 SNMP、CLI、Web、管理软件

4）桌面级交换机

桌面级交换机一般都支持 100/1000Mbps，一般只有 2 层交换功能。这类交换机广泛使用于一般办公室，仅仅用于扩大接入端口的数量，对网络交换性能要求较低，背板带宽在 2～6.8Gbps 之间。图 5-35 展示了一款 Cisco WS-C2950-24 接入层交换机。

图 5-34　Cisco WS-C3560-48TS-E

图 5-35　Cisco WS-C2950-24 接入层交换机

表 5-18 列出了该款交换机的基本配置。

表 5-18　Cisco WS-C2950-24 接入层交换机的基本配置

传输速率	10/100Mbps
产品内存	16MB DRAM，8MB 闪存
背板带宽	8.8Gbps
MAC 地址表	8000B
端口数量	24
接口介质	10/100Base-T
网络标准	IEEE 802.1x、IEEE 802.3x、IEEE 802.1D、IEEE 802.1p CoS、IEEE 802.1Q、IEEE 802.3ab、IEEE 802.3u、IEEE 802.3
堆叠功能	可堆叠
VLAN	支持

5）SoHo 级交换机

SoHo 级交换机一般供 Small Office 和 Home Office 用户使用，这类交换机一般具备 5～8 个接口。此类交换机一般是二层产品，价格低廉，不提供配置端口。图 5-36 展示了一款 TP-LINK TL-SF2005 SoHo 级交换机。

图 5-36　TL-SF2005 交换机

表 5-19 列出了该款交换机的基本配置。

表 5-19　TL-SF2005 的基本配置

应用层级	二层
传输速率	10/100Mbps
背板带宽	1Gbps
包转发率	10Mbps：14 800pps，100Mbps：148 800pps
MAC 地址表	1KB
端口结构	非模块化
端口数量	5 个 10/100Mbps RJ45 端口
网络标准	IEEE 802.3、IEEE 802.3u、IEEE 802.3x

4. 按端口结构分类

按端口是固定的还是模块化的，可将交换机分为固定端口和模块化两种。

固定端口交换机所带的端口是固定的，硬件不可升级。目前这种固定端口的交换机比较常见，端口数量没有明确的规定，一般的端口标准是 8 端口、16 端口、24 端口和 48 端口。非标准的端口主要有 4 端口、5 端口、10 端口、12 端口等。一般固定端口的交换机都用于实现桌面级连接。

模块化交换机可以根据不同的需要配置不同的模块，模块可以插拔。这些扩展模块有千兆以太网模块、快速以太网模块、令牌环模块、光纤接口模块等。模块化交换机上配备相应的插槽，使用时将模块插入插槽中即可。

模块化交换机价格昂贵，它是用于大型网络核心层、汇聚层的企业级交换机。这种交换机具有灵活性、可扩展性和易于管理等优点，便于网络升级扩容，能够有效保护用户投资，实现“按需扩展”。模块化交换机大都有很强的容错能力，支持交换模块的冗余备份，并且往往拥有可热插拔的双电源，以保证交换机的电力供应。

模块化交换机可以根据部门规模的增长随时增加设备的堆叠数量，有效避免了超前投资和资源浪费，而超强的背板带宽充分保证了在实现高层堆叠的同时，所有端口均能够保持线速转发能力，不会影响网络运行的效率。

5. 按工作的协议层次分类

网络设备都对应工作在 OSI 模型的一定层次上，工作的层次越高，说明其设备的技术性越高，性能也越好，档次也就越高。根据工作的协议层，交换机可分二层交换机、三层交换机和四层交换机。

1）二层交换机

二层交换机是最早的交换技术产品，由于它所担负的工作相对简单，又处于交换网络的数据链路层，所以只需提供基本的二层数据转发功能即可。目前二层交换机应用最为广泛，一般应用于网络的接入层次。桌面型交换机一般是属于这一类型。

二层交换机能够识别数据包中的 MAC 地址信息，然后根据 MAC 地址进行数据包的转发，并将这些 MAC 地址与对应的端口记录在内部的地址列表中。

2）三层交换机

三层交换技术又称为多层交换技术、IP 交换技术等，相对于二层交换技术根据数据链路层地址信息进行交换的特点，三层交换技术在网络层实现了数据包的高速转发。它检查数据包信息，并根据网络层目标地址(IP 地址)转发数据包。

三层交换机是因为其可以工作在 OSI 模型的第三层——网络层来定义的。三层交换机实际上是将传统交换机与传统路由器结合起来的网络设备，它既可以完成传统交换机的端口交换功能，又可完成部分路由器的路由功能。当网络规模较大时，可以根据特殊应用需求划分为小的独立的 VLAN 网段，以减小广播所造成的影响。通常这类交换机采用模块化结构，以适应灵活配置的需要。

在实际应用中，三层交换机通过 VLAN 将一个大的交换网络划分为多个较小的广播域，各个 VLAN 之间再采用三层交换技术相互通信。它解决了局域网中网段划分之后，各网段必须依赖第三层路由设备进行管理的问题，解决了路由器传输速率低、结构复杂所造成的网络瓶颈问题。

3）四层交换机

第二层交换机和第三层交换机都是基于端口地址的端到端的交换机，虽然这种基于 MAC 地址和 IP 地址的交换技术，能够极大地提高各节点之间的数据传输率，但却无法根据端口主机的应用需求来自主确定或动态限制端口的交换过程和数据流量。为此，人们开始寻求一种能够识别不同应用，并按照相应优先级进行高速传输的解决方案，在这种需求之下，四层交换机应运而生。在核心网络系统中，四层交换机主要用于实现服务器间负载均衡，它实现了一种智能应用交换需求。

四层交换机工作于 OSI 参考模型的第四层，即传输层。四层交换机在决定传输时不仅仅依据 MAC 地址(数据链路层信息)或源/目标 IP 地址(网络层信息)，它可以直接面对网络中的具体应用，通过分析数据包中的 TCP/UDP(传输层信息)应用端口号，从而做出向何处转发数据流的智能决定。

四层交换机在工作中会为支持不同应用的服务器组设立虚拟 IP 地址，并且在网络的域名服务器(DNS)中并不存储应用服务器的真实地址，而是每项应用的服务器组所对应的虚拟 IP 地址。当用户发出应用申请时，四层交换机会从该项应用的服务器组中选择最佳服务器，并将数据包目的地址中的虚拟 IP 地址改为最佳服务器的真实 IP 地址，然后通过三层交换模块将该连接请求传给该服务器。

6. 根据架构分类

根据架构特点，人们还将局域网交换机分为机架式、带扩展槽固定配置式、不带扩展槽固定配置式三种产品。

1）机架式交换机

这是一种插槽式的交换机，这种交换机扩展性较好，可支持不同的网络类型，如以太网、快速以太网、千兆以太网、ATM、令牌环及 FDDI 等，但价格较贵，高端交换机有不少采用机架式结构。

2）带扩展槽固定配置式交换机

它是一种有固定端口数并带少量扩展槽的交换机，这种交换机在支持固定端口类型网络上，还可以通过扩展其他网络类型模块来支持其他类型网络。这类交换机的价格居中。

3）不带扩展槽固定配置式交换机

这类交换机仅支持一种类型的网络（一般是以太网），可应用于小型企业或办公室环境，价格最便宜，应用也最广泛。

7. 按是否支持网管分类

按照交换机是否支持网络管理功能，又可以将交换机分为“网管型”和“非网管型”两大类。

网管型交换机的任务就是使所有的网络资源处于良好的状态。网管交换机支持网络管理，具有端口监控、划分 VLAN 等普通交换机不具备的特性。

网管型交换机产品提供了基于终端控制口（console）、基于 Web 页面以及支持 Telnet 远程登录等多种网络管理方式。因此网络管理人员可以对该交换机的工作状态、网络运行状况进行本地或远程实时监控，全面管理所有交换端口的工作状态和工作模式。

非网管型交换机不支持网络管理，这里的管理是指通过管理端口执行监控交换机端口、划分 VLAN、设置 Trunk 端口等功能。

8. 光纤以太网交换机

光纤以太网交换机主要用于连接网络中的客户机，一般都采用的是基于双绞线实现客户机的连接。如果在网络中采用光纤实现信号的传输，则需要采用光纤交换机。光纤以太网交换机可以选择全光端口配置或光电端口混合配置，接入光纤媒质可选单模光纤或多模光纤。该交换机可同时支持网络远程管理和本地管理以实现对端口工作状态的监控和交换机的设置。

如果在网络接入时采用的是光纤，而连接到桌面采用的是双绞线，则一般采用光纤以太网交换机进行连接，就目前说来，带光纤接口和以太网 RJ-45 混合接口的光纤以太网交换机较多，此时可以认为光纤以太网交换机就是在原来以太网交换机的基础上增加了一个光电收发器模块。图 5-37 展示了一款 netcore NSW1824CF 光纤以太网交换机。该交换机是一款光电口混合的交换机，其提供了 4 个光纤接口用于采用光纤实现连接到网络出口。其 24 个 RJ-45 接口用于连接工作组计算机。

图 5-37　S5024F-SI 交换机

表 5-20 列出了该款交换机的基本配置。

表 5-20　S5024F-SI 的基本配置

应用层级	二层
传输速率	10/100/1000Mbps
背板带宽	48Gbps
MAC 地址表	8KB
端口结构	非模块化
端口数量	28 个
端口描述	24 个 10/100/1000Mbps RJ-45 接口，4 个光纤 SFP 端口

续表

控制端口	1个RS-232端口
网络标准	IEEE 802.3、IEEE 802.3u、IEEE 802.3ab、IEEE 802.3x
VLAN	支持Port-based VLAN
网络管理	提供Web、Telnet、console配置

随着网络技术的发展，未来采用光纤直接连接计算机桌面产品之后，基于全光端口配置的光纤以太网交换机也将逐步普及。

5.5.2 交换机的性能指标

交换机的性能指标主要包括端口、传输速率、传输介质、传输模式、网络标准、交换方式、背板带宽、管理功能和MAC地址容量。

1. 端口

对于家庭或小型办公网络，一般使用价格低廉的5口或8口桌面型交换机即可。通常端口数量越多，交换机价格越高。当然，如果条件允许，可以选择16口、24口或更高端口数的交换机，以满足未来网络扩展的需要。交换机的端口类型一般是RJ-45交换端口以及一个UP-Link(级联)端口，用于实现交换设备的级联。另外，有的端口还支持MDI/MDIX自动跳线功能，通过此功能可以在级联交换设备时自动按照适当的线序连接，而无须手工配置。

2. 传输速率

在家庭或小型办公网络中，使用100Mbps传输速率的交换机即可，这样的速率一般可以满足家庭用户的需要。在市场上，百兆交换机主要以10/100Mbps自适应交换机为主。虽然千兆网络技术已经快速发展，但对于普通家庭或小型办公用户来说并不实用。不过，有条件的用户可以选择10/100/1000Mbps自适应和100/1000Mbps自适应千兆交换机，以适应未来网络升级的需要。

3. 传输介质

低端交换机(如10/100Mbps自适应交换机)一般采用100Base-Tx 5类UTP(非屏蔽双绞线)作为传输介质，支持100 Mbps的最大传输速率以及最大100m的传输距离。低端交换机还支持10Base-T/10Base-TX 3类或3类以上UTP。千兆交换机一般采用的传输介质为1000Base-TX超5类UTP或光纤。

4. 传输模式

目前，交换机一般都支持全/半双工自适应模式，“全双工”(Full Duplex)模式可以同时接收和发送数据，数据流是双向的；“半双工”(Half Duplex)模式不能同时接收和发送数据，数据流是单向的。与半双工模式相比，全双工模式具有更高的网络传输效率。

5. 网络标准

交换机遵循的网络标准一般应包括IEEE 802.3 10Base-T以太网、IEEE 802.3u 100Base-Tx快速以太网以及IEEE 802.3x流量控制、IEEE 802.1q VLAN标准、IEEE 802.1p优先级控制、IEEE 802.1d生成树协议。千兆交换机还应支持IEEE 802.3z 1000Base-X或IEEE 802.3ab 1000Base-T标准。

6. 交换方式

目前交换机采用的交换方式主要有存储转发和直通转发两种。存储转发是在交换机接收到全部数据包后再决定如何转发,可以检测数据包的错误,支持不同速率输入输出端口的交换,但数据处理的延时较长。存储转发技术是计算机网络领域使用最广泛的技术之一,如今大部分的交换机产品都支持此技术。直通转发是在交换机收到整个帧之前就已经开始转发数据,这样可以减少延时。低端交换机一般只支持存储转发或直通转发交换方式中的一种。

7. 背板带宽

背板带宽是指交换机接口处理器和数据总线之间的最大数据吞吐量。背板带宽越宽越好。两台同样的8口10/100Mbps自适应交换机在端口带宽、延迟时间相同的情况下,背板带宽较宽的交换机的传输速率也会较高。一般5口和8口交换机的背板带宽在1～3.2Gbps之间。

8. 管理功能

通过交换机的管理功能可以实现管理、配置交换机,从而让交换机更好地工作,例如,可通过Web浏览器、Telnet、SNMP(Simple Network Management Protocol,简单网络管理协议)、RMON(Remote Monitoring MIBs,远程监控管理信息库)、CLI(command-line interface,命令用户接口)命令行等管理交换机。通常,交换机支持的网络管理功能越多,价格也相对越高。一般的交换机都提供SNMP MIB(Management Information Base,管理信息库)Ⅰ/MIBⅡ统计管理功能。

9. MAC地址容量

交换机是一种基于MAC(网卡的唯一硬件地址)识别,能够完成数据包交换功能的设备。它可以通过"MAC地址学习"功能将连接到自身设备的MAC地址保存在MAC地址列表中,这样在下次进行数据交换时可直接从MAC地址列表中找到目的地址。MAC地址容量是指交换机的MAC地址表中最多可以存储的MAC地址数量,低端交换机一般为2000个左右。支持的MAC地址数越多,数据转发的速率也就越快。

注意:除了以上的性能指标外,还要注意产品是否支持VLAN、QoS/CoS以及模块化插卡接口数等功能。

5.5.3 交换机的选购

交换机的性能直接影响整个网络,在选择交换机时,一般主要考虑以下几个方面。

1. 端口密度

在基本性能参数相同的情况下,交换机的端口密度越大,每个端口的花费就越少。也就是说,一台有48个端口的交换机要比两台各有24个端口的交换机便宜,因此,高密度端口的交换机往往拥有较高的性价比。

2. 二层和三层交换机

实际选购时,应该根据交换机的工作位置选择二层还是三层产品。连接其他交换机和服务器的交换机应该选择高性能的三层产品。直接连接计算机的交换机一般选择二层产品即可。

3. 交换速率

交换机的交换速率是决定网络传输性能的重要因素。目前百兆交换机仍占据着主流地位，但千兆交换机市场正在迅速崛起。因此，用户在选购交换机产品时，尽量选择具备千兆端口或能够升级的产品，以适应未来网络升级的需要。

4. 管理性能

根据实际网络的伸缩性要求，选择购买的交换机的管理性能，比如支持网络管理的方式，可网络管理的 VLAN 的数量等。如果仅仅是连接到桌面的固定交换机，则可以选择非网管型的交换机。

5. 可伸缩性

交换机的可伸缩性直接决定着网络内各信息点传输速率的升级能力。因此，可伸缩性也是用户在选择交换机产品时需要考虑的一个重要方面。这主要包括交换机的内部可伸缩性、外部可伸缩性以及交换机的最高级联速率等几个方面。

6. 交换机的性能参数

在购买交换机产品时，应该关注其对应的转发技术、延时、单/多 MAC 地址类型、外接监视支持、扩展树、全双工、高速端口集成等相关性能参数。通过相同层次不同厂家产品的对比做出选择。

注意：部分性能参数必须经过测试才能获知其是否和说明的一致。

7. 厂商品牌和售后服务

在选择交换机产品时，要注意了解产品供应商的品牌号召力、用户口碑、产品质量认证情况、研发能力与核心技术实力。另外，购买产品的售后服务也十分关键，不要一味追求低价格，以防止购买到冒牌产品。选择信誉度高的厂商的产品比较可靠。目前 H3C、D-Link、思科、腾达、TP-LINK、华为等厂商都是业内口碑较好的交换机生产厂商。

5.6 路由器及其选型

路由器能实现具有异种子网协议的网络的互连功能。可以实现不同子网间协议转换，包括局域网和广域网。具备路由表的建立、刷新、查找功能。路由器可以利用自己的缓存及流量控制协议适配不同的速率。路由器不转发广播消息，能够防止广播风暴，提高网络安全。路由器可实现主备线路的切换及复杂的流量控制。

路由器适用于大规模的网络，实现了在复杂的网络拓扑结构中提供最优路径。路由器能更好地处理多媒体信息，隔离不需要的通信量，节省局域网的带宽，减少主机负担。

但是它不支持非路由协议，数据包需要软件处理，容易成为瓶颈，安装和调试比较复杂，相对其他网络互连设备的价格较高。

5.6.1 路由器的基本类型

不同网络对路由器的要求不同，常见的路由器可以按如下几方面进行分类。

1. 按性能分类

路由器按性能档次可分为高、中和低端路由器，低端路由器主要适用于小型网络的 Internet 接入或企业网络远程接入，端口数量和类型、包处理能力都非常有限。中端路由器适用于较大规模的网络，拥有较高的包处理能力，具有较丰富的网络接口，适应较为复杂的网络结构。高端路由器主要应用于大型网络的核心路由器，拥有非常高的包处理性能，并且端口密度高、端口类型多，以适应复杂的网络环境。

通常将背板交换能力大于 40Gbps 的路由器称为高端路由器，背板交换能力在 25～40Gbps 之间的路由器称为中端路由器，低于 25Gbps 的当然就是低端路由器了。背板交换能力就是指路由器的接口处理器和数据总线间所能吞吐的最大数据量。

2. 按结构分类

路由器按结构可分为模块化结构路由器和非模块化结构路由器。模块化结构路由器有若干插槽，可以插入不同的接口卡，根据实际需要进行灵活的升级和变动，可扩展性较好，可以灵活地配置路由器，以适应企业不断增加的业务需求；非模块化路由器就只能提供固定的端口，可扩展性较差，一般价格比较便宜。通常中高端路由器为模块化结构，低端路由器为非模块化结构。

3. 按应用分类

路由器按应用可以分为骨干级（核心层）路由器、企业级（分布层）路由器和接入级（访问层）路由器。

1）骨干级路由器

骨干级路由器是实现企业级网络互联的关键设备，骨干级路由器位于网络中心，通常要求快速的包交换能力和高速的网络接口。骨干级路由器通常采用热备份、双电源、双数据通路等技术实现硬件的可靠性。图 5-38 展示了一款 MAIPU MP8600 电信骨干级路由器。

图 5-38　MP8600 骨干级路由器

表 5-21 列出了该款路由器的基本配置。

表 5-21　MP8600 的基本配置

路由器类型	电信骨干级路由器
网络协议	TCP/IP、ICMP、UDP、FTP、TFTP、SNMP、Telnet RLOGIN、DHCP、HTTP、DNS、ARP、IPv6
端口结构	模块化
扩展模块	10
包转发率	10Mbps：14 800pps，100Mbps：148 800pps
防火墙	内置防火墙
QoS 支持	支持
VPN 支持	支持
网络管理	SNMP v1/v2/v3、MIB、RMON、SYSLOG
处理器	高性能多核处理器
产品内存	最大 DRAM 内存 1GB
最大 Flash 内存	1GB

2）企业级路由器

企业级路由器连接许多终端系统，连接对象较多，但系统相对简单，且数据流量较小，对这类路由器的要求是以成本最低的方法实现尽可能多的端点互联，同时还要求能够支持不同的服务质量。企业级路由器要求能支持尽可能多的终端接入、造价较低，支持不同的服务质量，支持多种协议，支持防火墙、包过滤，支持大量的网络管理、安全策略、VLAN 划分与管理等。图 5-39 展示了一款 H3C ER2100 企业级路由器。

图 5-39　ER2100 路由器

表 5-22 列出了该款路由器的基本配置。

表 5-22　H3C ER2100 的基本配置

路由器类型	企业级路由器
网络协议	PPPOE、DHCP、NAPT、NTP、DDNS
传输速率	10/100Mbps
端口结构	非模块化
广域网接口	1 个
局域网接口	4 个
其他端口	1 个 console 接口
防火墙	内置防火墙
QoS 支持	支持
VPN 支持	支持
网络管理	基于 Web 的用户管理接口，HTTPS 远程管理
产品内存	DRAM 内存、64MB DDR Ⅱ
FLASH 内存	8MB

3）接入级（访问层）路由器

接入级（访问层）路由器主要应用于连接家庭或小型企业的局域网。接入级路由器位于网络边缘，通常使用中低端路由器，要求有相对低速的端口以及较强的接入控制能力。接入路由器不仅支持 SLIP 或 PPP 连接，还支持 PPTP 和 IPSec 等网络协议。

4. 按协议支持数量划分

路由器能支持的网络协议的数量也是衡量其性能指标的一个方面，从支持网络协议能力的角度，可分为单协议路由器和多协议路由器。通常支持的网络协议越多，则适用范围越广泛，但是价格也越高，目前的路由器基本上都支持 TCP/IP 协议。

5. 从性能上划分

从性能上分，路由器可分为线速路由器以及非线速路由器。所谓线速路由器就是完全能够按传输介质带宽进行通畅传输，基本上没有间断和延时。通常线速路由器是高端路由器，具有非常高的端口带宽和数据转发能力，能以媒体速率转发数据包；中低端路由器是非线速路由器。但是一些新的宽带接入路由器也有线速转发能力。

6. 从应用划分

从功能上划分，路由器可分为通用路由器与专用路由器。一般所说的路由器皆为通用路由器。专用路由器通常为实现某种特定功能对路由器接口、硬件等实施特别优化。例如接入路由器用做接入拨号用户，增强 PSTN 接口以及信令能力；VPN 路由器用于为远程 VPN 访问用户提供路由，它需要在隧道处理能力以及硬件加密等方面具备特定的能力；宽带接入路由器则强调接口带宽及种类。图 5-40 展示了一款 Cisco RV082 VPN 路由器。

图 5-40　RV082 路由器

该款路由器的基本配置如表 5-23 所示。

表 5-23　RV082 基本配置

路由器类型	VPN 路由器
网络标准	IEEE 802.3、IEEE 802.3u
网络协议	TCP/IP、NAT、HTTP、IPSec、PPPoE
传输速率	10/100Mbps
端口结构	非模块化
广域网接口	2 个
局域网接口	8 个
包转发率	10Mbps：14 800pps，100Mbps：148 800pps
防火墙	内置防火墙
QoS 支持	支持
VPN 支持	支持
网络管理	基于 Web

5.6.2　路由器的选型

路由器的采购要注意如下几方面的问题。

1. 路由器的管理方式

路由器一般放置在程控机房内，所以路由器的多种配置方式均有可能遇到，为此购买路由器的时候，必须关注它有多少可能的配置方式，目前常见的路由器都提供本地 console 端口、远程 Telnet、modem 拨号、Web 访问等多种配置管理方式。

2. 路由器所支持的路由协议

路由器在不同网络之间起到连接桥梁的作用，路由器支持的协议太少就可能导致部分网络不能互联。为此在选购路由器时，必须注意所选路由器所能支持的路由协议有哪些，特别是选购路由协议特别多的广域网路由器。

3. 路由器的安全性

路由器作为内网和外网连接的设备，能否提供高要求的安全保障就极其重要。目前许多厂家的路由器能够设置访问权限列表，达到控制哪些数据才能够进出路由器，实现防火墙的功能，防止非法用户的入侵。另外一个就是路由器的NAT(网络地址转换)功能，使用路由器的这种功能，就能够屏蔽内网的网络地址，从而防止了非法的用户入侵稳定性。

4. 丢包率

丢包率就是在一定的数据流量下路由器不能正确进行转发的数据包所占的比例。丢包率的大小会影响到路由器线路的实际工作速度，严峻时会使线路中断。购买时应该注意这个参数。

5. 背板能力

背板能力通常是指路由器背板容量或者分线带宽能力，这个性能对于保证整个网络之间的连接速度是非常重要的。如果所连接的两个网络速率都较快，而由于路由器的带宽限制，这将间接影响整个网络之间的通信速度。所以一般来说如果是连接两个较大的网络，网络流量较大时应格外注意一下路由器的背板容量。

6. 吞吐量

吞吐量是指路由器对数据包的转发能力，吞吐量越大，网络的效率越高。

7. 转发时延

转发时延是指需转发的数据包最后一比特进入路由器端口到该数据包第一比特出现在端口链路上的时间间隔，这与背板容量、吞吐量参数紧密相关的。

8. 路由表容量

路由表容量是指路由器运行中能够容纳的路由数量。一般来说，越是高档的路由器路由表容量越大，这一参数与路由器本身所带的缓存大小有关。

9. 可靠性

可靠性是指路由器的可用性、无故障运行时间和故障恢复时间等指标，用户在购买路由器的时候应该注意采用著名厂商的产品，并注意售后服务。

5.6.3 路由器的技术展望

1. 太比特路由器

Internet 业务量的剧增，要求路由器提高运行速度，以满足业务的高速增长。太比特路由器是一种具有 Tbps 级的交换容量、支持多业务的超高速路由器，是构成下一代骨干网的关键要素之一。太比特路由器比吉比特路由器交换容量更大、支持业务更多、性能更完备。

太比特路由器采用了全新的分布式体系结构，其优越的性能还表现在如下几个方面：

(1) 使用光纤交换背板代替电子交换背板，提高了交换背板的容量和可靠性；

(2) 模块化、分布式体系结构和分布式软件的设计，保证灵活的扩展能力，这是太比特路由器设计的关键技术；

(3) 接口支持 DWDM，并逐渐替代 SONET，以提高数据传输效率和降低成本；

(4) 采用链路融合技术，保证系统的灵活配置，满足不同用户的需求。

2. MPLS 技术

MPLS(Multi-Propocol Label Switching)即多协议标记交换。MPLS 属于第三代网络架构，是新一代的 IP 高速骨干网络交换标准，由 IETF 提出，由 Cisco、ASCEND、3Com 等网络设备大厂所主导。

MPLS 是集成式的 IP Over ATM 技术，它整合了 IP 选径与第二层标记交换为单一的系统，因此可以解决 Internet 路由的问题，使数据包传送的延迟时间缩短，增加网络传输的速度，更适合多媒体数据的传送。MPLS 技术的引入是未来路由器的必然趋势。

3. 路由器硬件技术增强

未来路由器将使用基于硬件的交换和分组转发引擎，采用专用集成电路(ASIC)芯片实现原来由软件实现的功能，这样将大大降低成本，提高系统性能。另外，路由器向并行处理的方向发展，逐渐抛弃易造成拥塞的共享式总线，采用交换背板结构，进一步发展在光纤连接上进行的线速选路技术，为 Internet 过渡到全光基础设施奠定基础。

4. 光路由器

光路由器是将路由和光交换综合而成的设备，随着光纤技术的逐步发展，IP over Optical 必将逐步发展起来，光路由器使用 IP 协议，通过在不同波长间交换业务，允许动态控制带宽，为开展新业务提供更多的灵活性。

5. 其他性能要求的提高

其他方面包括接口速度的高速化、交换能力海量化、关注业务开展，包括 VPN、MPLS 等，从控制层、管理层和数据层等方面关注网络安全性，关注服务质量(QoS)等。

本章小结

本章主要讲述传输介质及互连设备的选型。其中 5.1 节主要讲述了双绞线的分类和采购，双绞线 RJ-45 水晶头的选购。5.2 节讲述了同轴电缆的分类及其采购。5.3 节讲述了光纤的种类和功率损耗，光缆的种类，光纤连接器的类型，光纤跳线和尾纤，相关的光纤布网其他设备，光缆的采购等。5.4 节主要讲述了网卡的类别，相关的技术参数及其选购。5.5 节讲述了交换机的基本类型，相关的性能指标及其选购。5.6 节讲述了路由器的基本类型，路由器的选型及相关的技术展望等。学习完本章，读者应该重点掌握双绞线的采购，相关光缆设备的类型及其采购。掌握网卡的相关性能参数及其采购，掌握交换机的基本性能参数及其采购，掌握路由器的相关性能参数及其采购。

习　题

1. 简述双绞线的类型及特点。
2. 简述双绞线的采购注意事项。
3. 简述粗缆的常用连接设备。
4. 简述细缆的常用连接设备。
5. 简述同轴电缆的采购注意事项。
6. 简述常见的光纤连接器类型。

7. 尾纤和跳线的区别是什么？
8. 简述光缆的采购注意事项。
9. 简述网卡的相关性能参数。
10. 简述网卡的采购注意事项。
11. 简述交换机的基本性能参数。
12. 光纤以太网交换机和光纤交换机的区别是什么？
13. 简述交换机的采购注意事项。
14. 二层交换机和三层交换机的主要区别是什么？
15. 简述路由器的基本性能指标。
16. 简述路由器的采购注意事项。

第6章 网络工程其他设备及选型

本章主要讲述如下知识点：

- 防火墙及其设备选型；
- DAS存储及其设备选型；
- NAS存储及其设备选型；
- FC SAN设备及其选型；
- IP SAN设备及其选型；
- 无线网络设备及其选型。

6.1 防火墙及其选型

由于Internet所使用的TCP/IP协议在设计时并没有考虑安全问题，因此连接在Internet上的计算机或其他网络系统随时都有可能受到外界的恶意攻击或被窃取信息。防火墙就像一件保护伞一样，保护着网络终端用户。

6.1.1 防火墙概述

所谓防火墙(firewall)指的是一个由软件和硬件设备组合而成、在内部网和外部网之间、专用网与公共网之间的界面上构造的保护屏障，是位于它所连接的网络之间实施访问控制的软件或硬件的组件集合，是一种获取安全性方法的形象说法。

防火墙位于网络连接的边界，它是内外部网络间的第一道安全关口。一般的防火墙都提供两个以内的WAN端口，4个左右的LAN端口。按传输速率可分为100Mbps和1000Mbps，采用的接口有光纤接口和双绞线接口。防火墙的主要作用就是通过不同的过滤规划或安全防护策略保护内部网络不受攻击。但它不能防止病毒的入侵，病毒的入侵是通过病毒防护软件进行的。

防火墙系统决定了哪些内部服务可以被外界访问，外界的哪些人可以访问内部的哪些服务以及内部人员可以访问哪些资源。所有往来的信息都必须经过防火墙，只有被授权的数据才能通过。

防火墙支持具有Internet服务特性的企业级虚拟专用网(VPN)。通过VPN，将地理位置上分散的网络主机，有机地连成一个整体。在逻辑上，防火墙是一个分离器，也是一个限制器和分析器，它有效地监控了内部网和Internet之间的任何活动，保证了内部网络的安全。图6-1展示了防火墙在网络中所处的位置。

防火墙对流经它的网络通信进行扫描，这样能够过滤掉一些攻击，以免其在目标计算机上被执行。防火墙还可以关闭不使用的端口。而且它还能禁止特定端口的流出通信，封锁特洛伊木马。最后，它可以禁止来自特殊站点的访问，从而防止来自不明入侵者的所有通信。

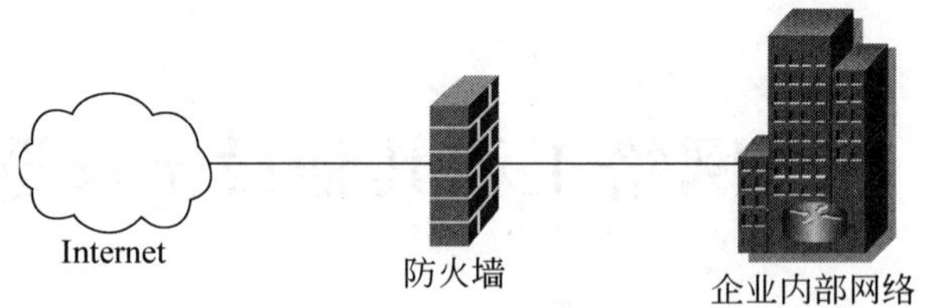

图 6-1　防火墙的位置

6.1.2　防火墙的工作模式

防火墙的工作模式包括路由模式、透明模式、混合模式三种。

1. 路由模式

如果防火墙以第三层对外连接(接口具有 IP 地址),则认为防火墙工作在路由模式下。传统的防火墙一般工作于路由模式,在这种模式下,防火墙可以让处于不同网段的计算机通过路由转发的方式互相通信。采用路由模式时,可以完成 ACL 包过滤、ASPF 动态过滤、NAT 转换等功能。

工作于路由模式时,防火墙各端口所接的网络必须是不同的网段。路由模式需要对网络拓扑进行修改,内部网络用户需要更改网关、路由器需要更改路由配置,如果用户试图在一个已经形成的网络里添加防火墙,而此防火墙又只能工作于路由方式,则与防火墙所接的主机(路由器)的网关都要指向防火墙。如果用户的网络非常复杂时,设置时就会很麻烦。图 6-2 展示了防火墙的路由工作模式。

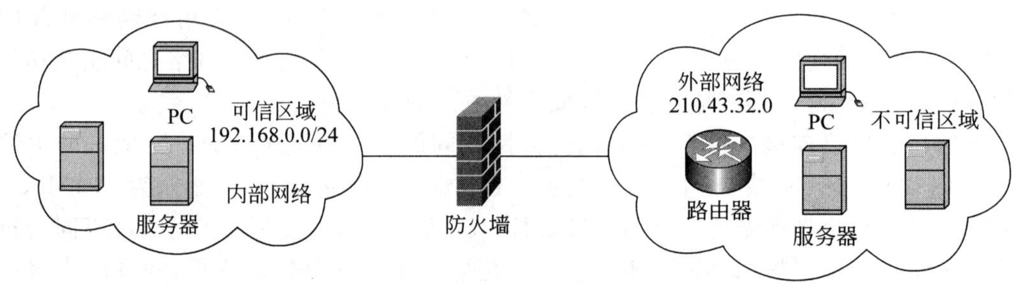

图 6-2　防火墙的路由工作模式

2. 透明模式

如果防火墙通过第二层对外连接(接口无 IP 地址),则防火墙工作在透明模式下。透明模式防火墙可以接在 IP 地址属于同一子网的两个物理子网之间,如果将它加入一个已经形成的网络中,可以不用修改周边网络设备的设置。防火墙采用透明模式工作,可以避免改变拓扑结构造成的麻烦,此时防火墙对于子网用户和路由器来说是完全透明的,用户完全感觉不到防火墙的存在。

采用透明模式时,只需在网络中插入防火墙设备即可,无须修改任何已有的配置。与路由模式相同,IP 报文同样经过相关的过滤检查,但是不会修改数据包包头中的任何源或目的地信息,内部网络用户依旧受到防火墙的保护。图 6-3 展示了防火墙的透明工作模式。

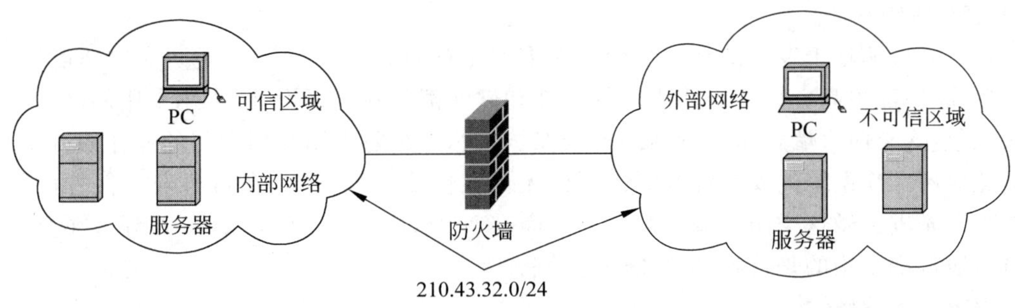

图 6-3 防火墙透明工作模式

3. 混合模式

如果防火墙既存在工作在路由模式的接口,即接口具有 IP 地址,又存在工作在透明模式的接口,即接口无 IP 地址,则防火墙工作在混合模式下。混合模式主要用于透明模式作双机备份的情况,此时配置 IP 地址的接口所在的安全区域是三层区域,接口上启动 VRRP (Virtual Router Redundancy Protocol,虚拟路由冗余协议)功能,用于双机热备份;而未配置 IP 地址的接口所在的安全区域是二层区域,和二层区域相关接口连接的外部用户同属一个子网。图 6-4 展示了防火墙的混合工作模式。

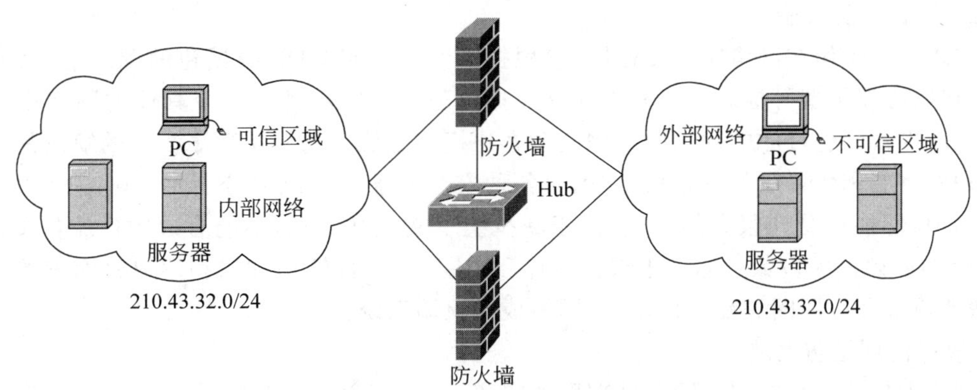

图 6-4 路由器混合工作模式

6.1.3 防火墙的分类

1. 按防火墙的软硬件形式分类

1) 软件防火墙

软件防火墙是安装在计算机平台的软件产品,它通过在操作系统底层工作实现网络管理和防御功能的优化。软件防火墙因为是基于主机方式的,所以通常用于保护单台主机。软件防火墙需要客户预先安装好的计算机操作系统的支持,一般来说这台计算机就是整个网络的网关。著名的软件防火墙有 Checkpoint 等。

2) 硬件防火墙

硬件防火墙基于 PC 架构,这些防火墙上运行一些经过裁剪和简化的操作系统,最常用的有 UNIX、Linux 和 FreeBSD 系统。值得注意的是,由于此类防火墙依然采用操作系统的内核,因此仍会受到操作系统本身的安全性影响。

3）芯片级防火墙

芯片级防火墙基于专门的硬件平台。它采用专有的 ASIC 芯片，这类防火墙速度快，处理能力更强，性能更高。芯片级防火墙的硬件和软件都单独进行设计，采用专用的网络芯片处理数据包，这类防火墙常用于网络的安全保护。芯片级防火墙采用专门的操作系统平台，从而避免通用操作系统的安全性漏洞。所以无论在性能方面，还是在自身安全性方面都较软件防火墙先进。做这类防火墙最出名的厂商有 NetScreen、FortiNet、Cisco 等。在企业构建网络时通常都采用的是这种芯片级的防火墙。

2. 按硬件结构分类

按照硬件结构对路由器进行分类，可以分成路由器集成式和硬件独立式两种防火墙。路由器集成式防火墙是在边界路由器基础上辅以相关的软件，添加一些包过滤功能实现的防火墙，此类防火墙一般都是包过滤防火墙，如 Cisco IOS 防火墙等。

独立式硬件防火墙是基于应用级网关、自动代理等较先进过滤技术实现的防火墙，各种过滤技术有不同的优点和适用环境。

3. 按防火墙技术分类

防火墙根据防范方式和侧重点的不同分为包过滤型防火墙、应用代理型防火墙和状态检测防火墙三大类。

1）包过滤型防火墙

这类防火墙工作在网络层和传输层，它根据 IP、TCP 或 UDP 数据包的源地址，目的地址和端口号、协议类型等标志确定是否允许数据包通过。它不针对各个具体的网络服务采取特殊处理方式。包过滤的优点是不用改动客户机和主机上的应用程序。它的缺点是只能过滤判别网络层和传输层的有限信息，因而各种安全要求不可能充分满足。随着过滤规则数目的增加，性能会受到很大的影响；由于缺少上下文关联信息，不能有效地过滤如 UDP、RPC 一类的协议。大多数过滤器中缺少审计和报警机制，且管理方式和用户界面较差。因此，过滤器通常和应用网关配合使用，共同组成防火墙系统。

2）应用代理型防火墙

应用代理型防火墙是内部网与外部网的隔离点，它起着监视和隔离应用层通信流的作用。它工作在 OSI 模型的最高层，掌握着应用系统中可用作安全决策的全部信息。通过对每种应用服务编制专门的代理程序，实现监视和控制应用层通信流的作用。实际中的应用网关通常由专用工作站实现。

3）状态检测防火墙

目前防火墙的主流产品为状态检测防火墙。状态检测技术是一种高级通信过滤技术，它是包过滤技术的扩展。状态检测防火墙对数据包进行 ACL 检查的同时，可以将包连接状态记录下来，后续包则无须再通过 ACL 检查，只需根据状态表对新收到的报文进行连接记录检查即可。检查通过后，该连接状态记录将被刷新，从而避免重复检查具有相同连接状态的数据包。连接状态表里的记录可以随意排列，这点与记录固定排列的 ACL 不同，状态检测防火墙可采用诸如二叉树或哈希(hash)等算法进行快速搜索，提高了系统的传输效率。

状态检测防火墙的连接状态清单是动态管理的。会话完成时防火墙上所创建的临时返回报文入口随即关闭，保障了内部网络的实时安全。同时，状态检测防火墙采用实时连接状态监控技术，通过在状态表中识别诸如应答响应等连接状态因素，增强了系统的安全性。

状态检测防火墙对业务应用是敏感的。选购状态检测防火墙一定要考察防火墙设备对业务的适应性，避免引入了防火墙设备导致对正常业务造成影响。例如涉及音频、视频等一些多媒体业务，经常会因为对协议的状态处理不当造成加入防火墙之后业务不通，或者是为了保证业务的畅通就需要打开很多不必要的端口，造成安全性降低。

4. 按照功能分类

按照功能分类可以将防火墙分为企业级防火墙、SOHO 级防火墙两类。

1）企业级防火墙

企业级防火墙一般是放置在网络入口处的防火墙，用于实现内部网络的保护。企业级防火墙是目前金融、电信以及政府机构保护内部网络安全的首选产品。企业级防火墙的性能优良，价格昂贵。图 6-5 展示了一款 Cisco ASA5580-20-8GE-K9 企业级防火墙。

Cisco ASA5580-20-8GE-K9 企业级防火墙的基本参数如表 6-1 所示。

2）SOHO 级防火墙

SOHO 级防火墙一般使用在小型企业或办公网络中，用于实现对小规模内部网络的保护。这类防火墙价格低廉，一般都是百兆防火墙，能够满足小规模网络使用。这类防火墙比软件防火墙的性能要好一些。图 6-6 展示了一款 Cisco ASA5505-K8 SOHO 级防火墙。

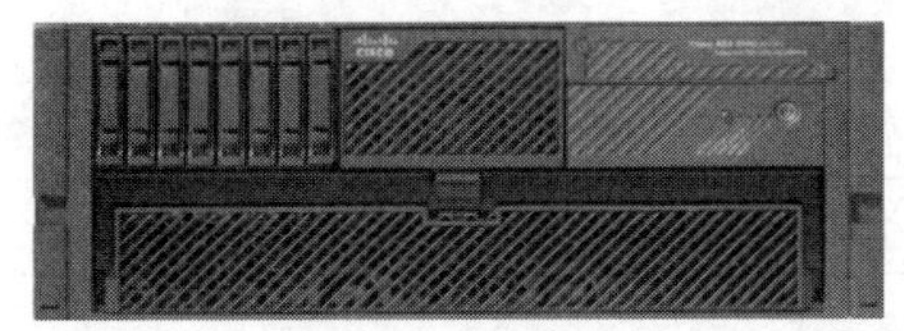

图 6-5 Cisco ASA5580-20-8GE-K9 企业级防火墙

图 6-6 Cisco ASA5505-K8 SOHO 级防火墙

表 6-2 列出了该款防火墙的基本参数。

表 6-1 ASA5580 防火墙的基本参数

设备类型	企业级防火墙
并发连接数	1 000 000
网络吞吐量	5000Mbps
安全过滤带宽	1000Mbps
用户数限制	无用户数限制
网络端口	4×10/100/1000
控制端口	console、1 个 RJ-45
VPN 支持	支持
管理	思科安全管理器(CS-Manager)、Web

表 6-2 ASA5505 防火墙的基本参数

并发连接数	25 000
网络吞吐量	150Mbps
安全过滤带宽	100Mbps
用户数限制	10
网络端口	8
控制端口	console、RJ-45
VPN 支持	支持
管理	思科安全管理器、Web

3）下一代防火墙

下一代防火墙（Next Generation FireWall，NGFW）一般是指带有入侵检测等超出传统防火墙功能的新型防火墙产品。下一代防火墙主要是为了和传统的基于端口的防火墙加以区别，下一代防火墙将包含更多的安全防御和基于身份的应用程序控制功能。

Gartner 对 NGFW 的定义中指出，下一代防火墙必须有标准的防火墙功能，如网络地址转换、状态检测、VPN 和大企业需要的功能。能实现入侵防御系统和防火墙真正一体化，具备应用程序感知能力，自动识别和控制应用程序。能实现额外的防火墙智能，为辅助决策提供更多信息，如信誉分析、与活动目录(AD)集成、有用的阻塞或漏洞列表。

就目前说来，还没有完全满足这些功能需求的下一代防火墙，NGFW 仍然带有许多营销目的，许多防火墙厂商正在努力改造现有的产品线，以满足 NGFW 的定义。Palo Alto 网络公司被公认为是业界第一家真正的下一代防火墙厂商，它的产品给传统防火墙厂商产生了颠覆性的影响，从而加剧了传统防火墙厂商研发下一代防火墙的步伐。图 6-7 展示了一款 PA-5060 下一代防火墙。

图 6-7　PA-5060 防火墙

表 6-3 列出了该款下一代防火墙的基本性能参数。

表 6-3　PA-5060 防火墙的基本性能参数

吞吐量	20Gbps
IPSec VPN 吞吐量	4Gbps
每秒新建并发连接数	120 000
最大并发连接数	4 000 000
IPSec VPN 通道	8000
SSL VPN 用户	20 000
最大策略数	40 000
地址数量	80 000
FQDN 数量	2000
连接端口	12 个 10/100/1000 千兆电口、8 个千兆 SFP、4 个 10GSF+
管理端口	2 个 10/100/1000HA 端口 1 个 10/100/1000 带外管理端口 1 个 DB-9console 端口
基于策略的转发	支持
Jumbo 帧	支持，9120 字节
最大 NAT 规则数	8000
动态 IP 及端口池	254

6.1.4　防火墙的性能指标

1. 吞吐量

吞吐量指的是防火墙能同时处理的最大数据量，它用于衡量防火墙对报文的处理能力。吞吐量的高低决定了防火墙在不丢帧的情况下转发数据包的最大速率，通常以 pps(包每秒)来衡量,防火墙作为内外网之间的唯一数据通道,如果吞吐量太小,就会成为网络瓶颈,给整个网络的传输效率带来负面影响。业界一般都是使用1～1.5KB的数据包来衡量防火墙对报文的处理能力。同时由于防火墙需要配置规则,因此还需要考察防火墙支持ACL下的转发性能。

2. 用户数限制

用户数限制指的是同时登录防火墙内部网络的用户数量,防火墙的用户数限制分为固定限制用户数和无用户数限制两种,用户数限制通常通过登录的IP地址进行判定,SoHo型防火墙通常采用固定限制的用户数,大型企业级防火墙通常采用无用户数限制。

3. 并发连接数

并发连接数是指防火墙或代理服务器对其业务信息流的处理能力,是防火墙能够同时处理的点对点连接的最大数目,它反映出防火墙设备对多个连接的访问控制能力和连接状态跟踪能力,并发连接数代表了防火墙的容量,这个参数的大小直接影响防火墙所能支持的最大信息点数。并发连接数越大,要求防火墙的内存资源要越大,CPU处理能力要越强。

注意:并发连接数和用户数限制是两个不同的概念,并发连接数指的是防火墙的最大会话数(进程),通常一个用户可以产生无数个连接会话,而用户数通常则采用IP地址进行判定。

4. 每秒建立连接数

每秒建立连接数指的是每秒钟可以通过防火墙建立起来的完整TCP连接数量。该指标代表了防火墙承载突发流量和突发应用的能力。每秒新建连接数主要用于考察防火墙CPU的能力。由于防火墙的连接是根据当前通信双方状态而动态建立的。每个会话在数据交换之前,在防火墙上都必须建立连接。如果防火墙建立连接速率较慢,在客户端反映是每次通信有较大延迟。因此支持的指标越大,转发速率越高。在受到攻击时,这个指标越大,抗攻击能力越强,状态备份能力越强。

6.1.5 防火墙的体系结构

1. 双重宿主主机体系结构

双重宿主主机体系结构是围绕具有双重宿主的主机计算机而构筑的,该计算机至少有两个网络接口。这样的主机可以充当与这些接口相连的网络之间的路由器;它能够从一个网络到另一个网络发送IP数据包。然而,实现双重宿主主机的防火墙体系结构禁止这种发送功能。因而,IP数据包从一个网络(例如外部网)并不是直接发送到其他网络(例如内部的被保护的网络)。防火墙内部的系统能与双重宿主主机通信,同时防火墙外部的系统能与双重宿主主机通信,但是这些系统不能直接互相通信。它们之间的IP通信被完全阻止。

双重宿主主机的防火墙体系结构是相当简单的:双重宿主主机位于两者之间,并且被连接到外部网和内部网,如图6-8所示。

2. 屏蔽主机体系结构

双重宿主主机体系结构提供来自于多个网络相连的主机的服务,而被屏蔽主机体系结构使用一个单独的路由器提供来自仅仅与内部的网络相连的主机的服务。在这种体系结构中,主要的安全由数据包过滤提供,如图6-9所示。

在屏蔽的路由器上的数据包过滤是按这样一种方法设置的:即堡垒主机是Internet上

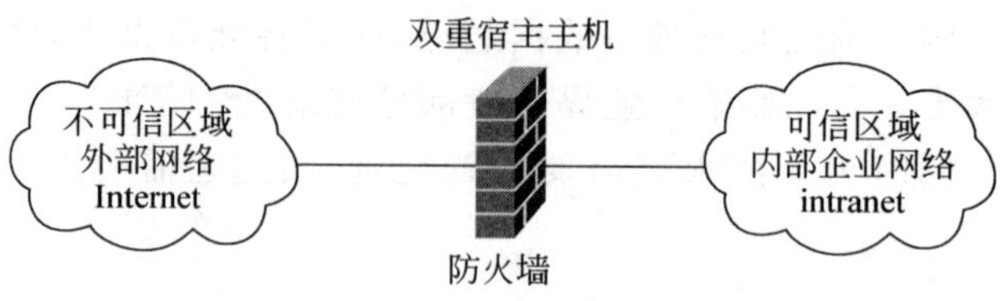

图 6-8　双重宿主主机体系结构

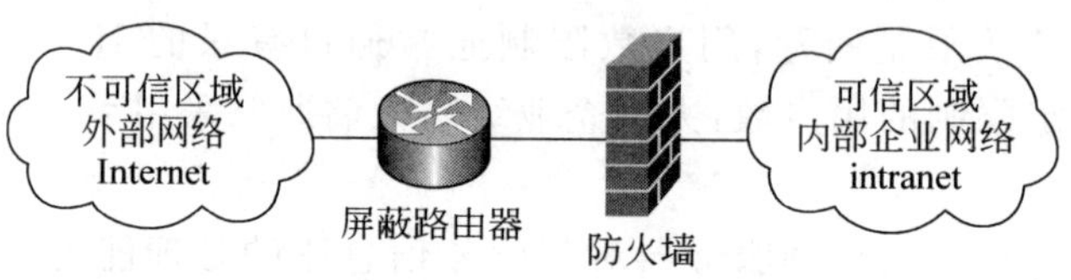

图 6-9　屏蔽主机体系结构

的主机能连接内部网络上的系统的桥梁(例如,传送进来的电子邮件)。即使这样,也仅有某些确定类型的连接被允许。任何外部的系统试图访问内部的系统或者服务将必须连接这台堡垒主机上。因此,堡垒主机需要拥有高等级的安全。

数据包过滤也允许堡垒主机开放可允许的连接(什么是"可允许"将由用户的站点的安全策略决定)外部世界。

在屏蔽的路由器中数据包过滤配置可以按下列之一执行:

(1) 允许其他内部主机为了某些服务与 Internet 上的主机连接(即允许那些已经由数据包过滤的服务)。

(2) 不允许来自内部主机的所有连接(强迫那些主机经由堡垒主机使用代理服务)。

用户可以针对不同的服务混合使用这些手段;某些服务可以被允许直接经由数据包过滤,而其他服务可以被允许仅仅间接地经过代理。这完全取决于用户实行的安全策略。

因为这种体系结构允许数据包从 Internet 向内部网的移动,所以,它的设计比没有外部数据包能到达内部网络的双重宿主主机体系结构似乎是更冒风险。话说回来,实际上双重宿主主机体系结构在防备数据包从外部网络穿过内部的网络也容易产生失败(因为这种失败类型是完全出乎预料的,不大可能防备黑客侵袭)。进而言之,保卫路由器比保卫主机较易实现,因为它提供非常有限的服务组。多数情况下,被屏蔽的主机体系结构提供比双重宿主主机体系结构具有更好的安全性和可用性。

3. 屏蔽子网体系结构

屏蔽子网体系结构通过添加额外的安全层到被屏蔽主机体系结构,即通过添加周边网络更进一步地把内部网络与 Internet 隔离开。在这种结构下,即使攻破了堡垒主机,也不能直接侵入内部网络(他仍然必须通过内部路由器),如图 6-10 所示。

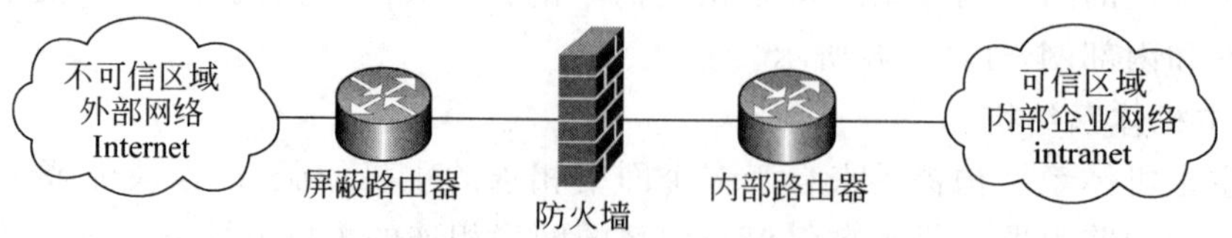

图 6-10　屏蔽子网体系结构

堡垒主机是用户网络上最容易受侵袭的机器。任凭用户尽最大的力气去保护它，它仍是最有可能被侵袭的机器，因为它本质上是能够被侵袭的机器。如果在屏蔽主机体系结构中，内部网络对来自堡垒主机的侵袭门户打开，那么用户的堡垒主机是非常诱人的攻击目标。在它与用户的其他内部机器之间没有其他防御手段时(除了它们可能有的主机安全之外，这通常是非常少的)，如果有人成功地侵入堡垒主机，那就毫无阻挡地进入了内部系统。

通过在周边网络上隔离堡垒主机，能减少在堡垒主机上侵入的影响。可以说，它只给入侵者一些访问的机会，但不是全部。屏蔽子网体系结构的最简单的形式为，两个屏蔽路由器，每一个都连接到周边网。一个位于周边网与内部的网络之间，另一个位于周边网与外部网络之间(通常为 Internet)。为了侵入用这种类型的体系结构构筑的内部网络，侵袭者必须要通过两个路由器。即使侵袭者设法侵入堡垒主机，他仍然必须通过内部路由器。在此情况下，没有损害内部网络的单一的易受侵袭点。作为入侵者，只是进行了一次访问。

6.1.6　防火墙的选型

防火墙产品的选型中首先要关注的仍然是品牌，选择好的品牌在一定程度上也就选择了好的技术和服务，对将来的使用更加有保障。在防火墙产品中 juniper、Cisco、checkpoint 属于世界著名的一线品牌。国内的品牌有天融信、东软、华为等。不同厂商的产品性能和价格上均有差异，用户在选型时可以根据实际网络构建需求选择。在确定品牌后，选型时重点关注如下几方面的问题。

1. 考虑防火墙的类型

在防火墙的选型中，首先要考虑防火墙的类型，是用于实现主机保护还是实现网络保护，如果要实现网络保护，则必须选择芯片级的防火墙。另外，根据实际网络需求，必须关注所选防火墙的过滤技术。

包过滤型防火墙工作在 IP 层和 TCP 层，处理包的速度快，提供透明服务，用户不用改变客户端程序。但因为只涉及 TCP 层，所以与代理服务型防火墙相比，它提供的安全级别较低；而且不支持用户认证，包中只有来自哪台机器的信息却不包含来自哪个用户的信息；也不提供日志功能。

应用代理是最主流的防火墙技术，它有非常全面的安全防护技术和措施，它所提供的安全级别高于包过滤型防火墙。这类防火墙对内部网络用户是透明的，外部网络无法了解内部网络拓扑，代理服务型防火墙可以配置成唯一的可被外部看见的主机，以保护内部主机免受外部攻击，但是这类防火墙的运行速度比包过滤防火墙要慢。就目前说来应用代理型防火墙的价格比包过滤型防火墙要高。

复合型防火墙具有包过滤和应用代理两种技术的优势。目前这种类型的防火墙尚处于发展之中，也只是在一些较大型企业，或者应用较复杂的因特网应用中采用，如 Web 服务器、数据库应用和电子商务应用等。

2. 端口数量及扩充

在防火墙选型时，需要考虑防火墙的最大端口数，如果企业只有一个网络需要保护，则可选择具有 1 个 LAN 端口的，而需组建多宿主机模式，则需要选择能提供多个 LAN 端口的防火墙，以实现保护不同内网的目的。

目前的防火墙一般标配 3 个网络接口，分别连接外部网、内部网和公共网络。用户在购买防火墙时必须弄清楚是否可以增加网络接口，如果未来网络规模扩大，防火墙如果能进行端口扩充升级则是需要关注的方面。

3. 防火墙对业务应用系统和协议的支持

在防火墙选型时，必须要考虑到业务应用系统需求，考虑防火墙对特定应用的支持功能和性能，比如对视频、语音、数据库应用穿透防火墙的支持能力；是否支持NAT，是否支持双重DNS和VPN，是否支持病毒扫描等。防火墙对应用层信息过滤，比如对垃圾邮件、病毒、非法信息等过滤；对应用系统是否具有负载均衡功能。

防火墙要对各种数据包进行过滤，就必须对相应数据包通信方式提供支持，除了TCP/IP协议外，还有可能需要支持AppleTalk、DECnet、IPX及NETBEUI等协议。如果防火墙要支持VPN通信，则一定要选择支持VPN隧道协议(PPTP和L2TP)，以及IPSec安全协议等。

4. 防火墙的管理

采购防火墙时，必须关注防火墙管理的灵活性和方便性。一般防火墙均提供图形化界面(GUI)和命令行界面(CLI)。图形界面最常见的方式是通过Web方式(包括http和https)和java等程序编写的界面进行远程管理；命令行界面一般是通过console口或者telnet/ssh进行远程管理。从易用性的角度来讲，Web管理是最好的方式。漂亮的界面以及非常清晰的菜单选项可以使用户轻松配置管理防火墙。从防火墙的日常管理工作方便性角度考虑，防火墙要能为管理员提供足够的信息或操作便利。

对于大型网络，如果存在多个防火墙，还要考虑防火墙是否支持集中管理，通过集成策略集中管理多个防火墙可以大大减轻网络管理负担。另一方面，还要考虑防火墙是否提供基于时间的访问控制，是否支持SNMP监视和配置。

5. 防火墙的连接性能

防火墙位于网络边界，需对进入网络的所有数据包进行过滤，这就要求其能以最快的速度及时对所有数据包进行检测，否则就可能造成较长的延时。如果防火墙对网络造成较大的延时，就是以牺牲性能为代价来换取网络安全，这样会给用户造成较大的损失。

防火墙选型要考虑用户及通信流量规模方面的需求。网络规模大小、跨防火墙访问的网络用户数量，要求防火墙具有较高的最大并发连接数；网络边界的通信流量要求防火墙具有较高的吞吐量、较低的丢包率、较低的延时等性能指标，防止出现网络性能瓶颈。

6. 防火墙的日志记录和报表功能

通过防火墙的日志记录分析可以实现网络安全的监督过程，为此在选型防火墙时，必须关注防火墙的日志记录和报表功能，主要考虑以下几个方面。

- 防火墙处理完整日志的方法：防火墙应该规定对于符合条件的报文进行日志记录，同时还需提供日志信息管理和存储方法。
- 是否提供自动日志扫描：指防火墙是否具有日志的自动分析和扫描功能，对于帮助管理员进行有效的管理非常重要，通过防火墙的自动分析和扫描功能，管理员可以获得更详细的统计结果，以便有针对性地进行相应方面的完善。
- 是否具有警告通知机制：防火墙应提供警告机制，在检测到网络入侵及设备运转异常情况时，通过警告信息通知管理员采取必要的措施，警告方式包括E-mail、状态显示、声音报警、呼叫报警等。

- 是否提供简要报表(按照用户 ID 或 IP 地址)：这是防火墙日志记录的一种输出方式，具有这种功能的防火墙可按管理员要求提供相应的报表，分类打印。这样可灵活满足各种管理需求。
- 是否提供实时统计：这是防火墙日志记录的一种输出方式，通过实时统计状态显示，管理员可及时分析当前网络安全状态，及时发现和解决安全隐患，一般是以图表方式显示的。

7. 防火墙自身的安全性

防火墙本是一个用于安全防护的设备，防火墙自身操作系统的安全性是应用系统安全性的基础。防火墙的安全性能取决于是否采用了安全的操作系统和是否采用了专用的硬件平台。在硬件配置方面，提高防火墙的可靠性通常是通过提高防火墙部件的强健性、增大设计阈值和增加冗余部件进行的。

8. 防火墙可靠性等方面的需求

选择防火墙还要考虑到可靠性、可用性、易用性等方面的需求。支撑高可用、高可靠的网络平台，要求防火墙必须达到一定的冗余能力，包括对双机热备、负载均衡、多机集群等的支持能力。对于大型网络分布式防火墙配置，要求有集中管控能力、管理界面的友好性、远程配置的安全保密等功能。

6.2　网络存储设备与选型

网络存储技术(Network Storage Technologies)是基于数据存储的一种通用网络技术。网络存储结构大致分为三种：直连式存储(Direct Attached Storage，DAS)、网络存储设备(Network Attached Storage，NAS)和存储网络(Storage Area Network，SAN)。

6.2.1　直接附加存储

直接附加存储(DAS)是指将存储设备通过 SCSI、SATA 线缆或光纤直接连接服务器上的一种存储结构。DAS 依赖于服务器，其本身是硬件的堆叠，不带任何存储操作系统。DAS 特别适合于服务器在地理分布上分散，通过 SAN 或 NAS 进行互连非常困难，对存储容量要求不高、服务器的数量很少的小型网络中。其主要的优点是存储容量扩展的实施非常简单，投入的成本少而见效快，图 6-11 展示了 DAS 的基本结构。DAS 由于其存储空间无法网络共享的不足，使得其应用越来越少。

DAS 主要的缺陷如下：

服务器本身容易成为系统瓶颈，当服务器发生故障，数据不可访问；对于存在多个服务器的系统来说，设备分散，不便于管理监控。同时多台服务器使用 DAS 时，存储空间不能在服务器之间动态分配，容易造成存储空间浪费；数据备份操作复杂，对重要的数据进行备份时将会极大地占用网络带宽。

6.2.2　网络附加存储

网络附加存储(NAS)指的是将存储设备连接现有的网络上，提供数据和文件服务。NAS 服务器一般由存储硬件、操作系统以及其上的文件系统等几个部分组成。它基于

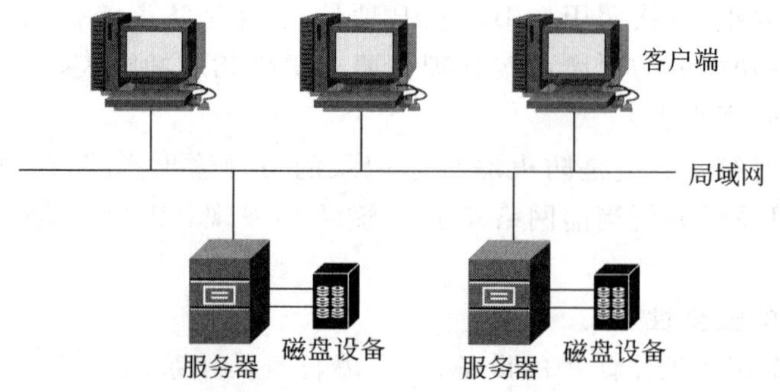

图 6-11 DAS 的基本结构

TCP/IP 协议实现文件级数据的存取服务。图 6-12 展示了 NAS 的基本结构。

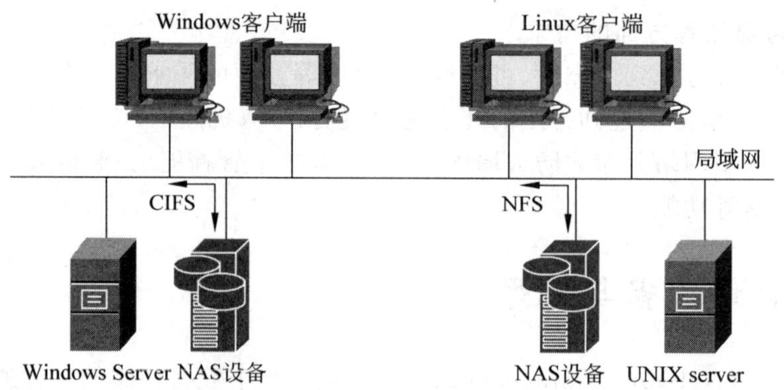

图 6-12 NAS 的基本结构

NAS 是一种文件级共享服务，它的存储设备拥有自己的文件系统，通过 NFS 或 CIFS 对外提供文件访问服务。NAS 可实现跨操作系统平台的文件共享，可以将 NAS 存储阵列看成一个文件服务器。NAS 将存储设备通过标准的网络拓扑结构连接，可以无须服务器直接上网，不依赖通用的操作系统，而是采用一个面向用户设计的、专门用于数据存储的简化操作系统，内置了与网络连接所需的协议，因此使整个系统的管理和设置较为简单。NAS 主要面向高效的文件共享任务，适用于那些需要网络进行大容量文件数据传输的场合。

1. NAS 的优点

NAS 是真正即插即用的产品，内置专门用于数据存储的简化操作系统和网络协议，可以直接挂接网络上。用户可根据需要确定 NAS 的物理位置，一般将其放置在访问频率最高的地方，以进一步缩短用户的访问时间并提高网络吞吐量。客户无须安装任何额外软件，NAS 服务器的设置、升级及管理均可通过 Web 浏览器远程实现。NAS 服务器与网络直连，当增加或移去 NAS 设备时不会中断网络的运行。

NAS 无须应用服务器的干预，NAS 设备允许用户在网络上存取数据；这样既可减小 CPU 的开销，也能显著改善网络的性能。NAS 独立于操作系统平台，可以支持 Windows、UNIX、Mac、Linux 和 Netware 等不同操作系统。采用磁盘阵列技术，NAS 可保证硬件设备和数据的安全与完整。通过网络共享数据，即使相应的应用服务器不再工作了，仍然可以读取数据。采用嵌入式操作系统，具有很强的稳定性和可靠性。网络管理员可方便地设置用户或用户组对 NAS 服务器的访问权限。NAS 是精简型服务器，在硬件架构上只需 CUP、内存、硬盘、网卡和主机板等。在软件方面，操作系统也是精简型系统。

2. NAS 的缺点

由于存储数据通过普通数据网络传输，因此易受网络上其他流量的影响。当网络上有其他大数据流量时会严重影响系统性能；另外，容易产生数据泄露等安全问题；存储只能以文件方式访问，而不能像普通文件系统一样直接访问物理数据块，因此会在某些情况下严重影响系统效率，比如大型数据库就不能使用 NAS。

3. NAS 设备

在 NAS 存储网络中，NAS 服务器是用于数据存储的服务器，它可以看做网络中一台特殊的计算机，NAS 服务器具备较大的存储空间和相关的网络接口，它内嵌系统软件，可提供跨平台文件共享功能。

NAS 通常在一个 LAN 上占有自己的节点，无须应用服务器的干预，允许用户在网络上存取数据，在这种配置中，NAS 集中管理和处理网上的所有数据，将负载从应用或企业服务器上卸载下来，有效降低拥有成本，保护用户投资。NAS 本身能够支持多种协议（如 NFS、CIFS、FTP、HTTP 等），而且能够支持各种操作系统。通过任何一台工作站，采用 Web 浏览器就可以对 NAS 设备进行直观方便的管理。图 6-13 展示了一款 NAS 产品。

图 6-13 西部数据 Sentinel DX4000

表 6-4 列出了该款 NAS 网络存储器的基本参数。

表 6-4 西部数据 NAS 网络存储器基本参数

接口	USB3.0 端口×2，Gigabit×2
传输速度	10/100/1000Mbps
硬盘盘位	4
硬盘容量	12TB
热插拔	支持
最大存储容量	12TB
网络传输协议	CIFS、NFS、HTTP、HTTPS、FTP、WebDAV
处理器	AtomTM D525 1.8 GHz 双核
产品内存	2GB RAM
系统支持	Windows XP/Vista/7 Mac OS X 10.5.x/10.6.x Linux 及 UNIX

6.2.3 FC SAN

SAN 是一种通过网络方式连接存储设备和应用服务器的存储构架，这个网络专用于主机和存储设备之间的访问。当有数据的存取需求时，数据可以通过存储区域网络在服务器和后台存储设备之间高速传输。图 6-14 展示了 FC SAN 的基本结构。

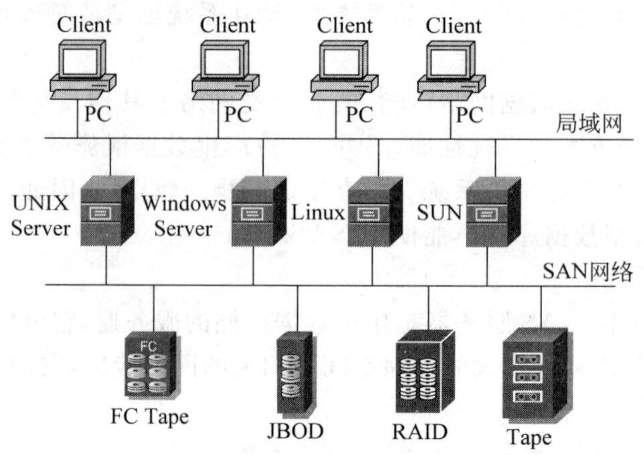

图 6-14 FC SAN 的基本结构

存储区域网络(Storage Area Network,SAN)是指存储设备相互连接且与一台服务器或一个服务器群相连的网络,它是一种在服务器和外部存储资源或独立的存储资源之间实现高速可靠访问的专用网络存储技术。SAN 采用可扩展的网络拓扑结构连接服务器和存储设备,每个存储设备不隶属于任何一台服务器,所有的存储设备都可以在全部的网络服务器之间作为对等资源共享。

SAN 实际是一种专门为存储建立的独立于 TCP/IP 网络之外的专用网络。目前一般的 SAN 提供 2Gbps 到 4Gbps 的传输效率,同时 SAN 网络独立于数据网络存在,因此存取速度很快,SAN 一般采用高端的 RAID 阵列。SAN 是一个专用网络,因此扩展性很强,不管是在一个 SAN 系统中增加一定的存储空间还是增加几台使用存储空间的服务器都非常方便。

SAN 根据传输介质或协议不同划分为 FC SAN 和 IP SAN。

FC SAN 指的是采用光纤通道(Fiber Channel,FC)协议实现的 SAN 网络,光纤通道最初设计用来提高硬盘接口的传输带宽,现在已经成为存储的主流数据传输技术。光纤通道是构建 SAN 的基础,是 SAN 系统的硬件接口和通信接口。光纤通道定义了多种传输速度,包括从 100Mbps～4Gbps 的传输带宽。通常 FC SAN 由磁盘阵列(RAID)连接光纤通道组成。FC SAN 利用光纤通道协议上加载 SCSI 协议达到可靠的块级数据传输。FC SAN 以数据存储为中心,它采用可伸缩的网络拓扑结构,通过具有高传输速率的光通道的直接连接方式,提供 SAN 内部任意节点之间的多路可选择的数据交换,并且将数据存储管理集中在相对独立的存储区域网内。FC SAN 最终将实现在多种操作系统下,最大限度的数据共享和数据优化管理,以及系统的无缝扩充。

1. FC SAN 的连接方式

在 FC SAN 中存在着极其灵活的连接方式,可根据不同的应用需求而选择不同的连接拓扑,其主要连接方式有如下三种。

1) 点对点(FC-P2P)

点对点 FC SAN 允许两个接点(一台服务器和一台存储设备)之间直接通信,用户难以在点对点配置环境下追加任何设备。点对点 FC SAN 只适用于小规模存储设备的方案,不具备共享功能。图6-15展示了点对点FC SAN的结构。

2）仲裁环(FC-AL)

仲裁环是一个共享的、可提供吉比特带宽的环状网，在仲裁环拓扑中，设备必须根据仲裁访问环路。仲裁环允许两台以上的设备通过一个共享带宽进行通信，在此拓扑结构中，任意一个进程的创建者在发送一段报文之前，首先与传输介质就如何存取信息达成协议，因此所有设备均能通过仲裁协议实现对通信介质的有序访问。图6-16展示了仲裁环FC SAN的结构。

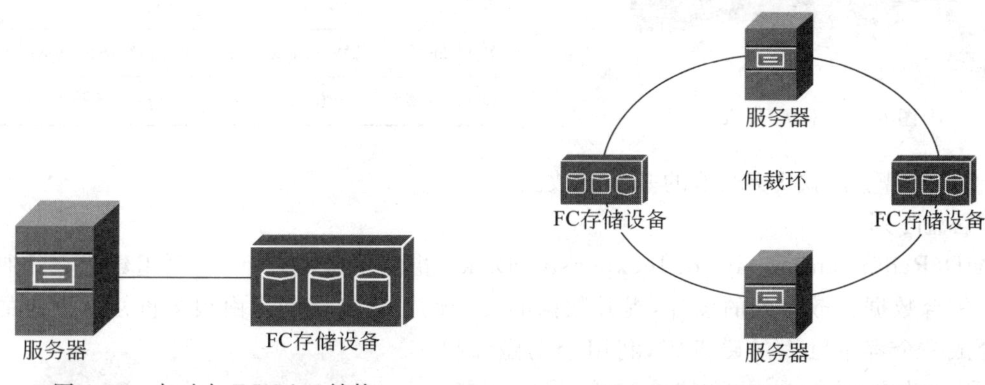

图6-15　点对点FC SAN结构

图6-16　仲裁环FC SAN的结构

3）交换网

交换网FC SAN是指采用光纤交换机，以单独或扩展型方式存在于网络中，交换网能为每个端口提供全带宽。交换网FC SAN结构通过链路层交换提供及时、多路的点对点的连接。通过专用、高性能的光纤通道交换机进行连接，同时可进行多对设备之间点对点的通信，从而使整个系统的总带宽随设备的增多而增大。图6-17展示了交换网FC SAN的结构。

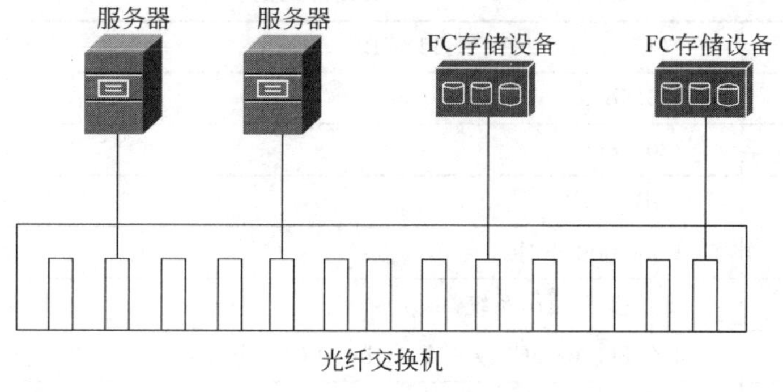

图6-17　交换网FC SAN的结构

2. FC SAN产品

1）主机总线适配器(HBA)

主机总线适配器(Host bus adapter，HBA)指的是能插入计算机、服务器或大型主机的板卡，通过光纤通道或SCSI把计算机连接到存储器或存储器网。HBA有多种类型，适用于各种总线类型和用于传输的各种物理链接。一般的HBA主要是指用于连接FC SAN的适配器。图6-18展示了一款HP HBA卡。

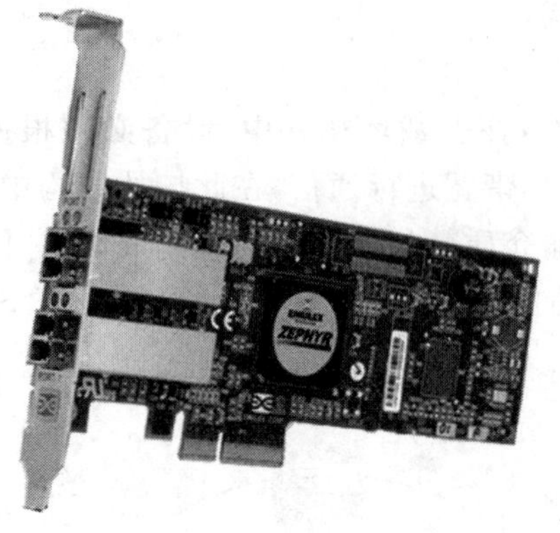

图 6-18　HP HBA 卡

表 6-5　HP HBA 卡的基本参数

接口	FC、PCI Express
传输速度	8Gbps、4Gbps、2Gbps
光学指标	LC 型连接器的短波激光
电缆	150m
软件环境	Windows、Red Hat、SuSE、VMware
硬件环境	x86、x64、安腾 64 位处理器系列

表 6-5 列出了该款 HBA 卡的基本参数。

2）磁盘阵列

RAID(Redundant Arrays of Inexpensive Disks)指的是磁盘阵列，它利用数组方式制作磁盘组，配合数据分散排列的设计，提升数据的安全性。磁盘阵列是由很多价格较便宜的磁盘，组合成一个容量巨大的磁盘组，利用个别磁盘提供数据所产生加成效果提升整个磁盘系统效能。RAID 标准定义了多种方法将数据存储到多个磁盘上，并定义了 RAID 智能控制器的形式，RAID 控制器可以用软件或者硬件实现。图 6-19 展示了一款 IBM System Storage DS5020 1814-20A 磁盘阵列。

图 6-19　IBM 磁盘阵列

表 6-6 列出了该款磁盘阵列的相关参数。

表 6-6　IBM DS5020 磁盘阵列的参数

最大存储容量	FC:50.4TB,SATA:112TB
平均传输率	800Mbps
硬盘转速	7200rpm
高速缓存	4GB
MTBF	1 000 000 小时
系统支持	支持多种操作系统
外接主机通道	4 个 8Gbps FC;或 8 个 8Gbps FC;4 个 8Gbps FC 和 4 个 1Gbps iSCSI
RAID 支持	0、1、3、5、6、10
内置硬盘接口	FC/FDE/SATA
产品电源	双冗余热插拔电源

3）光纤通道交换机

光纤通道交换机，又叫光纤交换机，FC 交换机或者 SAN 交换机，它是用于存储区域网(SAN)的核心交换设备。SAN 是一个由存储设备和系统部件构成的网络，所有的通信都在一个光纤通道的网络上完成，可以用来集中和共享存储资源。

光纤通道交换机连接着主机和存储设备，它是一种用于将磁盘阵列、磁带等存储设备与相关服务器连接起来，完成存储设备与服务器之间通信的专用交换机。SAN交换机一般采用的是光纤通道(Fiber Channel，FC)技术，传输速率非常高。SAN交换机支持大容量数据直接存储交换，可以支持SCSI接口、FC接口。图6-20展示了一款QLOGIC SB3810-08A光纤通道交换机。

表6-7列出了该款SAN交换机的基本参数。

表6-7 QLOGIC光纤通道交换机基本参数

接口类型	F_Port、FL_Port、G_Port、GL_Port
接口	8端口
传输速度	8Gbps
热插拔	支持
系统管理	QuickTools板载图形用户界面 命令行接口(CLI)

图6-20 QLOGIC光纤通道交换机

6.2.4 IP SAN技术

IP SAN技术又叫IP存储技术，IP SAN技术包括iSCSI、FCIP、iFCP三个标准。IP SAN是指在IP网络中传输块级数据，相比FC SAN，IP存储是以IP和以太网技术替代了光纤通道技术，用户能够使用IP存储技术，扩展已有的存储网络，或构建新的存储网络。像光纤通道一样，IP存储是可交换的，它不存在互操作性问题，而FC SAN却存在互操作性的问题。

IP SAN基于成熟的SCSI、Ethernet和IP技术，能够保护现有投资，降低配置、维护、管理方面的复杂度，可将在IP网络的设计和管理中获得的经验用于IP存储网。IP存储超越了地理距离的限制，IP能延伸到多远，存储就能延伸到多远，为此，IP SAN十分适合远程备份。10Gbps以太网能够极大地改善IP SAN的服务性能。

1. FCIP

FCIP(Fiber Channel over IP)是基于IP的光纤通道方案，采用这种模式，光纤通道数据帧被压缩为IP帧传输，在两个SAN之间通过IP网络建立点对点的隧道，构成一个统一的SAN环境。FCIP利用IP网络通过数据通道在SAN设备之间实现光纤通道协议的数据传输，把真正的全球数据镜像与光纤通道SAN的灵活性、IP网络的低成本相结合，降低远程操作的成本，从而把成本节省和数据保护都提升到了一个新的高度。

2. iFCP

iFCP(Internet FC Protocol)是一个网关到网关的协议，它能将光纤信道RAID阵列、交换机以及服务器连接到IP存储网，而不需要额外的基础架构投资。iFCP用于在FC与IP之间建立网关到网关的连接，它能将两个FC SAN连接起来，形成更大的光纤交换网。不同的FC SAN互连时，每个iFCP网域都能作为一个自治系统独立运作。iFCP可以允许每一个互联的SAN都拥有自己独立的命名空间，它实现起来也比FCIP复杂。

3. iSCSI

iSCSI(internet Small Computer System Interface)是由IETF开发的基于IP协议的存

储网络协议。iSCSI 是基于 IP 协议的技术标准，它允许在 TCP/IP 协议上传输 SCSI 命令，实现 SCSI 和 TCP/IP 协议的连接，该技术允许用户通过 TCP/IP 网络构建存储区域网(SAN)。iSCSI 使用标准的以太网交换机和路由器，将数据从服务器转移到存储设备。图 6-21 展示了一款正睿 iSCSI 存储设备。

图 6-21　正睿 iSCSI 存储设备

表 6-8 列出了该款存储设备的基本参数。

表 6-8　正睿 iSCSI 存储设备参数

接口	4Gb iSCSI 主机通道，1 个前置 USB，2 个后置 USB，VIDEO，COM，PS/2
硬盘盘位	8
热插拔	支持
最大存储容量	8TB，选配 12TB、16TB、24TB、32TB
系统管理	存储管理套件软件 Web 版
IP SAN 支持	支持
处理器	Xeon E3-1230
产品内存	标配 4GB，最大 32GB，DDR3 ECC，双通道
系统支持	Windows Server 2008、2003、2000 Windows 7/Vista/Windows XP/Linux/UNIX/VMware 等
其他性能	支持 SATA SAS RAID 0、1、1E5、5EE、6、10、50 和 60

6.2.5　网络存储设备的选型

在网络工程中，存储网络的构建相对代价较高，难度也较大。一方面，构建存储网络的类型非常多，不同的技术和设备构建的存储网络性能上存在较大区别。用户在进行网络存储设备的选型时，首先要确定构建存储网络的技术，然后选择对应的产品。存储设备的选型中，可以从性能、容量、连接性、管理性和附加功能等几个方面进行考虑。

1. 考虑存储设备的品牌和级别

目前全球范围公认的主流存储设备供应商主要有 HP、EMC、IBM、HDS 等几家。随着技术的发展和市场的分化，这些主流厂商都向市场提供高端和中端两个系列的存储产品，以满足不同级别和不同规模的应用需求。

在进行选型之前，必须根据实际构建存储网络的规模来选择高端产品还是中端产品，为了更好地进行产品选型，可以对这些著名厂商的存储产品进行深入分析对比，然后再做出选择。

2. 设备的性能

对磁盘阵列产品来说，其性能参数主要包括带宽和 iops(每秒 i/o 次数)。带宽决定于整个阵列系统，与所配置的磁盘个数也有一定关系；而 iops 则基本由阵列控制器完全决定。在 Web、E-mail、数据库等小文件频繁读写的环境下，性能主要由 iops 决定。在视频、测绘等大文件连续读写的环境下，性能主要由带宽决定。

对 NAS 产品来说，其性能参数包括 OPS 和 ORT，OPS 代表每秒可响应的并发请求数和 ORT 代表每个请求的平均反应时间。

3. 存储容量

容量是存储设备的主要性能指标之一，在存储设备选型时，必须要关注选型产品的存储容量，同时必须考虑设备容量是否能实现扩充，最大能扩充到多少。

4. 连接性

在 SAN 环境中，以光纤连接设备为中心，要连接主机、磁盘阵列、磁带库等设备，环境比较复杂。因此在产品选型时，要充分考虑设备的连接性。选择具有良好的开放性和连接性的产品，不仅是当前系统正常连接和运行的保障，也为系统将来扩展提供更大的空间和灵活性。

5. 管理性

管理性是存储设备选型必须要关注的方面，在构建存储网络时，必须要依靠相关的管理软件实现，为此这些管理软件的使用和配置对构建存储网络至关重要。用户在选型存储设备时，首先应该咨询产品所提供的管理功能或方式是否实用可靠，是否操作便利，是否支持中心化管理和远程管理等。

6. 升级和扩充性

网络存储技术发展变化非常快，构建的存储网络可能在未来要进行扩容或者升级，部分当前没有使用到的技术（例如快照等）在未来可能就要使用，所以在购买时，必须要关注是否提供了这些附加的功能，如果没有，未来能否进行扩充升级，扩充升级的难度有多大，投入的资金比例有多少等。

6.3　无线网络设备与选型

无线网络指的是以微波、激光、红外线作为传输信号载体的网络通信方式，与有线网络相比，它不需要布设传输线缆，允许用户建立远距离无线连接的语音和数据网络。无线网络由于无须电缆和光缆即可实现计算机之间的通信，因此，已经被广泛应用于无法或不便铺设线缆，以及需要频繁移动的场合。

6.3.1　无线网络概述

按范围划分，无线网络分为无线广域网、无线城域网和无线局域网。

1. 无线广域网

无线广域网（Wireless Wide Area Network，WWAN）是采用无线网络技术把物理距离极为分散的局域网（LAN）连接起来的通信方式。WWAN 技术可使用户通过远程公用网络或专用网络建立无线网络连接。通过无线服务提供商负责维护的若干天线基站或卫星系统，这些连接可以覆盖较大的地理范围，从而使分布的局域网互联。无线广域网的结构分为末端系统（两端的用户集合）和通信系统（中间链路）两部分。

IEEE 802.20 是 WWAN 的重要标准，适用于高速移动环境下的宽带无线接入系统空中接口规范。

IEEE 802.20 标准在物理层技术上以正交频分复用技术(Orthogonal Frequency Division Multiplexing,OFDM)和多输入多输出技术(Multiple-Input Multiple-Out-put,MIMO)为核心,充分挖掘时域、频域和空域资源,大大提高了系统的频谱效率。在设计理念上,基于分组数据的纯 IP 架构适应突发性数据业务的性能优于 3G 技术,在实现和部署成本上也具有较强的优势。IEEE 802.20 能够满足无线通信市场高移动性和高吞吐量的需求,具有性能好、效率高、成本低和部署灵活等特点。

2. 无线城域网

无线城域网(Wireless Metropolitan Area Network,WMAN)采用无线技术实现在城区的多个场所之间创建无线网络连接。WMAN 使用无线电波或红外光波传送数据。在许多情况下,无线城域网可用来代替现有的有线宽带接入,因此它有时又称为无线本地环路。

1999 年,IEEE 设立了 IEEE 802.16 工作组,其主要工作是建立和推进全球统一的无线城域网技术标准,2001 年成立了 WiMAX 论坛组织,2002 年 4 月通过了 802.16 无线城域网的标准。IEEE 802.16 工作组是无线城域网标准的制定者,而 WiMAX 论坛则是 IEEE 802.16 技术的推动者,因而相关无线城域网技术在市场上又被称为"WiMAX 技术"。

WiMAX 技术的物理层和媒质访问控制层(MAC)技术基于 IEEE 802.16 标准,可以在 5.8GHz、3.5GHz 和 2.5GHz 这三个频段上运行。WiMAX 利用无线发射塔或天线,能提供面向互联网的高速连接,其接入速率最高达 75Mbps,最大距离可达 50km,覆盖半径达 1.6km,它可以替代现有的有线和 DSL 连接方式。

WiMAX 的优点:

(1) 传输距离远,接入速度高,应用范围广。

(2) 不存在瓶颈限制,系统容量大。

(3) 提供广泛的多媒体通信服务。

(4) 安全性高。

3. 无线局域网

无线局域网(Wireless Local Area Network,WLAN)是利用无线网络技术实现局域网应用的产物,它具备局域网和无线网络两方面的特征,即 WLAN 是以无线信道作为传输媒体实现的计算机局域网。WLAN 是传输范围在 100m 左右的无线网络,它由 Wi-Fi Alliance 推动(目前都以 Wi-Fi 产品的称呼来形容 802.11 的产品),可用于单一建筑物或办公室之内。需要使用 WLAN 的场合主要包括不方便架设有线网络的环境,使用者时常需要移动位置,临时性的网络。

WLAN 技术可以使用户在本地创建无线连接,主要用于临时办公室或其他无法大范围布线的场所,或用于增强现有的局域网,使用户可以在不同时间、在办公楼的不同地方工作。

WLAN 以两种不同方式运行。在基础结构 WLAN 中,无线站连接到无线接入点,后者在无线站与现有网络中枢之间起桥梁作用。在点对点 WLAN 中,有限区域内的几个用户可以在不需要访问网络资源时建立临时网络,而无须使用接入点。

WLAN 采用与有线局域网相同的工作方式,整个局域网系统由计算机、服务器、网络操作系统、无线网卡、无线接入点(Access Point,AP)等组成。WLAN 在系统规模、投资、建设周期上比移动数据网络都要小得多。

WLAN 有两个主要标准,即 IEEE 802.11 和 HiperLAN。IEEE 802.11 由面向数据的

计算机通信(有线局域网技术)发展而来,它主张采用无连接的 WLAN;HiperLAN 由 ETSI(欧洲电信标准化协会)提出,由电信行业发展而来,它更关注基于连接的 WLAN。目前大多数 WLAN 产品是基于 IEEE 802.11 的。

是 WLAN 具有以下优势:

(1) 安装便捷,维护方便。

(2) 使用灵活,移动简单。

(3) 经济节约,性价比高。

(4) 易于扩展,大小自如。

4. 无线个人网

无线个人网(Wireless Personal Area Network,WPAN)指的是在个人工作的地方把属于个人使用的电子设备用无线技术连接起实现自组网络,不需要使用接入点 AP。WPAN 技术使用个人操作空间(Personal Operation Space,POS)设备,POS 指的是以个人为中心,最大距离为 10m 的一个空间范围。

WPAN 是以个人为中心的无线网,它实际上就是一个低功率、小范围、低速率和低价格的电缆替代技术。WPAN 工作在 2.4GHz 的 ISM(Industrial Scientific Medical,工业科学医疗)频段。

目前,两个主要的 WPAN 技术是蓝牙(Bluetooth)和红外线。为规范 WPAN 的发展,IEEE 已为 WPAN 成立了 802.15 工作组,此工作组正在发展基于 Bluetooth 版本 1.0 规范的 WPAN 标准。

1) 低速 WPAN

低速 WPAN 主要用于工业监控组网、办公自动化与控制等领域,其速率是 2~250Kbps。低速 WPAN 的标准是 IEEE 802.15.4。最近新修订的标准是 IEEE802.15.4—2006。

低速 WPAN 中最重要的就是 ZigBee(紫蜂)。ZigBee 技术主要用于各种电子设备(固定的、便携的或移动的)之间的无线通信,其主要特点是通信距离短(10~80m),数据传输速率低,成本低廉。

2) 高速 WPAN

高速 WPAN 用于在便携式多媒体装置之间传送数据,支持 11~55Mbps 的数据传输速率,使用的标准是 802.15.3。IEEE 802.15.3a 工作组还提出了更高数据传输速率的物理层标准的超高速 WPAN,它使用超宽带脉冲无线电(Ultra Wideband,UWB)技术。UWB 技术工作在 3.1~10.6GHz 微波频段,有非常高的信道带宽。超宽带信号的带宽应超过信号中心频率的 25%以上,或信号的绝对带宽超过 500MHz。超宽带技术使用了瞬间高速脉冲,可支持 100~400Mbps 的数据传输速率,可用于小范围内高速传送图像或 DVD 质量的多媒体视频文件。

6.3.2 无线网络相关技术标准

1. IEEE 802.11 标准

IEEE 802.11 是 IEEE 在 1997 年为无线局域网(Wireless LAN)定义的一个无线网络通信的工业标准。此后这一标准又不断得到补充和完善,形成了 IEEE 802.11x 标准系列。IEEE 802.11x 标准是现在无线局域网的主流标准,也是 Wi-Fi 的技术基础。目前,WLAN

的协议标准主要有 IEEE 802.11x 系列与 HiperLAN/x(欧洲无线局域网)系列两种。

1) IEEE 802.11

IEEE 802.11 最初采直接序列展频技术(DSSS)或跳频展频技术(FHSS),它采用 RF 射频频段的 2.4GHz,提供了 1Mbps、2Mbps 和许多基础信号传输方式与服务的传输速率规格。

2) IEEE 802.11a

1999 年,IEEE 802.11a 标准制定完成,此标准规定无线局域网工作频段范围为 5.15~5.825GHz,数据传输速率达到 54Mbps,传输距离控制在 10~100m。IEEE 802.11a 采用正交频分复用(OFDM)的独特扩频技术以取代 IEEE 802.11 的 FHSS(Frequency-Hopping Spread Spectrum,跳频扩频)或 DSSS(Direct Sequence Spread Spectrum,直接序列扩频)。IEEE 802.11a 是一个非全球性的标准,与 IEEE 802.11b 不兼容。IEEE 802.11a 可提供 25Mbps 的无线 ATM 接口和 10Mbps 的以太网无线帧结构接口,以及 TDD/TDMA 的空中接口;支持语音、数据、图像业务;一个扇区可接入多个用户,每个用户可带多个用户终端。

3) IEEE 802.11b

IEEE 802.11b(即 Wi-Fi)于 1999 年 9 月被 IEEE 正式批准,此标准规定无线局域网工作频段范围为 2.4~2.4835GHz,数据传输速率达到 11Mbps。IEEE 802.11b 标准是对 IEEE 802.11 的一个补充,采用点对点模式和基本模式两种运作模式,在数据传输速率方面可以根据实际情况在 11Mbps、5.5Mbps、2Mbps、1Mbps 的不同速率间自动切换,并在 2Mbps、1Mbps 速率时与 802.11 兼容。

IEEE 802.11b 使用直接序列(DSSS)作为协议。IEEE 802.11b 和工作在 5GHz 频率上的 IEEE 802.11a 标准不兼容。由于价格低廉,IEEE 802.11b 产品已经被广泛地投入市场,并在许多实际场合运行。

4) IEEE 802.11g

IEEE 802.11g 是对 IEEE 802.11b 的改进。IEEE 802.11g 接入点支持 IEEE 802.11b 和 IEEE 802.11g 客户设备。IEEE 802.11g 工作在 2.4GHz 频段,通过采用 OFDM 技术可支持高达 54Mbps 的数据流,提供的带宽是 IEEE 802.11a 的 1.5 倍,与 IEEE 802.11b 后向兼容。

2. IEEE 802.16

IEEE 802.16,即 Broadband Wireless MAN Standard 宽带无线城域网标准,简称 WiMAX,它是 IEEE 制定的无线城域网标准。

根据使用频段高低的不同,802.16 系统可分为应用于视距和非机距两种,其中使用 2~11GHz 频段的系统应用于非视距范围,而使用 10~66GHz 频段的系统应用于视距范围。

根据是否支持移动特性,IEEE 802.16 标准系列又可分为固定宽带无线接入空中接口标准和移动宽带无线接入空中接口标准,其中的 802.16、802.16a、802.16d 属于固定无线接入空中接口标准,而 802.16e 属于移动宽带无线接入空中接口标准。

IEEE 802.16 标准系列到目前为止包括 802.16、802.16a、802.16c、802.16d、802.16e、802.16f 和 802.16g 七个标准,各标准相对应的技术领域如表 6-9 所示。

表 6-9　IEEE 802.16 标准对应技术领域

标　准	对应技术领域	标　准	对应技术领域
IEEE 802.16	10～66GHz 固定宽带无线接入	IEEE 802.16e	2～6GHz 固定和移动宽带无线接入
IEEE 802.16a	2～11GHz 固定宽带接入	IEEE 802.16f	固定宽带无线接入
IEEE 802.16c	10～66GHz 固定宽带接入	IEEE 802.16g	固定和移动宽带无线接入
IEEE 802.16d	2～66GHz 固定宽带接入		

3. 蓝牙

蓝牙(Bluetooth)由爱立信公司在 1995 年提出，后来发展成为一个蓝牙技术特殊利益团队(Special Interest Group)，这个团队的 9 个核心成员是 3COM、IBM、爱立信、英特尔、朗讯、微软、摩托罗拉、诺基亚、东芝。这 9 个核心成员可以共同改变、更新或制定新的蓝牙标准。此外，还有 2000 多个来自不同产业(如计算机制造、半导体、自动化、电信、医疗)的厂商成为此项技术标准的采用者(Adopter)。现阶段，蓝牙技术的应用主要还是集中在通信领域。

蓝牙是一种支持设备短距离通信(一般是 10m 之内)的无线电技术。利用"蓝牙"技术，能够有效地简化掌上电脑、笔记本电脑和移动电话等移动终端设备之间的通信，也能够简化这些设备与 Internet 之间的通信，从而使这些通信设备与因特网之间的数据传输变得更加迅速高效，为无线通信拓宽道路。蓝牙的标准是 IEEE 802.15，工作在 2.4GHz 频带，带宽为 1Mbps。

6.3.3　无线网卡

无线网卡是无线网络终端设备，无线网卡在无线局域网中的作用相当于有线网卡在有线局域网中的作用。

1. 无线网卡标准

(1) IEEE 802.11a：使用 5GHz 频段，传输速度为 54Mbps，与 802.11b 不兼容。

(2) IEEE 802.11b：使用 2.4GHz 频段，传输速度为 11Mbps。

(3) IEEE 802.11g：使用 2.4GHz 频段，传输速度为 54Mbps，可向下兼容 802.11b。

(4) IEEE 802.11n(Draft 2.0)：用于 Intel 的迅驰 2 笔记本电脑和高端路由，可向下兼容，传输速度为 300Mbps。

2. 无线网卡的分类

目前市场上的无线网卡根据用途和需求分为 PCMCIA 无线网卡、PCI 无线网卡、USB 接口无线网卡、MiniPCI 无线网卡、CF 卡无线网卡等几种类型。其中 PCMCIA 无线网卡仅适用于笔记本电脑，支持热插拔；PCI 无线网卡适用于普通的台式机；USB 接口无线网卡同时适用于笔记本电脑和台式机，支持热插拔；MiniPCI 无线网卡仅适用于笔记本电脑，MiniPCI 是笔记本电脑的专用接口；CF 卡无线网卡适用于掌上电脑(PDA)。图 6-22 展示了一款腾达 W311M USB 接口的无线网卡。

表 6-10 列出了腾达 W311M USB 接口的无线网卡参数。

图 6-22　腾达 W311M USB 接口的无线网卡

表 6-10　腾达 W311M USB 接口的无线网卡参数

网络标准	IEEE 802.11n、IEEE 802.11g、IEEE 802.11b
传输速率	150Mbps
频率范围	2.4～2.4835GHz
总线接口	USB
天线类型	内置天线
天线增益	3dBi
安全性能	64/128 位 WEP 数据加密 支持 WPA/WPA2 等加密方式 支持 WPS 一键加密按钮
工作模式	集中控制式(Infrastructure)、对等式(Ad-Hoc)

6.3.4　无线路由器

无线路由器是无线 AP 与宽带路由器的结合。它集成了无线 AP 的接入功能和路由器的第三层路由选择功能。

借助于无线路由器，可以实现无线网络的 Internet 连接共享及 ADSL、cable modem 和小区宽带的无线共享接入。无线路由器通常拥有一个或多个以太网接口。如果家庭中使用安装双绞线网卡的计算机，可以选择多端口无线路由器，实现无线与有线的连接，并共享 Internet。图 6-23 展示了一款 TP-LINK TL-WR2041N 无线路由器。

表 6-11 列出了该款无线路由器的基本参数。

表 6-11　TL-WR2041N 无线路由器基本参数

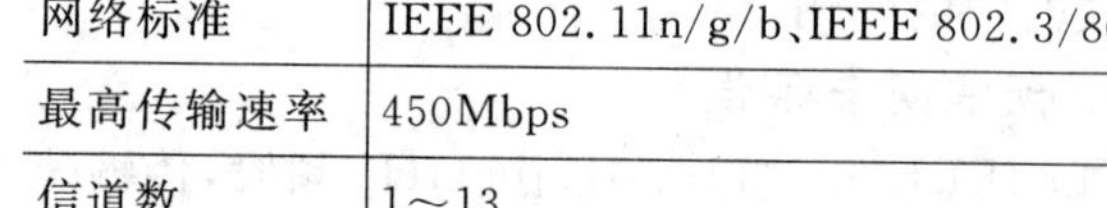
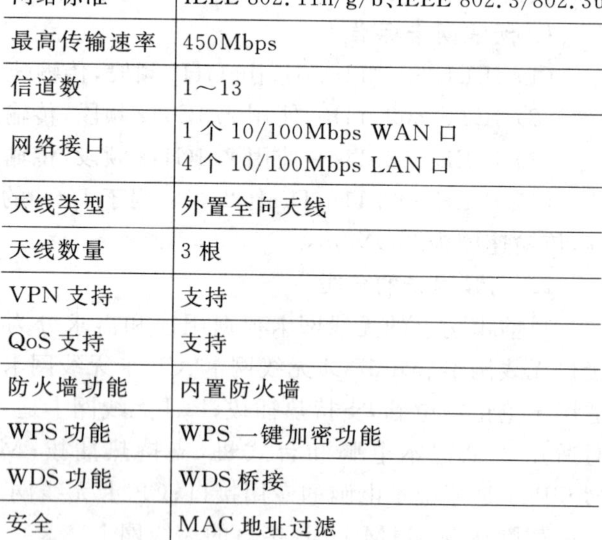

网络标准	IEEE 802.11n/g/b、IEEE 802.3/802.3u
最高传输速率	450Mbps
信道数	1～13
网络接口	1 个 10/100Mbps WAN 口 4 个 10/100Mbps LAN 口
天线类型	外置全向天线
天线数量	3 根
VPN 支持	支持
QoS 支持	支持
防火墙功能	内置防火墙
WPS 功能	WPS 一键加密功能
WDS 功能	WDS 桥接
安全	MAC 地址过滤

图 6-23　TP-LINK TL-WR2041N 无线路由器

在无线路由器的选择中，要关注如下几个问题：

(1) 根据实际需要选择无线标准，不同的标准，接入的速度不同，价格上也有差异。

(2) 无线设备用发射功率来衡量发射方的性能高低。发射功率的度量单位为 dbm(或 mw)。随着发射功率的增大,传输距离也会增大。目前国际上规定最大发射功率为 20dbm(或 100mw),在选择时越接近这个值越好。

(3) 无线路由器天线的增益越大,信号的收发就越好。目前市场上的产品多以 2dB 和 5dB 产品为主。

6.3.5　无线 AP

无线 AP(Access Point)即无线接入点,它是在无线局域网环境中进行数据发送和接收的设备,相当于有线网络中的集线器。无线 AP 是移动计算机用户进入有线网络的接入点,主要用于家庭宽带、大楼内部以及园区内部,目前主要支持的标准为 IEEE 802.11 系列。一般无线 AP 的最大覆盖距离可达 300m。大多数的无线 AP 都支持多用户接入、数据加密、多速率发送等功能,在家庭、办公室内,一个无线 AP 便可实现所有计算机的无线接入。

图 6-24 展示了一个 D-Link DWL-2000AP＋A 无线 AP。

表 6-12 列出了该款无限 AP 的基本参数。

表 6-12　DWL-2000AP＋A 无线 AP 参数

网络标准	IEEE 802.11g、IEEE 802.11b
数据传输率	54Mbps
有效工作距离	室内 100m、室外 400m
频率范围	2.4～2.4835GHz
灵敏度	错包率 PER＜8％
调制方式	BPSK、QPSK、CCK、 OFDM BPSK、QPSK 16-QAM、64-QAM
天线	外置可拆卸、增益 2dBi
网络接口	RJ-45
安全性能	WEP64 位、数据加密 128 位、WPA

图 6-24　DWL-2000AP＋A 无线 AP

6.3.6　无线控制器

无线控制器是用来实现整个无线网络控制和管理的设备,它是一个无线网络的核心,负责无线网络中对 AP 下发配置、修改相关配置参数、射频智能管理等。图 6-25 展示了一款 Cisco 5500 无线控制器。

图 6-25　Cisco 5500 无线控制器

表 6-13 列出该无线控制器的相关参数。

表 6-13 Cisco 5500 无线控制器相关参数

接入点	500
客户端	7000
无线协议支持	IEEE 802.11a、IEEE 802.11b、IEEE 802.11g IEEE 802.11d、WMM/802.11e、IEEE 802.11h IEEE 802.11n、IEEE 802.1Q Vtagging、IEEE 802.1AX
加密方式	WEP 和 TKIP-MIC：RC4 40、104 和 128 位 AES：CBC、CCM、CCMP DES：DES-CBC、3DES SSL 和 TLS：RC4 128 位、RSA 1024 位和 2048 位 DTLS：AES-CBC IPSec：DES-CBC、3DES、AES-CBC
管理界面	基于 Web：HTTP/HTTPS 命令行界面：Telnet、Secure Shell (SSH)协议、串行端口
接口和指示灯	上行链路：8 个 1000BaseT、1000Base-SX、1000Base-LH 小型可插拔选件：GLC-T、GLC-SX-MM、GLC-LH-SM 扩展插槽：1 个 控制台端口：RS-232、mini-USB 其他指示灯：Sys、ACT、电源 1、电源 2

6.3.7 其他设备

1. 无线天线

天线(Antenna)的功能是将信号源发送的信号由天线传送至远处。当计算机与无线 AP 或其他计算机相距较远时，随着信号的减弱，或者传输速率明显下降，或者根本无法实现与 AP 或其他计算机之间通信，此时，就必须借助于无线天线对所接收或发送的信号进行增益(放大)。无线天线相当于一信号放大器，主要用来解决无线网络传输中因传输距离、环境影响等造成的信号衰减。

1) 室内天线

无线天线有室内和室外两种，室内天线一般有全向天线和定向天线两类。

室内全向天线适合于无线路由、AP 这样的需要广泛覆盖信号的设备上，它可以将信号均匀分布在中心点周围 360 度全方位区域，适用于链接点距离较近，分布角度范围大，且数量较多的情况。

室内定向天线适用于室内，它的能量聚集能力最强，信号的方向指向性极好。在使用的时候应该使得它的指向方向与接收设备的角度方位对准。室内天线方便灵活，缺点是增益小，传输距离短。

2) 室外天线

室外天线的类型较多，一般有全向天线、定向天线、扇面天线三种。

室外的全向天线也会将信号均匀分布在中心点周围 360 度全方位区域，要架在较高的地方，适用于链接点距离较近，分布角度范围大，且数量较多的情况。

室外定向天线的能量聚集能力最强，信号的方向指向性极好。因为是在室外，所以也应架在较高的地方。当远程链接点数量较少，或者角度方位相当集中时，采用定向天线是最为有效的方案。

室外扇面天线具有能量定向聚集功能，可以有效地进行水平 180 度、120 度、90 度范围内的覆盖，因此如果远程链接点在某一角度范围内比较集中时，可以采用扇面天线。

由于全向天线、定向天线、扇面天线各具一定的特性，因此在实际项目中，经常会出现组合使用的情况，例如利用多幅扇面天线，或者扇面天线和定向天线相结合使用。室外天线的优点是传输距离远，比较适合远距离传输。

2. 蓝牙适配器

蓝牙适配器是为了各种数码产品能适用蓝牙设备的接口转换器。蓝牙适配器基本上都是 USB 总线的。蓝牙适配器采用了全球通用的短距离无线连接技术，使用 2.4GHz 的无线电频段。图 6-26 展示了一款常见的蓝牙适配器。

表 6-14 列出了该款蓝牙适配器的基本参数。

3. 红外线适配器

红外数据协会(The Infrared Data Association，IrDA)是 1993 年 6 月成立的一个国际性组织，专门制定和推进红外数据互联标准。IrDA1.0 可支持最高 115.2Kbps 的通信速率，而 IrDA1.1 可以支持的通信速率达到 4Mbps。IrDA 数据通信按发送速率分为三大类：SIR、MIR 和 FIR。串行红外(SIR)的速率在 9600bps～115.2Kbps 之间。MIR 可支持 0.576Mbps 和 1.152Mbps 的速率；高速红外(FIR)通常用于 4Mbps 的速率。

红外适配器是指利用红外线技术实现各种电子设备之间进行数据交换和传输的设备。图 6-27 展示了一个 USB 接口的红外适配器。

图 6-26　奥视通 OST-109 蓝牙适配器

图 6-27　SMH-IR760 红外适配器

表 6-15 列出了该款红外适配器的基本参数。

表 6-14　OST-109 的基本参数

版本	蓝牙 V2.1
规格支援	HSP、HFP、A2DP、AVRCP
传输功率	Class 2
接口类型	USB 2.0
有效距离	10～20m
支持协议	IVT 软件授权

表 6-15　SMH-IR760 红外适配器参数

产品类型	USB 红外适配器
产品接口	USB 1.1
数据传输率	最高 4Mbps
通信距离	3～100cm
操作系统	Windows 98/2000/Me/XP/2003

4. 无线网桥

无线网桥是在链路层实现无线局域网互联的存储转发设备，它能够通过无线(微波)进行远距离数据传输。根据协议不同,无线网桥又可以分为2.4GHz频段的802.11b或802.11g以及采用5.8GHz频段的802.11a无线网桥。无线网桥有三种工作方式,点对点、点对多点、中继连接。无线网桥可用于固定数字设备与其他固定数字设备之间的远距离(可达20km)、高速(可达11mbps)无线组网。

无线网桥通常是用于室外,主要用于连接两个网络,使用无线网桥不可能只使用一个,必须两个以上,而AP可以单独使用。无线网桥功率大,传输距离远(最大可达约50km),抗干扰能力强等,不自带天线,一般配备抛物面天线实现远距离的点对点连接。图6-28展示了一款莱宝LB-205g电信级室外无线网桥。

表6-16列出了该款无线网桥的基本参数。

表6-16　LB-205g无线网桥基本参数

类型	电信级无线网桥
网络标准	IEEE 802.11a/b/g
最大传输速率	54Mbps
传输距离	5～8km
输出功率	100mW
管理界面	GUI界面简化管理
频率范围	2.4～2.483GHz
展频技术	OFDM
工作模式	支持点对点、点对多点、中继模式、AP模式
天线	内置17/20dbi天线
安全	WEP(64/128/152位) MAC过滤
端口类型	RJ-45
兼容操作系统	Windows
电源电压	100/240V AC,POE供电

图6-28　无线网桥

5. 无线上网卡

无线上网卡指的是连接到中国移动TD-SCDMA、中国电信的CDMA2000、CDMA 1X以及中国联通的WCDMA等无线广域网的上网介质。无线上网卡采用USIM或SIM卡与互联网连接。按网络制式划分为GPRS和CDMA两种,按接口类型主要分为PCMCIA和USB两类。PCMCIA接口的无线上网卡主要用于笔记本,它可以内置于笔记本。

CDMA(Code Division Multiple Access,码分多址)无线上网卡是针对CDMA网络推出的上网连接设备。GPRS(General Packet Radio Service)无线上网卡是针对GPRS网络推出的无线上网设备。图6-29展示了一款华为E261上网卡。

表6-17列出了该款上网卡的基本参数。

表 6-17　E261 上网卡基本参数

设备类型	联通 3G 上网卡
网络类型	3G：WCDMA；2G：EDGE，GPRS
网络模式	双模
频率范围	WCDMA：2100MHz
GPRS/EDGE	850/900/1800/1900MHz
数据传输率	下行最大 7.2Mbps，上行最大 5.76Mbps
总线接口	USB
天线类型	内置天线

图 6-29　华为 E261 上网卡

6.3.8　无线网络设备的选型

在网络工程中，考虑实际组网的环境和相关特殊需求，可能需要构建无线网络作为实际有线网络的补充。然而无线网络的技术层出不穷，各种技术的性能也各不相同，这就对实际采购设备提出了较高的要求。一般认为无线网络设备的采购必须要关注如下问题。

1. 无线网络标准

无线网络的标准非常多，在选型设备时，必须首先关注构建网络的技术标准，订好了技术标准，购置的设备也必须要求满足这个技术标准。

就目前市场来看，无线网络标准有 IEEE 802.11a、b、g、n 四种。其中支持 IEEE 802.11b 标准的网络设备最高速率为 11Mbps，支持 IEEE 802.11g 标准的网络设备最高速率达到 54Mbps，支持 IEEE 802.11n 标准的网络设备最高速率可达 300Mbps，具有更高的先进性和适用性。

2. 发射功率和接收灵敏度

无线电管理委员会规定 WLAN 产品的发射功率不能高于 100mW，因此如果通过增加发射功率来提高穿透能力、扩大无线覆盖范围将是违规行为。一般 WLAN 产品都将发射功率设定在 17dB，给生产预留±2dB 误差，从而满足无线电管理委员会的规定。

要提高无线产品的传输距离，接收灵敏度是一个重要指标。一般认为 IEEE 802.11g 产品的接收灵敏度一般为－85dB，目前市面上的无线产品接收灵敏度最高可达－105dB，比普通产品提高了 20dB。每增加 3dB，接收灵敏度提高一倍。

3. 兼容性

无线网络的技术标准较多，部分标准不兼容，例如符合 IEEE 802.11b 或 IEEE 802.11g 标准的产品，与符合 IEEE 802.11a 标准的产品是不兼容的，无法在同一网络中使用。IEEE 802.11b 和 IEEE 802.11g 标准虽然可以兼容，但不同标准的产品在同一网络中使用只能以最低标准的性能来工作。因此，要最大限度地发挥无线产品的性能，必须选型符合同一标准的无线产品来配套使用，这样不但可以避免兼容性问题，而且设备的性能会发挥得更为出色，安全的解决方案也会更加完美。

4. 安全性

安全性是无线网络设备选型必须要考虑的因素，无线信息很容易被截取，为此无线网络设备必须通过相关的安全措施来保证数据的安全性。无线网络产品须提供 SSID、IEEE 802.1X、MAC 地址绑定、WEP、WPA、TKIP、AES 等多种数据加密与安全性认证机制，以保证网络的安全性与保密性。对于诸如无线路由器、无线 AP 等相关设备，则必须提供防火墙等相关控制功能，以保证网络的可用性。

本章小结

本章介绍了网络工程其他相关设备的选型。其中 6.1 节主要介绍了防火墙的基本概念，工作模式，防火墙的分类，防火墙的性能指标，防火墙的体系结构和选项注意事项等；6.2 节主要介绍了 DAS、NAS、FC SAN、IP SAN 四种常见的网络存储方式的工作原理及其相关设备的选型过程；6.3 节介绍了无线网络的基本概念，相关的无线网络技术标准，无线网络的核心设备及其选型过程。学习完本章，读者应该重点掌握防火墙的体系结构和选型，掌握 FC SAN 和 IP SAN 的体系结构及其相关设备的选型过程。

习　题

1. 简述防火墙的路由模式和透明模式的区别。
2. 简述防火墙的三种体系结构及其特点。
3. 简述防火墙的选型注意事项。
4. 简述 DAS 存储的工作原理及优缺点。
5. 简述 NAS 存储的工作原理及优缺点。
6. 简述 FC SAN 的体系结构及其工作原理。
7. 简述 IP SAN 的体系结构及其工作原理。
8. 简述网络存储设备的选型过程。
9. 简述无线局域网的相关技术标准。
10. 简述常见的无线网络设备。
11. 简述无线网络设备的选型注意事项。

第7章　网络工程软件系统的部署

本章主要讲述如下知识点：

- 服务器操作系统的部署；
- 客户机操作系统的部署；
- Web 服务器的部署；
- 电子邮件服务器的部署；
- 数据库服务器的部署；
- DNS 服务器的部署；
- DHCP 服务器的部署；
- 防病毒系统的部署。

7.1　服务器操作系统的部署

服务器操作系统，又叫网络操作系统，在一个具体的网络中，服务器操作系统要承担管理、配置、稳定、安全等功能，处于每个网络中的核心位置。

7.1.1　服务器操作系统的类型

操作系统是控制和管理计算机系统的硬件和软件资源，合理组织计算机工作流程以及方便用户使用的程序和数据的集合。设置操作系统的目的就是为了提高计算机系统的效率，增强系统的处理能力，充分发挥系统的利用率，方便用户使用。

操作系统又分为网络操作系统和工作站操作系统。通常将安装在服务器上的操作系统叫做服务器操作系统，又叫网络操作系统。安装在客户机上的操作系统叫做工作站操作系统。网络操作系统是使网络上的计算机能方便、高效地共享网络资源，为网络用户提供资源访问途径以及其他基本服务的系统软件。

服务器目前主要存在以下几类网络操作系统，不同的服务器可能支持的系统不同，为此在实际选购时必须注意该服务器是否支持该类操作系统平台。

1. Windows 类服务器操作系统

微软公司的 Windows 类网络操作系统一般用在中低档服务器中。目前常用的 Windows 类网络操作系统有 Windows 2000 Server、Windows Server 2003、Windows Server 2008 等。

1）Windows 2000

Windows 2000 是微软公司于 1999 年底发行的 Windows NT 系列的 32 位视窗操作系统。Windows 2000 共有 Professional、Server、Advanced Server 和 Datacenter Server 四个版本。除 Windows 2000 Professional 之外，其他三个都是服务器操作系统。目前该操作系统已经被微软公司淘汰。

2) Windows Server 2003

Windows Server 2003 发布于 2003 年，是目前市场上常用的网络操作系统。Windows Server 2003 是微软基于 Windows NT 技术开发的网络操作系统，它继承了 Windows 2000 Server 的稳定性和 Windows XP 的易用性，并且提供了更好的硬件支持和更强大的功能，是中小型网络广泛使用的服务器操作系统。

Windows Server 2003 有四个不同的版本，分别是 Windows Server 2003 标准版(Standard Edition)、Windows Server 2003 企业版(Enterprise Edition)、Windows Server 2003 数据中心版(Datacenter Edition)和 Windows Server 2003 Web 版(Web Edition)。微软于 2005 年 3 月发布了 Windows Server 2003 的第一个服务包 SP1(Service Pack 1)。这个升级为 Windows Server 2003 用户提供了很多相似于 Windows XP Service Pack 2 的功能。2007 年上半年 Windows Server 2003 的 SP2 正式发布。R2 是 Windows Server 2003 的改进版本，目前市场上常见的 Windows Server 2003 的版本为 Windows Server 2003 SP2 R2。

Windows Server 2003 有 32 位和 64 位两种操作系统类型。

3) Windows Server 2008

Windows Server 2008 是微软于 2008 年发布的服务器操作系统，它继承 Windows Server 2003。Windows Server 2008 用于在虚拟化工作负载、支持应用程序和保护网络方面向组织提供最高效的平台，它为开发和可靠地承载 Web 应用程序和服务提供了一个安全、易于管理的平台。

Windows Server 2008 发布时已包含了 SP1，2009 年 5 月发布集成 SP2 版本。Windows Server 2008 有多种不同版本，分别是 Windows Server 2008 Standard、Windows Server 2008 Enterprise、Windows Server 2008 Datacenter、Windows Web Server 2008、Windows HPC Server 2008、Windows Server 2008 for Itanium-Based Systems，另外还有三个不支持 Windows Server Hyper-V 技术的版本，Windows Server 2008 Standard without Hyper-V、Windows Server 2008 Enterprise without Hyper-V 和 Windows Server 2008 Datacenter without Hyper-V。

Windows Server 2008 有 32 位和 64 位两种操作系统类型。在该系统发布时，微软宣称，Windows Server 2008 是最后一款支持 32 位的服务器操作系统。

4) Windows Server 2008 R2

Windows Server 2008 R2 和 Windows Server 2008 没有本质的区别，基本特性相同。2009 年 9 月发布 Windows Server 2008 R2。该系统为全新开发，Windows 2008 R2 完全建立于 X64 平台，是微软首款只具有 64 位版本的服务器操作系统。

同 Windows Server 2008 相比，Windows Server 2008 R2 继续提升了虚拟化、系统管理弹性、网络存取方式以及信息安全等领域的应用。

5) Windows Server 2012

Windows Server 2012，早期又叫 Windows Server 8，是目前最新的 Windows 服务器操作系统，它是在 Windows 8 基础上开发的服务器操作系统。在前期开发过程中，Windows Server 2012 引入了 IIS 8.0 和 ASP.NET 4.5，进一步增强了扩展性、灵活性，是安全的 Web 应用程序托管平台。

Windows Server 2012 有 Foundation、Essentials、Standard 和 Datacenter 四个版本。在这四个版本中，Foundation 和 Essentials 两个版本没有虚拟化技术支持。Foundation 是 OEM 定制版，最多支持 15 个用户，Essentials 版的用户限制 25 个。Standard 和 Datacenter 版具备虚拟化功能，Standard 版定位于虚拟机密度较低的企业环境，最多能支持 2 个虚拟机，Datacenter 版定位于虚拟机密度较高的云计算环境，没有虚拟机数量的限制。

2. UNIX 类

UNIX 是一个通用的、多用户、多任务、分时操作系统。系统源代码非常有效，容易适应特殊的需求。UNIX 从大型主机、中型机、小型机、工作站到微机都在广泛使用。UNIX 是采用 C 语言开发的应用程序，移植性强，它拥有丰富的应用软件支持和网络管理功能，它的性能稳定，安全性高。

UNIX 操作系统按其操作风格分为 System V 和 BSD 两种。BSD（Berkeley Software Distribution，伯克利软件套件）是 UNIX 的衍生系统，由伯克利分校（University of California, Berkeley）开创。BSD 用来代表由此派生出的各种套件集合。BSD 常被当作工作站级别的 UNIX 系统。常见的 BSD 系统有 FreeBSD、OpenBSD、NetBSD、APPLE UNIX（MAC OS, BSD 内核）。FreeBSD、OpenBSD 和 NetBSD 是完全免费的操作系统。

System V 最初由 AT&T 开发，一共发行了四个 System V 的主要版本，其中 System V Release 4(SVR4)是最成功的版本，System V 是商业的 UNIX 版本分支。它一般由固定厂商开发，常见的 System V 系列的 UNIX 系统有 OpenServer、UNIXWare、Solaris、AIX、HP-UX 等。OpenServer 和 UNIXWare 是 SCO 公司的 UNIX 操作系统，SCO 是基于 Intel PC 计算机的 UNIX 系统集成产品供应商，是 UNIX System V 源代码的拥有者。Solaris 用于 SUN 公司的计算机产品上。AIX 是 IBM 公司的 UNIX 操作系统，主要用于 RS/6000 等小型机上。HP-UX 是惠普公司的 UNIX 操作系统，运行在 HP9000 系列计算机中。

3. Linux 类

Linux 是一种开源的网络操作系统，最初内核由芬兰赫尔辛基大学计算机系大学生 Linus Benedict Torvalds 编写，Linux 是免费的开放源代码的操作系统。Linux 与 UNIX 有许多相似之处，它能运行于多种平台，是目前跨平台最广的操作系统。它可以支持众多类型的文件系统，它的安全性高，稳定性强。这类网络操作系统主要应用于中、高档服务器中。

Linux 的版本非常繁多，目前市场上较为流型的 Linux 系统有 Ubuntu、Fedora、Red Hat、OpenSUSE、Mint、Mandriva、Gentoo、Xandros、PCLinuxOS、Slackware、Debian、Vyatta、CentOS 等。

7.1.2 服务器操作系统的部署

相对说来，服务器操作系统的部署难度较大，由于不同需求的服务器操作系统对服务器硬件的要求各不相同，为此，在部署时，必须要首先考虑，另外必须根据实际网络工程的需要部署服务器的类型。

1. 选择服务器操作系统的类型

服务器操作系统的选型是进行部署的第一任务。操作系统的选型中考虑的因素较多，上一节内容中列出了形形色色的服务器操作系统。具体是采用 Windows 系列还是采用 UNIX 系列还是 Linux 系列，具体对应到某个系列中，例如选购 Windows 系列，是选择

Windows Server 2003 还是 Windows Server 2008 还是 Windows Server 2012,这是首先要解决的问题。

Windows 系列的服务器操作系统都是商业付费的软件,就目前说来,采用 Windows 系列的服务器操作系统可构建.NET 平台的相关应用服务。如果用户未来要构建基于.NET 的相关应用服务,则一般认为采用 Windows 系列的服务器操作系统较为方便,一方面,微软提供的 IIS 等 Web 相关服务都采用附件的形式内置于服务器操作系统之中,用户在选购服务器操作系统后,就可以配置相关的 Web 服务。另外,如果后期配套例如 Exchange Server、SQL Server 等相关由微软公司开发的其他服务器软件时,如果采用的是 Windows 服务器平台则在管理和运行上都是非常方便的。如果采用其他服务器操作系统平台可能存在兼容和运行的很多问题,另外安全性上可能也得不到保障。

如果是新建的网络工程,则认为目前购置 Windows Server 2008 R2 是较为合适的选择,Windows Server 2003 即将淘汰,如果部署 Windows Server 2003 则相对落后了一些。而 Windows Server 2012 目前的市场占用率相对较小,使用的成熟度还不够。

如果考虑到资金和服务,可以考虑采用相关免费的服务器操作系统,例如构建的 Web 站点可能基于 PHP 等相关技术,未来考虑采用 Apache 等相关免费的 Web 服务器,则可以考虑相关免费的 Linux 或者 UNIX 服务器。

2. 考虑实际服务器的硬件要求

服务器操作系统必须要在服务器硬件系统的支持下才能运行,不同服务器操作系统对硬件的要求也各不相同,例如有些服务器操作系统要求在 32 位系统下运行,有些则在 64 位系统下运行,要求安装的最小磁盘空间和最小内存容量也各不相同。在选购时,必先考虑实际购置的服务器硬件系统是否能满足当前服务器操作系统的安装需求。另外,部分网络操作系统必须在专用的硬件服务器上才能运行,为此在选购时必须要调研清楚。

3. 考虑服务器操作系统的管理

服务器操作系统的管理是进行选购时必须要考虑的一大因素,在选购时必须要权衡服务器的管理方式,就目前说来,Windows 类的服务器一般都采用图形界面 GUI 的管理方式,相对管理较为方便,而如果采用 UNIX 等相关系统,可能采用命令用户接口 CUI 的管理方式较多。为此在选购前必须进行权衡。如果选购了一款很难配置和管理的服务器操作系统,就会对未来网络的配置和管理带来较大障碍。

4. 考虑服务器操作系统的升级和维护

部署服务器操作系统时,必须要对该系统的升级和维护进行衡量。一般认为在商业等领域使用的服务器操作系统应该选购商业版本的软件,而不是选购那些自由传播的免费类操作系统。选购商业版本的操作系统,一般应该选择市场占有率较多的产品,选择口碑较好,具备较强的售后服务的产品,产品能较为方便地进行升级,能及时发布系统相关补丁程序,在用户出现故障时,能及时提供维护等相关措施等。

另外,受到实际网络工程资金和条件的限制,可能当前购置的服务器操作系统在未来要求进行升级,为此必须要考虑未来升级的空间,例如 Windows 类的服务器操作系统,部分系统能在当前系统下升级到另一个版本,而部分版本不存在这样的升级功能。为此在进行部署时必须要进行认真考虑。

5. 关注服务器上要部署的网络服务

操作系统是其他网络服务软件运行的基础。服务器操作系统的性能直接影响了在其上所构建的网络服务的性能。为此在部署服务器操作系统时，必须要考虑该服务器上未来要部署的网络服务。考虑该操作系统上能否构建该服务，是否存在能在该服务器操作系统下运行的服务器软件，该服务器软件在该服务器操作系统上运行的可靠性如何等。对于 Windows 系列的服务器操作系统来说，Web、FTP、VPN 等相关服务器均在该服务器操作系统中自带。而对于 Linux 等相关操作系统来说，要部署相关服务，则必须要考虑到有没有该平台下的相关服务器软件。

6. 相关特殊技术支持

考虑实际网络工程的应用，可能要求支持集群技术、虚拟化技术等，为此在选购时必须关注，当前选购的服务器操作系统是否支持这些功能。例如，微软从 Windows Server 2008 开始提供了对虚拟化技术的支持。而集群技术在不同的 Windows 服务器操作系统中所支持的节点个数各不相同，在选购时必须根据实际需求进行选择。

7.2 客户机操作系统的部署

客户机操作系统指的是运行在客户端 PC 上的操作系统。

7.2.1 客户机操作系统的类型

客户机操作系统主要有 Windows 系列的操作系统和 Apple 公司的 MAC OS。在客户机的使用领域，目前占有率最高的为 Windows 7 操作系统，图 7-1 展示了 marketshare 调查显示的当前各种客户端操作系统的市场占有率，可以看到 Windows 7 的占有率最大。

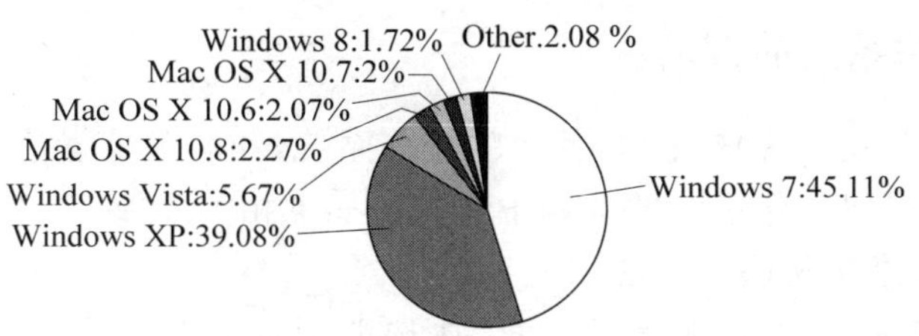

图 7-1　marketshare 客户端操作系统调查

1. Windows 系列

Windows 系列的客户机操作系统类型非常丰富，早期的 Windows 95、Windows 98、Windows 98 se、Windows Me、Windows 2000 Professional 等目前均已经淘汰，当前市场上仍然运行的包括 Windows XP、Vista、Windows 7 和 Windows 8。

1) Windows XP

Windows XP 是微软于 2001 年发布的客户机操作系统，有 Home 和 Professional 两个版本。Home 版针对家庭用户，支持 1 个处理器，Professional 版支持 2 个，它在 Home 版的基础上添加了新的为面向商业设计的网络认证、双处理器等特性。

2002 年推出 Windows XP SP1 补丁包，2004 年推出 XP SP2 补丁包，2005 年，微软发布支持 Intel 和 AMD 的 64 位 Windows XP 客户端，2008 年微软推出 XP SP3 补丁包。

Windows XP SP3 是其最高版本。

注意：微软宣称 Windows XP 的主要支持将于 2014 年 4 月结束。

2）Vista

Vista 是微软在 2007 年发布的客户端操作系统，目前微软已经终止 Vista 的主流技术支持，其安全更新将于 2017 年全部终止。Vista 包括 Starter、Home Basic、Home Premium、Business、Enterprise、Ultimate 等六个版本。

3）Windows 7

Windows 7 是微软于 2009 年 10 月发布的操作系统，也是当前客户机市场上最流行的操作系统。2011 年 2 月发布了 Windows 7 SP1，微软宣称，2015 年，将取消 Windows 7 的主要技术支持，2020 年，将取消对它的拓展技术支持。Windows 7 包括 Starter、Home Basic、Home Premium、Professional、Enterprise、Ultimate 等六个版本，除了 Starter 版本之外，其他版本均有 32 位和 64 位两种。

4）Windows 8

Windows 8 是微软于 2012 年 10 月发布的最新 Windows 系列系统。Windows 8 采用全新的 Metro 风格用户界面，各种应用程序、快捷方式等能以动态方块的样式呈现在屏幕上。Windows 8 目前有 RT、standard、professional、Enterprise 四种版本。其中 RT 版本专门为 ARM 架构设计，预装在采用 ARM 架构处理器的 PC 和平板计算机中，其余的 3 款均是 PC 版。

2. Mac OS

Mac OS 是苹果机专用操作系统，它是基于 UNIX 内核的图形化操作系统，该系统由苹果公司自行开发。苹果机现在的操作系统已经到了 OS 10，代号为 MAC OS X，最新版本为 10.8.2。该系统的操作系统界面非常独特，突出了图标和人机对话。

7.2.2 客户机操作系统的部署

客户机操作系统是用于客户机 PC 使用的操作系统，和服务器操作系统相比，它的选型相对简单一些。在客户机操作系统的选购中要关注如下相关事项。

1. 从办公需求考虑选购操作系统

客户机操作系统一般用于办公等方面，在选购时从实际办公需求进行选择。当前 Windows 7 已经成为主流的客户端操作系统，一般网络工程的客户端都选择安装的是 Windows 7。如果购置的客户机硬件系统性能相对较低，也可以考虑安装 Windows XP 操作系统，要注意的是，越新的操作系统，对系统硬件的要求也越高。另外，在该硬件环境下的其他应用软件是否能正常运行也是需要考虑的。例如很多网络游戏，在 Windows 7 下的支持性能可能还不如在 Windows XP 下稳定，为此对于构建网吧等相关以游戏为中心的网络工程环境中，通常的客户端都采用 Windows XP。又如办公采用 Office 2007，则一般建议在 Windows 7 下运行该软件更好一些。

2. 考虑客户机硬件系统的兼容性

客户机操作系统必须要和对应的硬件系统兼容，例如要安装 64 位的客户机操作系统，则必须查看对应的硬件系统是否支持 64 位。另外，必须确认当前安装系统所需的硬件条件和当前实际的硬件条件是否相符合。如果硬件条件仅仅能满足安装的最基本要求，则选择安装这个系统后的调度性能一定不会好。另外,很多新的操作系统往往对相关硬件的驱动程序支持存在问题,相关的硬件驱动程序能否正常加载也是部署系统所必须考虑的。

3. 考虑系统的升级和安全更新

就目前微软的操作系统而言,每隔一段时间就会提供系统补丁和漏洞修补程序,以便用户及时进行系统的安全更新。然而,每款操作系统都有其生命周期,如果该操作系统的生命周期结束,则开发厂商不会再给这款软件提供任何技术服务。就微软的操作系统来说,目前 Windows 98、Windows 2000 Professional 等客户端操作系统都基本上淘汰了,用户再选择安装这些操作系统就得不到任何升级和安全更新服务。另外,微软宣称 Windows XP 也将于 2014 年 4 月停止更新服务,为此在构建服务时必须关注,如果采用了一款即将淘汰或者已经被淘汰的客户端操作系统,则构建的网络工程平台就失去了实际意义。

4. 考虑系统的版本

在选择客户端操作系统时,另一个非常关键的方面就是考虑所选择系统的稳定性。就微软的操作系统而言,当前除 Windows XP 之外,较为稳定的系统是 Windows 7,而 Vista 系统在市场上的口碑就相对不很好。用户在进行客户端系统的部署时必须要关注这个问题。另外一般不必选择最新开发的系统,新开发的测试等相关版本的操作系统直接用于构建客户端系统是不可取的,在选择时必须使用稳定版的系统。

7.2.3　基于 RIS 实现客户端操作系统批量部署

在网络工程中,服务器操作系统的部署量相对较少,由于考虑实际安装过程中加载很多不同的配置,服务器操作系统通常采用相关的安装光盘进行安装即可。而客户端操作系统的部署量极大,在一个网络工程中可能涉及成百上千台的客户机,这些客户机的绝大多数配置是相同的,如果采用安装光盘逐个进行安装,则效率就太低了。为此必须要采用相关的部署方法进行批量安装。

RIS(Remote Installation Service)远程安装服务是 Windows Server 2003 支持的一种客户端操作系统的部署方法,RIS 允许裸机通过网络从远程安装服务器下载安装文件,然后完成操作系统的无人值守安装,这种操作系统的部署方式很适合在多台裸机上同时安装操作系统。RIS 服务安装要求网络中有 Active Directory、DHCP、DNS 服务器,RIS 服务器是 AD 中的成员服务器。客户端计算机网卡需要有 PXE 引导芯片。

通常在构建过程中,将域控制器、DNS 服务器、DHCP 服务器和远程安装服务器都集中在一台计算机上,这样可以方便管理。给域控制器配置 IP 地址,裸机通过网络启动支持远程安装,图 7-2 展示了 RIS 的一个简单拓扑。

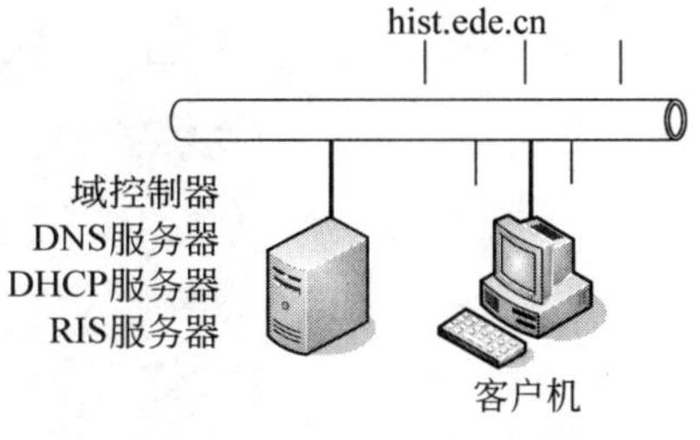

图 7-2　RIS 的一个简单拓扑

1. 活动目录的安装

安装活动目录必须有管理员权限,否则将无法安装。而且在安装时必须将活动目录装到 NTFS 分区上。

(1) 单击“开始”按钮,选择“运行”选项,在出现的运行对话框中输入 dcpromo 命令,然后单击“确定”按钮或直接按回车键,出现活动目录(Active Directory)安装向导,如图 7-3 所示。

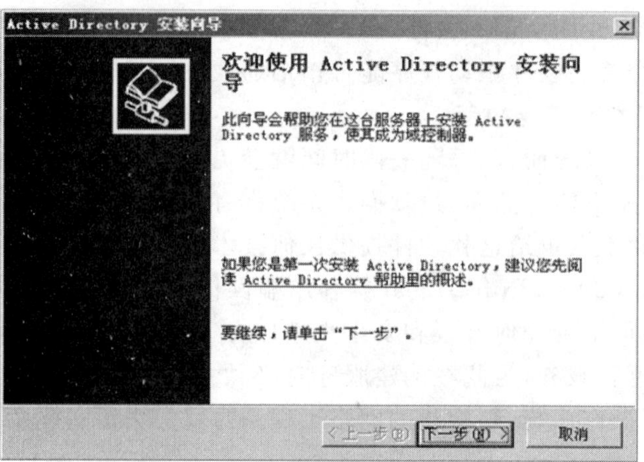

图 7-3　活动目录安装向导

(2) 单击“下一步”按钮，出现如图 7-4 所示的操作系统兼容性窗口。

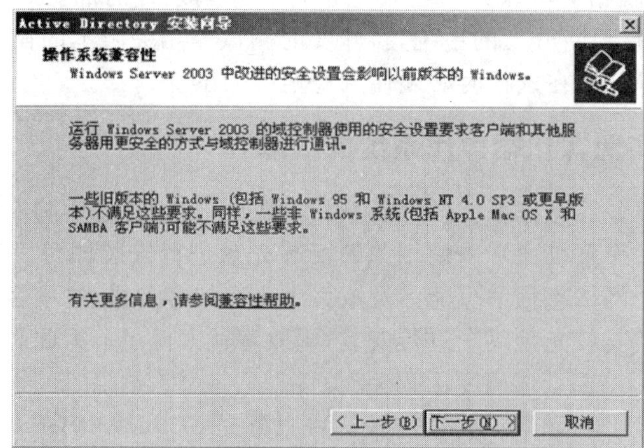

图 7-4　“操作系统兼容性”窗口

(3) 单击“下一步”按钮，出现安装向导的“域控制器类型”对话框，如图 7-5 所示。

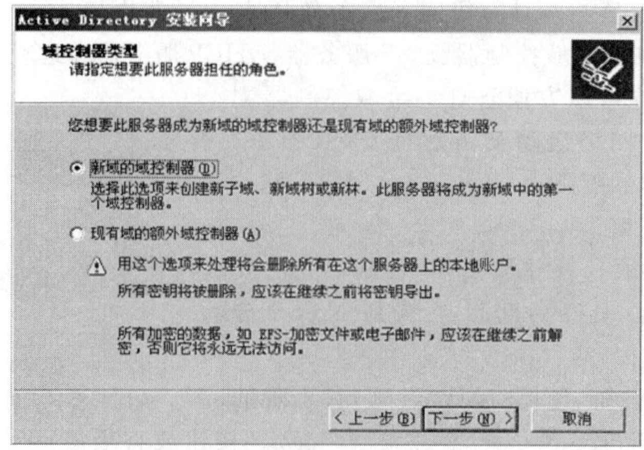

图 7-5　“域控制器类型”对话框

(4) 单击“下一步”按钮，将出现安装向导“创建一个新域”对话框，选择“在新林中的域”单选按钮，如图 7-6 所示。

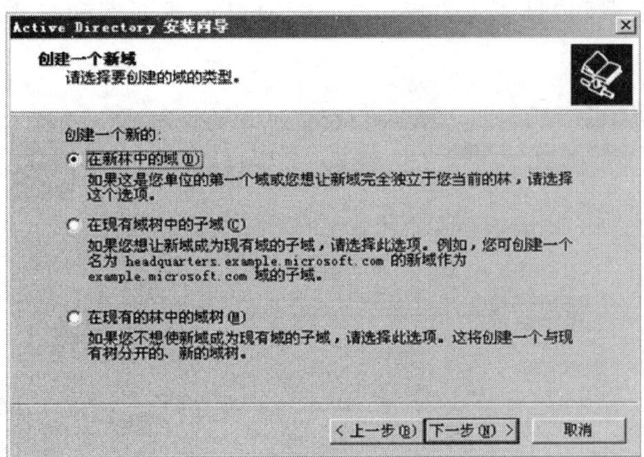

图 7-6　创建目录树或子域对话框

(5) 单击“下一步”按钮，出现如图 7-7 所示设置的“新的域名”窗口，如图 7-7 所示。

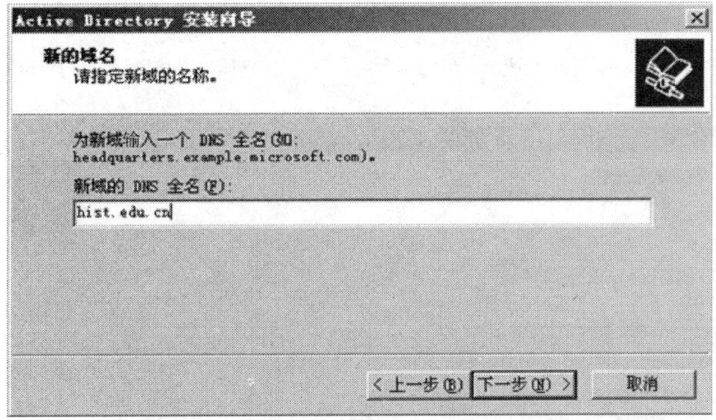

图 7-7　设置新域名

(6) 单击“下一步”按钮，将出现安装向导指定新域 NetBIOS 名的对话框，根据事先设计的域命名方案在“域 NetBIOS 名”文本框中输入域的 NetBIOS 名，例如使用安装向导默认指定的名称，如图 7-8 所示。

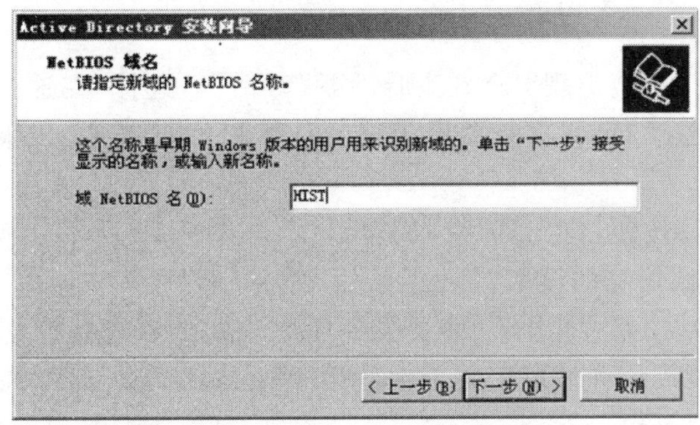

图 7-8　指定新域 NetBIOS 名

注意：可以不使用安装向导默认选择的 NetBIOS 名，而自行指定。

(7) 单击“下一步”按钮，将出现“数据库和日志文件文件夹”对话框，根据实际情况分别在“数据库文件夹”文本框和“日志文件夹”文本框中指定数据库和日志文件的保存位置，例如使用默认值，如图 7-9 所示。

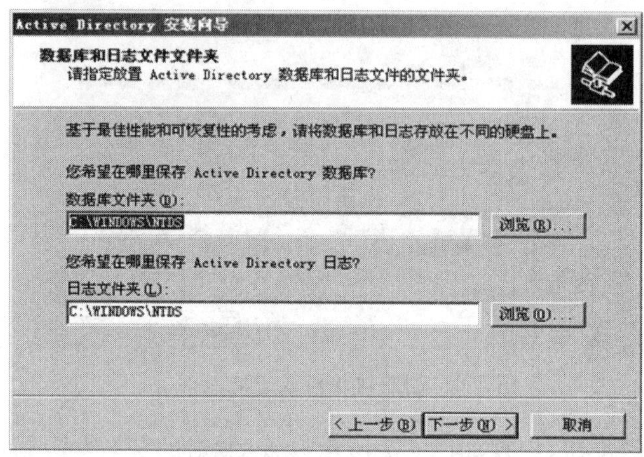

图 7-9　指定数据库和日志文件位置

(8) 单击“下一步”按钮，出现“共享的系统卷”对话框，如图 7-10 所示。

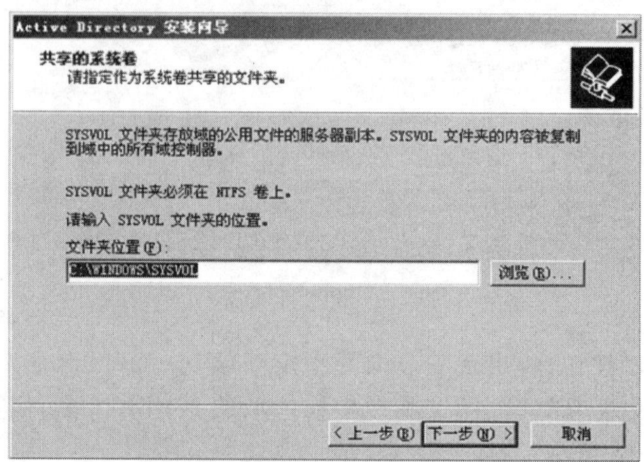

图 7-10　指定共享系统卷保存位置

(9) 单击“下一步”按钮，出现“DNS 注册诊断”对话框，选择“在这台计算机上安装并配置 DNS 服务器，并将这台 DNS 服务器设为这台计算机的首选 DNS 服务器”单选按钮，如图 7-11 所示。

(10) 单击“下一步”按钮，将出现“权限”对话框，如图 7-12 所示。权限用来限制对活动目录的访问，即限制对域信息的读取。

(11) 单击“下一步”按钮，将出现“目录服务还原模式的管理员密码”对话框，如图 7-13 所示。目录服务恢复模式的管理员密码是在使用 Windows Server 2003 高级启动选项中的目录服务恢复模式启动 Windows Server 2003 域控制器时，登录所需要的密码。

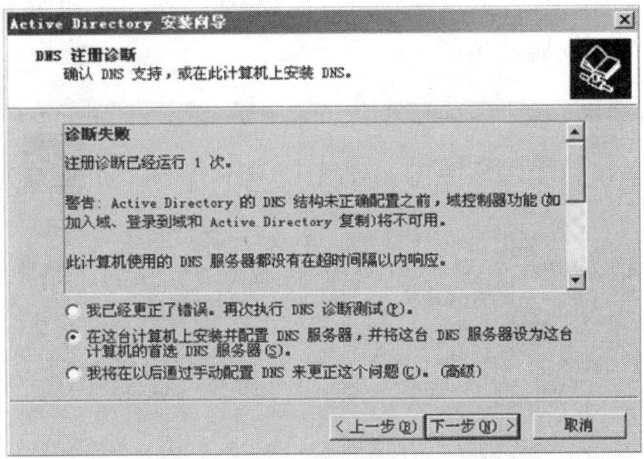

图 7-11　“DNS 注册诊断”对话框

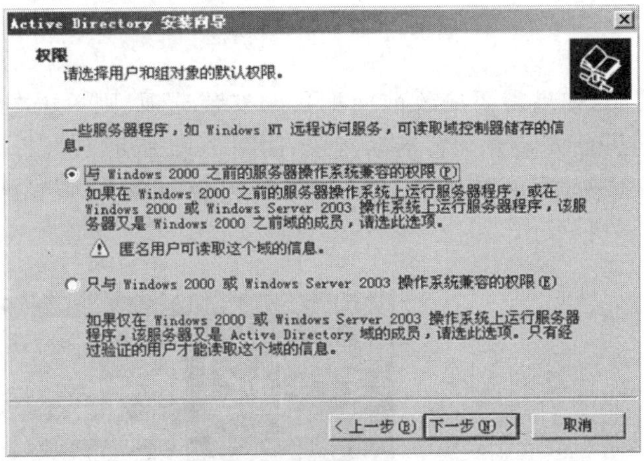

图 7-12　“权限”对话框

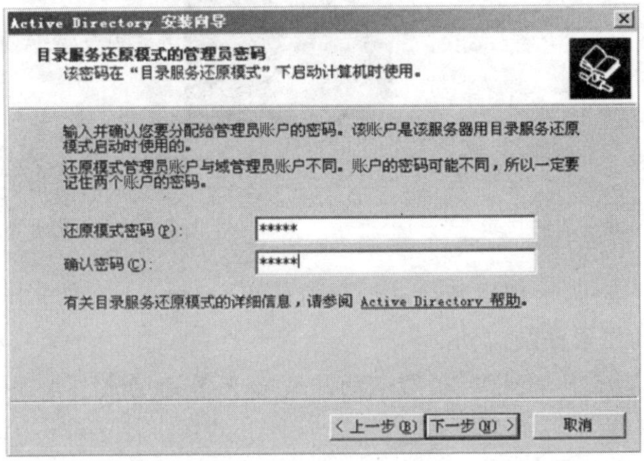

图 7-13　设置恢复密码

(12) 单击“下一步”按钮，将出现安装向导的“摘要”对话框，如图 7-14 所示，其中显示了通过安装向导所配置的安装选项。

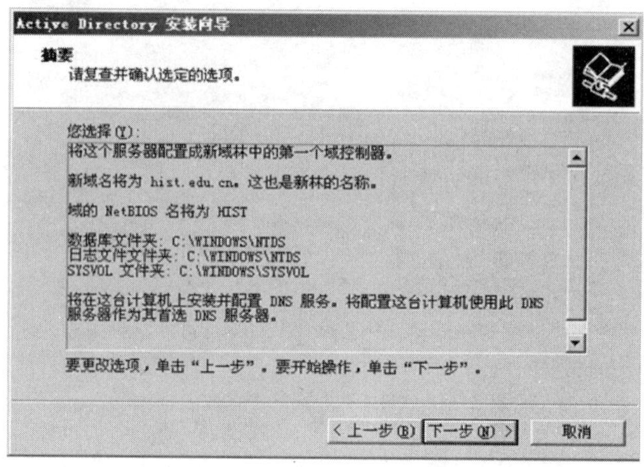

图 7-14 “摘要”对话框

(13) 根据实际情况，如果需要更改前面配置的安装选项，则单击“上一步”按钮；否则，单击“下一步”按钮，将开始安装并配置活动目录，如图 7-15 所示。

(14) 单击“下一步”按钮，出现如图 7-16 所示的完成向导窗口，单击“完成”按钮，完成活动目录的安装过程。

图 7-15 正在安装和配置活动目录

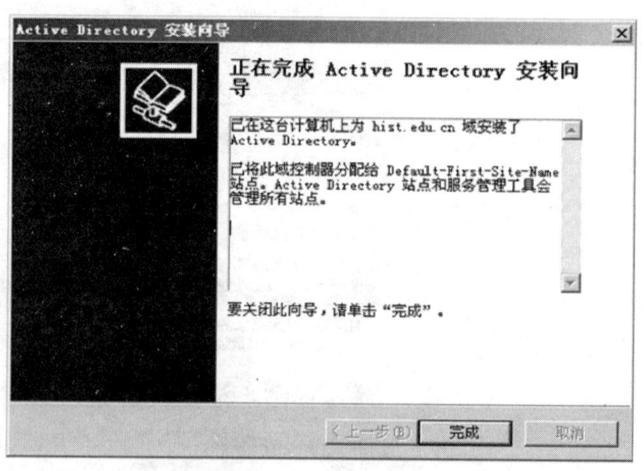

图 7-16 完成向导窗口

(15) 单击“完成”按钮，出现重新启动计算机的提示，单击“立即重新启动”按钮，计算机将开始重新启动，活动目录安装成功。

注意：同等硬件情况下，域控制器启动的速度要比普通的成员服务器或客户机慢。所以，应该为域控制器提供更高的硬件环境。

当活动目录安装完毕后，这台计算机的本地用户和组出于安全的原因就被禁用，取而代之的是域用户和组。

2. 部署 DHCP 服务器

在安装 DHCP 服务器前，应该给本身的这台计算机设置固定 IP 地址。

(1) 打开“控制面板”→“添加/删除程序”→“添加/删除 Windows 组件”→“Windows 组件向导”对话框，从“组件”列表中选中“网络服务”选项，单击“详细信息”按钮，操作如图 7-17 所示。

(2) 弹出“网络服务”对话框，从其中的子组件列表中选中“动态主机配置协议(DHCP)”，单击“确定”按钮，操作如图 7-18 所示。

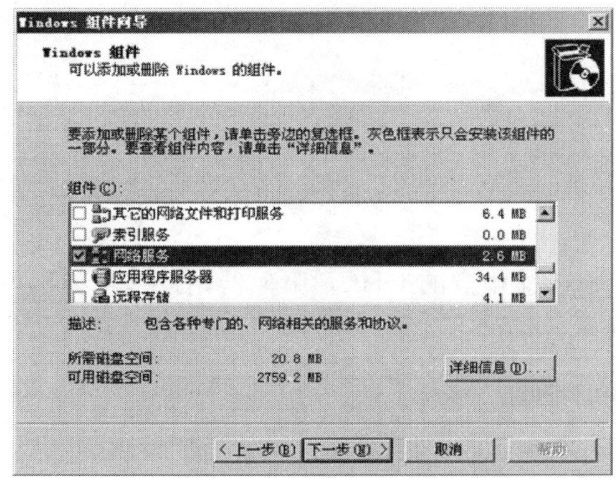

图 7-17　选择网络服务

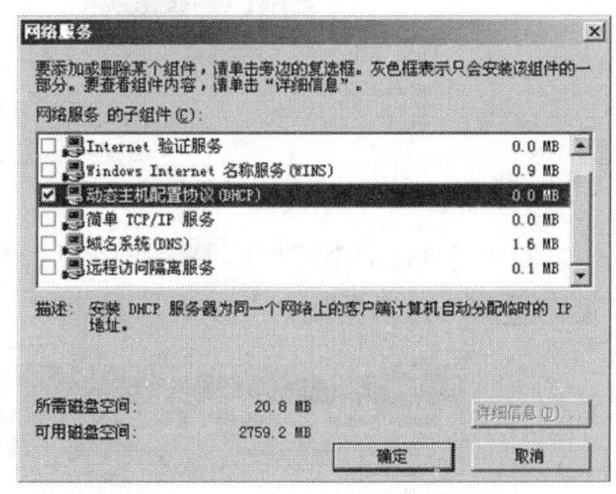

图 7-18　选择 DHCP 服务器

(3) 返回“网络组件向导”对话框，单击“下一步”按钮，DHCP 服务器开始安装，操作如图 7-19 所示。

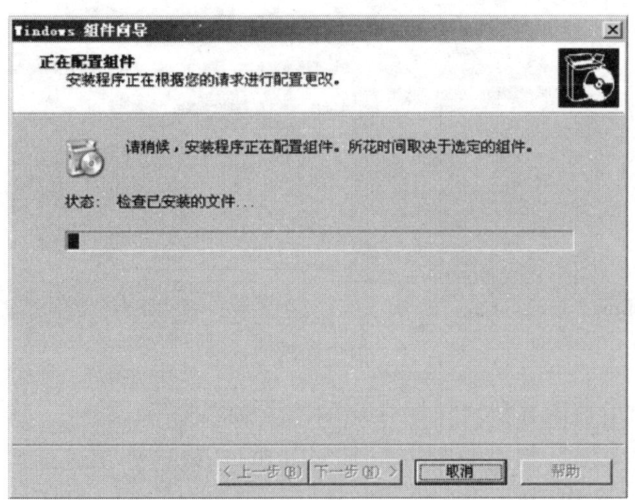

图 7-19　安装过程

(4) 安装完毕后，弹出“完成 Windows 组件向导”窗口，单击“完成”按钮即可，操作如图 7-20 所示。

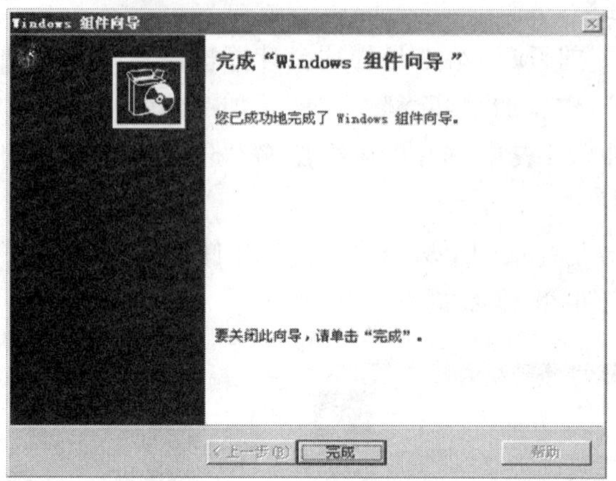

图 7-20 完成安装

3. 创建 DHCP 作用域

(1) 打开 DHCP 控制台，从左面的目录树中选择相应的 DHCP 服务器，右击，从弹出的快捷菜单选择“新建作用域”命令，如图 7-21 所示。

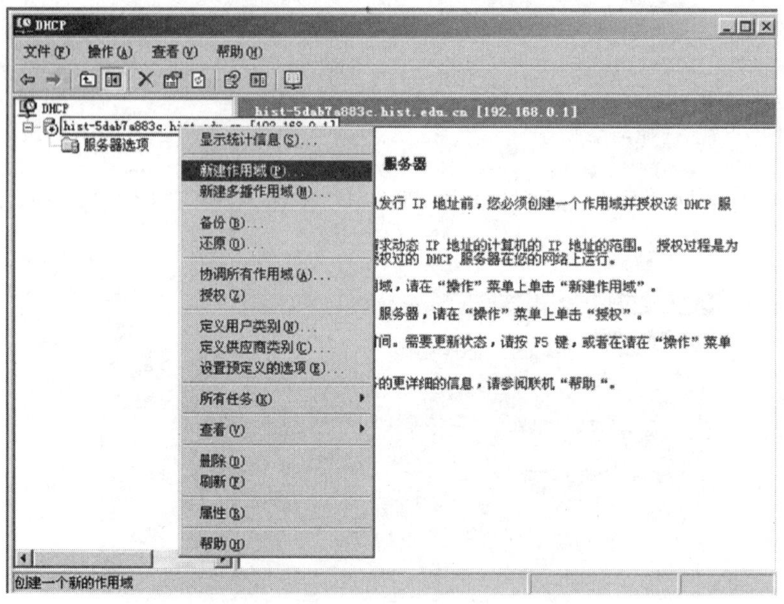

图 7-21 新建作用域命令

(2) 弹出“新建作用域向导”窗口，操作如图 7-22 所示。

(3) 单击“下一步”按钮，弹出如图 7-23 所示的窗口，输入作用域的名称和描述信息。

(4) 单击“下一步”按钮，弹出如图 7-24 所示的“IP 地址范围”对话框，在“起始 IP 地址”和“结束 IP 地址”文本框中输入要分配的 IP 地址，以确定地址范围。设置“长度”、“子网掩码”来解析 IP 地址的网络和主机部分，这里的长度指 IP 地址中网络部分的位数。建议使用对大多数网络有用的默认子网掩码，如果知道网络需要不同的子网掩码，则可根据需要修改这个值。

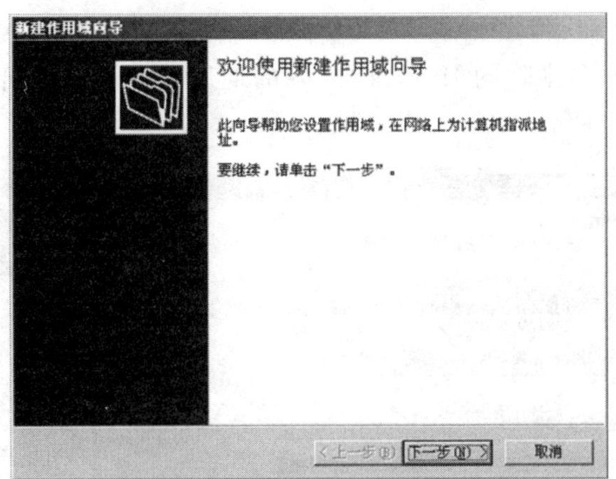

图 7-22　“新建作用域向导”窗口

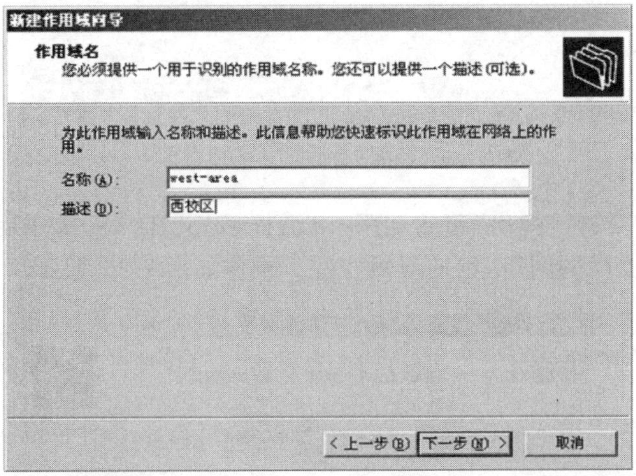

图 7-23　作用域设置

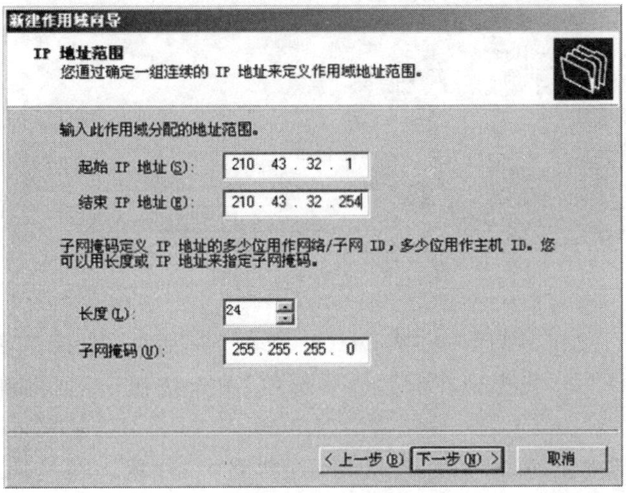

图 7-24　设置 IP 地址范围

(5) 单击“下一步”按钮，弹出如图 7-25 所示的“添加排除”对话框。可根据需要从 IP 地址范围中选择一段或多段要排除的 IP 地址，排除的地址是不可对外出租的。如果要排除单个 IP 地址，只需在“起始 IP 地址”中输入地址。

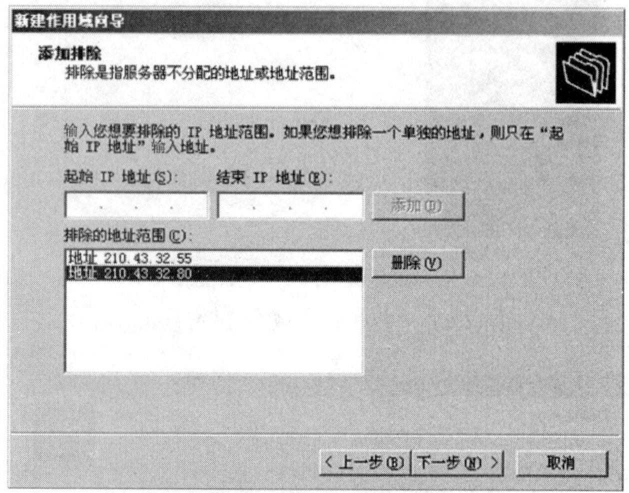

图 7-25　设置要排除 IP 地址范围

(6) 单击“下一步”按钮，弹出“租约期限”对话框，定义客户机从作用域租用 IP 地址的时间长短。对于经常变动的网络，租期应短一些。操作如图 7-26 所示。

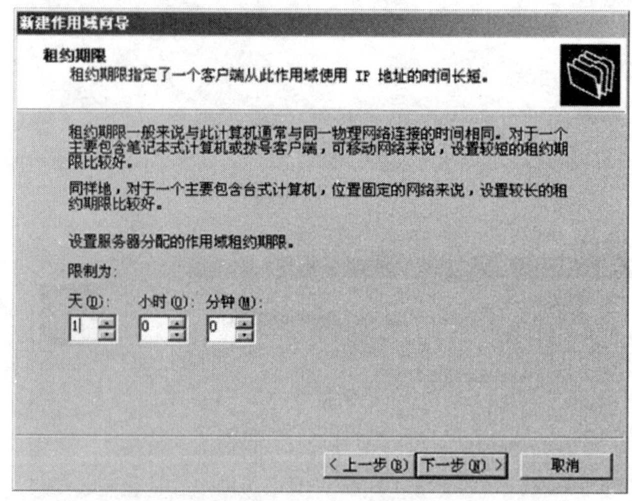

图 7-26　设置租约期限

(7) 单击“下一步”按钮，弹出“配置 DHCP 选项”对话框，选择是否为此作用域配置 DHCP 选项。这里选择“是，我想现在配置这些选项”单选按钮，否则将跳到第 10 步。操作如图 7-27 所示。

(8) 单击“下一步”按钮，弹出如图 7-28 所示的“路由器(默认网关)”对话框。设置此作用域发送给客户端使用的路由器或默认网关的 IP 地址。

(9) 单击“下一步”按钮，弹出如图 7-29 所示的“域名称和 DNS 服务器”对话框。如果要

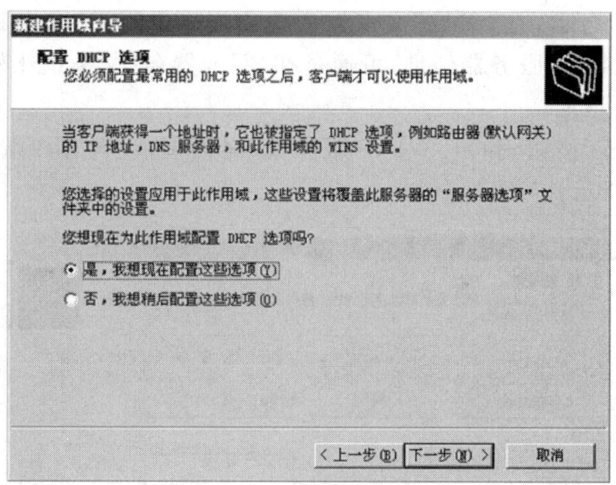

图 7-27　配置 DHCP 选项

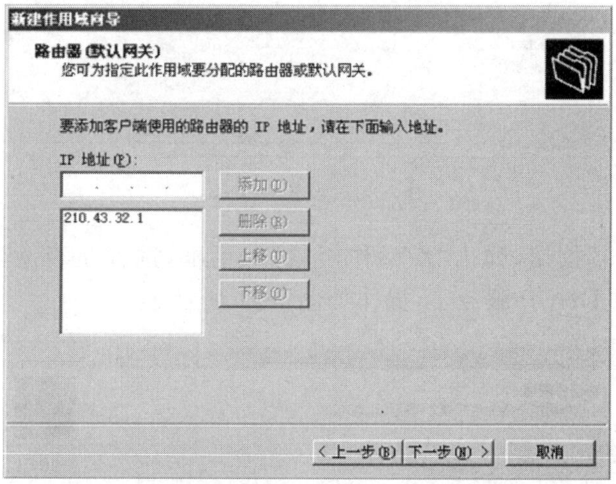

图 7-28　设置路由器(默认网关)选项

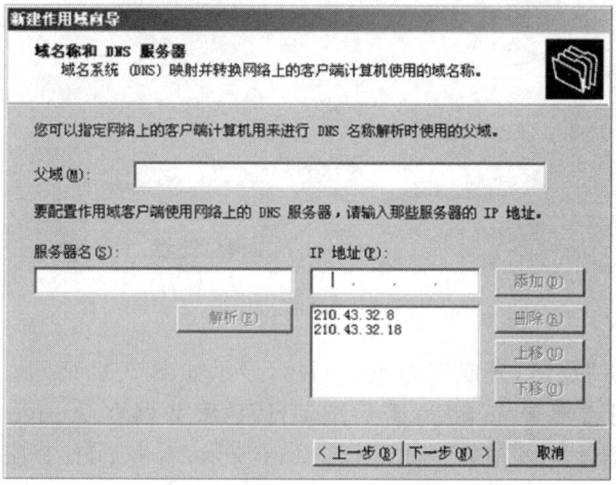

图 7-29　设置域名称和 DNS 服务器

为客户机设置 DNS 服务器，在“父域”文本框中输入用来进行 DNS 名称解析的父域名，在“IP 地址”列表中添加 DNS 服务器地址，可通过在“服务器名”文本框中输入服务器名称，单击“解析”按钮查询 IP 地址。

(10) 单击“下一步”按钮，弹出“WINS 服务器”对话框，设置客户端要使用的 WINS 服务器，操作如图 7-30 所示。

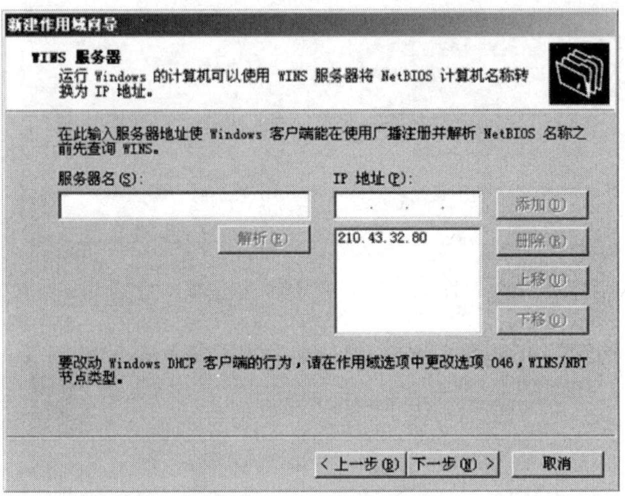

图 7-30　设置 WINS

(11) 单击“下一步”按钮，弹出“激活作用域”对话框，选择是否激活该作用域，如果激活，该作用域就可提供 DHCP 服务了，操作如图 7-31 所示。

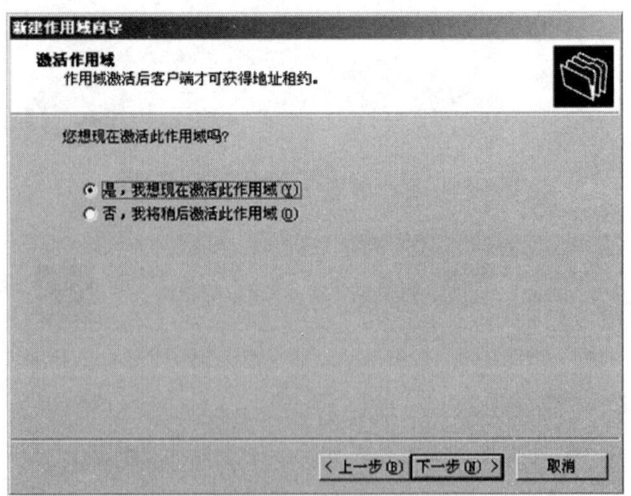

图 7-31　激活作用域

(12) 单击“下一步”按钮，完成作用域的创建，显示如图 7-32 所示。

(13) DHCP 作用域部署完毕后，需要把 DHCP 服务器在 Active Directory 中进行授权，这样 DHCP 服务器才可以正常工作，如图 7-33 所示，右击 DHCP 服务器，选择“授权”命令。至此，完成了对 DHCP 服务器的全部配置。

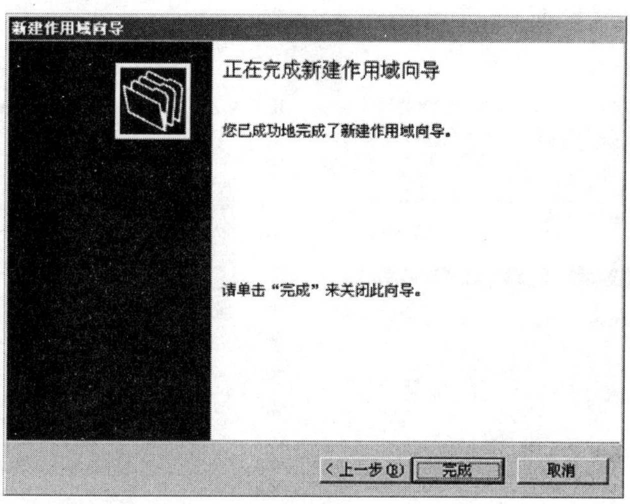

图 7-32　完成域向导

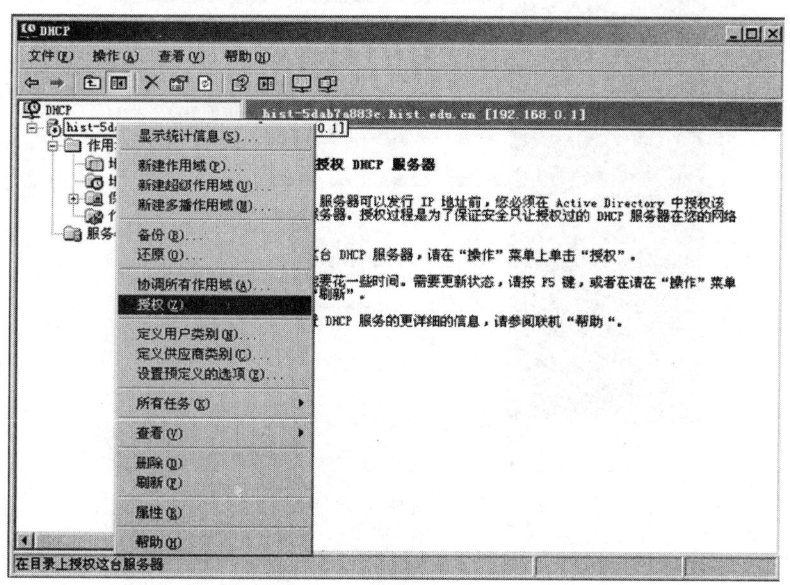

图 7-33　服务器授权

4. 部署远程安装服务器

(1) 在完成活动目录域的部署、DHCP、用户权限委派之后，现在需要进行 RIS 服务的安装了，打开控制面板中的“添加或删除程序”，然后添加“Windows 部署服务”，单击“下一步”按钮，如图 7-34 所示。

注意：Windows Server 2003 R2 以前的版本叫“远程安装服务”。

(2) 安装完此组件后系统会要求重启，重启后打开“Windows 部署服务(旧版)”，操作如图 7-35 所示。

(3) 弹出 Windows 部署服务向导窗口，单击“下一步”按钮，如图 7-36 所示。

(4) 弹出如图 7-37 所示的“Windows 部署服务文件夹的位置”窗口，选择一个存放操作

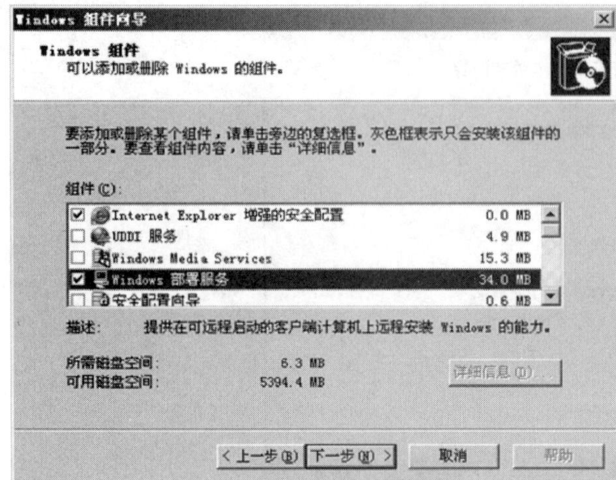

图 7-34 Windows 部署服务

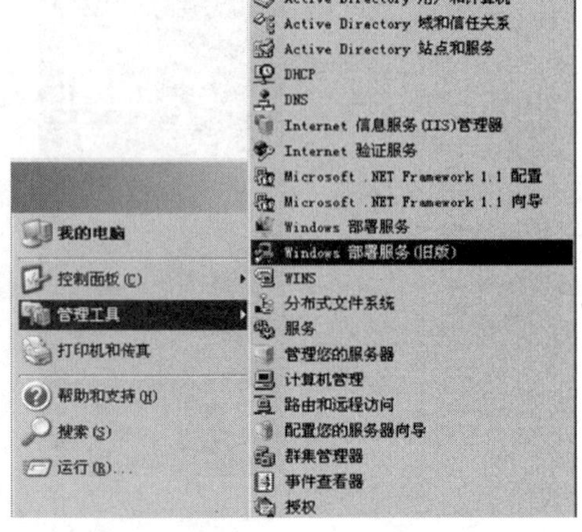

图 7-35 Windows 部署服务(旧版)

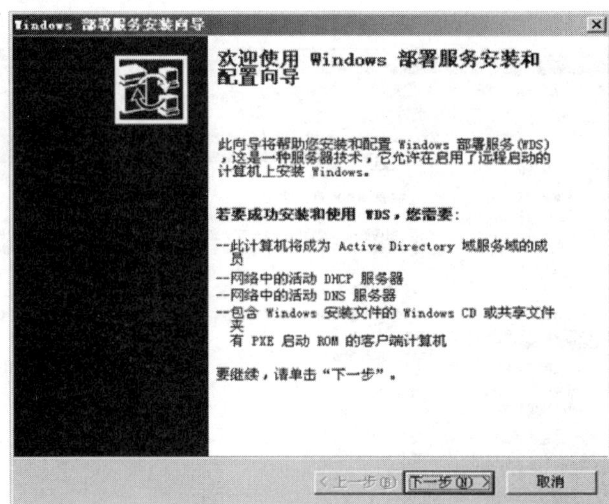

图 7-36 部署服务向导窗口

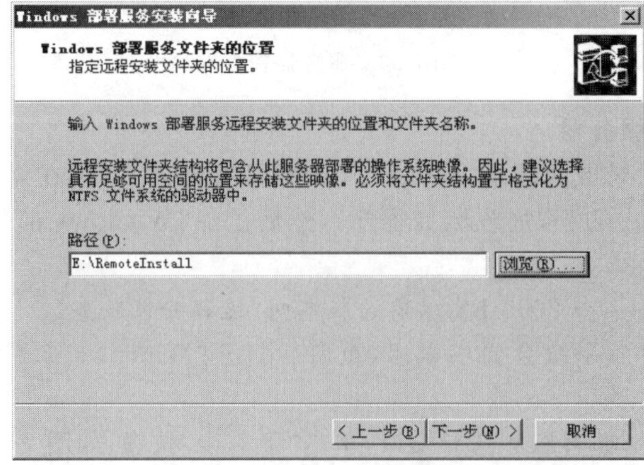

图 7-37 文件夹位置窗口

系统映像的文件夹位置。

注意：此文件夹必须存放在系统分区之外的 NTFS 文件系统分区中。

(5) 单击"下一步"按钮，弹出"Windows 部署服务 PXE 服务器初始设置"窗口，选中"响应发出服务请求的客户端计算机"复选项，操作如图 7-38 所示。

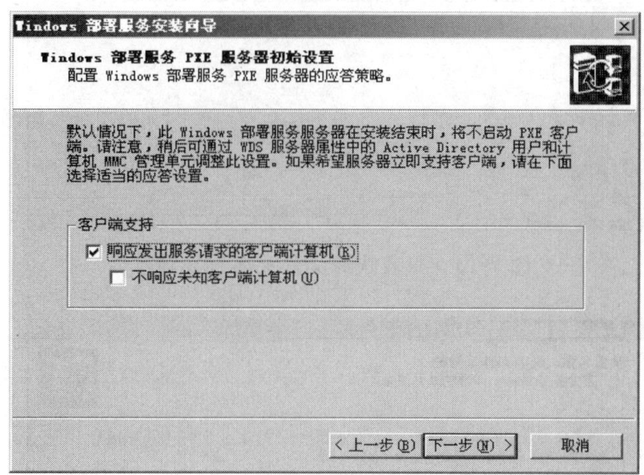

图 7-38　PXE 服务器初始设置窗口

(6) 单击"下一步"按钮，弹出"Windows CD 的位置"窗口，选择操作系统光盘相应的位置，操作如图 7-39 所示。

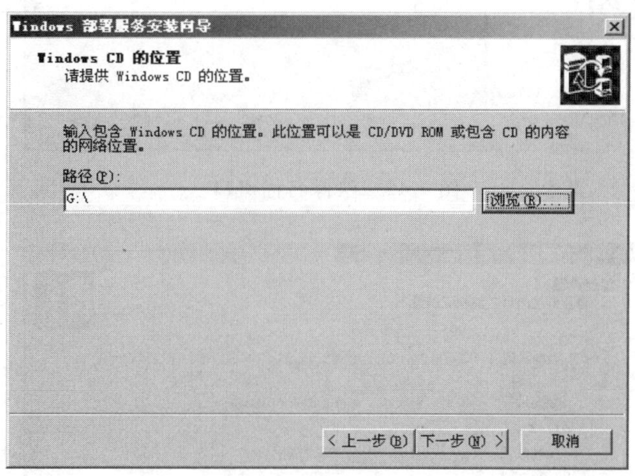

图 7-39　Windows CD 位置窗口

(7) 单击"下一步"按钮，弹出"Windows 安装映像文件夹名称"窗口，输入相应的名称，操作如图 7-40 所示。

(8) 单击"下一步"按钮，弹出"映像名称、说明和体系结构"窗口，输入相应的信息，操作如图 7-41 所示。

(9) 单击"下一步"按钮，弹出"复查设置"窗口，检查设置无误后单击"完成"按钮，RIS 服务开始进行初始化配置，如图 7-42 所示。

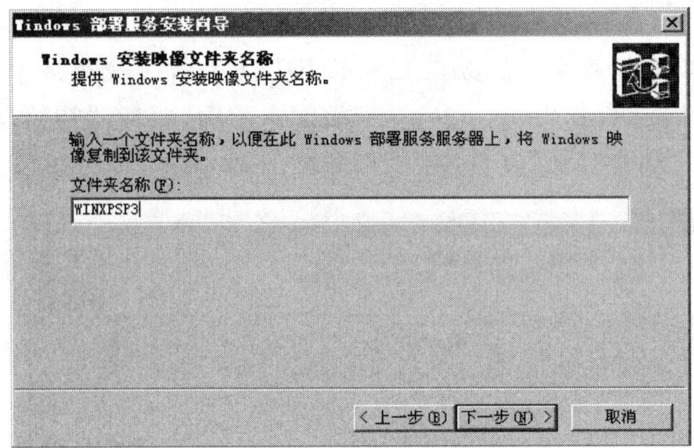

图 7-40　安装映像文件夹名称窗口

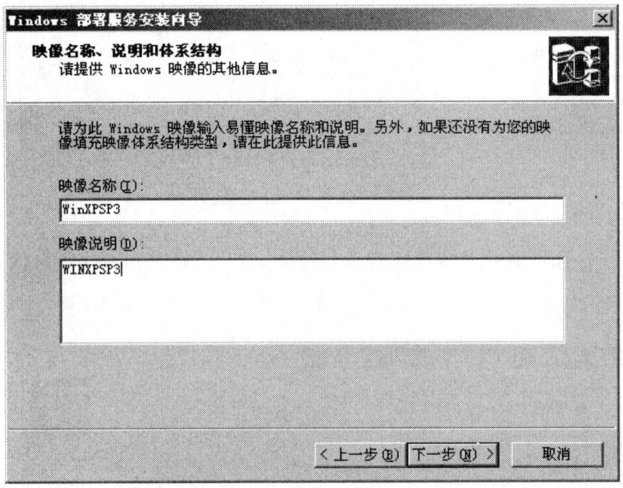

图 7-41　映像名称窗口

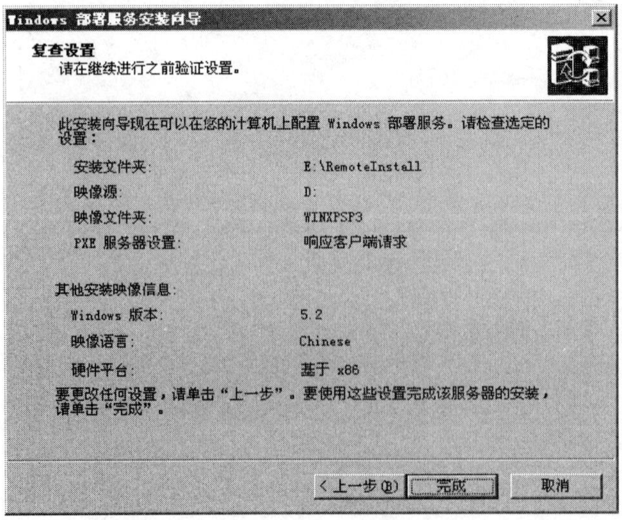

图 7-42　复查设置窗口

（10）到此，RIS 服务进行操作系统部署基本完成，但是默认状态下使用 RIS 进行部署时会将客户端计算机的整个硬盘格式化为 1 个分区，而且还需要在安装过程中手动输入操作系统的 CD-KEY。

打开 RemoteInstall\Setup\Chinese\Images\WindowsXpWithSp2\i386\templates 目录，找到 ristndrd. sif 文件，然后使用记事本打开，将 Repartition＝Yes 修改为 Repartition＝No，将 UseWholeDisk＝Yes 修改为 UseWholeDisk＝No。操作如图 7-43 所示。

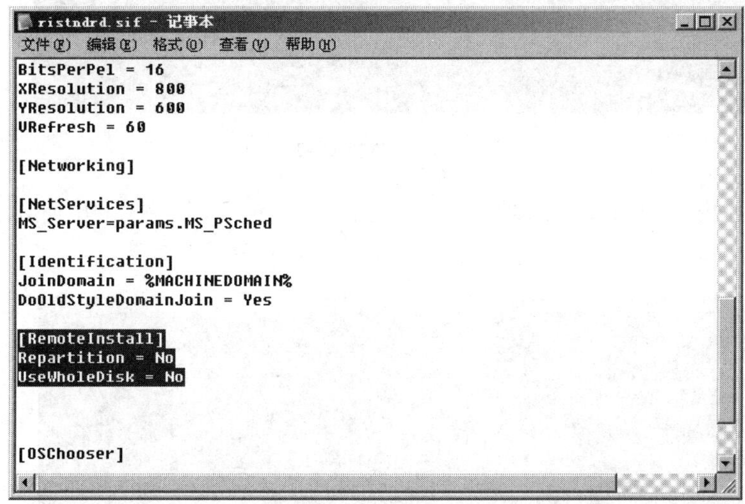

ristndrd. sif - 记事本
文件(F) 编辑(E) 格式(O) 查看(V) 帮助(H)

```
BitsPerPel = 16
XResolution = 800
YResolution = 600
VRefresh = 60

[Networking]

[NetServices]
MS_Server=params.MS_PSched

[Identification]
JoinDomain = %MACHINEDOMAIN%
DoOldStyleDomainJoin = Yes

[RemoteInstall]
Repartition = No
UseWholeDisk = No



[OSChooser]
```

图 7-43　分区设置

在[UserData]小节中添加操作系统的 CD-KEY，操作如图 7-44 所示。

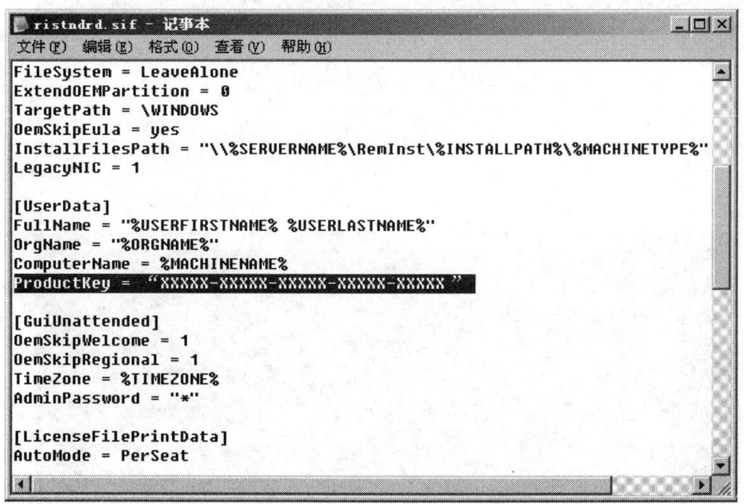

ristndrd. sif - 记事本
文件(F) 编辑(E) 格式(O) 查看(V) 帮助(H)

```
FileSystem = LeaveAlone
ExtendOEMPartition = 0
TargetPath = \WINDOWS
OemSkipEula = yes
InstallFilesPath = "\\%SERVERNAME%\RemInst\%INSTALLPATH%\%MACHINETYPE%"
LegacyNIC = 1

[UserData]
FullName = "%USERFIRSTNAME% %USERLASTNAME%"
OrgName = "%ORGNAME%"
ComputerName = %MACHINENAME%
ProductKey = "XXXXX-XXXXX-XXXXX-XXXXX-XXXXX"

[GuiUnattended]
OemSkipWelcome = 1
OemSkipRegional = 1
TimeZone = %TIMEZONE%
AdminPassword = "*"

[LicenseFilePrintData]
AutoMode = PerSeat
```

图 7-44　添加 CD-KEY

5. 远程部署客户端系统

（1）远程安装服务器配置完成后，就可以在裸机上进行安装测试。在裸机的 BIOS 中打开 PXE，然后选择从网络引导，重新启动裸机后，裸机利用 PXE 驱动网卡。如图 7-45 所示，裸机提示是按 F12 键开始网络引导服务，这表示裸机已经找到了远程安装服务器。

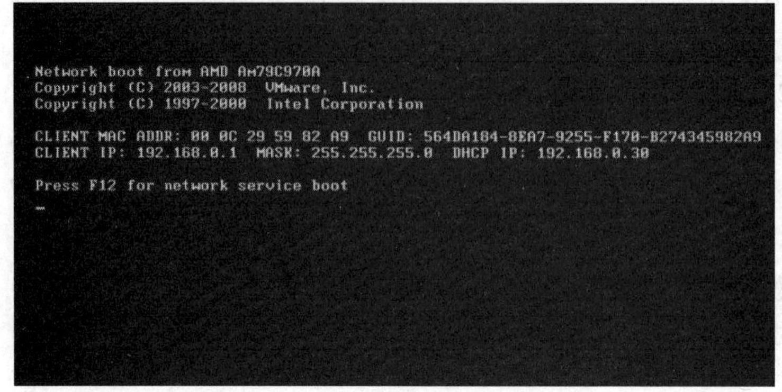

图 7-45 网络启动

(2) 在裸机上按下 F12 键,出现远程安装的欢迎屏幕,如图 7-46 所示,按下回车键继续。

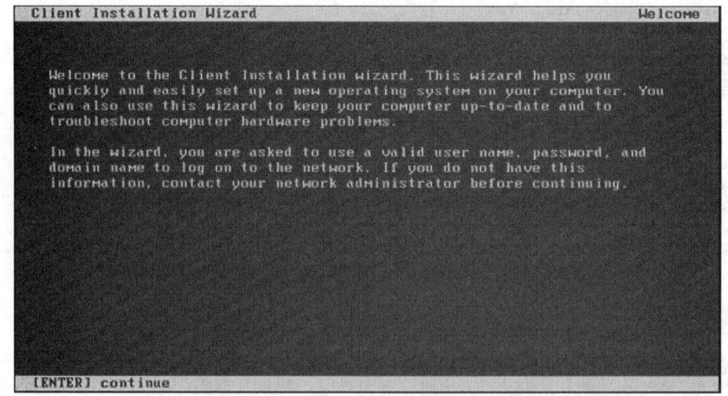

图 7-46 远程安装欢迎屏幕

(3) 输入一个有权限的域用户账号开始远程安装,一般输入的是域管理员账号,如图 7-47 所示。

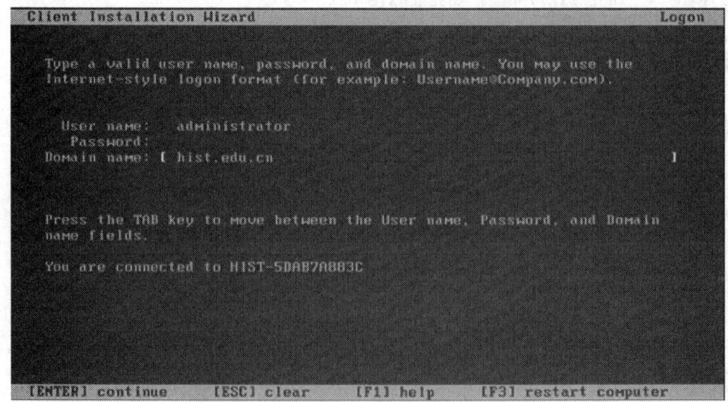

图 7-47 账号设置

(4) 单击回车键,弹出如图 7-48 所示的窗口,按光标键选择要安装的操作系统版本。

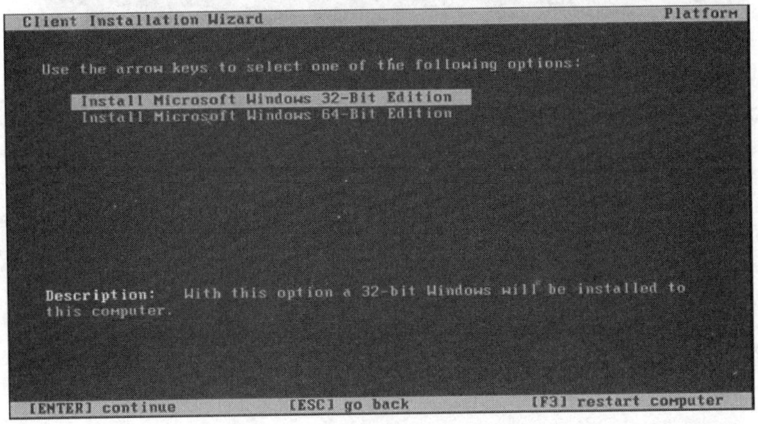

Client Installation Wizard
Platform
Use the arrow keys to select one of the following options:
Install Microsoft Windows 32-Bit Edition
Install Microsoft Windows 64-Bit Edition
Description: With this option a 32-bit Windows will be installed to this computer.
[ENTER] continue
[ESC] go back
[F3] restart computer

图 7-48　操作系统版本设置

(5) 单击回车键,弹出如图 7-49 所示的安装向导警告窗口,提示硬盘分区上的所有数据都将被删除。

Client Installation Wizard
Caution
* * * C A U T I O N * * *
All data on the hard drive will be deleted!
Before the new operating system is installed, this computer's hard drive must be repartitioned and formatted. All existing data on the drive will be deleted during this process.
To continue, press ENTER. To cancel the installation, press ESC.
[ENTER] continue
[ESC] cancel
[F3] restart computer

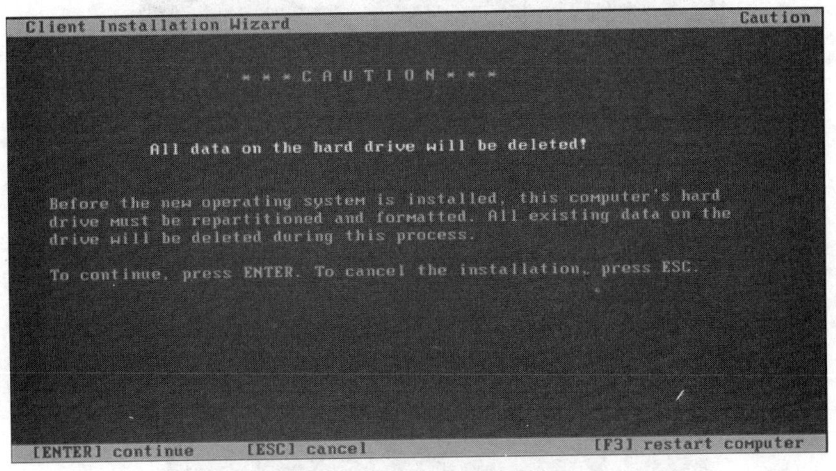

图 7-49　安装向导警告窗口

(6) 单击回车键,弹出如图 7-50 所示的窗口,安装向导为裸机在域中创建的计算机账号是 administrator1,远程安装服务器为裸机使用的命名策略是用裸机上输入的域用户账号再加上一个数字作为裸机的计算机名,这样可以避免多台裸机的计算机名重复。如果希望为裸机事先取个有意义的计算机名,可以把裸机的 GUID 以及计算机名在 Active Directory 用户和计算机中进行登记。

(7) 按回车键,无人值守安装开始,如图 7-51 所示,远程安装服务开始从服务器复制安装文件到裸机。

(8) 裸机在字符界面下完成安装操作后自动重启,如图 7-52 所示,现在开始在图形界面下进行操作系统的无人值守安装。重启后完成 Windows XP 系统的安装,登录时采用域账户登录即可。

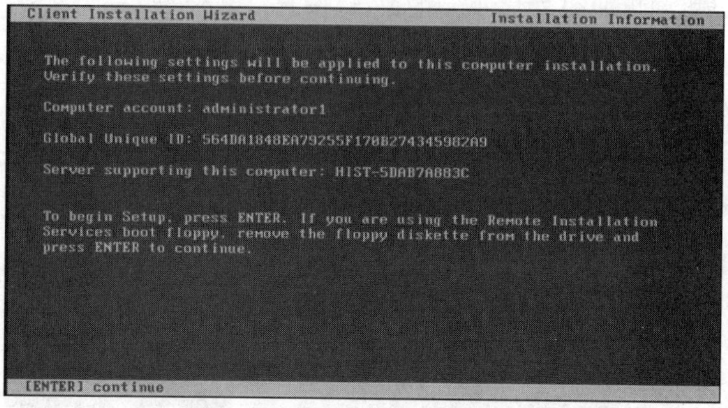

Client Installation Wizard　　Installation Information

The following settings will be applied to this computer installation.
Verify these settings before continuing.

Computer account: administrator1

Global Unique ID: 564DA1848EA79255F170B274345982A9

Server supporting this computer: HIST-5DAB7A883C

To begin Setup, press ENTER. If you are using the Remote Installation
Services boot floppy, remove the floppy diskette from the drive and
press ENTER to continue.

[ENTER] continue

图 7-50　GUID 信息显示

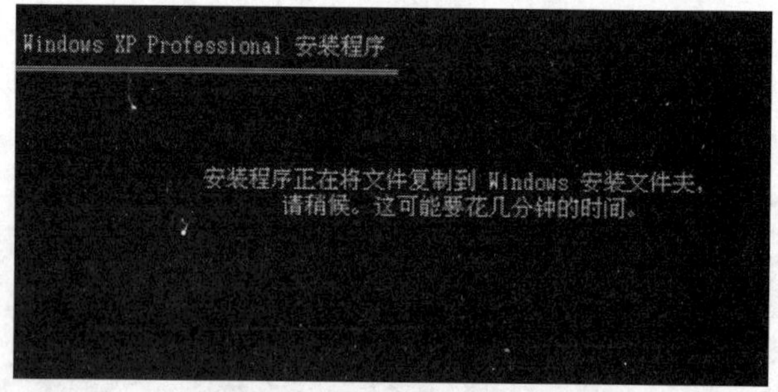

图 7-51　复制文件

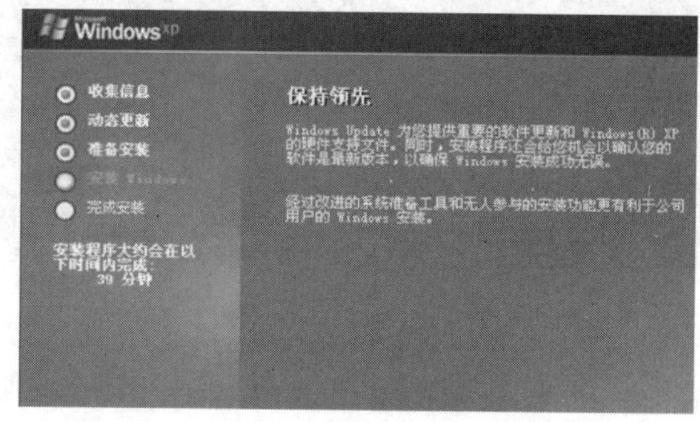

图 7-52　无人值守安装

7.3　Web 服务器软件的部署

本节讲述常见 Web 服务器的部署过程。

7.3.1　常见的 Web 服务器软件

Web 服务是网络上使用量最大的服务，在 UNIX 和 Linux 平台下使用最广泛的免费 HTTP 服务器是 W3C、NCSA 和 Apache 服务器，而 Windows 平台 NT/2000/2003 使用 IIS

的 Web 服务器。根据 w3techs. com 的调查，目前全球广泛使用的 Web 服务器如图 7-53 所示。

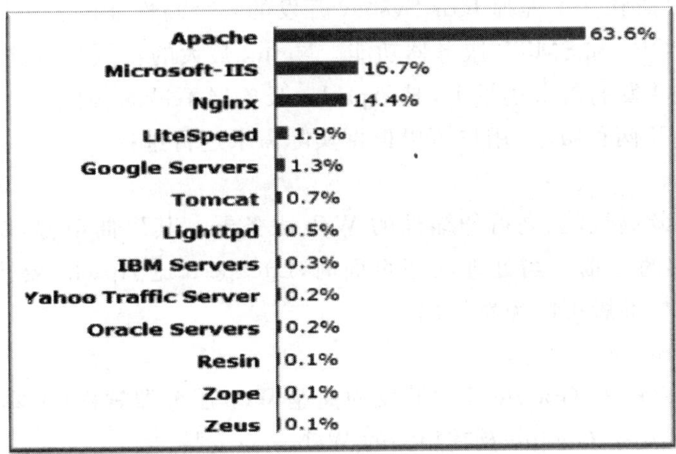

图 7-53 Web 服务器的市场占有率

1. Apache

Apache 是广泛使用的 Web 服务器。它最初主要是用作 UNIX 平台使用，现在基于 Windows 平台的 Apache 服务器也备受用户欢迎。Apache 服务器开放源代码，用户可以通过网络免费获取，它的安装和配置都非常简单，运行速度快，性能稳定，占用系统资源少。图 7-54 展示了在 Windows 平台下，Apache 2. 2 服务器运行后的一个界面显示。

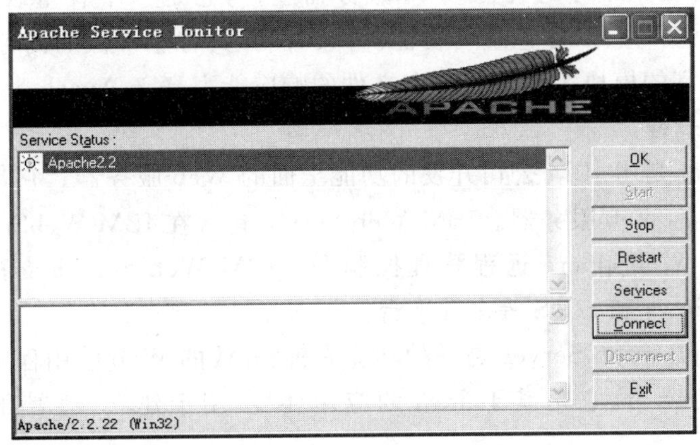

图 7-54 Apache 服务器运行主界面

2. Microsoft IIS

IIS(Internet Information Server，IIS)是微软公司推出的功能强大、管理方便的 Web 服务器。它集成并运行于 Windows Server 系列平台上，提供了 WWW、FTP 等强大的 Internet 服务。IIS 作为附件集成在 Windows 操作系统内，通过添加系统组件的方式安装。

IIS 早期主要用于支持微软的 ASP 技术，目前已经全部升级到 ASP. NET 技术，它集成了. NET 框架，是支持 ASP. NET 的高效率开发平台。IIS 提供 ISAPI(Intranet Server API)作为扩展 Web 服务器功能的编程接口。同时，它还提供一个 Internet 数据库连接器，可以实现对数据库的查询和更新。

3. Nginx

Nginx是由俄罗斯软件工程师Igor Sysoev开发的一个高性能的HTTP和反向代理服务器,具备IMAP/POP3和SMTP服务器功能。Nginx最大的特点是对高并发的支持和高效的负载均衡,在高并发的需求场景下,是Apache服务器不错的替代品。Nginx目前开发有Windows和UNIX两种版本,用户可以根据实际需求进行选择。

4. LiteSpeed

LiteSpeed是一款高性能、高可伸缩性的Web服务器。其厂商申称,LiteSpeed的基准测试速率是Apache的6倍。当处理动态页面时,LiteSpeed比Apache要快50%,LiteSpeed是一款商业软件,其标准版可以免费使用。

5. Google Web Server

Google Web Server是Google公司开发的商业Web服务器软件,主要用于构建大型的企业站点。目前主要用于Google及其相关的Web站点支持。

6. Tomcat

Tomcat是一个开放源代码、运行servlet和JSP Web应用软件的Web应用软件容器。Tomcat Server根据servlet和JSP规范进行执行,是Java Servlet 2.2和Java Server Pages 1.1技术的标准实现,是基于Apache许可证下开发的自由软件。Tomcat是完全重写的Servlet API 2.2和JSP 1.1兼容的Servlet/JSP容器。

7. Lighttpd

Lighttpd是由德国人领导的开源Web服务器软件,它是一个轻量级的Web服务器。支持FastCGI、URL重写、Alias等重要功能。Lighttpd具有非常低的内存开销,CPU占用率低,效能好以及丰富的模块等特点其静态文件的响应能力高于Apache。

8. IBM Web Server

IBM Web Server是由IBM公司开发的功能全面的Web服务器。它基于Apache服务器开发,是一个免费的Web服务器。IBM Web Server包含在IBM WebSphere Application Server中,可以采用WebSphere远程管理控制台。IBM Web Server支持AIX、HP-UX、Linux、Solaris、Windows和z/OS等多种平台。

WebSphere Application Server是一种功能完善、开放的Web应用程序服务器,是IBM电子商务计划的核心部分,它是基于Java的应用环境,用于建立、部署和管理Web应用程序。

7.3.2 Web服务器软件的部署

就目前说来,Web服务成为网络中使用最为广泛的服务,实现以浏览器方式进行网络服务就要部署Web服务器,可以看到一个趋势,目前所有的网络服务都是实现向Web的集成过程。基于Web的网站,博客、微博、电子商务、电子邮件、视频、论坛、游戏目前占据了网络的绝大多数应用,而传统的基于客户端/服务器模式的网络服务也在逐渐向基于Web的网络服务过渡,例如基于Web站点的WebQQ和Web飞信等。所以Web服务器是所有网络服务中使用频率最高的一个应用服务器,在部署Web服务器时需要考虑如下问题。

1. 考虑和服务器平台的兼容性

一般说来服务器平台中主要包括 Linux、UNIX 和 Windows 几种，目前使用较多的是 UNIX 和 Linux 平台，对于这些平台来说，所对应的 Web 服务器类型非常丰富，上节阐述的 Web 服务器中，大多数都支持 Linux 和 UNIX 平台，而在 Windows 平台下的 Web 服务器相对较少，IIS 是微软开发的 Web 服务器，主要用于 Windows 平台下。部分没有 Windows 平台支持的 Web 服务器如果要构建在 Windows 平台下，可以采用 cygwin 模拟 UNIX 的运行环境，当然一般认为这样构建的 Web 服务器性能不会很好。

2. 考虑在该 Web 服务器上运行的站点语言类型

目前可以构建 Web 站点的语言类型非常多，主要包括 PHP、ASP. NET、Java 等。根据 w3techs. com 的调查，运行在 Internet 的站点中采用的主要语言如图 7-55 所示。

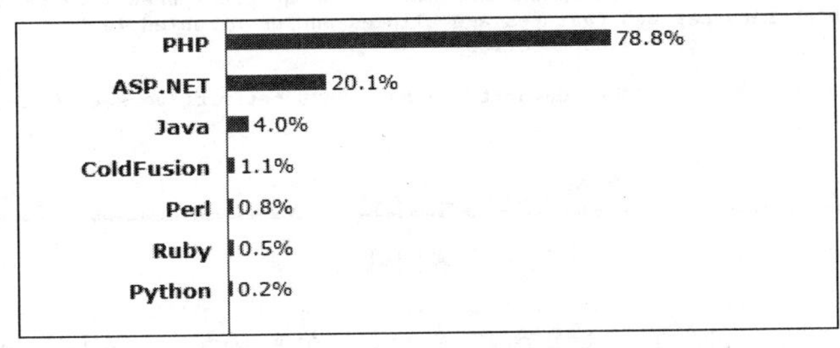

图 7-55　常见 Web 语言

可以看到，目前站点构建中主要采用的语言是 PHP、ASP. NET 和 Java。为此，在部署 Web 服务器时，必须要考虑未来需要构建的 Web 站点的语言类型，如果站点采用 PHP 技术和 Java 技术构建，可采用的 Web 服务器相对较多。而如果采用的是 ASP. NET，则一般认为要采用 IIS 服务器。另外，还需要考虑这些语言的运行环境或者解析器是否支持和该 Web 服务器兼容，例如 PHP 要运行必须要同时安装相关的 perl 解析器，而 ASP. NET 则必须安装对应的. netframework 支持解析运行。Java 的运行中必须安装对应的 JRE。

3. 选择开源的 Web 服务器还是商业的 Web 服务器

就目前来说，Web 服务器主要有免费的开源服务器和商业的收费服务器两种。在部署网络工程时必须要考虑是采用收费的还是免费的 Web 服务器。一般认为大型的企业商务站点部署时建议采用商业的 Web 服务器，这些服务器的安全维护相对要好一些，而如果采用开源的 Web 服务器，则对应的安全管理和维护任务都由用户自行承担。当然商业 Web 服务器的代价一般较大，但是其售后服务等都有很大的保证。

4. 考虑 Web 服务器的性能和管理维护

在部署 Web 服务器时，必须要考虑实际构建的 Web 服务器的规模，这就需要权衡 Web 服务器的性能，例如最大连接数量限制，内存占用率，CPU 占用率，是否支持热部署，Web 服务器的稳定性、扩展性、安全性等。这些必须从实际的需求出发进行权衡。

另外，必须考虑 Web 服务器的管理维护方式，就目前看来，窗口化的管理方式简单明了，在上面提到的众多服务器中，IIS 等部分服务器提供了窗口化的管理方式，而其他服务器，例如 Apache 等都提供的是基于修改 httpd. conf 文件进行的管理配置方式，如果用户对这些配置过程不熟悉，则很容易导致错误。例如在 Apache 服务器中要配置根目录为 E:/Website，则需要打开 httpd. conf 文件，查找关键字 DocumentRoot，找到如图 7-56 所示的地方，然后将 DocumentRoot 后""内的地址改成 E:/website。

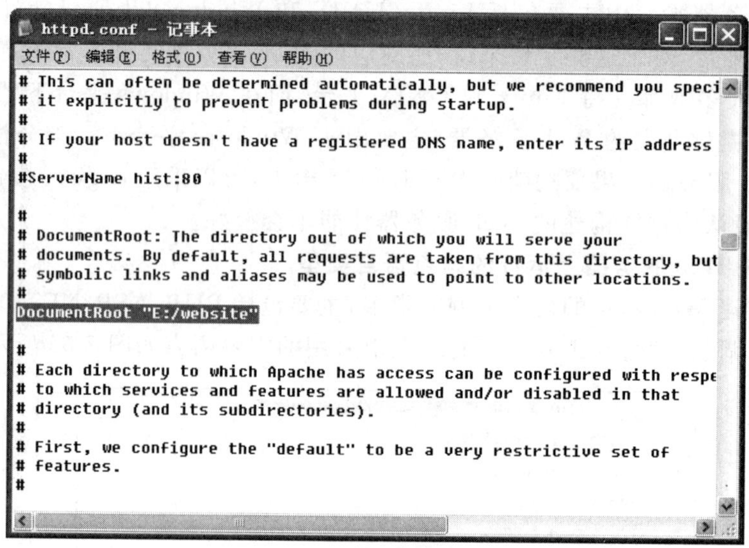

图 7-56　配置网站根目录

而如果在 IIS 服务器下，则在 IIS 主窗口下右击，在弹出的菜单中选择“属性”命令，打开“默认站点属性”窗口，切换到“主目录”选项卡下，单击“浏览”按钮就可选择对应的站点根目录即可，如图 7-57 所示，读者可以对比一下这两种操作的难易程度。

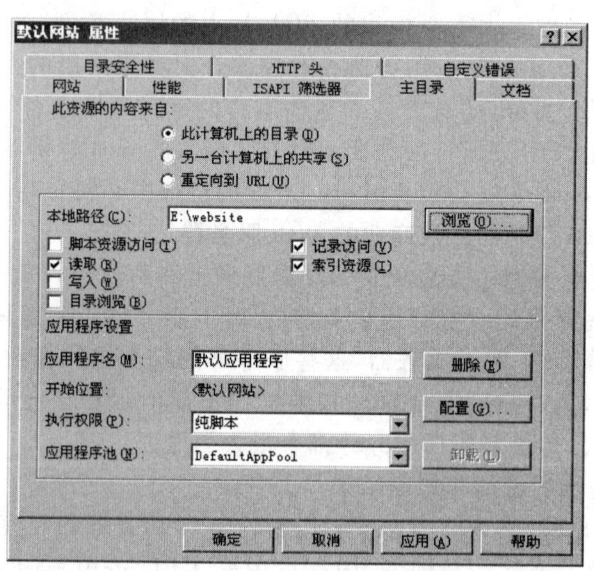

图 7-57　IIS 下主目录的设置

5．考虑 Web 服务器的版本和安装运行这台服务器的硬件环境的兼容性

Web 服务器软件实际上是一个应用软件，它要运行在网络服务器之上，同时也受到运行这台服务器的硬件系统的制约。在这些 Web 服务器软件之中，像 IIS 这类 Web 服务器和对应的服务器操作系统绑定在一起，也就是说，用户选择购买了哪款 Windows Server 操作系统，则对应的 IIS 就会同样支持，一般不存在兼容型的考虑问题，只要服务器操作系统和服务器硬件系统兼容，则 IIS 和 Windows Server 绝对是兼容运行的。而其他很多 Web 服务器和服务器操作系统之间没有这样的关系，这些服务器都是单独开发的，在安装部署时，一方面要考虑平台操作系统的兼容性，同时要兼顾和平台硬件系统的兼容性。例如用户部署的 Web 服务器硬件平台支持 64 位系统，运行的是 64 的操作系统，则必须要考虑部署 64 位的 Web 服务器，那么首先就要调研，存在不存在这样一款支持 64 位版本的 Web 服务器软件。

同时要考虑未来是否能升级，是否支持热部署，就是在运行过程中直接升级，因为一般要求，Web 服务器是永远在线的，如果不支持热部署，要在网络下线后才能进行部署，则是不明智的选择。

还要说明的一点就是，在部署时必须要考虑 Web 服务器的版本，考虑要部署版本是否和当前系统的软硬件兼容，版本是否已经落后，是否存在安全漏洞，一般都要求用户选择安装稳定版本的 Web 服务器，而不选择已经落后的版本和最新的测试版本，最新版本一般都存在相关的 Bug，这对实际部署的 Web 站点存在巨大影响。

7.4 电子邮件服务器软件的部署

本节讲述电子邮件服务器的部署过程。

7.4.1 常见的电子邮件服务器软件

电子邮件(E-mail)是 Internet 使用最多的通信服务。通过电子邮件系统，用户可以采用文字、图像、声音等各种媒体格式实现信息的传输。电子邮件的使用简易、投递迅速、收费低廉。

目前电子邮件的市场非常活跃，国外的著名电子邮件服务系统有 Google 的 gmail 系统，微软的 hotmail 系统(目前又推出了 outlook 系统)，雅虎的电子邮件系统等。国内著名的邮件服务系统有 163 的邮件系统、搜狐邮件系统等。

1. Coremail

Coremail 是国内领先的电子邮件系统。目前为止，Coremail 已在 163.com、126.com、139.com 等运营商系统中成功应用，Coremail 的客户遍及国内及亚洲地区的各个领域，包括电信、政府机构、企事业单位、教育机构等。国内超过 5 亿的电子邮件系统终端用户正在使用 Coremail。Coremail 电子邮件系统高效、稳定、安全、易于扩展，作为国内首个自主研发的支持亿级用户的电子邮件系统，Coremail 支持从高端到低端的各种硬件平台，具备丰富多样的产品功能，提供用户等级管理、在线系统管理、智能反垃圾邮件等，适应不同用户对邮件系统的需求。

2. Foxmail Server

Foxmail Server(FMS)系统是一个基于 Linux 系统，利用 Java 技术开发的邮件服务系统。Foxmail Server 提供了多种邮件服务，包括 SMTP、POP3、LDAP 等，并内建邮件扩充协议的 MIME，用户可以根据使用习惯以 Outlook Express、Foxmail 等流行客户端软件收发邮件，也可以在 Web 浏览器界面上登录处理邮件。管理员也可以基于 Web 页面进行管理维护。

3. 亿邮

亿邮是北京亿中邮信息技术有限公司开发的功能强大电子邮件系统。亿邮基于标准的UNIX，适应性广，支持目前各种流行的UNIX系统，如Solaris、Linux、FreeBSD等。它的容量大、功能完善，全面兼容各种有关Mail的标准协议、功能，如IMAP4、ESMTP、POP3、MIME。

4. Exchange Server

Exchange Server是Microsoft出品的功能完备的邮件服务器软件。Exchange Server是全球领先的最新移动电子邮件和协作平台，它通过电子邮件交换信息，实现员工之间的沟通、交流、协作。

7.4.2 电子邮件服务器软件的部署

相对说来，市场上电子邮件服务器软件琳琅满目，在构建网络工程时，要部署一款适合实际企业需求的电子邮件服务器必须从如下几个方面做起。

1. 根据企业用户的规模选择电子邮件服务器

不同的电子邮件服务器可支持的用户数量可能不同，是否限制用户数量成为选择电子邮件服务器首先需要考虑的问题。一般说来，在构建网络工程时，需要考虑当前使用电子邮件的规模和未来的扩充数量，以此作为选购电子邮件服务器软件的第一要素。

一般说来支持的用户数量越多，电子邮件服务器软件的价格就越贵，当然目前也出现了部分不受用户数量限制的电子邮件服务器软件。此类软件是大型企业构建电子邮件系统的首选。

2. 考虑电子邮件服务器运行平台的支持能力

对于一个服务器软件产品来说，其运行平台的支持能力无非是单平台和跨平台两种。电子邮件服务器软件按照所运行的系统平台分为UNIX系统版本和Windows系统版本。如果一个网络管理员管理的网络支持多种操作系统并存运行，且具有多个各自独立管理的邮件服务器，就必须考虑各个邮件服务器协同工作和统一管理问题，建议优先考虑跨平台产品；否则，可以仅考虑满足自己所使用平台的产品。

3. 电子邮件服务器性能

邮件服务器的系统处理能力，是指它在利用系统硬件平台和软件平台进行信息处理的能力。针对支持多CPU的服务器平台，一些邮件服务器可以对系统的进程数量、每个进程所容许的客户连接数量、每个进程所允许的线程数量进行设置。

为了适应用户业务量扩充的需要，一些邮件服务器产品还具备一定程度的同平台下多服务器负载均衡支持能力。在这种工作模式下，网络管理员可以根据业务需求的增长，随时添加邮件服务器，经过适当的系统配置以后，可以让多台服务器共同分担邮件业务处理工作。

4. 多邮件服务器支持能力

多邮件服务器支持指的是在物理上支持多个邮件服务器协同工作和在逻辑上支持多个虚拟邮件服务器（又叫多域邮件服务）。

邮件服务器在物理上支持多服务器协同工作，意味着该产品可以在复杂网络环境中，构建多层次邮件服务。对于一个大型机构，除了有企业级邮件服务器外，还允许各个部门自行建立和管理部门级邮件服务器。企业级邮件服务器对外直接与Internet连接，对内连接各个部门邮件服务器，是纵向邮件服务的总汇节点。多域邮件服务，就是通过一台物理服务器，为多个独立注册Internet域名的机构或部门提供电子邮件服务。在外界看来，这些机构或部门好像拥有自己专用的邮件服务器。

5. 邮箱管理能力

邮箱管理能力是部署邮件服务器必须要考虑的因素。

考察邮箱管理能力时，应该特别注意产品在为用户建立邮箱时的存储方式。目前主要有三种类型：第一种是集中存放。第二种是为每个用户邮箱建立一个计算机文件子目录。第三种是为每个用户邮箱建立一个计算机文件。在考察邮箱存储方式时，还应该注意是否支持跨越物理磁盘存放。能够并行访问多个物理磁盘的系统，可以提供更高的用户服务响应速度。

6. 防垃圾邮件和邮件安全管理

电子邮件目前成为当前病毒传播的主要途径，而垃圾邮件成为企业构建电子邮件系统最头痛的问题。为此部署电子邮件系统时，必须要考虑邮件的安全管理。电子邮件系统的安全管理主要包括用户身份认证、合法客户网址设定能力，抵制垃圾邮件的能力，邮件内容过滤能力，抵制商业邮件转发能力，检测和查杀邮件病毒的能力，支持备份邮件服务器的能力，抵制"拒绝服务"攻击的能力，信息传输加密能力和灾难恢复能力，是否支持热部署等。

7. Webmail功能的支持

Webmail是当前流行的邮件服务方式。企业在部署邮件服务器时对Webmail方式要尤其关注。目前传统的基于C/S模式采用邮件客户端软件进行邮件服务的方式在逐渐被以B/S为中心的基于Web站点进行电子邮件收发的方式替代。为此必须要考虑电子邮件服务器对Webmail的支持能力，在使用Webmail时采用的Web站点方式，还要考虑到Web服务器的压力，必须同时要考虑Web服务器的相关性能要求。另外，考虑Web的安全性，该邮件服务器采用Webmail时是否支持SSL等都是需要关注的事项。

8. 其他功能

部署邮件服务器时，必须要考虑全面，一些特殊的功能实现，例如是否支持多语言，如果企业在世界上有较多的分公司，或者使用者可能有跨国用户，则必须要考虑多语言支持。另外，例如是否支持网络磁盘，是否多协议支持，客户端软件的支持能力，邮件的最大附件设置，是否支持超大附件，邮件加密和邮件撤回等相关功能的实现等都是需要关注的方面。

9. 升级支持和售后服务

在选择邮件服务器的时候，必须要考虑是否支持升级。在企业部署的电子邮件服务器可能随着企业规模和应用业务的扩展要升级到更新的版本。同时电子邮件服务器厂商定期也可能会对原产品提供一定的修补程序或者补丁包，这些支持能力是进行选购电子邮件服务器必须要考虑的问题。一般说来，要选择在IT市场上口碑较好的厂商的产品。选择用户数量多的主流产品版本往往能够得到及时升级，才能够不断享受到开发厂家提供的新功能。

由于邮件服务器是一个软件技术产品，厂家的售后服务支持能力非常重要。选择产品的时候，要注意它是否有完备的用户手册和技术手册，厂家能够提供什么方式和种类的售后技术服务支持。

10. 选择开源软件还是商业软件

最后还要说明的就是免费电子邮件服务器和收费电子邮件服务器的问题。目前可以看到基于 Windows 平台的电子邮件服务器基本上都是收费的商业软件，而部分运行在 Linux 平台下的电子邮件服务器是开源的免费软件。在企业部署电子邮件服务器时，应该选择商业软件还是开源软件，笔者认为，首先要考虑的仍然是部署的系统平台，其次就是针对管理能力来选择。

一般认为，免费的开源软件如果直接部署在商业电子邮件系统中是不合理的，对于安全和管理来说都存在很多问题。当然开源软件也有一定的优势，企业可以在修改源码的基础上做供自己企业专用的邮件服务器，目前基于此类二次开发的电子邮件系统也很多。

但是对中小型企业来说，进行二次开发的费用比直接选购部署一款商业电子邮件服务器软件的代价要高很多。这些企业一般更倾向于采用商业软件部署电子邮件系统。而对于资金相对缺乏的小规模通信环境，可以考虑架设免费的电子邮件服务器。当前运行在 Linux 下的免费电子邮件系统有 Sendmail、Qmail、Postfix、exim 及 Zmailer 等。

7.5 数据库服务器软件的部署

本节讲述数据库服务器的部署过程。

7.5.1 常见的数据库服务器软件

数据库系统(Database System，DBS)是指带有数据库的计算机系统，包括数据库、数据库管理系统、数据库用户和数据库硬件系统四部分。

数据库管理系统(Database Management System，DBMS)又叫数据库服务器软件，它位于应用程序和操作系统之间，是为建立、使用和维护数据库而配置的一层数据管理软件，负责对数据库中的数据进行统一的管理和控制。对数据库的各种操作请求，都由数据库服务器完成，数据库服务器是数据库系统的核心。

数据库的模型有层次模型、网状模型和关系模型等。关系模型由 E. F. Codd 于 1970 年提出。关系数据库管理系统 RDBMS 是建立在关系模型基础上的数据库系统，借助于集合代数等概念和方法处理数据库中的数据。关系数据库已成为目前应用最广泛的数据库系统。

1. SQL Server

SQL Server 是微软公司推出的功能强大的数据库管理系统。SQL Server 是一个全面的、集成的、端到端的数据解决方案，它为企业用户提供了一个安全、可靠和高效的平台，用于企业数据管理和商业智能应用。SQL Server 常见的版本有企业版、评估版、标准版、开发版、工作组版、精简版和移动版等。目前 SQL Server 的最新版本为 SQL Server 2012。

2. Oracle

Oracle 是由甲骨文公司开发的面向 Internet 网络计算并支持对象关系模型的数据库产品，Oracle 是一个高度集成的互联网应用技术平台，为企业数据提供存放安全、高效、方便的存储软件。Oracle 支持大数据库，多用户高性能的事务处理；它支持分布式数据库和分布处理，具有可移植性，可兼容性，可连接性，它是一个全球化、跨平台的数据库。目前最新版本为 Oracle 11g。

3. DB2

DB2 是 IBM 公司开发的关系型数据库系统。DB2 在跨多个工作负载和平台运行方面效率更高，同时还能降低软件许可、支持和维护成本。DB2 主要应用于大型应用系统，具有较好的可伸缩性，可支持从大型机到单用户环境。DB2 提供了高层次的数据利用性、完整性、安全性、可恢复性，以及小规模到大规模应用程序的执行能力，具有与平台无关的基本功能和 SQL 命令。DB2 的当前最新版本为 DB2 10.1，具备 Linux、UNIX 和 Windows 版本。

4. Informix

Informix 是 IBM 公司出品的关系数据库管理系统。作为一个集成解决方案，它被定位为作为 IBM 在线事务处理（OLTP）旗舰级数据服务系统。IBM 对 Informix 和 DB2 都有长远的规划，两个数据库产品互相吸取对方的技术优势。Informix 提供出色的在线事务处理（OLTP）性能，同时简化了部署数据的相关任务。Informix 支持 AIX、HP、Linux、Mac OS、Solaris、Windows 等多种操作系统平台，当前的最新版本为 V11.70。

5. Sybase

Sybase 是 SAP 公司出品的数据库管理系统，它是基于 C/S 体系结构的数据库。由于采用了客户/服务器结构，应用被分在了多台机器上运行。运行在客户端的应用不必是 Sybase 的产品。Sybase 公开了应用程序接口 DB-LIB，鼓励第三方编写 DB-LIB 接口。由于开放的客户 DB-LIB 允许在不同的平台使用完全相同的调用，因而使得访问 DB-LIB 的应用程序很容易从一个平台向另一个平台移植。

Sybase 通过提供存储过程，创建了一个可编程数据库。Sybase 数据库把与数据库的连接当作自己的一部分来管理，它的数据库引擎还代替操作系统来管理一部分硬件资源，如端口、内存、硬盘等以此来提高性能。

6. MySQL

MySQL 是一个开放源码的小型关联式数据库管理系统，关联数据库将数据保存在不同的表中，增加了速度并提高了灵活性。MySQL 的开发者为瑞典 MySQL AB 公司，目前被 Oracle 公司收购。MySQL 具有体积小、速度快、总体拥有成本低，开放源码的特点，一般中小型 Web 站点的开发都选择 MySQL 作为数据库。MySQL 搭配 PHP 和 Apache 可组成良好的 Web 开发环境。

7. Teradata

Teradata 是最大的商用企业级关系数据库管理系统。Teradata 是大型数据仓库应用的主要选择，它可以达到 PB 级数据分析。Teradata 是一个符合 ANSI 工业标准的开放式的系统，它主要用于 UNIX 平台。在 1998 年 11 月，它开始应用于 Windows NT 平台。近期，已经开始对 Novell 公司的 SUSE Linux 平台进行支持，使得数据仓库产品更适应于不同平台环境的企业客户。

7.5.2　数据库服务器软件的部署

数据库是数据存储的仓库，它是网络工程的核心组成部分。相对说来，数据库服务器的部署难度较大。市场上可见到的数据库服务器软件没有电子邮件服务器丰富。随着网络规模的扩展，数据库服务器正在向高速率、大数据的方向发展。就目前说来，构建数据库服务器应该关注如下几方面的问题。

1. 根据网络应用规模选择数据库系统

数据库服务器的选购中首先要考虑的就是网络的应用规模，目前市场的数据库软件产品有面向大中型企业的，也有面向中小型企业的，不同应用规模的数据库软件对硬件系统的支持差异较大，价格差距也很大。另外，在选购时必须要考虑当前运行该数据库系统的平台，考虑平台的兼容性问题和管理问题，考虑当前数据库服务器软件对硬件系统的要求等。

2. 考虑和网络工程中其他系统的接口问题

数据库在采购时另外一个非常关键的因素就是考虑和当前网络工程中其他系统的接口问题。采用该数据库后，可能要实现所有系统的数据都集中向该数据库的存储方案。如果购买的数据库系统没有这些系统的相关接口，则很难使用和管理。

3. 架构问题的考虑

如果是构建大型的数据仓库，可能要使用负载均衡、集群等很多技术。为此在进行数据库系统的部署时，必须要重点考虑这些问题。必须认真考察所部署数据库系统是否支持这些技术、性能可达到什么级别等。另外，考虑其是否支持 B/S 模式，对采用 C/S 模型的系统，对客户端有没有特殊需求。

4. 数据的导入导出

在网络工程中，通常可能考虑到批量的数据导入和导出，为此必须要考察部署的数据库系统是否支持批量导入导出功能。就目前说来，支持 Excel 和 XML 格式实现数据导入导出操作的数据库十分常见。

5. 考虑数据库管理的安全性

数据库的安全性关系到整个网络的正常运行。一旦数据库出现故障，整个数据就会全部丢失，为此，数据库系统的备份措施是否完善就非常关键。一般而言，数据库系统都提供相关的备份和恢复技术，在选购时必须全面进行考虑。另外，必须权衡该数据库系统的日志记录和查询方式是否完善，这对后期部署后进行及时的查询和控制非常关键。

6. 长期的规划

在数据库采购中，应该有长远的目标，不仅仅考虑到目前的应用，更要以发展的眼光来指导采购。一般来说，采购数据库要注意考虑该数据库系统是否全面支持 XML 数据格式、是否对非结构化数据的支持、是否支持 SOA 架构。要考虑所选择的产品是否符合长期发展的需要，这样才能保证 IT 投资不被浪费。

7. 品牌对比和售后服务

就当前说来，数据库系统软件市场上的竞争非常激烈，IBM、Oracle、Microsoft、SAP 等这些著名厂商都纷纷在推出带有自己优势的数据库服务器系统。这样在进行选择时就存在很难抉择的问题。笔者认为，用户在实际构建网络工程时，应该全面权衡这些品牌产品之间的区别，应该把实际构建的数据库系统最需要的因素纳入考虑的核心，选择时就清晰多了。

由于数据库系统的维护困难性，为此必须要考虑售后服务和相关的升级维护。一般应该选择一级代理商，这样后期进行软件的升级维护就会有保障。

7.6 DNS 服务器软件的部署

域名系统(Domain Name Systems,DNS)是一种 TCP/IP 标准服务,是一种组织成域层次结构的计算机和网络服务命名系统,主要负责 IP 地址与域名之间的转换,并控制因特网电子邮件的发送。

TCP/IP 应用在网络层基于 IP 协议实现,但是用户采用 32 位的 IP 地址对网络应用的访问是难以实现的,即使在实际中基于 4 组十进制的 IP 地址表示方式也不免会使用户混淆。就好比是存储在用户手机中的电话黄页一样,用户需要的时候通过简单的名称查找就可以找到对应的号码,因为直接记忆这大量的号码是不可能的。

所以在实际网络中,很少直接使用 IP 地址来访问主机。一般采用更容易记忆的 ASCII 串符号来指代 IP 地址,这种特殊用途的 ASCII 串被称为域名。需要查找某个特定主机时,用户只需要在相关的地址栏输入其对应的 DNS 名称,由实际的 DNS 服务器来实现向该主机对应 IP 地址的查找。

DNS 是一种基础服务,对企业而言,构建供自己企业内部使用的 DNS 服务器可以在当前已注册的 DNS 域下灵活的构建所需的下一级域名或者主机,这样可以方便企业的管理。

例如 hist. edu. cn 是分配给河南科技学院的域名,构建一个本地的 DNS 服务器,河南科技学院在 hist. edu. cn 这个域名的基础上可以自由地分配自己的下一级域名,例如 jkx. hist. edu. cn 等。而需要解析外部所有其他域名时,则需要将本地的域名服务器连接到其上一级的域名服务器。

7.6.1 常见 DNS 服务器软件

DNS 服务器软件主要有 Windows 和 UNIX 两个平台下的产品,相对说来,DNS 服务器主要就是为了实现域名和对应 IP 地址的映射这样一个过程。企业构建 DNS 服务器可以采用相关的 DNS 服务器软件实现,也可以采用路由器实现。

如果采用路由器实现,则需要购买一款支持 DNS 配置的路由器,要求具备一定的 DNS 管理方式,关于路由器的采购相关注意事项,请查看前面章节相关内容,在此不再详细阐述。

1. Microsoft DNS 服务器

微软公司开发的 DNS 服务器软件采用附件的方式集成在微软的服务器操作系统中,微软的 Windows Server 2000 以后的操作系统均支持 DNS 服务器,其提供的是基于图形界面的安装和管理方式,相对使用比较简单。

一般说来,如果采用的是 Windows 平台,则采用该 DNS 服务器即可,一般企业内部都采用该 DNS 服务器。相对说来,企业内部构建的 DNS 服务器容量一般不很大,微软提供的 DNS 服务器基本上能胜任业务需求。当然如果是提供虚拟主机管理等服务的 DNS 系统而言,一般则需要构建大型的 DNS 服务器系统,这些系统一般都是企业自主开发或者购买的企业级商业 DNS 服务器软件,对于一般企业而言,是较少涉及的。

2. BIND

BIND 是一款开放源码的 DNS 服务器软件,BIND 由美国加州大学 Berkeley 分校开发和维护,全名为 Berkeley Internet Name Domain,它是目前世界上使用最为广泛的 DNS 服务器软件,支持各种 UNIX 平台和 Windows 平台。

相对说来,UNIX 或者 Linux 下的 DNS 服务器较多,一方面 UNIX 和 Linux 的版本非常多,在其下所支持的软件系统也比较丰富,另一方面,部分开源软件导致此平台下 DNS 服务器相对很多。

7.6.2 DNS 服务器软件的部署

相对说来,DNS 服务器的部署简单一些,如果采用 Windows 平台,一般建议采用微软开发的 DNS 服务器即可。对一般企业而言,微软的 DNS 就可胜任。当然也可以采用路由器等一些专用的硬件来构建 DNS 服务器,但是要考虑相关的 DNS 管理和维护方式是否方便。在部署时必须考虑未来管理的问题,例如采用路由器构建 DNS 服务器可能要求基于相关的命令方式完成配置,如果采用微软的 DNS 服务器,则管理就相对方便一些。

如果系统采用的是 UNIX 或者 Linux,则一般采用的是 BIND 服务器实现 DNS 的配置管理,相对说来,BIND 的操作中都是基于命令实现的配置,对管理方式的要求相对较高。

另外还要说明的是,构建对 DNS 服务器的硬件系统的相关要求。DNS 服务器是一种基础服务,如果 DNS 服务器不能正常工作,则整个网络的域名解析就会存在问题,为此,必须要考虑 DNS 服务器的稳定性和安全性,另外 DNS 服务器的工作负荷相对较大,当用户请求采用域名访问网络时,可能就会请求 DNS 服务器,为此,对 DNS 服务器的响应速度也有极高的要求。当然这种响应速度,是 DNS 硬件系统和 DNS 软件系统所共同决定的。

最后还要说明 DNS 服务器部署的几个问题:

(1) 一般而言,企业的域名是需要向上级 DNS 服务器请求注册的,如果注册成功,则在该域下可以灵活构建任何下一级的 DNS 域名,由于 DNS 服务器的压力较大,对于客户量非常大的企业,一般至少应该构建两台 DNS 服务器进行服务。这样一方面实现了负载均衡,提高了 DNS 响应速度,同时当一台 DNS 出现故障时,基于域名的网络服务不至于中断。

(2) DNS 服务器的 IP 地址是固定的,一旦确定后,绝对不容许私自变动。企业 DNS 服务器在向上级注册时,申请了供本域使用的 DNS 域名,同时也向上级域名服务器注册了当前 DNS 服务器的地址,此地址确定后绝对不能变动,一般企业私自变动该 IP 地址就会导致 DNS 服务出错,当然要变动必须请求上级 DNS 服务器进行修改。

(3) 设计的下一级域名必须是本域名下的子域,例如在 hist. edu. cn 域名服务器下,绝对不能设计一个 www. hvttc. edu. cn 这样一个域名。设计的域名必须能知名达意,例如 www. hist. edu. cn 一般就是指一个 Web 站点域名,而 ftp. hist. edu. cn 一般就被认为是一个 FTP 服务器的域名。如果构建一个形如 1. hist. edu. cn 这样的域名,则很难理解这个到底是个什么主机的域名。

7.7 DHCP 服务器软件的部署

DHCP 是 Dynamic Host Configuration Protocol 的缩写,中文译为动态主机分配协议,它是一个简化主机 IP 地址分配管理的 TCP/IP 标准协议。它的目的是为了减轻 TCP/IP 网络的规划、管理和维护的负担,解决 IP 地址空间缺乏问题。

DHCP 基于客户/服务器模式,即 DHCP 分为两个部分:一个是服务器,而另一个是客户机。DHCP服务器为DHCP客户机提供自动分配IP地址的服务，DHCP客户机启动时自动与DHCP服务器通信，并从DHCP服务器那里获得IP地址。

对于缺乏IP地址的企业，可以采用DHCP服务器实现IP地址的动态管理，以缓解IP地址紧张问题，同时提高IP地址的利用率。DHCP服务器也是一个基础设施服务器，当前DHCP服务器可以采用部分交换机或者路由器基于硬件实现，也可以采用Windows、UNIX或者Linux等平台下的DHCP服务器实现。

DHCP服务器主要实现向企业内部客户机实现IP地址的自动分配过程。如果采用硬件实现，则要考虑交换机、路由器等相关硬件设备的性能参数，同时权衡管理和配置方式。如果采用的是UNIX或者Linux平台，则一般都是基于命令的方式实现DHCP服务配置。如果采用Windows平台，则采用的是基于图型界面的配置，相对说来，操作简单一些。

DHCP服务器软件系统的部署相对简单，但是在部署时也要考虑运行DHCP服务器的硬件系统的稳定性。因为一旦配置DHCP服务器后，所有主机的IP分配任务都由DHCP服务器承担，其负荷相对很大。

部署DHCP服务器需要考虑如下问题：

(1) DHCP服务器本身的IP地址应该采用固定分配。

(2) DHCP服务器如果要为子网实现IP地址管理，则必须将该DHCP服务器放置在该子网中。

(3) DHCP服务器如果要实现跨网段的IP地址分配，则必须实现DHCP服务器的中继配置，并且必须对要采用DHCP服务器分配IP网段的网关服务器上指明DHCP服务器的地址。

(4) 设计的DHCP网段中必须将一些需要排除的地址首先考虑，例如相关的Web等服务器必须都采用固定分配的IP地址，这些地址不能被DHCP服务器再分配，所以要排除。

(5) 如果企业使用的是内部保留IP地址，可能要根据网络规模灵活设置IP地址对应的子网掩码。

7.8　防病毒软件系统的部署

随着信息技术的不断发展和网络信息的海量增加，网络的安全形势日益严峻，当前网络的安全防御能力较低，受到病毒、黑客的影响较大，缺少综合、高效的网络安全防护和监控手段。因此，部署网络安全防御系统非常关键。前面章节已经介绍了防火墙等相关安全硬件系统的选型部署。本节主要介绍基于软件的相关安全系统的部署过程。

7.8.1　防病毒系统概述

网络是病毒的高发地，在企业构建网络工程时，必须考虑部署一套完善的病毒防御系统。企业防病毒系统应该具有系统性与主动性的特点，能够实现全方位多级防护，企业构建的病毒防御体系应该基于C/S模式，在企业网络中心建立病毒监测与控制中心，配置防病毒管理分发服务器。客户端通过与分发服务器互连，由分发服务器统一配置最新版本的防杀病毒软件，并实现定时升级与更新。部署的防病毒系统主要包括计算机终端防病毒、文件和数据库服务器防病毒、邮件服务器防病毒和网关防病毒四个方面的防范功能。

1. 防病毒系统的功能

防病毒系统主要实现如下功能。

1）病毒过滤

目前网络上主要流行的病毒包括蠕虫和木马。

蠕虫病毒是一种能自我复制的程序，并能通过计算机网络进行传播，它大量消耗系统资源，使其他程序运行减慢以致停止，最后导致系统和网络瘫痪。蠕虫可以利用电子邮件、文件传输等方式进行扩散，也可以利用系统的漏洞发起动态攻击。病毒防御体系可以根据蠕虫的特点实行多层次处理，在网络层和传输层过滤蠕虫利用漏洞的动态攻击数据，在应用层过滤利用正常协议（SMTP、HTTP、POP3、FTP）传输的静态蠕虫代码。

木马病毒是把自己伪装在正常程序内部的病毒，这种病毒的伪装性强，通常使用户很难判断它到底是合法程序还是木马。木马病毒带有黑客性质，它有强大的控制和破坏能力，可进行窃取密码、控制系统操作、进行文件操作等。

对于网页浏览（HTTP 协议）、文件传输（FTP 协议）、邮件传输（SMTP、POP3 协议）等病毒，基于专门的病毒引擎进行查杀。对于邮件病毒，可以定义对病毒的处理方式，决定清除病毒、删除附件、丢弃等操作，发现病毒时通知管理员、收件人、发件人等操作。

2）垃圾邮件和邮件病毒过滤

垃圾邮件过滤的功能一方面由电子邮件服务器承担，另一方面由防病毒系统承担。病毒防御体系按照电子邮件协议特征对数据包进行分析、重组及解码，按照安全规则通过智能分析对 SMTP 连接、IP 地址、邮件地址、数据内容进行处理。可以限制 IP 地址、邮件地址、邮件数量、邮件大小；对邮件标题、正文、附件、包含特定关键字的邮件进行过滤；对特定邮件头信息、邮件发送者地址、邮件接收者地址、域名等进行过滤；支持对伪装邮件过滤。

3）黑名单功能

通过定义可信或不可信的 URL 并进行过滤，可以选择对网页脚本进行过滤、对传输的信息进行智能识别过滤，防止敏感信息的侵扰和扩散。

2. 防病毒软件的类型

就目前说来，防病毒软件主要有如下四类产品。

1）具备防病毒中央控管中心产品

这类产品适用于集中式的管理防病毒软件，通过在企业的客户端、服务器端部署了防病毒软件，通过中央控管中心区集中控制防病毒软件的升级和查杀对象。此类产品又被称为企业网络版杀毒系统。

2）PC 级杀毒系统

PC 级杀毒系统又叫单机版杀毒系统，它分为供服务器使用的服务器杀毒系统和供桌面客户机使用的杀毒软件产品，此类产品通过 Internet 直接连接系统软件的数据中心实现升级病毒库等相关操作，不需要在企业中部署安全中心。就目前看来用于实现服务器安全保护的杀毒软件性能较高，价格一般较贵。而面向客户机的杀毒系统目前出现了大量免费的情况。

3）邮件防毒软件

用于实现对企业中电子邮件系统的安全防护，实现垃圾邮件和邮件病毒过滤。

4）网关杀毒软件

通过在网关实现病毒的检测和查杀，在网关实现内容检测，动作检测，可实现访问控制列表，设计黑白名单来实现网络的安全控制。对诸如 DDOS 等相关的网络攻击也能进行相关的防御。

3. 国外的杀毒软件

目前市场的杀毒软件产品琳琅满目，国外的杀毒软件在国内占有很大的用户群。安全软件的竞争非常激烈，目前 Toptenreviews 已经发布了 2013 年度的世界杀毒软件排名，图 7-58 展示了在 Toptenreviews 站点上的排名显示。

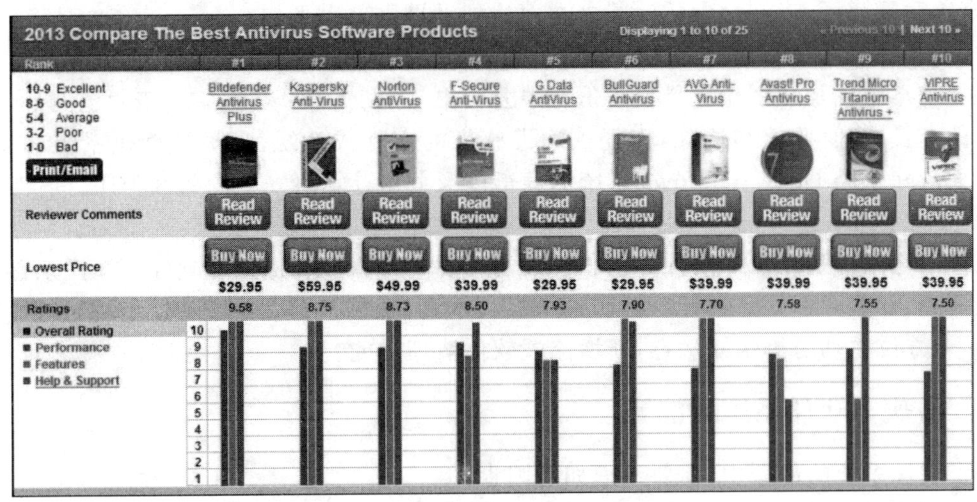

图 7-58　2013 年度世界杀毒软件排名

1）Bitdefender

Bitdefender 是罗马尼亚出品的杀毒软件，它有二十四万超大病毒库，它将为用户的计算机提供最大的保护，具有功能强大的反病毒引擎以及互联网过滤技术。

2）Kaspersky

Kaspersky（卡巴斯基）杀毒软件来源于俄罗斯，是优秀的网络杀毒软件，卡巴斯基杀毒软件具有超强的中心管理和杀毒能力，它强大的功能和局部灵活性以及网络管理工具为自动信息搜索、中央安装和病毒防护控制提供最大的便利和最少的时间来建构用户的防病毒分离墙。

3）Norton AntiVirus

Norton AntiVirus 是 Symantec 公司出品的优秀杀毒软件，它可帮用户侦测上万种已知和未知的病毒。

4）F-Secure Anti-Virus

F-Secure Anti-Virus 是芬兰出品的杀毒软件，它集合 AVP、LIBRA、ORION、DRACO 四套杀毒引擎，该软件采用分布式防火墙技术，对网络流行病毒尤其有效。

4. 国产的杀毒软件

1）360 杀毒软件

360 杀毒软件是一款集反病毒、反间谍软件、反钓鱼欺骗、隐私保护等功能于一体的免费的云安全杀毒软件。360杀毒无缝整合了来自罗马尼亚的国际知名杀毒软件 Bitdefender 病毒查杀引擎、国际权威杀毒引擎小红伞、360QVM 第二代人工智能引擎、360系统修复引擎以及360安全中心潜心研发的云查杀引擎。五引擎智能调度,为用户提供完善的病毒防护体系。

2）金山毒霸

金山毒霸是金山软件股份有限公司开发的高智能反病毒软件。金山毒霸独创双引擎杀毒设计,内置金山自主研发的杀毒引擎和俄罗斯著名杀毒软件 Dr. Web 的杀毒引擎,融合了启发式搜索、代码分析、虚拟机查毒等经业界证明成熟可靠的反病毒技术,使其在查杀病毒种类、查杀病毒速度、未知病毒防治等多方面达到世界先进水平。

3）瑞星杀毒软件

瑞星杀毒软件是北京瑞星科技股份有限公司出品的反病毒软件,它用于对已知病毒、黑客程序的查找、实时监控和清除,恢复被病毒感染的文件或系统,维护计算机系统的安全。它能全面清除感染 DOS、Windows 系统的病毒以及危害计算机安全的黑客程序。

4）江民杀毒软件

江民杀毒软件是北京江民计算机软件公司开发的计算机病毒处理软件。江民杀毒软件可有效清除20多万种的已知计算机病毒、蠕虫、木马、黑客程序、网页病毒、邮件病毒、脚本病毒等,全方位主动防御未知病毒,新增流氓软件清理功能。

7.8.2 防病毒软件系统的部署

杀毒软件系统的部署中,需要考虑如下因素。

1. 防病毒引擎的工作效率

防病毒系统进行实时监控要占用部分系统资源,这就不可避免地要带来系统性能的降低。因此,要选择占用系统资源较少的防病毒软件。在对网络进行管理时,通常可能需要定期进行扫描系统的扫描,如果杀毒软件占用很多资源,尤其是对邮件、网页和 FTP 文件的监控扫描,由于工作量相当大,因此对系统资源的占用较大,则会导致网络服务的效率降低。因此,防病毒系统占用系统资源要较低,不影响系统的正常运行。

2. 病毒查杀能力

病毒查杀能力是部署杀毒软件系统需要关注的问题,病毒查杀能力将体现在杀毒软件对病毒检测及清除能力,是否能及时发现病毒并做出处理动作。一款优秀的杀毒软件应具有对未知病毒检测、清除能力,支持族群式变种病毒的查杀,能够对加壳的病毒文件进行病毒查杀,具有智能解包还原技术,能够对原始程序的入口进行检测。

3. 对新病毒的反应能力

对新病毒的反应能力是考察一个防病毒系统好坏的重要方面。通常,防病毒系统供应商都会在全国甚至全世界各地建立一个病毒信息的收集、分析和预测网络,使其软件能更加及时、有效地查杀新出现的病毒。供应商对用户发现的新病毒的反应周期不仅体现了供应商对新病毒的反应速度,实际上也反映了供应商对新病毒查杀的技术处理能力。

4. 病毒库的更新速度

一款优秀的杀毒软件要不断地进行杀毒病毒库的升级。一般认为,病毒库的更新速度越快,表明其病毒库越强大。多数防病毒系统采用 Internet 进行病毒代码和病毒查杀引擎的更新，并可以通过一定的设置自动进行，尽可能地减少人力的介入。升级信息需要和安装客户端计算机防病毒系统一样，能方便地“分发”到每台客户端计算机。

防病毒系统提供多种升级方式以及自动分发的功能，支持多种网络连接方式，采用均衡流量的策略，尽快将新版本部署到全部计算机上，时刻保证病毒库都是最新的，且版本一致，杜绝因版本不一致而可能造成的安全漏洞和安全隐患。

5. 著名品牌和售后服务

企业级防毒软件是企业与防病毒厂商的长期合作，为此应该选择业界口碑较好的杀毒软件厂商的产品，这样本身选购的产品有保证，同时为后期的安全维护提供了保障。

本章小结

本章主要阐述了网络工程软件系统的部署。7.1 节主要讲述了服务器操作系统的类型及其部署。7.2 节主要讲述了客户机操作系统的类型及其部署，详细阐述了基于 RIS 实现客户端操作系统批量部署过程。7.3 节阐述了常见的 Web 服务器软件及其部署。7.4 节讲述了常见的电子邮件服务器软件及其部署。7.5 节讲述了常见的数据库服务器软件及其部署。7.6 节阐述了常见的 DNS 服务器软件及其部署，7.7 节阐述了 DHCP 服务器软件的部署。7.8 节阐述了杀毒软件系统的部署。学习完本章，读者应该重点掌握服务器操作系统的部署，基于 RIS 实现客户端操作系统批量部署过程，掌握 Web 服务器软件、电子邮件服务器软件、数据库服务器软件、DNS 服务器软件及 DHCP 服务器软件的部署过程。

习　　题

1. 简述常见的服务器操作系统的类型及其特点。
2. 简述服务器操作系统的部署注意事项。
3. 简述目前最流行的客户机操作系统平台及其特点。
4. 简述客户机操作系统部署的注意事项。
5. 列出目前市场占有率前三名的 Web 服务器，并简述其特点。
6. 简述 Web 服务器部署的注意事项。
7. 基于 Web 浏览器实现电子邮件服务的过程叫什么，它有什么特点？
8. 简述电子邮件服务器的部署注意事项。
9. 目前占市场比例最大的数据库管理系统是什么，它是基于什么类型的数据库管理系统？
10. 简述数据库服务器软件的部署注意事项。
11. 简述 DNS 服务器的基本作用和特点。
12. 简述 DNS 服务器的部署注意事项。
13. 简述 DHCP 服务器的基本作用和特点。
14. 简述 DHCP 服务器的部署注意事项。
15. 简述防病毒系统软件的部署注意事项。

第 8 章　局域网及综合布线的部署

本章主要讲述如下知识点：

- 局域网的基本概念和相关标准；
- 局域网的组网步骤；
- 局域网组网方案的选择和设计；
- 常见的局域网组网技术；
- 共享式局域网的组网；
- 交换式局域网的组网；
- 无线局域网的组网；
- 综合布线的基本概念和层次；
- 综合布线系统的部署。

8.1　局域网概述

本节主要讲述局域网的基本概念。

8.1.1　局域网的基本概念

根据 IEEE 的描述，局部网络技术是“把分散在一个建筑物或相邻几个建筑物中的计算机、终端、大容量存储器的外围设备、控制器、显示器以及为连接其他网络而使用的网络连接器等相互连接起来，以很高的速度进行通信的手段”。

1. 局域网的主要特点

(1) 地理范围较小，一般为数百米至数千米。可覆盖一幢大楼、整个校园或一个企业。

(2) 数据传输速率高，一般为 0.1～100Mbps，目前已出现速率高达 1Gbps 的局域网。可交换各类数字和非数字(如语音、图像、视频等)信息。

(3) 传输质量高，误码率低，一般在 10^{-11}～10^{-8}范围内。这是因为局域网通常采用短距离基带传输，可以使用高质量的传输媒体，从而提高了数据传输质量。

(4) 以 PC 为主体，包括终端及各种外设，网络中一般不设中央主机系统。

(5) 一般包含 OSI 参考模型中的低三层功能，即涉及通信子网的内容。

(6) 协议简单、结构灵活、建网成本低、周期短、便于管理和扩充。

2. 局域网的功能

(1) 设备共享。这将提高整个系统的性价比。

(2) 信息共享。这将增强计算机处理能力。

(3) 可进行高速数据通信，也可进行多种媒体信息的通信。

(4) 分布式处理。网络内各计算机分别完成一项大任务中的子项，不仅使系统效能大大加强，也使网络可靠性加强。

(5) 提高兼容性。

(6) 安全性。

8.1.2　局域网的相关标准

IEEE(电气电子工程师协会)于 1980 年 2 月成立了局域网委员会(简称 IEEE 802 委员会),专门从事局域网标准化工作,并制定了 IEEE 802 标准。IEEE 802 标准包括局域网参考模型与各层协议。IEEE 802 标准所描述的局域网参考模型与 OSI 参考模型关系如图 8-1 所示。

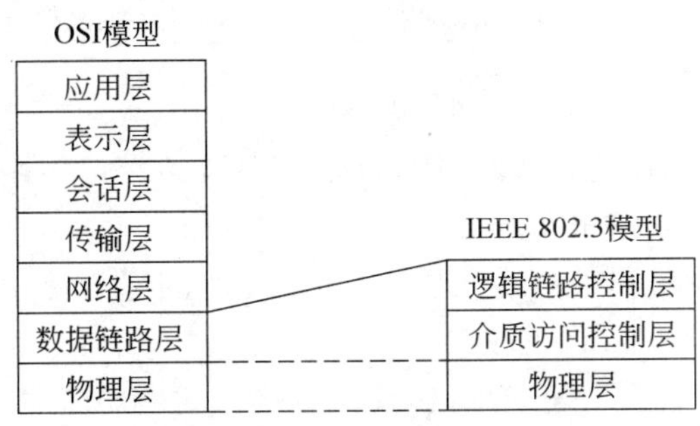

图 8-1　IEEE 802 模型与 OSI 参考模型的对应关系

IEEE 802 参考模型只对应 OSI 参考模型的数据链路层和物理层,它将数据链路层划分为逻辑链路控制(Logical Link Control,LLC)子层与介质访问控制(MAC)子层。IEEE 802 委员会为局域网制定了一系列的标准,称作 IEEE 802 标准。这些标准主要是:

- IEEE 802 模型与协议;
- IEEE 802.1 标准,它包括局域网体系结构、网络互联以及网络管理与性能测量;
- IEEE 802.2 标准,定义了逻辑链路控制层功能与服务;
- IEEE 802.3 标准,定义了 CSMA/CD 总线介质访问控制方法与物理层规范;
- IEEE 802.4 标准,定义了令牌总线(Token Bus)介质访问控制方法与物理层规范;
- IEEE 802.5 标准,定义了令牌环(Token Ring)介质访问控制方法与物理层规范;
- IEEE 802.6 标准,定义了城域网 MAN 介质访问控制方法与物理层规范;
- IEEE 802.7 标准,定义了宽带技术;
- IEEE 802.8 标准,定义了光纤技术;
- IEEE 802.9 标准,定义了语音与数据综合局域网技术;
- IEEE 802.10 标准,定义了可互操作的局域网安全规范;
- IEEE 802.11 标准,定义了无线局域网技术。

IEEE 802.1～IEEE 802.6 已经成为 ISO 的国际标准,IEEE 802.1～IEEE 802.6、IEEE 802.7 与 IEEE 802.8 分别讨论和定义关于利用宽带同轴电缆与光纤作为传输介质的通信标准,供 IEEE 802.3、IEEE 802.4、IEEE 802.5 等标准的物理层选用。IEEE 802 标准之间的关系如图 8-2 所示。

其中的 IEEE 802.3 标准定义了一种工作在至少 10Mbps 速度的局域网网络标准,它还定义了工作在许多电缆中的标准以及流行的局域网技术的标准,比如:

- 10Base-T。它工作在双绞线铜质介质,3 类或更高标准的介质上,使用中继器或集

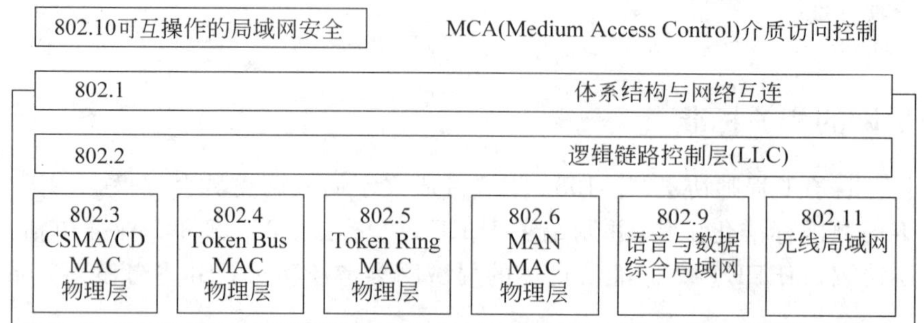

图 8-2　IEEE 802 标准体系之间的关系

线器进行端接和信号放大，最大网络半径 100m。

- 10Base2。它工作在细同轴电缆介质，每个电缆段的终点使用 50 欧姆的电阻进行端接。最多支持 5 个 185m 的网段。
- 10Base5。它工作在粗同轴电缆介质，每个电缆段的终点使用 50 欧姆的电阻进行端接。最多支持 5 个 500m 的网段。
- 100Base-TX。通常成为快速局域网，使用 5 类或更高标准的双绞线。最大网络直径限制在两个 100m 的网段。
- 10Base-FX。也称为快速局域网，使用光纤作为传输介质。最大网段长度从 288m 到 2000m 不等。
- 10Base-SX 和 10Base-LX。这是两种光纤千兆局域网规范，SX 用于短距离，LX 用于长距离。最小网段长度为 2m，最大长度从 220m 到 5000m 不等。

以上几种局域网标准都定义了网络的传输介质，都是与网络工程密切相关的，特别是与综合布线密切相关，所以在了解综合布线知识之前，非常有必要了解上面的有关标准。

8.2　局域网组网

本节主要讲述局域网组网的基本过程。

8.2.1　局域网的规划原则

局域网组网的规划过程要遵循如下相关原则。

1. 实用性

建设局域网的目的是满足用户需求，用户需求是规划的基础。在没有充分理解用户需求的情况下进行网络设计，最终必然不能达到建设要求。网络往往需要满足各个用户的不同需求，从而满足整个组织机构的所有业务需求，突出实用性。

2. 可扩充性

组网设计的时候，应该关注未来的技术发展方向，不采用限制新技术发展的技术标准。比如多播是未来的发展趋势，组网设计者应该保证在新技术得到普及的时候，所设计的局域网无须将现有设备全部撤换，而只需要具有网络扩展和升级选项的硬件和软件就可实现新的功能。

3. 开放性

组网设计应采用当前最新国际标准的软硬件以及开放的技术、开放的结构、开放的系统组件和用户接口，使网络系统具备与多种协议计算机通信网络互联的特性，为未来的横向扩展提供必要的条件。

4. 成本有效性

充分考虑资金投入能力，应该以最好的性价比去构建网络系统，组网设计并非是一味追求高性能，因为高性能往往意味着高投入，如果网络系统的投入超出该系统带来的利润，这显然是不合适的，另外该高性能网络系统未必得到充分利用。所以组网设计应该根据用户的应用需求，在满足系统性能以及考虑到在可预见期间不失先进性的前提下，尽量使整个系统投资合理且实用性强。

5. 可管理性

计算机网络具有一定的复杂性，随着网络的发展，其管理必然越来越繁重。所以网络设计者应该建立一套完善的网络管理解决方案。通过先进的管理策略、管理工具提高网络运行的可管理性和可靠性，简化网络维护工作。

6. 安全可靠性

为了保证各项应用的实现，所设计的网络必须具有高可靠性。应该尽量避免系统的单点故障，应提供冗余措施，并采用先进的网络管理技术，对网络信息流量进行实时监控，并对数据进行处理，及时查出并排除故障。同时采取合适的安全措施，如设置防火墙等。

8.2.2　局域网组网的调查和规划

对计算机网络工程进行规划，是一项十分复杂的活动。一方面必须以用户需求作依据，即从问题的定义出发；一方面又必须对计算机网络的一般原理和性能有深入了解。它包括了复杂的行政管理、技术管理等多方面业务。一般应由专门技术人员从事这一工作，并按照“系统”的观点，采用系统工程的方法来做好网络规划工作。

1. 做好系统分析

系统工程方法是指用定量化的系统方法处理复杂系统的分析、设计、组织、建立、经营和管理。系统分析是建设一个系统的基础。系统分析的基本目标是对问题进行定义，即用户建立计算机网络系统的基本目标是什么？更具体地说，通过系统分析基本要搞清楚 5W 和 1H(What、Why、Where、Whom、Who 和 How)问题。即建立此系统做什么？为什么要这样做？在什么地方做？什么时间做？由谁来做和怎样做？在对用户需求进行调研、分析和理解的基础上，就可对网络系统进行规划。

2. 拟定规划网络系统的调查提纲

在局域网设计的第一步中，首先需要收集有关组织机构的资料。这些资料包括机构的历史和现状、计划增长率、运营策略和管理过程、办公系统和过程以及将要使用局域网的人员的观点和看法。

然后是评估用户需求。一个不能向它的用户提供快速准确信息的局域网是毫无用处的。因此，必须非常注意满足用户对信息的要求。对现在和将来需求的详细分析会实现这一点。

接着找出该用户组织的资源和局限。影响 LAN 系统开通的组织机构资源可分为两类：计算机软硬件资源和人力资源。一个组织机构现存的计算机硬件和软件资源必须记录在案，并确认硬件和软件要求。

这些资源当前是如何相互联系和共享的？组织机构有哪些可获得的财政资源？把这些统统记录下来将会有助于用户估计建设一个局域网的所需费用，并设计出预算方案。

哪些人将要使用该网络？他们的技术水平怎样？他们对计算机和计算机应用的态度如何？这些问题将有助于决定需要对员工进行怎么样的培训以及需要多少人管理局域网。规划网络系统时可拟定以下调查提纲。

(1) 网络上需设多少节点？在地理上怎样布局？用户间最大距离有多远？

(2) 要求各站点间通信情况如何？现有环境如何？

(3) 各站点间需传送哪些类型的信息，是数据、语音、传真还是视频图像？

(4) 在每一对节点间需了解以下几点：

① 每天传送多少批量数据？

② 每天必须保持几小时的交互通信？

③ 在交互方式中传送多少数据？

(5) 在每一节点内需了解以下几点：

① 有无综合性服务要求？例如是否需同时传送语音、文本和图像？

② 有无特殊数据通信要求？例如，要求等待时间很短，传输时间确定等。

③ 在本地通信中要求什么样的可靠性和可用性？

④ 有支持高传输率的计算机和工作站的要求吗？

⑤ 必须支持多少台主计算机？用什么样的接口？

⑥ 必须支持多少台终端和其他附属设备？它们使用什么样的接口和协议？它们设置在何处和被利用的程度如何？

⑦ 需要网络提供何种服务(包括文件服务器、打印服务器、数据库、电子邮件、网间互连等)？

以上调查提纲，一般并不需要精确地回答，有些甚至不可能精确地回答，但又都是一些实实在在的问题，需要了解得比较清楚。在系统分析的基础上，应成立由专业人员组成的网络规划小组，根据本单位的需求和物理状况确定一下，哪些是必须满足的，哪些是希望满足的，但不是至关紧要的。将调研所得材料整理好，写成说明书式的文档，并征得领导部门的同意。

3. 联系、估价和决策

1) 联系活动量

在内部做好初步网络规划之后，需进行招标活动。这一阶段要与厂商或公司进行接触，可参观一些展览和访问一些用户，并宜采用投标方式。将拟好的用户要求提供给厂商或公司，判断其产品能否满足全部要求或满足基本要求，然后加以比较和选择。在招标书中，应拟定一个对供应商的征询表。表的内容和格式可参阅有关资料。

2) 估价和决策

在收回的标书和征询表中，会给出一个粗线条的网络框架。它主要包括以下内容：

(1) 通信部分。是采用基带还是宽带传输？通信容量和数据传输速率是多少？采用何种传输介质？

(2) 用户工作站部分。采用何种类型的工作站？支持什么协议？基于何种操作系统环境？

(3) 服务器部分。采用何种服务器？服务器的容量是多少？采用何种协议？

(4) 网络的管理能力。包括网络管理、网络控制和网络安全等内容。

对收回的多份标书进行充分分析研究之后，需做出估价，并应对各种观点和建议形成一种清晰的看法。主要是：

① 对于基本要求和附加要求能否满足？

② 投资费用是多少？包括设备(软件、硬件)、通信设施、安装、培训、运行和维护期间的总费用。

③ 预测的可用性怎样？包括效益分析。

④ 使用是否方便？

⑤ 供应厂商及其协作单位的信誉如何？

工作小组在反复研究和分析了标书之后，一旦认为比较满意了，就呈报主管部门，建议给予批准。上级部门还要从总体规划和管理的角度做一些全面考虑，形成最后决策。

8.2.3　局域网组网方案的选择和设计

应该说，目前的网络产品是比较成熟的，可供用户选用的网络产品很多，但往往使用户眼花缭乱，不知所措。其实，各种网络产品尽管功能都很强，能提供多种服务。但一般说来，并不能提供所有的服务，实际上，这种全能的网络是不存在的，也没必要存在，因为多数用户将负担不起相应的高费用，而且这种产品也不可能拥有大量用户。

用户组建计算机网络的目的主要是为了使用，所以网络的功能是主要的。但用户要求的主要是自己需要的功能，并不是网络的全部功能，故没有必要去追求全面的高指标，关键是根据用户的需求进行选用，且价格应尽量便宜。归根到底，用户选择计算机网络的基本原则，是寻求一个性价比尽可能高的方案。

下面将对计算机网络方案选择有关问题进行讨论。

1. 网络操作系统部署

1) 工作模式的确定

网络操作系统是网络用户与计算机网络之间的接口。网络操作系统为上网用户提供了便利的操作和管理平台。目前的网络操作系统主要分两大类：一类是基于服务器的工作模式，另一类是点对点(peer to peer)的对等模式。

2) 选择网络操作系统的一些考虑

(1) 多任务支持。支持多任务的操作系统允许多个任务并发执行，具有很高的运行效率。该特性使得服务器可作为专用或非专用服务器，若是后者，用户可同时在前台进行操作。

(2) 开放特性和对多种协议的支持。开放指具有开放体系结构，容易进行增值开发服务，同时具有开放协议技术，不仅能支持多种介质访问控制协议，还能在高层上支持多种服务协议。

(3) 域服务器管理。当网络规模增大，可能需多台服务器和大量的客户组成网络环境时，对网络的管理能力的要求就成为选择网络操作系统的重要因素。域服务器的管理就是基于服务器分组的管理，也称作域管理，它是把一组服务器作为一个单一的逻辑操作系统进行处理。每一域内的服务器数量受到限制，在同一域内，用户只需一个账号和一个口令就可访问任一台服务器。对服务器管理的更高形式是多域管理，进行综合目录服务，对服务器数量没有限制。

(4) 安全性。网络操作系统应能满足必要的高安全性能标准要求，一般应达到美国政府颁布的C2级标准。在文件级，用户应有完善的安全管理和控制手段。例如用户的口令字应具有加密功能。在技术上网络应具有容错能力，支持磁盘镜像和磁盘双工等。还可根据需要设置多服务器之间的备份关系，且备份服务器也可承担网络服务器的工作。

3) 选择网络操作系统的准则

(1) 网络操作系统(版本)的主要功能优势和配置，能否与用户需求达成基本一致。

(2) 网络操作系统(版本)的生命周期。网络操作系统正常发挥作用的周期越长越好，这就需要了解一下其技术主流、技术支持及服务等。

(3) 网络操作系统能否顺应网络计算潮流。当前潮流是分布式计算环境，选择网络操作系统，当然最好考察这个方向。

(4) 对市场进行客观分析。对当前市场流行的网络操作系统平台的性能、品质如速度、可靠性、安装与配置的难易程度进行列表分析，综合比较，以期选择性价比最优者。

2. 网络拓扑结构的选择

常见的拓扑结构有星状、总线状、环状、树状等，根据实际需要，选择一种适用的拓扑结构，或者是几种拓扑结构的组合。网络拓扑结构确定后，要审定选用的网络拓扑结构是否合适，有什么问题。一般说来，不同的介质访问控制方法适用于不同的网络拓扑结构。如IEEE 802.3、IEEE 802.4 标准协议适用于总线状局域网络，IEEE 802.6 适用于环状局域网络。

3. 传输介质的选择

传输介质决定了网络的传输速率、网段的最大长度、传输可靠性(抗电磁干扰能力)、网络接口板的复杂程度等，对网络成本也有巨大影响。

随着多媒体技术的广泛应用，宽带局域网络支持数据、图像和声音在同一传输介质中传输，是今后网络的发展方向。网络传输介质的选择，就是从(屏蔽)双绞线电缆、基带同轴电缆、带宽同轴电缆以及光缆中根据性价比要求进行选择，确定能够满足需要又合乎技术发展的具有良好性价比的传输介质。

4. 网卡的选择

目前，各类局域网网卡大都支持 Ethernet、Token Ring 和 ARCNet 介质访问控制协议。所对应的网络拓扑结构为总线状、星状、环状。网卡一旦选定，则拓扑结构、传输介质、传输速率、网络最大跨距、实时性、优先权特性等皆都确定。故应慎重选择网卡。各类常见网卡特性如表 8-1 所示。

目前选用 Ethernet 协议的网卡占多数，物理上可接成总线或星状拓扑。当外部环境较差和距离较远时，通常选用同轴粗缆(10BASE-5)，相反情况下一般选用同轴细缆(10BASE-2)。在某些局部为了便于布线及以后扩充，可选用 10BASE-T 双绞线，通过集线器连接成星状以太网结构。

对实时性要求较高和要求优先权访问的场合，应选用令牌环(Token Ring)网。

表 8-1　各类网卡的主要特性

相关参数＼网卡类型	Ethernet	Token Ring	ARCnet
传输速率/Mbps	10	4/16	2.5
拓扑结构	总线/星状	环状	总线状
传输介质	同轴电缆/双绞线/光缆	双绞线、光缆	同轴电缆、双绞线
网间最大跨距/km	2.5	>10	4.7
最多节点数	100	100	255
实时访问	无	有	有
优先权访问	无	有	无
综合服务能力	低	中	低
网卡价格比	1	2.5	0.6
安装及维护技术	低	中	低

5. 网络性能评价

1）计算机网络的主要性能指标

（1）响应时间。指网络上源节点提出请求并得到目的节点（例如服务器）回答所需的时间。具体说，是当用户在源节点终端最后一次按回车键至得到对方系统的回答并在该终端屏幕上显示为止所用的时间。

影响响应时间的因素主要有本地系统、网络和远程系统三部分。本地系统和远程系统指源节点和目的节点。影响响应时间的主要因素包括 CPU 的处理能力、缓冲区的大小、I/O 处理能力、内存的存取速度和优先级调度策略等。在网络方面的主要影响因素包括信息传输速率、通信流量大小及转发信息时协议软件的复杂程度、介质访问控制方式等。通信流量与网络用户数有关，是动态因素。

（2）吞吐量。吞吐量指的是在各站点间传送的全部数据量。影响吞吐量的主要因素包括本地系统、网络和远程系统。主要有网络信道的频宽或容量、通信处理软件的复杂程度或效率、源系统和目的系统的负载、网络的信息流量等。不同的介质访问控制方式有不同的吞吐量特性。

（3）资源利用率。资源利用率主要是指网络资源被使用的时间所占百分比。资源利用率主要包括 CPU 利用率、通信线路利用率、内存利用率、磁盘利用率、整个网络的利用率等。资源利用率是评价网络性价比的主要参数。若网络的资源利用率较低，说明网络没有充分发挥效益。

2）网络性能评价的主要方法

目前，网络系统的性能评价方法主要采用数学分析法和程序模拟法。这两种方法都是根据网络的基本原理、特性来建立评估模型。两者的区别是建模方法不同，前者是用数学方法加以抽象，后者是用模拟程序来抽象，如图 8-3 所示。

数学分析法是用数学表达式描述在确定的拓扑结构及通信协议环境中网络所表现出来的性能参数，然后用分析方法确定网络中各项参数对性能参数的影响。这种方法的主要理

(a) 数学分析法　　(b) 程序模拟法

图 8-3　两种性能评价模型

论基础是排队论，其优点是开销小，但对复杂的系统，由于涉及因素太多，或很难找出合适的表达式，或由于计算太复杂，不可能得到解。一般采用近似分析方法，但结果误差较大。

程序模拟法是通过模拟程序实现模型，模拟网络实际的运行过程。该方法的优点是可用程序模拟复杂的模型，且可通过程序方法修改某些网络参数，分析它们对网络性能的影响，现常被采用。该方法的缺点是开销较大。构造网络模型并对网络性能进行评价的基本目的是预测在给定输入负载下网络的性能，对不同的网络设计策略、设计方案进行评价，对已存在的网络，控制输入负载，从而得到需要的性能。对用户来说，若能对初选的网络规划设计方案进行性能评价，是非常有意义的。它会使网络的设计方案更加合理，更有效并确保系统的可用性。

6. 网络安全管理

1）实体的安全

实体的安全主要指计算机网络硬件设备和通信线路的安全性。对实体安全的威胁来自许多方面。例如，人为地破坏系统和设备、各种自然灾害、盗窃和丢失各种传输介质、设备故障以及环境和场地因素等。

为保护网络实体的安全，除加强和严格执行各种安全防范措施外，应注意电缆的布置。中心机房应有良好的通风、防潮环境、灾害报警、防火防电磁辐射等设施，还应有严格的人事、机房出入的控制与管理、运行管理等措施。

2）信息安全

信息安全主要包括软件安全和数据安全。对信息安全的威胁有两种：信息泄露和信息破坏。信息泄露指由于偶然或人为原因将一些重要信息为别人所获，造成泄密事件。信息破坏则可能由于偶然事故和人为因素使信息在正确性、完整性和可用性等方面遭受损失。当前在信息安全方面主要存在如下问题：

（1）计算机病毒问题。计算机病毒是一种能将自己复制到别的程序中的程序。它会影响计算机能力和使得计算机不能正常工作。当计算机连网后，病毒的危害性就更大，必须严加防范。

（2）计算机黑客问题。

（3）传输线路和设备电磁辐射的防护问题。

8.2.4　局域网组网技术

1. 快速以太网技术

目前有两种最有影响的 100Mbps 高速局域网体系结构：100 Base-Tx 和 100Base-VG，通称为 100Base-T 快速局域网。这两种方案均号称：用现有的 10Base-T 网络，用户很容易从低速网络移植到高速网络。现有网络的线路、现有网络的以太网数据包大小与协议均可保持不变。100Base-Tx 与 100Base-VG 的共同之处是，它们都可达到 100Mbps 数据传输速率,并且还都是共享媒体型网络。此外,二者皆可与 10Base-T 以太网协同工作,原有以太网的基本设施和设备基本上可以继续使用,且都可以从 10Mbps 向 100Mbps 高速网络升级。

2. FDDI 技术

FDDI 系列包括以下几类:光纤分布数据接口 FDDI、铜线分布数据接口 CDDI、二型光纤分布数据接口 FDDI Ⅱ和增强局域网的 FDDI(称 FFOL)。

FDDI 适合用于主干网,大概占 FDDI 应用的 70%~80%。FDDI 和 CDDI 支持异步数据传输服务,而 FDDI Ⅱ支持等时服务,可用于图像和声音的传输。而且最新的 CD 激光技术(780mm/850mm)的发展使 FDDI 器件的价格大大降低。

FDDI 由于采用光纤作传输媒体,数据速率很高,FDDI 具有以下优点:

(1) 令牌环网协议在重负载条件下,运行的效率仍很高。因此,FDDI 可得到与令牌环网同样高的效率。

(2) FDDI 使用与令牌环网相似的数据帧格式,有利于各种令牌环网之间的互联,且不管它们的传输速率如何。

(3) 采用双环拓扑结构,可增加冗余度,提高可靠性。

3. ATM 技术

当信息传输容量差别很大,并且要求所组建的网络有极强的适应能力,能以不同的速率传输数据、图像和音频信号时,采用 ATM 技术组网最好。ATM 可应用于工作组环境或广域网环境,并可有各种不同的完整的组网方案。ATM 最主要的特点就是网络的带宽可按需分配和扩充。

ATM 交换机和网络之间的链路可使用多种速率。100Mbps 光纤链路(100~155Mbps)用于把服务器连到网络上。25Mbps 到 51Mbps 的非屏蔽双绞线链路可用作用户速率链路;622Mbps 以上的单模光纤可用于未来的交换机互联链路。对两种不同链路的速率进行匹配是 ATM 交换器的固有功能之一,它不需要额外的网桥进行速度转换。

4. 网络分段技术

网络分段是为了解决网络瓶颈效应、增强网络可靠性而提出的一种组网方案。网络分段方案在一定程度上,可以缓解由于访问冲突而导致网络主干阻塞的问题。

1) 网络分段的指导思想

网络分段的思想很简单,如果有个别用户需要大量的带宽,就把这些用户单独组网,从而使那些对带宽需求不多的用户不受这些“大户”的影响。也就是说,因为网络的通信大部分是在工作小组之间进行的,而且这部分通信对网络响应要求较高,通过给每个网段增加一个网桥,可把一个负载过重的网络分成若干个网络,目的是把工作组内部的通信限制在各自网段内;对于工作组成员之间的通信,则通过网桥实现,网桥能过滤来自主干的信息帧,阻隔不属于自己网段的信息帧,这样就减少了其他网段对本网段带宽的消耗,特别是对主干网的不必要的带宽消耗,从而提高了各网段和网络主干的可用带宽。

2) 网络分段的局限性

网络分段可以解决一些网络瓶颈与可靠性方面的问题,但并不彻底。因为,在网络分段方案里都使用了网桥或路由器,大型网络被划分成几个网段,且随着网段内小组成员的增多,每个用户的平均带宽减少,使原来局域网的问题又出现在网段内。

众多的网段还带来很复杂的管理问题,特别是当网络需要变动或扩容时,需要改变网桥

(或路由器)、布线、集线器和服务器等硬件环境,而且最复杂最困难的是需要同时改变网络上所有软硬件的设置。

5. 吉比特以太网技术

吉比特以太网是快速以太网的一种平滑、无缝升级。吉比特以太网是 IEEE 802.3 标准的扩展,1998 年 6 月 IEEE 正式推出了吉比特以太网标准 IEEE 802.3z。在保持与以太网和快速以太网设备兼容的同时,它提供 1000Mbps 的数据带宽。吉比特以太网为交换机到交换机和交换机到节点工作站的连接提供了新的全双工操作模式,还为采用中继器和 CSMA/CD 共享连接提供了半双工操作模式。吉比特以太网与 IEEE 802.3 网络采用同样的帧格式、大小以及管理方式。吉比特以太网最初要求使用光缆作为传输介质,但现在使用 5 类 UTP 电缆和同轴电缆也能很好地实现传输。

目前,吉比特以太网主要用于以下五个方面:

(1) 交换机到服务器连接的升级。

(2) 交换机到交换机之间的升级。

(3) 快速以太网主干部分的升级。

(4) 共享式 FDDI(光纤分布式数据接口)主干的升级。

(5) 高性能工作站的升级。

6. 无线局域网技术

无线局域网是计算机网络与无线通信技术相结合的产物。无线局域网具有传统局域网无法比拟的灵活性。无线局域网通信范围广,网络的传输范围大大拓宽,此外,无线局域网还具有抗干扰性强,网络保密性好,组建、配置和维护较为容易的特点。无线局域网在以下方面的应用具有明显的优势:

- 提供到已有的有线网络的临时连接。
- 帮助提供已有网络的备份。
- 提供一定程度的可移植性。
- 使网络超出物理连接的限制。
- 拥挤繁忙的地方,例如,大厅或者接待室。
- 经常需要改变工作地点的用户,例如,医院里的医生和护士。
- 偏远的地区或者建筑物。
- 需要经常或者不定期改变物理设置的部门。
- 无法安装电缆的地方,例如,历史悠久的建筑物。

1) 无线局域网的传输方式

(1) 红外(IR)系统。

红外线局域网采用小于 1μm 波长的红外线作为传输介质,有较强的方向性,由于它采用低于可见光的部分频谱作为传输介质,使用不受无线电管理部门的限制。红外信号要求视距传输,并且窃听困难,对邻近区域的类似系统也不会产生干扰。在实际应用中,由于红外线具有很高的背景噪声,受日光、环境照明等影响较大,一般要求的发射功率较高,而采用现行技术,特别是 LED,很难获得大于 10Mbps 的传输速率。如果采用聚焦波束的点对点方案,在距离 30m 时,传输速率至少可达到 50Mbps。

(2) 无线电波(RF)。

采用无线电波作为无线局域网的传输介质是目前应用最多的，这主要是因为无线电波的覆盖范围较广，应用较广泛。使用扩频方式通信时，特别是直接序列扩频方法，因发射功率低于背景噪声，具有很强的抗干扰、抗噪声及抗衰落能力，使通信非常安全，基本避免了信号的偷听和窃取，具有很强的可用性。另一方面无线局域使用的频段主要是 S 频段(2.4～2.4835GHz)，这个频段也叫 ISM(Industry Science Medical)即工业科学医疗频段，该频段在美国不受 FCC(美国联邦通信委员会)的限制，属于工业自由辐射频段，不会对人体健康造成伤害。

2) 无线局域网的主要协议标准

无线接入技术区别于有线接入的特点之一是标准不统一，不同的标准有不同的应用。目前比较流行的有 IEEE 802.11 标准、蓝牙(Bluetooth)标准以及 HomeRF(家庭网络)标准。

7. 万兆以太网技术

在 1999 年，IEEE 已经成立了相关的工作小组负责 10Gbps 以太网标准的制定工作，包括有效传输距离、传输介质以及数据传输速率等。和 10Mbps、100Mbps 及 1000Mbps 以太网一样，10Gbps 以太网仍然采用 IEEE 802.3 以太网介质访问控制(MAC)协议、帧格式和帧长度，无论从技术上还是应用上都保持了高度的兼容性。10G 以太网同全双工快速以太网和千兆以太网一样，是以全双工模式工作的，因此使用该技术可以提高网络的整体性能和通信带宽，以满足骨干网络的应用需要。

8.2.5　共享式局域网的组网

局域网的组网方案主要包括交换式局域网和共享式局域网两种。基于 Hub 构建的局域网叫做共享式局域网，采用交换机构建的局域网叫做交换式局域网。

共享式局域网的典型代表是使用 10Base2/10Base5 的总线状网络和以集线器为核心的星状网络。在使用集线器的局域网中，集线器将很多局域网设备集中到一台中心设备上，这些设备都连接到集线器中的同一物理总线结构中。集线器并不处理或检查其上的通信量，仅通过将一个端口接收的信号重复分发给其他端口来扩展物理介质。所有连接到集线器的设备共享同一介质，其结果是它们也共享同一冲突域、广播和带宽。因此集线器和它所连接的设备组成了一个单一的冲突域。如果一个节点发出一个广播信息，集线器会将这个广播传播给所有同它相连的节点，因此它也是一个单一的广播域。

共享式网络是一种无管理疏导的无序工作状态，由于所有的节点都接在同一冲突域中，不管一个帧从哪里来或到哪里去，所有的节点都能接收到这个帧。随着节点的增加，大量的冲突将导致网络性能急剧下降。而且集线器同时只能传输一个数据帧，这意味着集线器所有端口都要共享同一带宽。当数据和用户数量超出一定的限量时，就会造成网络性能的严重衰退。

基于集线器构建局域网时，所有的计算机基于 Hub 连接起来，当网络中主机的数量扩大后，可以实现 Hub 的级联进行网络规模的扩充。图 8-4 展示了采用双绞线连接两台 Hub 构建的一个小型局域网。要注意的是 Hub 和 Hub 连接时采用的是交叉双绞线。

当共享式局域网的距离不断扩大的时候，为放大网络信号则必须采用中继器实现。为此在每个局域网网段必须安装一个中继器，所有的网络都采用中继器连接起来形成一个整

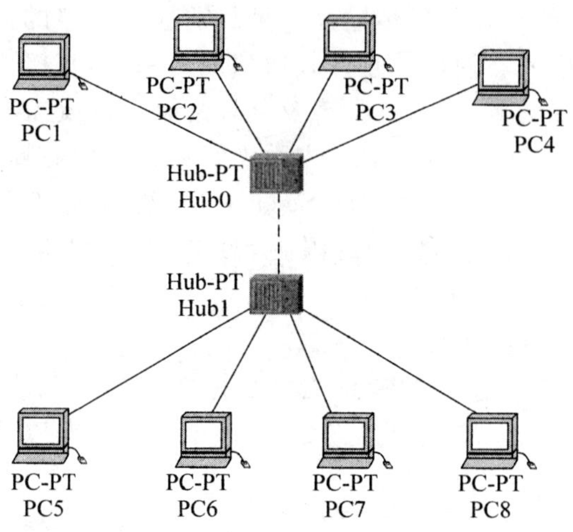

图 8-4　基于 Hub 的共享式局域网

体网络。图 8-5 展示了采用中继器连接起来的共享式局域网。

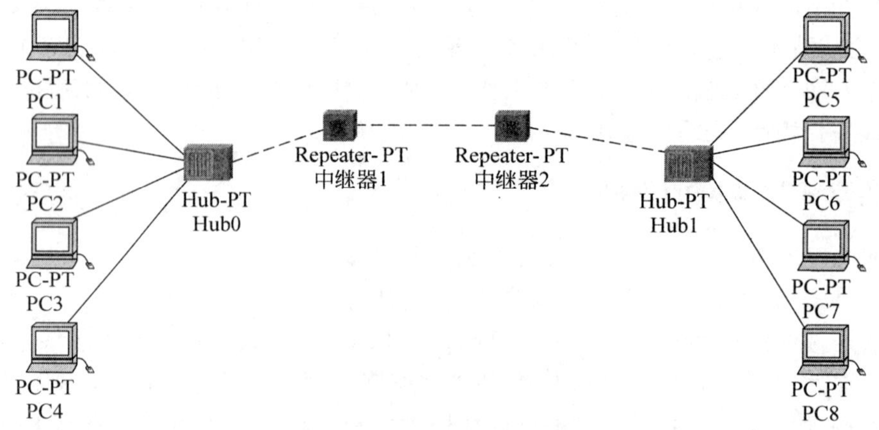

图 8-5　基于中继器的共享式以太网

在采用 Hub 构建的共享式局域网后，设置各个主机的 IP 地址即可实现网络通信，要注意的是，连入的所有主机必须在同一个网络内，否则不能进行通信。可以看到采用 Hub 或者中继器构建的共享式局域网没有相关的控制方法。所以这种网络的安全性和控制性能都不很好。

8.2.6　交换式局域网的组网

交换式局域网采用交换机构建网络，避免了共享式网络的不足，交换技术的作用是根据所传递信息包的目的地址，将每一信息包独立地从端口送至目的端口，避免了与其他端口发生碰撞，提高了网络的实际吞吐量。交换机上的所有端口均有独享的信道带宽，以保证每个端口上数据的快速有效传输。交换机为用户提供的是独占的、点对点的连接，数据包只被发送到目的端口，而不会向所有端口发送。

交换式局域网的仿真过程中，所有的主机通过交换机连接起来，在小范围近距离内，所有的交换机之间可以通过双绞线连接起来。图 8-6 展示了采用双绞线构建的交换式局

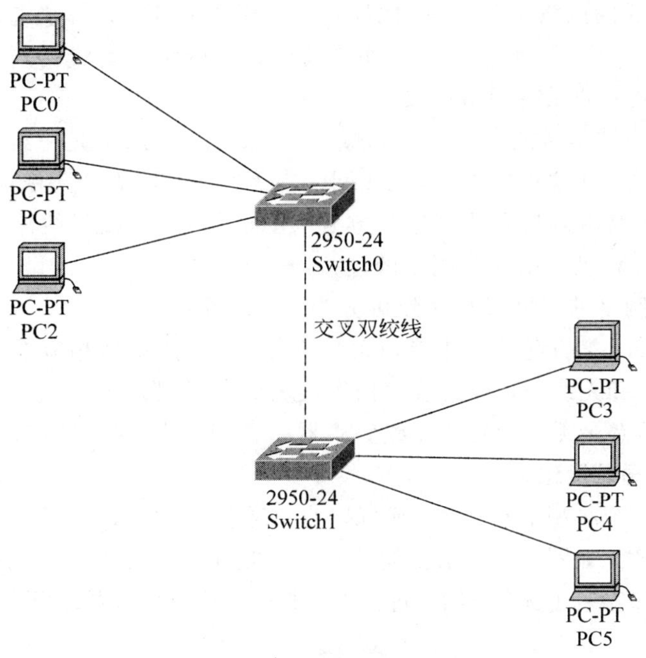

图 8-6　基于双绞线级联局域网

域网。

当网络的规模不断扩大且距离较远时，采用双绞线实现交换机的级联性能就会不断下降，为此，必须采用光纤实现交换机的级联。图 8-7 展示了采用光纤实现交换机级联的一个拓扑图。

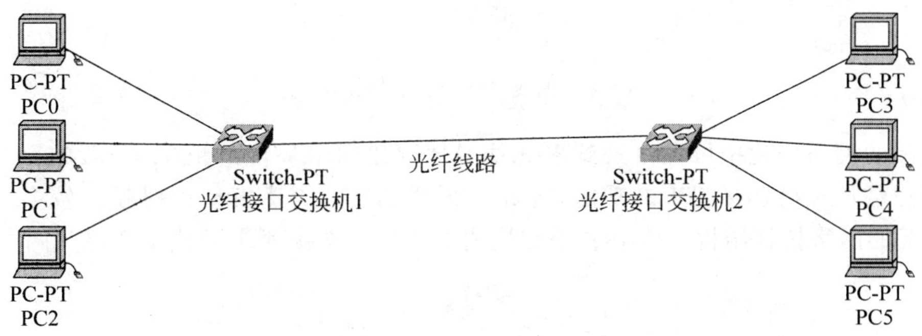

图 8-7　基于光纤级联的局域网

8.2.7　无线局域网组网

无线局域网(Wireless Local Area Network，WLAN)是利用无线网络技术实现局域网应用的产物，它具备局域网和无线网络两方面的特征，即 WLAN 是以无线信道作为传输媒体实现的计算机局域网。

1. 无线局域网的组网模式

无线局域网的组网模式可以分为两种，一种是 Ad-hoc 模式，即点对点无线网络；另一种是 Infrastructure 模式，即集中控制式无线网络。

Ad-hoc 模式组成的网络又称为自组织网络，该模式下各台计算机通过无线网卡的点对点方式实现对等连接，不需要无线网卡以外的其他无线网络设备支持。此模式常用于临时组网或部分特殊环境下的无线网络连接。

Infrastructure 模式是目前主流无线局域网采用的组网方式，是一种整合有线与无线局域网架构的应用模式。在这种模式中，无线网卡与无线 AP 或无线路由器进行无线连接，再通过无线 AP 或无线路由器与有线网络建立连接，而无线 AP 或无线路由器作为集中控制中心可控制客户端计算机与该无线网络的连接与访问。

Infrastructure 网络的组网过程大致可分为以下三个阶段：

（1）将接入 Internet 的宽带线连接到无线 AP 或无线路由器相应端口上。

（2）将无线网卡和无线 AP 或无线路由器设为同一网段。

（3）通过浏览器登录无线 AP 或无线路由器的管理界面，对无线路由器进行设置。

2. 简单的无线局域网组网

如果仅仅构建一个小型的局域网，则可以直接采用无线 AP 和带无线网卡的计算机来组装小型的网络环境。如图 8-8 展示了构建的一个基于单个无线 AP 的网络拓扑结构。网络中的 5 台计算机都安装了无线网卡，每台 PC 通过无线网络连接到无线 AP。

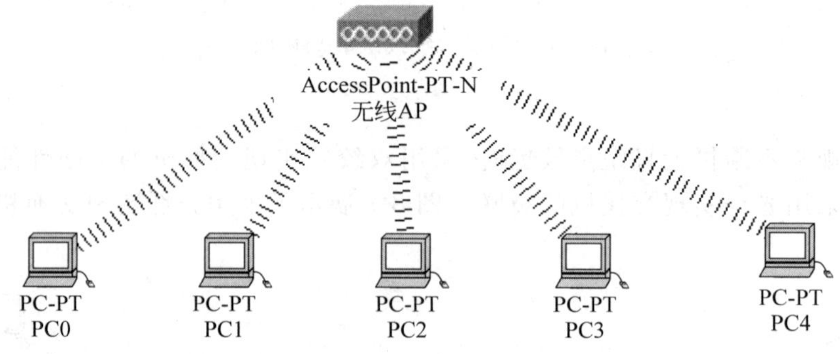

图 8-8　无线 AP 构建的网络结构

在实际的网络构建中可以牵扯到多无线 AP 构建网络环境的情况，一般的无线 AP 仅用于将客户端计算机连接起来的功能，为此多无线 AP 的构建模型相对就比较多。构建如图 8-9 所示的网络拓扑结构，其中采用交换机 Switch0 连接两个无线 AP 及其两个 DHCP

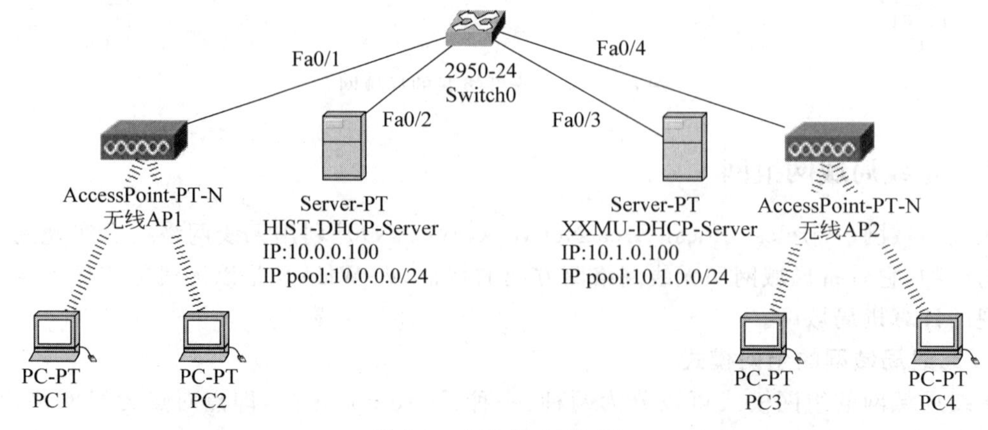

图 8-9　多无线 AP 网络

服务器，其中 HIST-DHCP-Server 用于为连接无线 AP 的计算机分配 IP 地址，XXMU-DHCP-Server 用于为连接无线 AP1 的计算机分配 IP 地址。

此项目要求先为交换机划分两个 VLAN，其中 Fa0/1 和 Fa0/2 端口划分在一个 VLAN 中，Fa0/3 和 Fa0/4 端口划分在另外一个 VLAN 中，各自配置对应的 DHCP 服务器的 IP 地址及其地址池，然后设置两个无线 AP 的 SSID 及其对应的认证密码，最后在 PC 上选择要连接的网络即可。

就目前说来无线局域网技术主要用于工作区内网络的构建，另外在网络工程中连接两个相邻建筑物也可能采用无线，这样可以极大地省去布线的工作量。

8.3　综合布线技术概述

本节主要讲述综合布线的基本技术。

8.3.1　综合布线技术的基本概念

所谓综合布线，即结构化布线系统，是一套用于建筑物或建筑物群内的传输网络，它将语音、数据、图像等设备彼此相连，也使上述设备与外部通信数据网络相连接，一个设计良好的布线系统应具有开放性、灵活性和扩展性，并对其服务的设备有一定的独立性，需要指出的是，结构化布线系统是一套具有标准、设计、施工及信息界面的无源系统，不包含任何相关的有源连接设备，理想的布线系统可以支持语音、数据。

随着 Internet 网络和信息高速公路的发展，各国的政府机构、大的集团公司也都在针对自己的楼宇特点，进行综合布线，以适应新的需要。理想的布线系统表现为：支持语音应用、数据传输、影像影视，而且最终能支持综合型的应用。由于综合型的语音和数据传输的网络布线系统选用的线材、传输介质是多样的（屏蔽、非屏蔽双绞线、光缆等），而且费用高，投资大，一般单位可根据自己的特点，选择布线结构和线材。作为布线系统，目前被划分为六个子系统。它们是：

(1) 工作区子系统（Work Location）。它由终端设备连接到信息插座之间的设备组成，包括信息插座、插座盒（或面板）、连接软线、适配器等。

(2) 水平子系统（Horizontal）。它的功能是将干线子系统线路延伸到用户工作区。水平系统是布置在同一楼层上的，一端接在信息插座上，另一端接在配线间的跳线架上。水平子系统主要采用 4 对非屏蔽双绞线，它能支持大多数现代通信设备，在某些要求宽带传输时，可采用“光纤到桌面”的方案。当水平区面积相当大时，在这个区间内可能有一个或多个卫星接线间，水平线除了要端接到设备间之外，还要通过卫星接线间，把终端接到信息出口处。

(3) 干线子系统（Backbone）。通常它是由主设备间（如计算机房、程控交换机房）至各层管理间。它采用大对数的电缆馈线或光缆，两端分别接在设备间和管理间的跳线架上。

(4) 设备间子系统（Equipment）。它是由设备间的电缆、连续跳线架及相关支撑硬件、防雷电保护装置等构成。比较理想的设置是把计算机房、交换机房等设备间设计在同一楼层中，这样既便于管理又节省投资。当然也可根据建筑物的具体情况设计多个设备间。

(5) 管理子系统（Administration）。它是干线子系统和水平子系统的桥梁，同时又可为同层组网提供条件。其中包括双绞线跳线架、跳线(有快接式跳线和简易跳线之分)。在需要有光纤的布线系统中,还应有光纤跳线架和光纤跳线。当终端设备位置或局域网的结构变化时,只要改变跳线方式即可解决,而不需要重新布线。

(6) 建筑群子系统(Campus)。它是将多个建筑物的数据通信信号连接一体的布线系统。它采用可架空安装或沿地下电缆管道(或直埋)敷设的铜缆和光缆,以及防止电缆的浪涌电压进入建筑的电气保护装置。

大楼的综合布线系统是指将各种不同的组成部分构成一个有机的整体,而不是像传统的布线那样自成体系,互不相干。综合布线系统结构如图 8-10 所示。

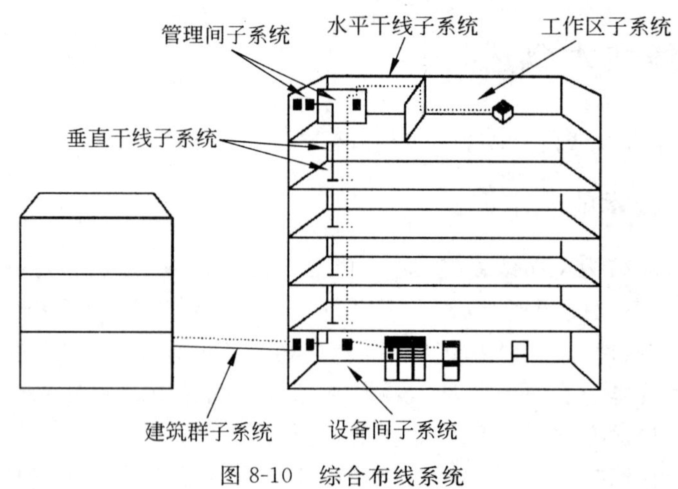

图 8-10 综合布线系统

8.3.2 综合布线系统的等级

综合布线系统,一般定为基本型综合布线系统、增强型综合布线系统和综合型综合布线系统三种等级。

1. 基本型综合布线系统

基本型综合布线系统方案,是一个经济的、有效的布线方案。它支持语音或综合型语音/数据产品,并能够全面过渡到数据的异步传输或综合型布线系统。它的基本配置:

(1) 每一个工作区为 8～10m^2;

(2) 每一个工作区有一个信息插座;

(3) 每一个工作区有一个语音插座;

(4) 每一个工作区有一条水平布线 4 对 UTP 系统。

基本型综合布线系统的特性为:

(1) 能够支持所有语音和数据传输应用;

(2) 便于维护人员维护、管理;

(3) 能够支持众多厂家的产品设备和特殊信息的传输。

2. 增强型综合布线系统

增强型综合布线系统不仅支持语音和数据的应用,还支持图像、影像、影视、视频会议等。具有为增加功能提供发展的余地,并能够利用接线板进行管理,它的基本配置:

(1) 每一个工作区为 8～10m²；

(2) 每一个工作区有两条水平布线 4 对 UTP 系统，提供语音和高速数据传输。

增强型综合布线系统的特点为：

(1) 每个工作区有两个信息插座，灵活方便、功能齐全；

(2) 任何一个插座都可以提供语音和高速数据传输；

(3) 便于管理与维护；

(4) 能够为众多厂商提供服务环境的布线方案。

3. 综合型综合布线系统

综合型布线系统是将双绞线和光缆纳入建筑物布线的系统。它的基本配置：

(1) 每一个工作区为 8～10m²；

(2) 在建筑、建筑群的干线或水平布线子系统中配置 62.5 微米的光缆；

(3) 在每个工作区的电缆内配有两条以上的 4 对双绞线。

它的特点为：

(1) 每个工作区有两个以上的信息插座，不仅灵活方便而且功能齐全；

(2) 任何一个信息插座都可供语音和高速数据传输。

8.3.3 相关综合布线的标准

综合布线的标准非常多，主要包括国际标准和国内标准。一般的国际标准主要用于实现构建国内标准进行的相关参考。国内标准指的是在全国范围内统一的技术要求。另外，综合布线所涉及的相关领域，可能还存在行业标准、地方标准或企业标准。行业标准指的是在某一行业推行统一的标准。地方标准指的是在我国某个省市推行的标准，而企业标准指的是由某个企业统一使用的标准。

1. 综合布线的国际标准

综合布线的国际标准也较多，其中 ISO 和美国电子工业协会、美国电信工业协会的 EIA/TIA 为综合布线系统制订了一系列标准。这些标准主要有下列几种：

- ISO/IEC11801：2008《用户建筑综合布线》修正案一；
- ANSI/TIA—568—C：2009《商业建筑电信布线标准》；
- ANSI/TIA—942—2005《数据中心电信设施标准》；
- EN50173.5/1—2007《信息技术—通用布线标准一数据中心》。

2. 国内标准

综合布线的相关国内标准主要如下：

- GB50311—2007《综合布线系统工程设计规范》；
- GB50312—2007《综合布线系统工程验收规范》；
- GB50174—2008《电子信息系统机房设计规范》；
- GB50462—2008《电子信息系统机房检测规范》。

8.3.4 综合布线的发展趋势

目前综合布线系统的主流是铜缆＋光纤，6 类铜缆系统在市场中的份额正在逐步提升，综合布线的发展趋势是实现 6 类系统与光纤系统融合的全面普及。就目前看来，综合布线的发展趋势如下。

1. 光纤连接到桌面

Web 应用和网络多媒体应用需求的急剧膨胀促进了对宽带网络的需求。6 类系统的推出为用户跨入千兆网络的时代奠定了坚实的基础,光纤连接到桌面是下一代综合布线的主流。采用光纤传输介质将通信业务从业务中心延伸至用户终端,实现配线网络的融合,以满足语音、数据、图像、多媒体的应用,涉及整个光配线网络。光纤与光器件会在接入网的建设中得到充分运用。

2. 综合布线与智能建筑结合

目前综合布线在智能建筑自动化及控制领域逐步扩展,控制系统的网络正在向以太网发展。由于各系统网络化设备的快速发展,为在同一布线网络下各系统的集成提供了基础。智能建筑弱电系统在信息的采集、上传、集成管理等方面正在朝网络化与数字化发展。

在建筑物中,结构化布线使得多种业务的融合传输已经重新被提到议事日程上来,融合的布线系统可以充分利用综合布线的每一线对,采用 PoE 降低成本、简化施工、节约材料、降低能耗,将会在监控系统、楼宇自控系统等系统中得到广泛应用。

另外,家居布线系统为住宅建筑的基础设施,是实现智慧家庭信息采集、控制的最基本单元。按照国家标准,每一户都应该设置家居配线箱,家居配线箱可以有不同功能的组合,并且户内的家居布线要一步到位。光纤入户是家居布线的发展趋势,为国内的布线厂商开拓了新的领域。

随着物联网技术的快速发展,将电子标签射频技术应用于整个配线系统,如线缆、桥架、模块、箱(盒)体、机柜等,实现综合布线系统的安全集成管理,是下一代综合布线系统的趋势。

3. 有线和无线全面融合

随着无线网络技术的发展,光纤和无线两种技术将出现全面共存的时代,在未来的综合布线系统中将采用有线与无线相结合的综合网络。由于无线网络的方便、快捷与灵活性,因此整个系统采用先进的有线网和无线网相互覆盖、相互结合的组网方式将会是未来的发展方向。

8.4 综合布线系统的部署

根据 ANSI/EIA/TIA-568A 标准,通常将综合布线系统划分为六个子系统:工作区子系统、水平干线子系统、管理子系统、垂直干线子系统、设备间子系统和建筑群子系统。

8.4.1 工作区子系统的部署

工作区子系统(work Area Subsystem)又称为服务区子系统,它是由 RJ-45 跳线、信息插座与所连接的 PC 或其他终端设备(如打印机等)组成。信息插座又分为墙上型、地面型等多种。信息插座包括连接网络的 RJ-45 接口,连接有线电视的 BNC 接口和连接电话机的 RJ-11 接口。图 8-11 展示了工作区子系统的基本构成。

注意:在进行设备连接时,可能需要其他辅助设备,例如采用电话线上网的调制解调器等。但这种装置并不是工作区子系统的一部分。

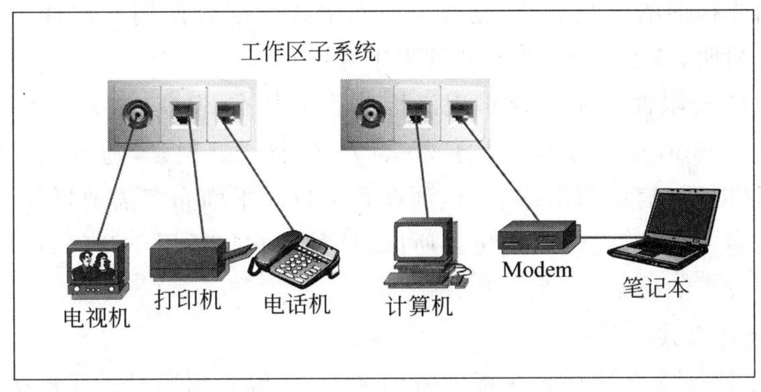

图 8-11　工作区子系统

工作区子系统设计时要注意如下要点：

(1) 从 RJ-45 的插座到设备间的连线采用直通双绞线，一般不超过 5m；

(2) RJ-45 的插座须安装在墙壁上或不易碰到的地方，插座距离地面 30cm 以上；

(3) 插座和插头(与双绞线)不能接错线头。

8.4.2　水平干线子系统的部署

水平干线子系统又称为水平子系统(Horizontal Subsystem)。水平干线子系统是整个布线系统的一部分，它是从工作区的信息插座到管理间子系统的配线架。结构一般为星状结构，它与垂直干线子系统的区别在于：水平干线子系统总是在一个楼层上，仅仅是信息插座与管理间连接。在综合布线系统中，水平干线子系统由 4 对 UTP(非屏蔽双绞线)组成，能支持大多数现代化通信设备。如果有磁场干扰或信息保留时，可用屏蔽双绞线。当需要高宽带应用时，可以采用光缆。图 8-12 展示了水平干线子系统的位置示意图。

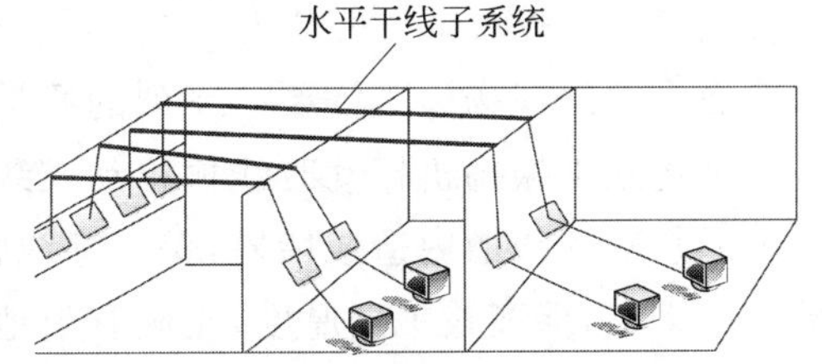

图 8-12　水平干线子系统

水平子系统是综合布线结构的一部分，它将垂直子系统线路延伸到用户工作区，实现信息插座和管理间子系统的连接，包括工作区与楼层配线间之间的所有电缆、连接硬件(信息插座、插头、端接水平传输介质的配线架、跳线架等)、跳线线缆及附件。水平子系统总是在一个楼层上，仅与信息插座、管理间子系统连接。水平子系统的管路敷设、线缆选择将成为综合布线系统中重要的组成部分。

水平布线应采用星状拓扑结构，每个工作区的信息插座都要和管理区相连。每个工作区一般需要提供语音和数据两种信息插座。设计者要根据建筑物的结构特点，从路由(线)最短、造价最低、施工方便、布线规范等几个方面考虑。

1. 水平干线子系统布线方案

一般可采用三种类型：直线埋管线槽方式、先走线再分管方式，地面线槽方式。

1) 直接埋管线槽方式

这种方式采用金属钢管或 PVC 塑料管预埋在现浇板中。钢管或塑料管由竖井内配线箱处直接引至墙面或柱面的出线盒处，也可与地面出线盒配合使用。这种方式具有用材节省、配料简单、线路简明、技术成熟、施工准备简单等优点。

这种布线方式的局限性是由于建筑现浇板厚度大都在 80～120mm 之间，故埋于楼板内的管子不宜超过 25mm，交叉时不宜大于 25 与 20 的管子。但是，随着现代建筑空间面积不断扩大，需要大量电源、信息源出线端口，预埋管也将随平面布置需要增加到一定数量，管子交叉现象必然增多，影响土建施工质量。所以，这种方式只适用于开间、柱网间距较小，办公自动化配备密度较小的楼宇。

2）先走线再分管方式

这种方式中，线槽通常悬挂在天花板上方的区域，一般采用横梁式线槽将电缆引向所需布线的区域，再由弱电井出来的缆线先走吊顶内的线槽，到各房间后，经分支线槽从横梁式电缆管道分叉后将电缆穿过一段支管引向墙柱或墙壁，贴墙而下到本层的信息出口，或贴墙而上，在上一层楼板钻一个孔，将电缆引到上一层的信息出口；最后端接在用户的插座上。

在设计、安装线槽时应多方面考虑，尽量将线槽放在走廊的吊顶内，并且去各房间的支管应适当集中至检修孔附近，便于维护。

3）地面线槽方式

线槽安装在现浇层或找平层中。一般线槽高度为 20～25mm、宽度为 25～75mm，出线盒高度为 45～70mm，设计者可根据选用产品规格及建筑结构情况合理选用。这种布线方式的优点是节省空间，使用美观，出线灵活，适用于新建的办公自动化设备密度较高的中高级办公大厦。

地面线槽的现场施工需要一系列的质量保证措施。首先，对于预埋在现浇层内的线槽，为防止土建施工振捣机振动时线槽移动或线槽按键错位，需在线槽两边加以固定。其次，为防止水泥浆进入线槽内造成堵塞，保证穿线畅通，在线槽的分线盒、出线口等处采用密封保护措施。第三，保证找平层厚度，正确有效地测出基准水平标高，这一点对安装在找平层内的线槽尤为关键。施工前修平地坪，这样才能保证线槽平整敷设，线槽口与地面齐平，防止地面开裂。

2. 水平干线子系统部署注意事项

对于水平干线子系统的设计，必须具有全面介质设施方面的知识。设计时要注意如下要点：

(1) 水平干线子系统用线一般为双绞线；

(2) 长度不超过 90m；

(3) 用线必须走线槽或在天花板吊顶内布线，尽量不走地面线槽；

(4) 用 3 类双绞线的传输速率为 16Mbps，用 5 类、5e 类双绞线的传输速率为 100Mbps，6 类双绞线的传输速率为 250Mbps；

(5) 确定介质布线方法和线缆的走向；

(6) 确定距服务接线间距离最近的 I/O 位置；

(7) 确定距服务接线间距离最远的 I/O 位置；

(8) 计算水平区所需线缆长度。

8.4.3　垂直干线子系统的部署

垂直干线子系统也称骨干子系统，它是整个建筑物综合布线系统的一部分。垂直干线子系统的结构是一个星状结构，它负责把各个管理间的干线连接到设备间。一般使用光缆或选用非屏蔽双绞线。如图 8-13 是垂直干线子系统的位置示意图。

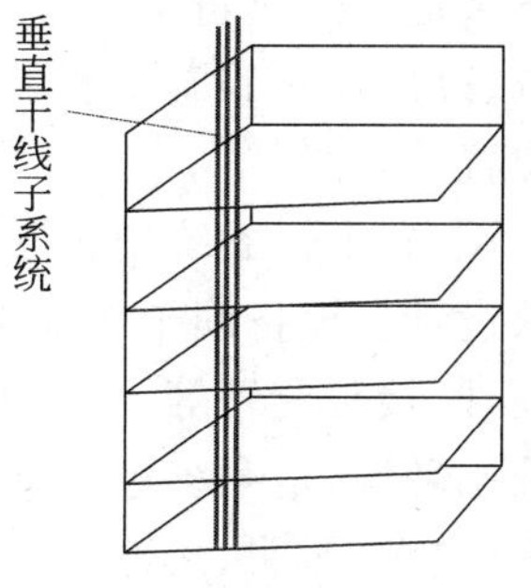

图 8-13　垂直干线子系统位置示意图

1. 垂直干线子系统设计方法

垂直干线子系统设计时通常采用电缆孔和电缆井两种方法。

电缆孔方法指的是建筑物中已经预设好的电缆孔实现信号线缆布设的方法。电缆孔通常用直径为 10cm 的钢性金属管做成，嵌在混凝土地板中，这是在浇注混凝土地板时嵌入的，比地板表面高出 2.5～10cm。电缆往往捆在钢绳上，而钢绳又固定到墙上已铆好的金属条上。当配线间上下都对齐时，一般采用电缆孔方法。

电缆井方法是指在每层楼板上开出一些方孔，使电缆可以穿过这些方孔实现从某层楼伸到相邻的楼层。对于老式建筑或者没有预留电缆孔的建筑物通常都要采用电缆孔实现电缆的布设。与电缆孔方法一样，电缆也是捆在或箍在支撑用的钢绳上，钢绳靠墙上金属条或地板三脚架固定住。电缆井的选择性非常灵活，可以让粗细不同的各种电缆以任何组合方式通过。

2. 垂直子系统的部署步骤

垂直子系统的线缆直接连接着非常多的用户，因此一旦干线电缆发生故障，则影响巨大。为此，必须重视干线子系统的设计工作。根据综合布线的标准及规范，应按下列设计要点进行垂直子系统的设计工作。

1）确定干线线缆类型及线对

垂直子系统线缆主要有铜缆和光缆两种类型，具体选择要根据布线环境的限制和用户对综合布线系统设计等级的考虑。计算机网络系统的主干线缆可以选用 4 对双绞线电缆或 25 对大对数电缆或光缆，电话语音系统的主干电缆可以选用 3 类大对数双绞线电缆，有线电视系统的主干电缆一般采用 75Ω 同轴电缆。主干的电缆线对要根据水平布线线缆对数以及应用系统类型确定。垂直子系统所需要的电缆总对数和光纤总芯数，应满足工程的实际需求，并留有适当的备份容量。主干缆线应该设置电缆与光缆，并互相作为备份路由。

2）垂直子系统干线线缆的交接

为了便于综合布线的路由管理，干线电缆、干线光缆布线的交接不应多于两次。从楼层配线架到建筑群配线架之间只应通过一个配线架，即建筑物配线架（在设备间内）。当综合布线只用一级干线布线进行配线时，放置干线配线架的二级交接间可以并入楼层配线间。

8.4.4　设备间子系统的部署

设备间子系统是一个集中化设备区，连接系统公共设备及通过垂直干线子系统连接至管理子系统，如局域网（LAN）、主机、建筑自动化和保安系统等。

设备间子系统是大楼中数据、语音垂直主干线缆终接的场所，也是建筑群的线缆进入建筑物终接的场所，更是各种数据语音主机设备及保护设施的安装场所。设备间子系统一般设在建筑物中部或在建筑物的一、二层，避免设在顶层或地下室，位置不应远离电梯，而且为以后的扩展留下余地。建筑群的线缆进入建筑物时应有相应的过流、过压保护设施。图 8-14 展示了设备间子系统的位置示意图。

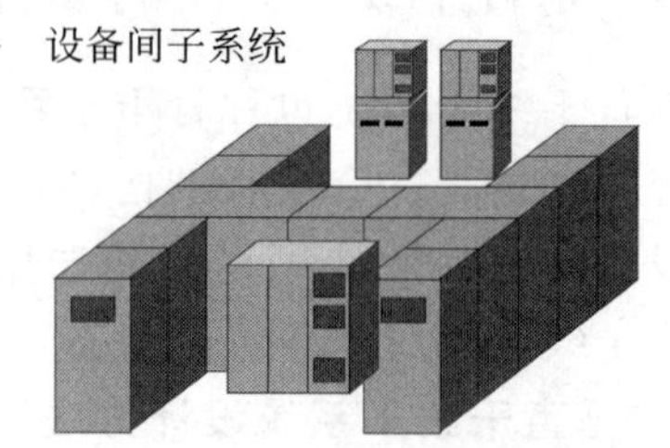

图 8-14 设备间子系统的位置示意图

设备间子系统空间要按 ANSL/TIA/ELA-569 要求设计。设备间子系统空间用于安装电信设备、连接硬件、接头套管等，为接地和连接设施、保护装置提供控制环境，是系统进行管理、控制、维护的场所。设备间子系统所在的空间还有对门窗、天花板、电源、照明、接地的要求。

下面是设备间子系统的规划步骤。

1. 选择设备间的位置

设备间子系统是综合布线的精髓，设备间的需求分析围绕整个楼宇的信息点数量、设备数量、规模、网络构成等进行分析，每幢建筑物内应至少设置 1 个设备间，如果交换机与计算机网络设备分别安装在不同的场地或根据安全需要，也可设置 2 个或 2 个以上设备间，以满足不同业务的设备安装需要。

在进行需求分析时，通过阅读建筑物图纸掌握建筑物的土建结构、强电路径、弱电路径，特别是主要与外部配线连接接口位置，重点掌握设备间附近的电器管理、电源插座、暗埋管线等，通过详细论证确定设备间的位置。确定设备间的位置可以参考以下设计规范：

(1) 应尽量建在综合布线干线子系统的中间位置，并尽可能靠近建筑物电缆引入区和网络接口，以方便干线线缆的进出；

(2) 应尽量避免设在建筑物的高层或地下室以及用水设备的下层；

(3) 应尽量远离强振动源和强噪声源；

(4) 应尽量避开强电磁场的干扰；

(5) 应尽量远离有害气体源以及易腐蚀、易燃、易爆物；

(6) 应便于接地装置的安装。

2. 确定设备间的面积

设备间的使用面积要考虑所有设备的安装面积，还要考虑预留工作人员管理操作设备的地方。一般设备间的实际面积按照 50%～70%预留所有网络设备。通过计算所有网络设备的面积就可以简单地计算出设备间的所需面积。例如所有网络设备的实际占用面积为 $20m^2$，则设备间的最小面积应该为 $29m^2$，这样才能保证设备间的正常部署。一般而言，设备间的最小使用面积不得小于 $20m^2$。

3. 设备间的环境要求

设备间是整个网络系统的核心，所有的路由器、交换机、服务器、机柜等都在设备间放置，这些设备属于永远在线的网络设备，其价格高昂。这些设备的运行需要相应的温度、湿度、供电、防尘等要求。设备间内的环境设置可以参照国家计算机机房设计标准《GB50174—93 电子计算机机房设计规范》等相关标准及规范。

另外，必须部署相关的防火设备，设备间应安装相应的消防系统，配备防火防盗门。对于核心设备要考虑防雷和防静电，在核心设备安装过程中必须考虑接地。为了获得良好的接地，推荐采用联合接地方式。所谓联合接地方式就是将防雷接地、交流工作接地、直流工作接地等统一接到共用的接地装置上。联合接地电阻要求小于或等于 1Ω。

4. 设备的标示

设备间内的线路和设备种类繁多，而且线缆布设复杂。为了管理好各种设备及线缆，设备间内的设备应分类分区安装，设备和线缆必须采用标签进行标记，以示区别，这对后期进行故障排除和管理维护可以提供便利。

5. 配电要求

设备间由于考虑到大量的设备要同时运行，所以必须要考虑配电系统的安全性和稳定性。首先应该根据所需供电量来选择配电柜的容量。设备间设置设备专用的 UPS 地板下插座，为了便于维护，在墙面上安装维修插座。其他房间根据设备的数量安装相应的维修插座。配电柜除了满足设备间设备的供电以外，并留出一定的余量，以备以后的扩容。

8.4.5　管理间子系统的部署

管理间子系统，又叫配线间子系统，它由连接垂直干线子系统和水平干线子系统的设备构成，其主要设备包括配线架、Hub、交换机和机柜、电源等。该子系统将中继线交叉连接处和布线交叉处与公共系统设备连接起来。图 8-15 展示了管理间子系统的位置示意图。

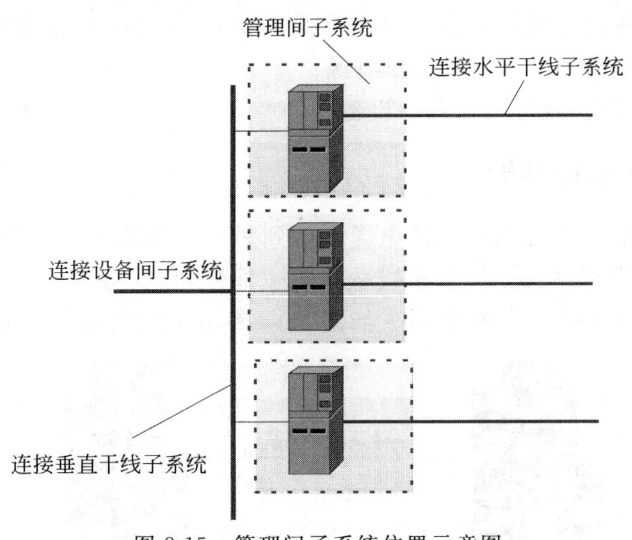

图 8-15　管理间子系统位置示意图

交连和互连允许将通信线路定位或重定位到建筑物的不同部分，以便能更容易地管理通信线路。管理子系统通常用于实现水平/垂直干线连接，主干线系统互相连接和入楼设备的连接。

1. 管理间子系统设备

作为管理间子系统，应根据管理信息点实际状况，安排使用房间的大小和机柜的大小。如果信息点多，应该考虑用单独的一个房间来放置，如果信息点少，就没有必要单独设立一个管理间，而可选用墙上型机柜处理该子系统。管理间一般有机柜、交换机、信息点集线面板、交换机的稳压电源线等相关设备。

配线架是管理子系统中最重要的组件，是实现垂直干线和水平布线两个子系统交叉连接的枢纽。配线架通常安装在机柜或墙上。通过安装附件，配线架可以全线满足 UTP、STP、同轴电缆、光纤、音视频的需要。在网络工程中常用的配线架有双绞线配线架和光纤配线架。

图 8-16 展示了一款常见的双绞线配线架。

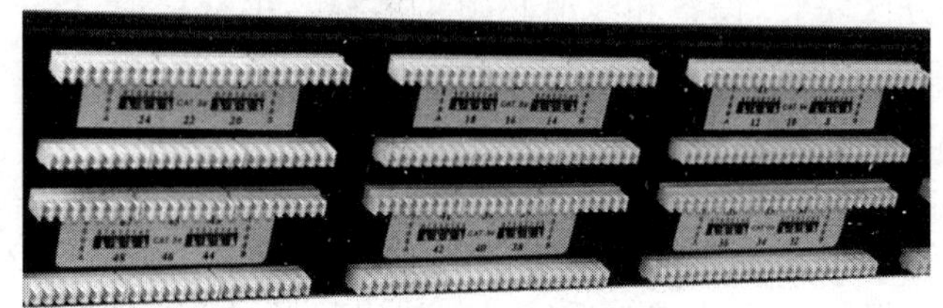

图 8-16 双绞线配线架

2. 部署注意事项

管理间子系统设计时要注意：

(1) 配线架的配线对数可由管理的信息点数决定；

(2) 利用配线架的跳线功能，可使布线系统实现灵活、多功能的能力；

(3) 管理间子系统和垂直干线子系统使用光缆连接时，由光配线盒组成；

(4) 管理间子系统应有足够的空间放置配线架和网络设备(Hub、交换机等)；

(5) 有交换机的地方要配有专用稳压电源；

(6) 保持一定的温度和湿度，保养好设备。

8.4.6 建筑群子系统的部署

建筑群子系统是将一个建筑物中的电缆延伸到另一个建筑物的系统，通常由光缆和相应的设备组成。建筑群子系统是综合布线系统的一部分，它支持楼宇之间的通信。其中包括电缆、光缆，以及相关的电气保护装置。如图 8-17 展示了建筑群子系统的位置。

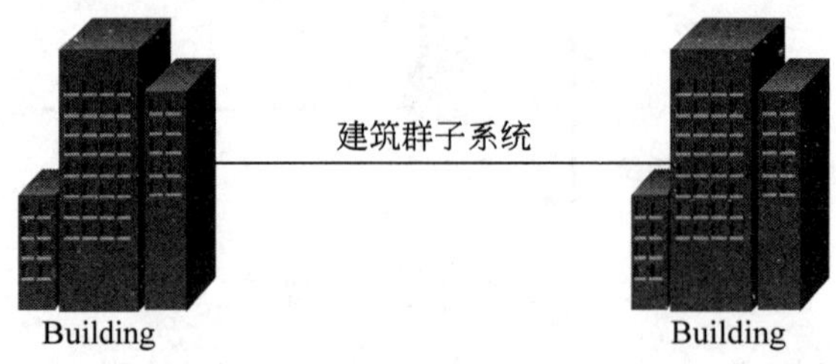

图 8-17 建筑群子系统的位置

在建筑群子系统中，会遇到室外敷设电缆问题，建筑群子系统的线缆布设方式有四种：架空布线法、直埋布线法、地下管道布线法和隧道内电缆布线，具体情况应根据现场的环境决定。

建筑群子系统设计时要注意：

(1) 建筑群子系统一般选用光缆，以提高传输速率；

(2) 光缆可选用单模的(室外远距离的)，也可以是多模的；

(3) 建筑群干线电缆的拐弯处，不要直角拐弯，应有相当的弧度，以防光缆受损；

(4) 建筑群干线电缆要防遭破坏(如埋在路面下，挖路、修路可能会对电缆造成危害)，架空电缆要防止雷击；

(5) 防雷电的设施。

本章小结

本章主要介绍了局域网及相关的综合布线技术，8.1 节主要介绍局域网的基本概念和相关标准。8.2 节主要介绍了局域网组网的规划原则，组网的调查和规划过程，相关组网方案的选择和设计，相关组网技术，共享式局域网、交换式局域网和无线局域网的组网方法。8.3 节介绍了综合布线技术的相关概念、等级、布线技术的标准和发展趋势等。8.4 节介绍了综合布线工作区子系统、水平干线子系统、管理子系统、垂直干线子系统、设备间子系统和建筑群子系统等六个主要组成部分的部署过程。学习完本章，读者应该重点掌握局域网组网的规划原则，掌握共享式局域网、交换式局域网和无线局域网的组网方法。

习　　题

1. 简述局域网的相关技术标准。
2. 简述局域网的规划原则。
3. 简述局域网组网方案的选择和设计过程。
4. 简述常见的局域网组网技术。
5. 简述交换式局域网的组网方法。
6. 简述无线局域网组网的两种模式及其特点。
7. 简述综合布线系统的六个子系统的构成。
8. 简述综合布线系统的发展趋势。
9. 简述垂直干线子系统的部署步骤。
10. 简述设备间子系统的部署步骤。

第9章　广域网及接入技术的部署

本章主要讲述如下知识点：

- 广域网的基本协议层次；
- 常见的广域网技术；
- 常见的广域网协议；
- 常见的广域网接入技术；
- VPN的基本概念；
- 常见的VPN产品；
- VPN网关的采购；
- VPN的部署方式；
- Windows下VPN的部署；
- IPSec VNP的部署；
- SSL VPN的部署。

9.1　广域网概述

广域网(Wide Area Network,WAN)是在一个广泛范围内建立的跨区域的数据通信网。广域网没有规则的拓扑结构,通常采用点对点的数据传输方式。广域网通常是利用公共远程通信设施,为用户提供远程用户之间的快速信息交换的系统。广域网由一些节点交换机以及连接这些交换机的链路组成。广域网一般利用公用通信网络提供的信道进行数据传输,网络结构比较复杂。对照OSI参考模型,广域网技术主要位于底层的三个层次,分别是物理层、数据链路层和网络层。图9-1列出了一些经常使用的广域网技术同OSI参考模型之间的对应关系,广域网的连接方式通常包括局域网到局域网的连接、局域网到广域网的连接和远程接入三种。

广域网传输速率一般低于局域网。从范围上讲,广域网比局域网的覆盖范围要大得多。从组成上来讲,广域网通常是由一些节点交换机以及连接这些交换机的链路组成。节点交换机执行分组存储转发的功能。节点之间都是点对点连接。为了提高网络的可靠性,通常一个节点交换机与多个节点交换机相连。而局域网通常采用多点接入、共享传输媒体的方法,从本质上讲局域网是总线状的。从层次上讲,广域网使用的协议在网络层,主要考虑路由选择问题,而局域网使用的协议主要在数据链路层以及物理层。

1. 物理层协议

广域网的物理层协议描述了如何提供电气、机械、操作和功能的连接到通信服务提供商所提供的服务。广域网物理层描述了数据终端设备(DTE)和数据通信设备(DCE)之间的接口。连接到广域网的设备通常是一台路由器,它被认为是一台DTE,而连接到另一端的设备为服务提供商提供接口,即DCE。

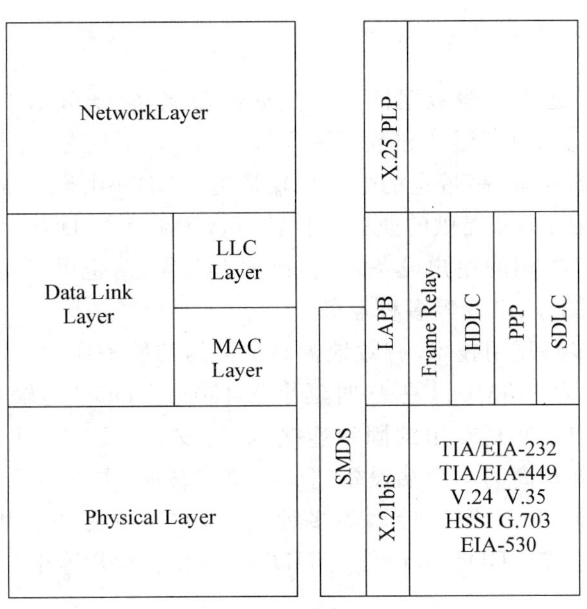

图 9-1　广域网技术

WAN 的物理层描述了连接方式，WAN 的连接基本上属于专用或专线连接、电路交换连接、包交换连接等三种类型。它们之间的连接无论是包交换或专线还是电路交换，都使用同步或异步串行连接。许多物理层标准定义了 DTE 和 DCE 之间接口的控制规则，如 EIA/TIA-232、EIA/TIA-449、EIA-530、EIA/TIA-612/613、V. 35、X. 21 等。

2. 数据链路层协议

广域网的数据链路层定义了传输到远程站点的数据封装形式，并描述了在单一数据路径上各系统间的帧传送方式。在每个 WAN 连接上，数据在通过 WAN 链路前都被封装到帧中。为了确保验证协议被使用，必须配置恰当的第二层封装类型。协议的选择主要取决于 WAN 的拓扑和通信设备。

广域网的数据链路层协议有两种类型：面向字节和面向比特。目前广域网中常用的 SDLC、HDLC、LAP 和 LAPB 等协议都是同步、面向比特的协议，它们具有相同的帧格式。其中 SDLC、HDLC、LAP 和 LAPB 是同步串行传输的数据链路层标准，SLIP 和 PPP 是串行异步传输的数据链路层协议，常用于拨号连接。PPP 协议同时也支持同步串行传输。

3. 网络层协议

网络层协议规定了怎样分配地址，怎样把包从网络的一端传到另一端(从一个网络转发到另一个网络)。广域网的网络层协议有 CCITT 的 X. 25 协议和 TCP/IP 协议中的 IP 协议等。

9.2　常见的广域网技术

本节主要讲述常见的广域网技术。

9.2.1 DDN 技术

DDN 是利用数字信道来传输数据信号的数据传输网，它既可用于计算机之间的通信，也可用于传送数字化传真、数字语音和数字图像等信号。DDN 是一个公共数字数据传输网络，它为用户提供一个高质量、高带宽的数字传输通道。DDN 由数字通道、DDN 节点、网管控制和用户环路组成，由 DDN 提供的业务又称数字数据业务(DDS)。

DDN 可以支持任何类型的用户设备入网，比如 PC、终端，也可以是图像设备、语音设备或 LAN 等，支持数据、图像、声音等多种业务。

DDN 采用了时分多路复用技术，有效地提高了网络传输速率，减小了时延。目前 DDN 可达到的最高传输速率为 155Mbps，平均时延小于 450μs。DDN 传输质量较高，DDN 的主干传输为光纤传输，用户之间是专用的固定连接，高速安全。DDN 用交叉连接技术和时分复用技术，由智能化程度较高的用户端设备完成协议的转换，本身不受任何规程的约束。

DDN 可以支持数据、语音、图像传输等多种业务，它不仅可以和用户终端设备进行连接，也可以和用户网络连接。DDN 可以使用 HDLC、PPP、SLIP 等相关协议进行构建。

9.2.2 ISDN 技术

综合业务数字网(Integrated Services Digital Network，ISDN)是基于公共电话网的数字化网络，它利用普通的电话线实现双向高速数字信号的传输，可在其上开展语音、数据、视频、图像等各项通信业务，因而被形象地称作“一线通”。

综合业务数字网由数字电话和数据传输服务两部分组成，ISDN 的基本速率接口(Basic Rate Interface，BRI)服务提供 2 个 B 信道和 1 个 D 信道(2B+D)。BRI 的 B 信道速率为 64Kbps，用于传输用户数据，D 信道的速率为 16Kbps，主要传输控制信号。在北美和日本，ISDN 的主速率接口(Primary Rate Interface，PRI)提供 23 个 B 信道和 1 个 D 信道，总速率可达 1.544Mbps，其中 D 信道速率为 64Kbps。而在欧洲、澳大利亚等国家，ISDN 的 PRI 提供 30 个 B 信道和 1 个 64Kbps D 信道，总速率可达 2.048Mbps。我国电话局所提供的 ISDN PRI 为 30B+D。

1. N-ISDN

窄带综合业务数字网(N-ISDN)，是以数字电话网为基础发展而成的通信网，它能够提供端到端的数字连接，用来承载包括话音、图像、数据在内的多种业务。N-ISDN 业务的主要特征是一条 N-ISDN 业务可以在各用户终端之间实现以 64Kbps 速率为基础的端到端的透明传输，这是 ISDN 的基本特性。

2. B-ISDN

宽带综合业务数字网是在 N-ISDN 的基础上发展起来的数字通信网络，其核心技术是采用 ATM。B-ISDN 要求采用光缆及宽带电缆，其传输速率可从 155Mbps 到几 Gbps，能提供各种连接形态，允许在最高速率之内选择任意速率，允许以固定速率或可变速率传送。

B-ISDN 可用于音频及数字化视频信号传输，可提供电视会议服务。各种业务都能以相同的方式在网络中传输。其目标是实现四个层次上的综合，即综合接入、综合交换、综合传输、综合管理。ATM 是构建 B-ISDN 的核心协议。

9.2.3　FR 技术

帧中继(Frame Relay, FR)是一种高性能的 WAN 协议,它运行在 OSI 参考模型的物理层和数据链路层,是一种高效的数据包交换技术。帧中继是一个提供连接并且能够支持多种协议、多种应用,并能在多个地点之间进行通信的广域网技术。帧中继可以使终端站动态共享网络介质和可用带宽。帧中继技术是在数据链路层上用简化的方法传送和交换数据单元的一种技术。它采用虚电路技术,对分组交换技术进行简化,具有吞吐量大、时延小、适合突发性业务等特点,能充分利用网络资源。

帧中继使用高级数据链路控制协议(High-level Data Link Control,HDLC)在被连接的设备之间管理虚电路(Virtual Switching,VC),并用虚电路为面向连接的服务建立连接。

9.2.4　PSDN 技术

PSDN 是一种以数据包作为基本数据单元进行交换的公共数据网(PDN)。PDN 内部各节点是由交换机(PSE)组成的。交换机具有存储转发数据包的能力。PSDN 以 X.25 协议为基础,通常又称为 X.25 网。它允许不同速率、不同协议的用户终端进行通信,在短时间内传送突发信息,因此它是应用非常广泛的一种广域网接入技术。

PSDN 在分组交换中采用了“虚电路”技术,这使得在一条物理链路上可提供多条信息通路,为多个用户同时使用,大大提高了线路利用率。PSDN 可以实现不同协议和不同速率的终端之间相互通信。

网络内部各节点是具有运算、存储转发等功能的专用计算机,向用户设备提供了统一的接口,从而能够实现不同协议、速率、码型和传输控制规程的用户设备接入 X.25 网进行相互通信。

由于分组交换具有差错检测和纠错的能力,因此误码率极小,一般都低于 10^{-10}。PSDN 可提供两种基本业务功能,即交换虚电路(SVC)和永久虚电路(PVC)。

1. PSDN 网络的构成

PSDN 主要由分组交换机、用户接入设备和传输线路组成。

1) 分组交换机

分组交换机是 PSDN 网络的枢纽,根据它在网络中所处的地位,可分为中转交换机和本地交换机。其主要功能是为网络的基本业务和可选业务提供支持,进行路由选择和流量控制,实现多种协议的互联,完成局部的维护、运行管理、故障报告、诊断、计费及网络统计等。现在的分组交换机大都采用功能分担或模块分担的多处理器模块式结构构成。具有可靠性高、可扩展性好、服务性好等特点。

2) 用户接入设备

PSDN 网络的用户接入设备主要是用户终端。用户终端分为分组型终端和非分组型终端两种。X.25 根据不同的用户终端划分用户业务类别,提供不同传输速率的数据通信服务。

3) 传输线路

PSDN 网络的中继传输线路主要有模拟信道和数字信道两种形式。模拟信道利用调制解调器进行信号转换,传输速率为 9.6Kbps、48Kbps 和 64Kbps,而 PCM 数字信道的传输速率为64Kbps、128Kbps和2Mbps。

2. PSDN网络设备

PSDN网络设备分为数据终端设备(DTE)、数据电路终接设备(DCE)及分组交换设备(PSE)。DTE是PSDN的末端系统,如终端、计算机或网络主机,一般位于用户端,Cisco路由器就是DTE设备。DCE设备是专用通信设备,如调制解调器和分组交换机。PSE是公共网络的主干交换机。DTE之间端到端的通信通过虚电路建立,虚电路可分为PVC(永久虚电路)和SVC(临时虚电路),临时性虚电路将建立基于呼叫的虚电路,然后在数据传输会话结束时拆除。永久虚电路在两个端点节点之间保持一种固定连接。PVC通常用于经常有大量数据传输的场合,SVC通常用于有间断数据传输的场合。

9.3 常见广域网协议

广域网协议指Internet上负责路由器与路由器之间连接的数据链路层协议。常用的广域网协议包括点对点协议(Point-to-Point Protocol,PPP)、高级数据链路控制协议(High-Level Data Link Control,HDLC)、平衡型链路访问进程协议(Link Access Procedure Balanced,LAPB)以及帧中继协议(Frame-Relay,FR)等。

9.3.1 X.25协议

X.25是PSDN网络中广泛使用的协议。在PSDN网络内,各节点由交换机组成,交换机间用存储转发的方式交换分组。为了使用户设备经PSDN的连接标准化,国际电信联盟远程通信标准委员会(ITU-T)制定了X.25规程,它定义了用户设备和网络设备之间的接口标准,所以习惯上称PSDN为X.25。

X.25协议出现在OSI模型之前,但是ITU-T规范定义了在DTE和DCE之间的分层的通信与OSI模型的前三层相对应,如图9-2所示。

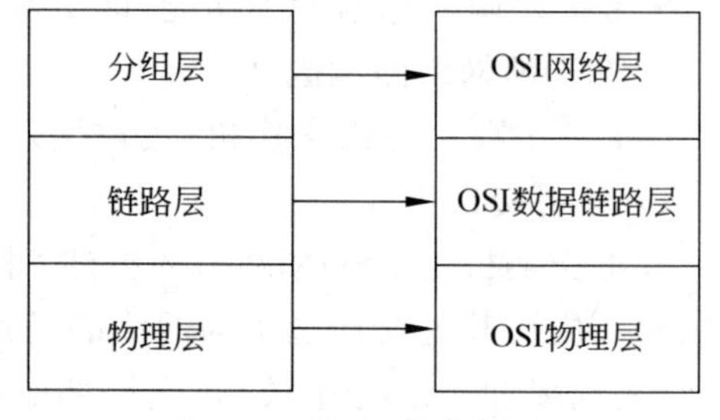

图9-2 X.25协议层次

1. 物理层

X.25的物理层定义了电气和物理端口特性。该层包括三种协议:

(1) X.21协议运行于8个交换电路上;

(2) X.21bis协议定义模拟接口,允许模拟电路访问数字电路交换网络;

(3) V.24协议使DTE能在租用模拟电路上连接包交换节点或集中器。

2. 链路层

X.25的链路层负责DTE和DCE之间的可靠通信。该层定义了用于DTE/DCE连接的帧格式。

链路层包括四种协议:

(1) LAPB源自HDLC,具有HDLC的所有特征,使用较为普遍,能够形成逻辑链路连接;

(2) 链路访问协议(LAP)是LAPB协议的前身,如当前已被淘汰;

(3) LAPD 源自 LAPB，用于 ISDN，在 D 信道上完成 DTE 之间，特别是 DTE 和 ISDN 节点之间的数据传输；

(4) 逻辑链路控制(LLC)一种 IEEE 802 LAN 协议，使得 X.25 数据包能在 LAN 信道上传输。

3. 分组层

X.25 的分组层描述了分组交换网络的数据交换过程。分组层协议(PLP)负责虚电路上 DTE 设备之间的分组交换。PLP 能在 LAN 和正在运行 LAPD 的 ISDN 接口上运行逻辑链路控制(LLC)。PLP 实现五种不同的操作方式：呼叫建立(call setup)、数据传送(data transfer)、闲置(idle)、呼叫清除(call clearing)和重启(restarting)。

X.25 协议主要定义了数据是如何从计算机等数据终端设备(DTE)发送到包交换机或访问设备等数据电路端接设备(DCE)的。X.25 最初的传输速度限制在 64Kbps 内。1992 年，ITU-T 更新了 X.25 标准，传输速度可达 2.048Mbps。

9.3.2　ATM 协议

ATM 技术是 B-ISDN 的核心技术，已经由 ITU-T 于 1992 年规定为 B-ISDN 统一的信息转移模式。ATM 技术克服了电路模式和分组模式的技术局限性，采用光通信技术，提高了传输质量，同时，在网络节点上简化操作，使网络时延减小，而且采取了一系列其他技术，从而达到了 B-ISDN 的要求。

ATM 信元是 ATM 传送信息的基本载体。ATM 信元采用了固定长度的信元格式，只有 53 字节，其中 5 字节为信头，其余的 48 字节为信元净荷。信元的主要功能为确定虚通道，并完成相应的路由控制。

ATM 协议参考模型如图 9-3 所示。它包括一个用户平面、一个控制平面和一个管理平面。用户平面主要提供用户信息流的传输，以及相应的控制（如流量控制、差错控制）。控制平面主要完成呼叫控制和连接控制的功能，通过处理信令建立、管理和释放呼叫与连接。管理平面提供两种功能，即层管理和面管理功能。面管理完成与整个系统相关的管理功能，并提供所有平面间的协调功能。层管理完成与协议实体内的资源和参数相关的管理功能，处理与特定层相关的操作和管理(OAM)信息流。

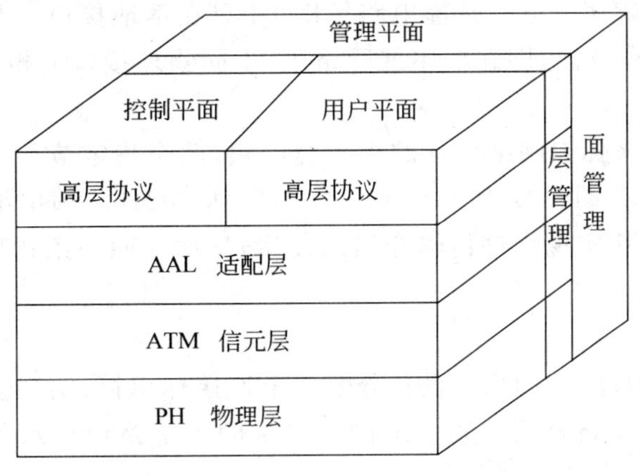

图 9-3　B-ISDN 协议参考模型

用户平面又分为物理层、ATM 层、AAL 层及高层。

物理层是承运信息流的载体，物理层有传输会聚 TC 和物理媒体连接两个子层。TC 子层负责将 ATM 信元嵌入正在使用的传输媒体的传输帧中，或相反从传输媒体的传输帧中提取有效的 ATM 层信元。

ATM 层利用物理层提供的信元(53 字节)传送功能，向外部提供传送 ATM 业务数据单元(48 字节)的功能。ATM 业务数据部分(ATM-SDU)是 48 字节长的数据段，它在 ATM 层中成为 ATM 信元的负载区部分。

AAL 层的主要作用是将高层的用户信息分段装配成信元，吸收信元延时抖动和信元丢失，并进行流量控制和差错控制。网络只提供到 ATM 层为止的功能。AAL 层的功能由用户本身提供，或由网络与外部的接口提供。

AAL 用于增强 ATM 层的能力，以适合各种特定业务的需要。这些业务可能是用户业务，也可能是控制平面和管理平面所需的功能业务。在 ATM 层上传送的业务可能有很多种，但根据三个基本参数来划分，可分为四类业务。三个参数是：源和目的之间的定时要求、比特率要求和连接方式。业务类划分为 A、B、C、D 四类。

9.3.3 FR 协议

帧中继(Frame Relay)是在 X.25 技术基础之上发展起来的一种快速分组交换技术。帧中继只使用两个通信层：物理层和帧模式承载服务链接访问协议层(LAPF)。物理层由接口构成，这些接口和 X.25 中使用的接口类似。第二层 LAPF 是为快速通信服务设计的，它包含一个可选的子层，在需要高可靠性的情形下可以使用该子层。这两层分别对应于 OSI 模型中的物理层和数据链路层，如图 9-4 所示。

FR 协议层		对应 OSI 层
LAPF 数据传输、 帧的构造等	→	OSI数据链路层
物理层 (提供接口等 物理特征)	→	OSI物理层

图 9-4　FR 协议层次

1. DLCI

帧中继在单一物理传输线路上能够提供多条虚电路。每条虚电路用数据链路连接标识 DLCI(Data Link Connection Identifier)来区分。通过 DLCI 可区分出该帧属于哪一条虚电路。DLCI 只在本地接口和与之直接相连的对端接口有效，不具有全局有效性，即在帧中继网络中，不同物理接口上相同的 DLCI 不表示是同一个虚连接。

帧中继使用 DLCI 来标识网络设置的永久虚电路，两个指定节点之间的所有数据都沿同一路径进行传输，DLCI 的长度为 10b，其最大值可达 1024b。帧中继通过为每对数据终端设备分配不同的 DLCI 实现物理传输介质的复用，从而在同一条物理线路上建立多条永久虚电路。

2. 虚电路(VC)

虚电路(VC)通过为每一对 DTE 设备分配一个连接标识符，实现多个逻辑数据会话在同一条物理链路上进行多路复用。帧中继网络提供的虚电路包括永久虚电路(PVC)和交换虚电路(SVC)。

PVC 是指在 FR 终端用户之间建立固定的虚电路连接，其端点和业务类别由网络管理定义，用户不能自行更改。PVC 由服务提供商在其帧中继交换机的静态交换表中配置定义。不管电路两端的设备是否连接上，帧中继交换机总是为它保留相应的带宽。SVC 是指两个 FR 终端用户之间通过虚呼叫建立虚电路连接串传送服务，传送结束后清除连接。

3. 本地管理接口(LMI)

本地管理接口(Local Management Interface，LMI)是路由器和帧中继交换机之间的一种信令标准，负责管理设备之间的连接及维护连接状态。LMI 是对基本的帧中继标准的扩展，它提供了许多管理复杂互联网的特性，其中包括全局寻址、虚电路状态消息和多目发送等功能。

总共有三种类型的 LMI：Cisco、ANSI 和 Q933a。在路由器上必须配置正在使用的 LMI 类型。LMI 主要用于确定路由器知道的众多 PVC 的状态，发送维持数据包，以保证 PVC 始终处于激活状态，并通知路由器哪些 PVC 可以使用。

9.3.4 PPP 协议

PPP(Point-to-Point Protocol)协议即点对点协议，是为同等单元之间传输数据包而设计的链路层协议。这种链路提供全双工操作，并按照顺序传递数据包。设计目的主要是用来通过拨号或专线方式建立点对点连接发送数据。

1. PPP 协议的组成

PPP 协议由三个部分组成：

(1) 一个将 IP 数据报封装到串行链路的协议。PPP 既支持异步链路(无奇偶校验的 8 比特数据)，也支持面向比特的同步链路。

(2) 一个用来建立、配置和测试数据链路的链路控制协议(Link Control Protocol，LCP)。在 RFC 1661 中定义了 11 种类型的 LCP 分组。LCP 的主要功能包括按规定方式建立链路；确定运用该链路所需的配置；当链路上会话结束时，PPP 正确无误地释放该链路。

(3) 一套网络控制协议(Network Control Protocol，NCP)，支持不同的网络层协议，如 IP、AppleTalk 等。PPP 利用 NCP 协商第三层协议使用的选项和参数。NCP 支持对各种协议的处理及分组的压缩和加密。此外，在 NCP 中还对压缩整个分组数据的 CCP(The PPP Compression Control Protocol，RFCl962)进行协商。

2. PPP 的认证协议

PPP 的认证协议有口令验证协议(Password Authentication Protocol，PAP)和挑战握手验证协议(Challenge-Handshake Authentication Protocol，CHAP)。

PAP 是一种简单的两次握手明文验证协议，被验证方直接将用户名和口令传递给验证方。验证方将这个用户名和口令与自己用户命令配置的用户列表进行比较，如果相同则通过验证。

CHAP 是一种加密的三次握手协议，它能够避免建立连接时传送用户的真实密码。验证时，验证方生成一段随机报文传递到对方，并同时将本端的主机名附带上一起发送给被验证方。被验证方接到对本端的验证请求时，便根据此报文中验证方的主机名和本端的用户表查找用户口令字，用此用户的口令对这段随机报文进行加密，然后与自己的用户名一起传递给对方。验证方根据对方的用户名查找用户列表，找到对应的口令，用这个口令对随机报文加密，与对方加密的随机报文比较，若相同则验证通过，否则失败。CHAP 不用在网络上传递口令，保密性较好。

9.3.5 PPPOE 协议

PPPOE 全称是 Point to Point Protocol over Ethernet（基于局域网的点对点通信协议），它基于两个广泛接受的标准即局域网 Ethernet 和 PPP 点对点拨号协议。PPPOE 协议不仅为使用桥接以太网接入的用户提供了一种宽带接入手段，同时还能提供方便的接入控制和计费。每个接入用户均建立一个独一无二的 PPP 会话。

PPPOE 协议分为发现阶段和 PPP 会话阶段。当主机希望开始一个 PPPOE 会话时，它首先要执行一个发现过程识别对方的 MAC 地址，然后建立一个唯一的 PPPOE 会话 ID。PPPOE 使用一个发现协议解决这个问题，它基于客户/服务器模型，由于以太网的广播特性，在这个过程中主机（客户）能发现所有的访问集中器（服务器），并选择其中一个，根据所获信息在两者之间建立点对点的连接。当一个 PPP 会话建立起来之后，就完成了 PPPOE 的整个发现阶段。

PPPOE 的会话阶段开始后，主机和访问集中器之间就依据 PPP 协议传送 PPP 数据，进行 PPP 的各项协商和数据传输。在这一阶段传输的数据包中必须包含在发现阶段确定的会话标识并保持不变。正常情况下，会话阶段的结束是由 PPP 协议控制完成的，但在 PPPOE 中定义了一个 PADT 包用来结束会话，主机或者访问集中器可以在 PPP 会话开始后的任何时候通过发送这个数据包结束会话。

9.3.6 HDLC 协议

HDLC（High-Level Data Link Control，高层数据链路控制协议）是一个工作在链路层的点对点的数据传输协议，其帧结构有两种类型，一种是 ISO HDLC 帧结构，它由 IBM SDLC 协议演化过来，采用 SDLC 的帧格式，支持同步全双工操作，分为物理层及 LLC 两个子层；一种是 Cisco HDLC 帧结构，无 LLC 子层，Cisco HDLC 对上层数据只进行物理帧封装，没有应答、重传机制，所有的纠错处理由上层协议处理。

ISO HDLC 与 Cisco HDLC 是两种不兼容的协议。在 Cisco 路由器之间用同步专线连接时，采用 Cisco HDLC 比采用 PPP 协议效率高得多，但是，如果将 Cisco 路由器与非 Cisco 路由器进行同步专线连接时，不能用 Cisco HDLC，因为它们不支持 Cisco HDLC，可以采用 PPP 协议。

9.4 流行的广域网接入技术

本节讲述常见的广域网接入技术。

9.4.1 xDSL 接入技术

DSL 是数字用户线路的简称，它是以双绞线为传输介质的点对点传输技术。DSL 利用软件和电子技术结合，使用在电话系统中没有被利用的高频信号传输数据以弥补铜线传输的一些缺陷。

xDSL是DSL的统称,它支持任意数据格式或字节流数据业务,例如,电话、视频、图像、多媒体等。其中,x是不同种类的数字用户线路技术的统称,表示不同的数据调制方式。

按上行和下行速率是否相同,可将DSL分为对称DSL技术和非对称DSL技术,如表9-1所示。一般在速率非对称型DSL技术中,下行信道的速率要大于上行信道的速率。

表9-1 常见的xDSL技术对比

类型	名称	类型	名称
对称DSL技术	SDSL(单线/对称数字用户线)	非对称DSL技术	ADSL(非对称数字用户线)
	HDSL(高速数字用户线)		VDSL(甚高速数字用户线)
	VADSL(超高速数字用户线)		RADSL(速率自适应数字用户线)
	MVL(多虚拟数字用户线)		

1. 对称DSL技术

在对称DSL技术中,常用的是HDSL和SDSL。HDSL和SDSL支持对称的T1/E1(1.544Mbps和2.048Mbps)传输。其中,HDSL的有效传输距离为3~4km,并且需要2~4对双绞线;SDSL最大有效传输距离为3km,且只需一对双绞线。

2. 非对称DSL技术

非对称DSL主要有ADSL、VDSL和RADSL三种。

VDSL为甚高速数字用户线,它是xDSL技术中最快的一种。在一对双绞电话线上,VDSL的下行数据传输速率为13~52Mbps,上行数据传输速率为1.5~2.3Mbps。但其传输距离较短,只在几百米以内。VDSL可视为ADSL的下一代数据传输技术。

RADSL为速率自适应数字用户线,是ADSL的一种扩充,允许服务提供者调整xDSL连接的带宽以适应实际需要并且解决线长和质量问题。它支持同步和非同步传输方式,速率自适应,范围与ADSL基本相同,可同时传输数据和语音。

ADSL为非对称数字用户线,它使用单对双绞线,为网络用户提供宽带数据传输业务。从1.5~9Mbps的高速下行速率和从16Kbps~1Mbps的上行速率,支持在同一根线上同时传输数据和语音,传输距离可达3~5km。ADSL是目前主流的广域网接入技术,其主要特点如下:

(1) ADSL在一条电话线上同时提供了电话和高速数据服务,电话与数据服务互不影响。

(2) ADSL提供了高速数据通信能力,其数据传输速率远高于拨号上网,为交互式多媒体应用提供了载体。

(3) ADSL提供了灵活的接入方式。ADSL支持专线方式与虚拟拨号方式。专线方式即用户24小时在线,具有静态IP地址,可将用户局域网接入,主要面向的对象是中小型公司用户。虚拟拨号方式主要面对上网时间短、数据量不大的用户,如个人用户及中小型公司等。与传统拨号不同的是,这里的"虚拟拨号"是指根据用户名与口令认证接入相应的网络,并没有真正地拨电话号码。费用也与电话服务无关。

(4) ADSL可提供多种服务。ADSL用户可选择VOD服务。ADSL专线可选择不同的接入速率,如256Kbps、512Kbps、2Mbps。ADSL接入网与ATM网配合,可为公司用户提供组建 VPN 专网及远程局域网互联的能力。

9.4.2 HFC 接入技术

HFC(Hybrid Fiber Coax)指的是光纤和同轴电缆相结合的混合网络。HFC 原本含义指采用光传输系统代替 CATV 中的干线传输部分，而用户分配网仍保留同轴电缆网络结构。HFC 网是在 CATV 的网络基础上进行改造，利用光纤传输的宽频带特性，在保留原有 CATV 视频业务的同时，用空余的频带传输电话业务、高速数据业务和个人通信业务，构成全业务的传输网络。

HFC 通常由光纤干线、同轴电缆支线和用户配线网络三部分组成，通过将语音信号、网络信号和有线电视信号加载在光纤网络上进行传输，到用户区域后把光信号转换成电信号，经分配器分配后通过同轴电缆送到用户。

HFC 传输容量大，易实现双向传输，频率特性好，在有线电视传输带宽内无须均衡；传输损耗小，可延长有线电视的传输距离，25km 内无须中继放大；光纤间不会有串音现象，不怕电磁干扰，能确保信号的传输质量。当前 HFC 网络主要用于实现宽带接入，是双向的传输系统，而早期的 CATV 网络是单向的。

9.4.3 光纤接入技术

光纤接入是指局端与用户采用光纤作为传输媒体的网络技术。光纤接入可以分为有源光接入和无源光接入。根据光纤深入用户的程度，可分为光纤到路边(Fiber-To-The-Curb，FTTC)、光纤到楼(Fiber to The Building，FTTB)、光纤到办公室(Fiber To The Office，FTTO)、光纤到户(Fiber To The Home，FTTH)等。FTTC 指的是从中心局到离家庭或办公室以内的路边之间采用光缆，而采用同轴电缆或其他介质可以把信号从路边传递到家中或办公室里。目前主要是实现 FTTC，而从光网络节点 ONU 到用户仍利用已有的双绞线，通常采用 xDSL 传送所需信号。FTTH 是光纤接入的终极方式，具有最好的接入性能。由于接入代价较大，目前还在发展之中。

9.5 广域网的部署

和局域网构建技术不同的是，广域网为了实现将远程局域网连接起来构成一个统一的整体。广域网的距离遥远，相对传输速率较低，可以认为，广域网工程的主要任务是实现已经构建的多个局域网的安全连接过程。而这个连接过程中通常要采用已有的相关通信运营商的网络实现的接入技术。

1. 部署广域网的核心设备

广域网的主要设备包括广域网交换机、接入服务器、CSU\DSU、ISDN 终端适配器、高端路由器等。广域网中最基本的交换机是分组交换机，也称为包交换机，它用于实现将分组从一个节点传送到另一个节点。广域网交换主要有使用在电信运营商的基础网络之中，用于实现给用户构建广域网连接提供相关的接口。对部署广域网的企业而言，最关注的是如何实现接入相关运营商实现广域网构建的过程。为此企业最关注的是广域网接入路由器。

前面章节已经详细阐述了路由器的采购过程，本节再强调一下，采购接入路由器非常关注的两个方面的问题：

(1) 必须关注路由器的接口类型和广域网接口的数量。一般对企业而言，通常可能要采用双线接入方式，以提高网络的性能，保障网络的正常运行。为此，笔者认为企业构建广域网使用的接入路由器必须提供 2 个以上的 WAN 端口，另外目前流行的接口是光纤接口和以太网接口，诸如早期的串口等相关的路由器应该淘汰。另外，接入路由器最好选择具备模块化的设备，这样可以构建灵活的接入方案。

(2) 路由器的性能和相关安全性，安全措施必须到位。接入路由器是实现广域网的核心设备，从运行角度来看，各个局域网构建的一个广域网系统要进行数据通信，主要依靠是接入路由器，广域网的性能很大程度上取决于接入路由器的性能。为此选购的路由器应该具备较高的内存，较快的 CPU 运算能力和较高的背板带宽。

另外对于企业构建的广域网系统，通常要考虑安全性问题。由于采用接入方案，为此至少要保证整个广域网的安全需求部分和 Internet 隔离开，这就要求购置的接入路由器提供 VPN 等相关的方案，以实现安全管理。

2. 相关接入方案的选择

构建广域网的另一个主要问题就是选择合适的接入方案。选择接入方案要从实际网络的需求出发，综合考虑接入技术、接入代价和接入效率之间的关系，通过权衡进行择优选择。就目前说来，采用光纤接入及 xDSL 接入和采用 HFC 接入的技术目前较为流行。企业要采用什么样的接入技术要首先考虑实际广域网业务的需求。从速度看来，光纤接入技术是发展的趋势，速度相对较快，但是代价也高。xDSL 和 HFC 技术相对速率较低，但是代价也小。如果企业的业务需求对服务质量、运行速率非常关注，则必须采用光纤接入技术，而业务需求对速度的要求不高，则可以考虑采用 xDSL 和 HFC。

如果要构建独立于当前 Internet 的专用系统，则可以考虑采用专线接入方式，但是这种接入方式的代价非常高，但是在服务的安全性上有极大的保证。

3. 相关运营商的选择

目前在国内供构建广域网的运营商较多，一级的运营商主要是提供基础电信服务的企业，例如中国电信、中国联通等。目前还有面向大中城市的二级运营商，也可以为企业提供广域网接入相关服务。用户在选择服务商时仍然要首先从企业的实际需求从发，权衡对比后进行选择。例如一个企业有北京(方向北)、宝鸡(方向西)、南宁(方向南)，上海(方向东)四个分公司，要构建一个统一的广域网系统，则要求这四个子公司都要采用接入技术构建连接。诸如这样的一个例子必须要首先调研这四个分公司所属区域的运营商情况，由于受到实际地域的限制，部分运营商在某些地市可能不开展相关接入业务，或者开展的相关接入业务类型不全面。而作为一个统一的整体，一般建议选择同类型的接入服务商是最好的，这样可以较高地提高带宽。在上面的例子中如果四个子公司分别采用不同的运营商接入，虽然能实现网络的构建，但是服务效率上可能会存在一定的差异。

另外，为保证服务的稳定通常采用双线接入，比如一条采用电信接入，一条采用联通接入，一方面实现了负载均衡，另一方面在接入路由器上可以设计相关的服务选择策略，让网络给用户提供灵活的服务商选择过程，以此提高广域网的整体运行效率。

9.6 VPN的部署

VPN(Virtual Private Network,虚拟专用网络)是穿越专用网络和公用网络的安全的、点对点连接网络。VPN客户端使用特定的隧道协议,与VPN服务器建立虚拟专用连接。VPN是接入技术中最常用的方法,它是构建广域网接入技术中最常用的方法。VPN是通过公用网络在VPN客户端和VPN服务器之间建立的一种逻辑的连接。要进一步保证数据的安全性,必须对网络上传输的数据进行加密处理。

9.6.1 VPN的基本概念

1. VPN的组件

1) 虚拟专用网(VPN)服务器

可以配置VPN服务器以提供对整个网络的访问,或限制仅可访问作为VPN服务器的计算机的资源。如果一台计算机上采用软件方式部署了VPN服务,则它就是一台VPN服务器。另外VPN也可以采用相关的硬件设备实现,此时可以把VPN服务器称之为VPN网关,支持VPN的路由器和防火墙等设备都是VPN网关。目前常见的VPN网关产品包括单纯的VPN网关、VPN路由器、VPN防火墙、VPN服务器等。在VPN网关中,VPN服务通过这些硬件设备的内置操作系统实现。

2) VPN客户端

VPN客户端是获得远程访问VPN连接的个人用户或获得路由器到路由器VPN连接的路由器。VPN客户端也可以是任何点对点隧道协议(PPTP)客户端或使用Internet协议安全性(IPSec)的第二层隧道协议(L2TP)客户端。随着网络技术的发展,目前采用浏览器的SSL VPN发展非常快,它的客户端是浏览器,是VPN发展的重要趋势。

3) LAN和远程访问协议

应用程序使用LAN协议传输信息。远程访问协议用于协商连接,并为通过广域网(WAN)链接发送的LAN协议数据提供组帧功能。

4) 隧道协议

VPN客户端通过使用PPTP或L2TP隧道协议,可创建到VPN服务器的安全连接。

5) WAN选项

通过使用诸如T1和"帧中继"的永久性WAN连接,将VPN服务器连接到Internet。通过使用永久性WAN连接,或拨入(使用标准模拟电话线或ISDN)到本地Internet服务提供商(ISP),将VPN服务器连接到Internet。

2. VPN连接方式及其协议

常用的VPN连接方式有两种,一种是点对点的VPN连接,另一种是远程访问VPN连接。点对点的连接方式主要用于局域网与局域网之间的连接,远程访问VPN主要用于远程或移动用户连接到企业内部的专用局域网,访问企业内部网络资源。

1) PPTP

PPTP(Point-to-Point Tunneling Protocol,点对点隧道协议)是由微软和3Com等公司组成的PPTP论坛开发的一种点对点隧道协议,PPTP是PPP的扩展,并协调使用PPP的身份认证、数据加密，它支持在IP网络上建立多协议的VPN连接，可以为使用PSTN和ISDN的用户提供VPN支持。

PPTP可以通过使用从MS-CHAP、MS-CHAP v2或EAP-TLS身份认证过程生成的密钥，对信息进行加密。加密方法采用MPPE（Microsoft Point-to-Point Encryption，Microsoft点对点加密）算法，密钥长度支持128位。Windows 2000 Server到Windows Server 2008都支持PPTP VPN，其客户端已经内置在所有版本的Windows操作系统之中。支持PPTP协议的VPN仅在Windows平台的网络中使用，兼容性一般。

2）L2TP

L2TP（Layer 2 Tunneling Protocol，第二层隧道协议）是基于RFC的标准隧道协议。L2TP不使用MPPE进行数据加密，而是基于IPSec。L2TP和IPSec的组合称为L2TP-IPSec。通过使用IPSec在IKE（Internet Encryption Standard，数据加密标准）或3DES（Triple DES，三重DES）对信息进行加密。

L2TP结合了PPTP和L2F协议，是一种网络层协议。当使用IP作为L2TP的数据报传输协议时，可以使用L2TP作为Internet网络上的隧道协议。L2TP还可以直接在各种WAN媒介上使用而不需要使用IP传输层。L2TP/IPsec VPN服务被内置在Windows 2000 Server以及更高版本之中，而L2TP客户端则被包含在Windows 2000专业版以及之后版本的Windows操作系统之中。

3）IPSec

IPSec（IP Security，IP安全）协议是IETF开发的IP网络安全标准。它包括IKE、AH（Authentication Header，验证包头）和ESP（Encapsulating Security Payload，安全载荷封装）等协议，可以支持各种常用的对称加密算法、非对称加密算法和Hash算法。

目前有大批的生产商提供基于IPsec的VPN设备以及集成的防火墙/VPN产品，专门客户端。使用Cisco加密技术（CET）的IPSec，具备广泛的兼容性，具有最多的业界厂商支持，是企业自建VPN的最佳选择。

4）SSL协议

SSL协议是Netscape开发的用以保障Internet数据传输安全的协议，它利用数据加密技术，可确保数据在网络传输过程中不会被截取及窃听。SSL目前被广泛地用于Web浏览器与服务器之间的身份认证和加密数据传输。SSL协议位于TCP/IP协议与各种应用层协议之间，为数据通信提供安全支持。

SSL协议可分为两层：SSL记录协议（SSL Record Protocol）建立在可靠的传输协议（如TCP）之上，为高层协议提供数据封装、压缩、加密等基本功能的支持。SSL握手协议（SSL Handshake Protocol）建立在SSL记录协议之上，用于在实际的数据传输开始前，通信双方进行身份认证、协商加密算法、交换加密密钥等。

SSL协议提供的服务主要有：

（1）认证用户和服务器，确保数据发送到正确的客户机和服务器；

（2）加密数据以防止数据中途被窃取；

（3）维护数据的完整性，确保数据在传输过程中不被改变。

SSL VPN主要让远程设备可以访问基于浏览器的应用，用户通过浏览器访问的是网络上的特定应用程序而不是整个网络。Windows Server 2008提供了对SSTP的支持，几乎所有网银都采用应用层保证安全的方法。

3. 远程访问 VPN 的连接过程

(1) VPN 客户端向服务器发送建立 VPN 请求。

(2) 服务器接收客户端建立连接的请求后，将对客户端的身份进行验证。

(3) 如果身份验证通过，则允许客户端建立 VPN 连接，并为客户端分配一个内部网络的 IP 地址。假如客户端的用户身份验证未通过，则拒绝客户端的连接请求。

(4) 客户端将获得的 IP 地址与 VPN 连接组件绑定，并使用该地址与企业内部专用网进行通信。

9.6.2 常见的 VPN 产品

目前常见的 VPN 技术主要有 MPLS VPN、IPSec VPN 和 SSL VPN 三种形式。

1. IPSec VPN

IPSec VPN 是基于 IPSec 协议的 VPN 产品。IPSec 是一种由 IETF 设计的端到端的确保基于 IP 通信的数据安全性的机制。IPSec 支持对数据加密，同时确保数据的完整性。IPSec 使用封装安全负载(ESP)与加密一同提供源验证，确保数据完整性。IPSec 协议工作在 IP 层，支持所有基于 IP 的应用，在支持对数据加密的同时，还能够确保数据的完整性。IPSec VPN 仅需要部署在网络的边缘，即可对网络内部实现安全保护，因此适合企业用户在公共 IP 网络上，构建自己的虚拟专用网络。

另外，标准化的 IPSec VPN 还具备使各厂商产品互相通信，以及互相匹配的能力。IPSec VPN 是目前市场上的主流 VPN 产品，占据 VPN 市场的 70%。

2. SSL VPN

SSL VPN 采用的安全套接字层(Secure Socket Layer，SSL)协议，通过浏览器和远程内部网进行加密通信。SSL 是 Netscape 公司提出的基于 Web 应用的安全协议。SSL 协议指定了一种在应用程序协议(如 HTTP、Telnet、NMTP、FTP 等)和 TCP/IP 协议之间提供数据安全性分层的机制，它为 TCP/IP 连接提供数据加密、服务器认证、消息完整性以及可选的客户机认证。

目前 SSL VPN 主要应用是采用 VPN 与远程网络进行通信的应用，主要用户是基于 Web 的客户，这些 Web 应用目前主要是网页浏览、电子邮件及其他基于 Web 的查询工作。SSL VPN 具有配置和管理容易、实现成本低的因素，所以近来被一些用户所青睐。但也由于 SSL VPN 的以上这些特点，不可避免地带来一些问题。例如，加密算法仅支持 DES，算法强度较低；采用应用层加密，速度性能不高；仅支持可以通过 Web 进行通信的常规应用，对企业的其他高级应用支持有限等。

3. MPLS VPN

MPLS VPN 采用 MPLS(Multi Protocol Label Switch，多协议标签交换)协议，其本身的作用是提高路由转发的性能。MPLS 自身不能提供对数据的安全性，它需要和其他技术结合，如 IPSec 等。由于 MPLS VPN 的构建需要全网设备都支持 MPLS，因此 MPLS VPN 多为网络运营商部署，而不适合企业自己建设。

9.6.3 VPN 网关的选购

在 VPN 领域里，一直以来硬件和软件都是结合在一起提供给用户的。硬件主要是作为网关使用,软件主要是提供给移动用户使用。目前VPN网关产品种类繁多,国外主流的产品诸如Cisco、Netscreen等,VPN网关一般采用专用操作系统实现,这种操作系统存储在VPN服务器的Flash中。VPN网关一般都采用专用的硬件,在可靠性方面可以得到良好的控制。一般采用工业主板,其平均无故障时间明显多于PC。

企业在采购VPN网关时,应该关注如下问题。

1. 根据实际网络需求选择VPN服务器

不同的网络需求,需要选择不同的VPN网关,是采用专线方式还是ADSL宽带接入,客户端是固定用户还是移动用户,则对选择VPN网关提出了基本要求。企业部署的VPN网关必须要支持实际企业的上网方式。

在企业中VPN通常是用于实现远程网络连接,构建安全广域网系统的基础,为此必须要保证部署了VPN网关之后,不影响原网络的正常运行,一般认为,部署的VPN需支持多种工作方式,如支持透明工作模式、支持NAT的穿越以及支持双边NAT等。VPN网关应该支持不同的网络应用,例如VPN有边界到边界、端点到边界、端点到端点三种典型的应用模式。只有能够良好支持这三种模式的产品,才可以满足用户多方面的需求。另外,如果用户的网络中含有语音或视频的应用,则选购的VPN必须能够支持H.323协议,同时提供对关键应用的带宽保证。另外,对网络稳定性要求高的用户,会要求设备具有冗余备份功能,甚至会采用多链路接入的方式。因此,选购的VPN设备,支持双机热备份,以及支持双链路的冗余备份,就显得格外重要。带有防火墙功能的VPN产品,其应用性将更强。

2. 技术特性和性能指标

VPN主要是采用传输和隧道模式,对数据流进行安全保护。支持标准IKE的VPN产品,与其他厂商产品具有良好的兼容性。为此在选购时必须要关注其技术特性。

VPN的性能指标主要从支持的最大隧道数、明文转发能力、加密处理性能这三方面考察。目前市场上的产品中,VPN网关支持的最大并发隧道数从1000到5000,甚至10 000不等。明文转发能力和硬件平台有关,一般百兆端口的明文转发可接近百兆。各厂家的加密处理性能差别很大,百兆产品和千兆产品性能差别则更大,很多厂商会采用硬件加速卡来提高产品的加密性能。

3. 管理能力

一般VPN的管理主要包括设备管理、安全管理、配置管理、访问控制列表管理、QoS管理、用户管理、证书管理等内容。VPN使用户的网络管理功能,从局域网延伸到广域网。网络管理任务的复杂性增加了,因此必须选择使用简单、管理完善的VPN网关产品。

4. 品牌和售后服务

作为一款硬件产品,VPN网关在选购时也必须要关注品牌和售后服务,选择时一般主要是看厂商是否提供完善的售后服务,是否提供产品的安装、配置及使用服务。尤其是在用户遇到困难时,是否能及时响应和快速解决。

图9-5展示了一款深信服SSL VPN。

表9-2列出了该款SSL VPN的基本性能参数。

图 9-5　深信服 SSL VPN

表 9-2　深信服 SSL VPN 的基本性能参数

防火墙吞吐量	150Mbps
最大并发会话数	350 000
SSL-VPN 加密速度	100Mbps
并发 SSL 用户数	300
每秒新建用户数	60
IPSec-VPN 加密速度	75Mbps
IPSec-VPN 隧道数	3000
网络接口	4 个千兆电口、1U 机架式

9.6.4　企业的 VPN 部署方式

本节讲述企业 VPN 的部署方式。

1. 纯软件方式

纯软件方式是采用一款相关 VPN 服务器软件构建 VPN 服务。纯软件方式目前有运行在 Windows 平台下的产品，也有运行在 Linux 平台下的产品。在部署这种 VPN 服务时，总部安装 VPN 总部软件网关，分部安装 VPN 分部网关，移动用户（包括在外的笔记本和远程的单机）安装 VPN 客户端。这种方案可以采用 Windows Server 操作系统自带的 VPN 服务器软件或者相关的 VPN 服务器软件与客户端软件实现。

2. 基于 VPN 防火墙＋VPN 宽带路由方式

VPN 是路由器的重要技术之一，目前部分交换机、防火墙等硬件设备也支持 VPN 的相关服务。这种 VPN 部署方式中，总部采用带 VPN 功能的防火墙，分部用带 VPN 功能的宽带路由器，移动用户（包括在外的笔记本和远程的单机）安装 VPN 客户端。这种方式一般常见于大中型企业构建 VPN 服务。

3. 基于宽带路由器方式

宽带路由器方式一般用于小型企业的网络之中。通常在部署时，总部采用带 VPN 功能的宽带路由器，分部也采用带 VPN 功能的宽带路由器，移动用户（包括在外的笔记本和远程的单机）安装 Windows 自带的 VPN 客户端。

9.6.5　基于 Windows Server 2003 的 VPN 的部署

本节主要讲述 VPN 的基本配置。

1. 配置和启用 VPN 远程访问服务

（1）选择“开始”→“程序”→“管理工具”→“路由和远程访问”，出现如图 9-6 所示“路由和远程访问”管理窗口。右击该窗口左边“树”中的服务器，在弹出菜单中选择“配置并启用路由和远程访问”项。

（2）出现“路由和远程访问服务安装向导”窗口，如图 9-7 所示。

（3）单击“下一步”按钮，在“路由和远程访问服务器安装向导”对话框中，单击“远程访问（拨号或 VPN）”单选按钮，以允许远程客户端通过拨号或安全的虚拟专用网络连接到此服务器。操作如图 9-8 所示。

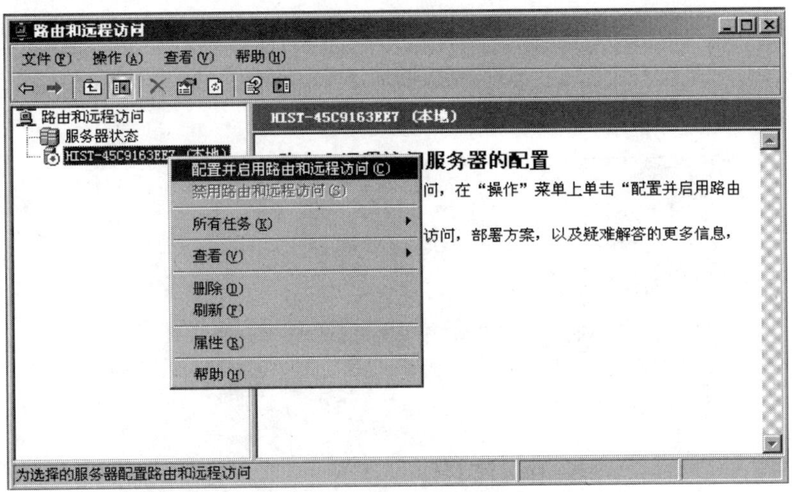

图 9-6　“路由和远程访问”窗口

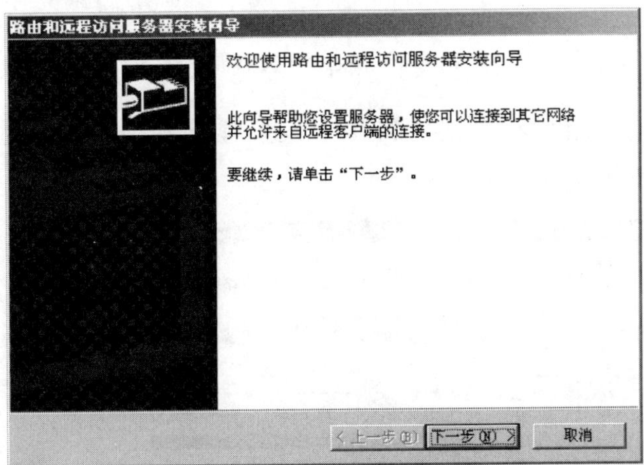

图 9-7　安装向导窗口

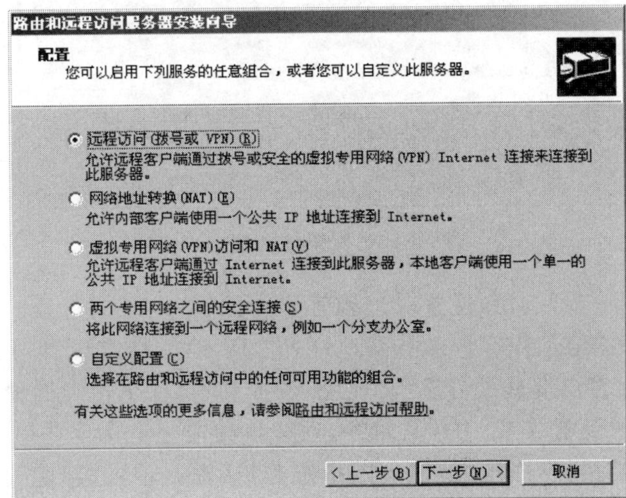

图 9-8　选择远程访问选项

(4) 单击“下一步”按钮,选择远程访问服务器的模式为 VPN,如图 9-9 所示。

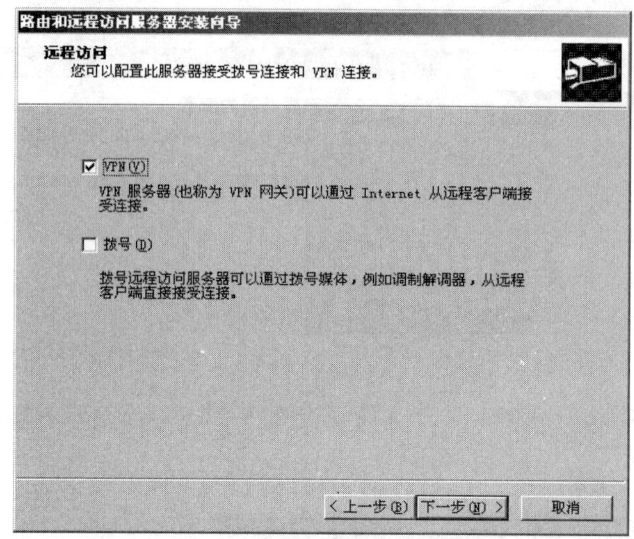

图 9-9　选择 VPN 选项

(5) 单击“下一步”按钮,在出现的窗口中设置连接到 Internet 的网络接口,操作如图 9-10 所示。

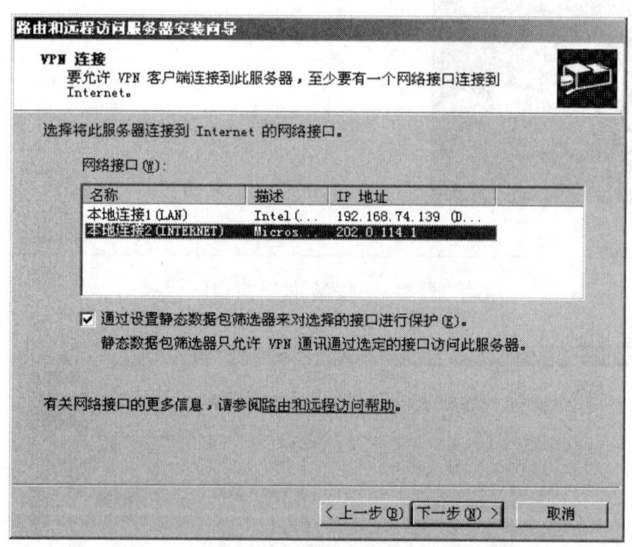

图 9-10　配置外网接口

(6) 然后单击“下一步”按钮,设置对远程客户指派 IP 地址的过程。如图 9-11 所示,如果要使用 DHCP 服务器给远程客户端分配地址,在 IP 地址指定设置对话框中选择“自动”单选按钮;如果给远程客户端分配静态 IP 地址,选择“来自一个指定的地址范围”单选按钮。

注意:如果网络中没有安装 DHCP 服务,则必须指定一个地址范围。

(7) 单击“下一步”按钮,出现“地址范围指定”对话框。单击“新建”按钮,指定“起始 IP 地址”和“结束 IP 地址”。单击“确定”按钮返回到“地址范围指定”窗口,如图 9-12 所示。

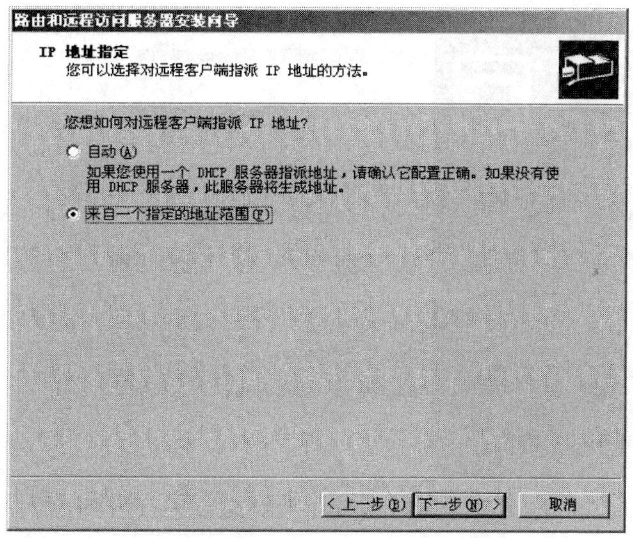

图 9-11　IP 地址的指定

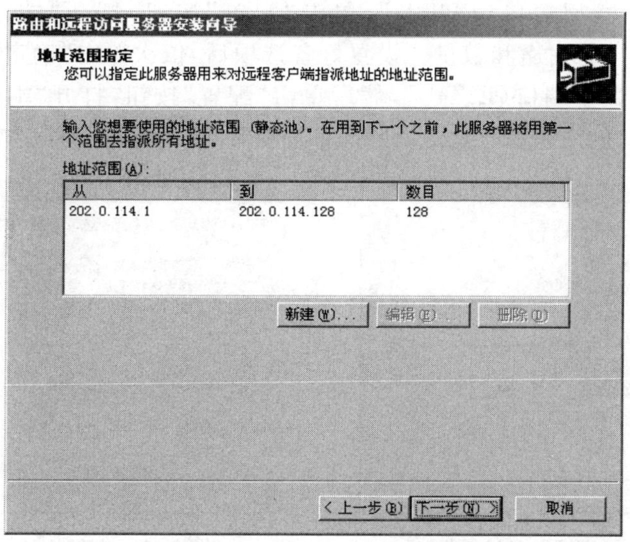

图 9-12　IP 地址的范围的设定

(8) 单击“下一步”按钮，在出现的身份验证模式对话框中，选择默认选项“否，使用路由和远程访问对连接请求进行身份验证”，此时远程访问用户使用本服务器中管理的用户账号连接本 VPN 服务器，并且该账号已经授予远程访问权限。如果网络中存在 RADIUS 服务器，可以集成该服务器验证远程访问客户。

(9) 单击“下一步”按钮，在出现对话框中，单击“完成”按钮，结束安装，如图 9-13 所示。系统启用路由和远程访问服务并将该服务器配置为远程访问服务器。

2. 配置 VPN 远程访问端口

(1) 打开“路由和远程访问”控制台窗口。展开 VPN 服务器，在“端口”选项上右击，打开“端口属性”对话框。

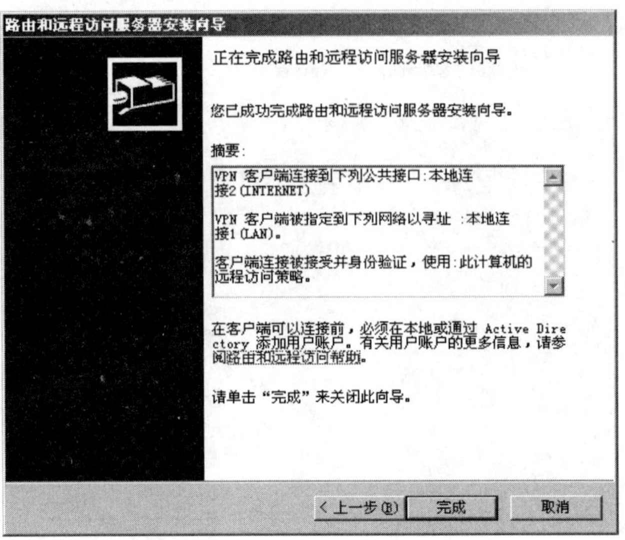

图 9-13　完成“VPN”设置窗口

(2) 选择“WAN 微型端口(PPTP)”，单击“配置”按钮，打开“端口属性”对话框，如图 9-14 所示，设置端口的用途和数量。设置好各选项后，依次单击“确定”按钮。

(3) 选择“WAN 微型端口(L2TP)”，然后单击“配置”按钮，打开“端口属性”对话框，如图 9-15 所示，设置端口的用途和数量。设置好各选项后，依次单击“确定”按钮，完成端口配置。

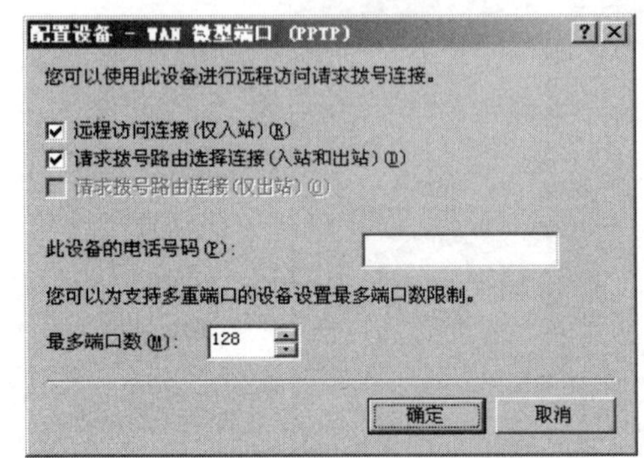

图 9-14　配置 PPTP 端口属性

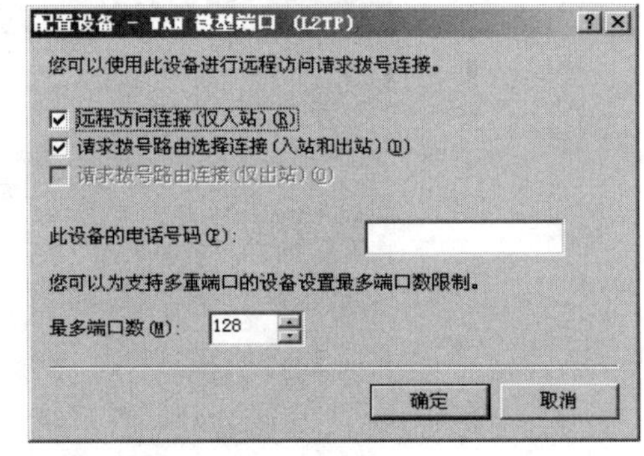

图 9-15　配置 L2TP 端口属性

3. 配置 VPN 客户端

VPN 远程访问服务器配置完成后，VPN 远程访问客户端还需要创建一个连接，才能够访问远程的企业网络。本节以 Windows XP 客户端的具体配置为例：

(1) 在“网络连接”窗口中，选择“创建一个新的连接”，打开“新建连接向导”，单击“下一步”按钮，在“网络连接类型”对话框中，选择“连接到我的工作场所的网络”单选框。

(2) 单击“下一步”按钮，在“网络连接”对话框中，选择“虚拟专用网络连接”单选按钮，使用虚拟专用网络(VPN)通过 Internet 连接到网络，操作如图 9-16 所示。

(3) 单击“下一步”按钮，打开“连接名”对话框中，在“公司名”文本框中输入连接名称，操作如图 9-17 所示。

(4) 单击“下一步”按钮，在“VPN 服务器选择”对话框中，输入 VPN 远程访问服务器的

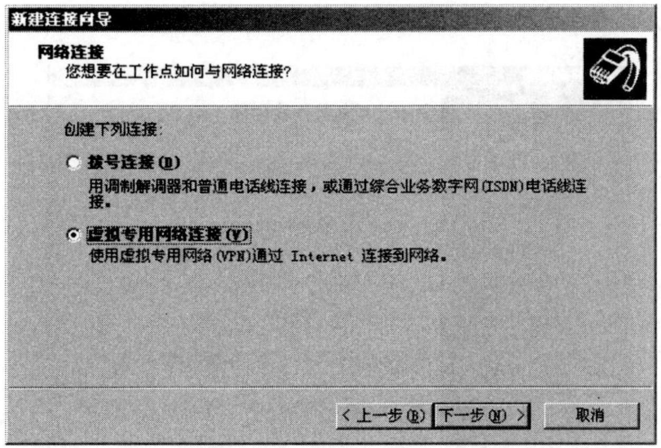

图 9-16　选择连接方式

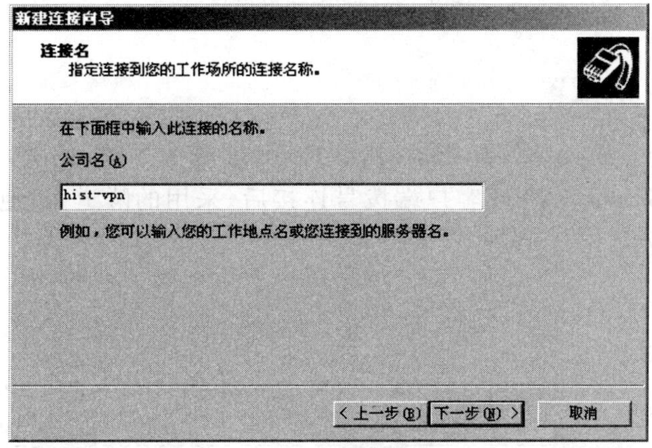

图 9-17　设置 VPN 连接名称

名称或与 Internet 网相连的网卡的 IP 地址,操作如图 9-18 所示。

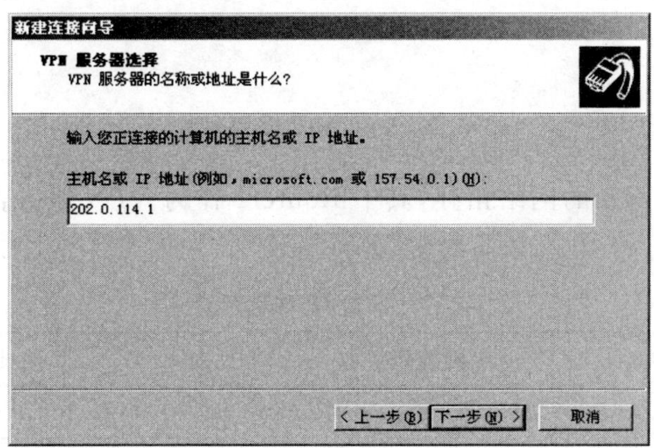

图 9-18　设置主机名

(5) 单击“下一步”按钮,出现如图 9-19 所示的“正在完成新建连接向导”窗口。单击“完成”按钮,完成客户端的设置,如果需要可以在桌面上创建一个快捷方式。以方便与

VPN 远程访问服务器建立连接。

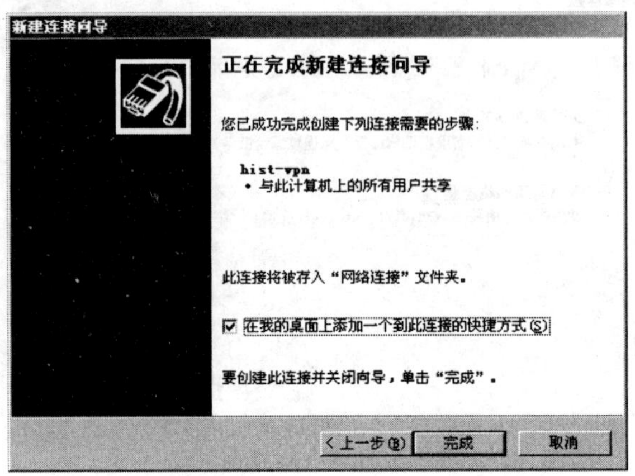

图 9-19　VPN 完成窗口

9.6.6　IPSec VPN 的配置

构建如图 9-20 所示的网络拓扑结构，其中 Router1 作为 VPN 网关，要求客户机 PC0 通过 VPN 连接 VPN Server。VPN 客户端拨号连接后，采用的隧道 IP 地址处于 172.16.0.10-172.16.0.50 之间。

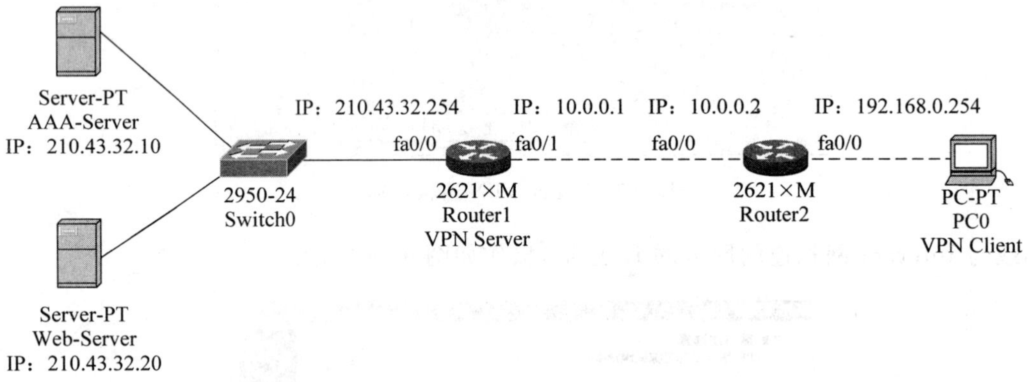

图 9-20　VPN 网络拓扑结构

构建好如图 9-20 所示的网络拓扑，其中 Router1 作为 VPN 服务器，客户机 PC0 来做 VPN 客户端，所有设备的 IP 配置如表 9-3 所示。

表 9-3　设备 IP 地址配置

设　　备	IP 地址	子网掩码	设　　备	IP 地址	子网掩码
AAA-Server	210.43.32.10	255.255.255.0	Router2 fa0/0	192.168.0.254	255.255.255.0
Web-Server	210.43.32.20	255.255.255.0	Router2 fa0/1	10.0.0.2	255.255.255.0
Router1 fa0/0	210.43.32.254	255.255.255.0	PC0	192.168.0.1	255.255.255.0
Router1 fa0/1	10.0.0.1	255.255.255.0			

1. Router1 的配置

Router1 作为 VPN Server 用于提供 VPN 服务，其相关配置如下：

```
Router 1>enable
Router 1#conf t
Router 1(config)#aaa new-model
Router 1(config)#aaa authentication login VPNAUTH group radius local
Router 1(config)#aaa authorization network VPNAUTH local
Router 1(config)#crypto isakmp policy 10
Router 1(config-isakmp)#encr aes 256
Router 1(config-isakmp)#authentication pre-share
Router 1(config-isakmp)#group 2
Router 1(config-isakmp)#crypto isakmp client configuration group ciscogroup
Router 1(config-isakmp-group)#key ciscogroup
Router 1(config-isakmp-group)#pool VPNCLIENTS
Router 1(config-isakmp-group)#netmask 255.255.255.0
Router 1(config-isakmp-group)#crypto ipsec transform-set mytrans esp-3des esp-
sha-hmac
Router 1(config)#crypto dynamic-map mymap 10
Router 1(config-crypto-map)#set transform-set mytrans
Router 1(config-crypto-map)#reverse-route
Router 1(config-crypto-map)#crypto map mymap client authentication list VPNAUTH
Router 1(config)#crypto map mymap isakmp authorization list VPNAUTH
Router 1(config)#crypto map mymap client configuration address respond
Router 1(config)#crypto map mymap 10 ipsec-isakmp dynamic mymap
Router 1(config)#ip ssh version 1
Router 1(config)#interface fa0/0
Router 1(config-if)#ip address 210.43.32.254 255.255.255.0
Router 1(config-if)#no shut
Router 1(config-if)#crypto map mymap
Router 1(config-if)#interface fa0/1
Router 1(config-if)#ip address 10.0.0.1 255.255.255.0
Router 1(config-if)#no shut
Router 1(config-if)#ip local pool VPNCLIENTS 172.16.0.10 172.16.0.50
Router 1(config)#radius-server host 210.43.32.10 auth-port 1645 key cisco
Router 1(config)#router RIP
Router 1(config-router)#version 2
Router 1(config-router)#network 10.0.0.0
Router 1(config-router)#network 210.43.32.0
Router 1(config-router)#no auto-sum
Router 1(config-router)#end
Router 1#
```

2. Router 2 的配置

```
Router 2>enable
```

```
Router 2#conf t
Router 2(config)#interface fa0/0
Router 2(config-if)#ip address 192.168.0.254 255.255.255.0
Router 2(config-if)#no shut
Router 2(config-if)#interface fa0/1
Router 2(config-if)#ip address 10.0.0.2 255.255.255.0
Router 2(config-if)#no shut
Router 2(config-if)#router rip
Router 2(config-router)#v 2
Router 2(config-router)#net 10.0.0.0
Router 2(config-router)#net 192.168.0.0
Router 2(config-router)#net 172.16.0.0
Router 2(config-router)#no auto-sum
Router 2(config-router)#end
```

9.6.7 SSL VPN的配置

继续采用上面的网络拓扑构建SSL VPN的基本配置，在SSL VPN的配置时，首先要求将SSL Client软件上传到VPN Server。安装配置好之后，在客户端采用浏览器登录之后就可以下载客户端软件实现SSL VPN连接。

1. Router 1的配置

```
Router 1#format disk0:                                        //格式化disk0
Router 1#copy tftp disk0:                                     //上传client
Router 1(config)#webvpn install svc disk0:/sslclient-win-1.1.2.169.pkg
                                                              //安装client
Router 1(config)#aaa new-model
Router 1(config)#aaa authentication login default local
Router 1(config)#aaa authentication login webvpn local
Router 1(config)#username user1 password 123
Router 1(config)#webvpn gateway vpngateway
Router 1 (config-webvpn-gateway)#ip address 210.43.32.254 port 443
Router 1 (config-webvpn-gateway)#inservice
Router 1 (config)#webvpn context webcontext
Router 1 (config-webvpn-context)#gateway vpngateway domain sshvpn
Router 1 (config-webvpn-context)#aaa authentication list webvpn
Router 1 (config-webvpn-context)#inservice
Router 1(config)#ip local pool ssl-add 172.16.0.10 172.16.0.50
Router 1(config)#webvpn context webcontext
Router 1(config-webvpn-context)#policy group sslvpn-policy
Router 1(config-webvpn-group)#functions svc-enabled
Router 1(config-webvpn-group)#svc address-pool ssl-add
Router 1(config-webvpn-group)#svc split include 172.16.0.0 255.255.255.0
Router 1(config-webvpn-group)#exit
Router 1(config-webvpn-context)#default-group-policy sslvpn-policy
```

```
Router 1(config-webvpn-context)#interface fa0/0
Router 1(config-if)#ip address 210.43.32.254 255.255.255.0
Router 1(config-if)#no shut
Router 1(config-if)#interface fa0/1
Router 1(config-if)#ip address 10.0.0.1 255.255.255.0
Router 1(config-if)#no shut
Router 1(config)#router RIP
Router 1(config-router)#version 2
Router 1(config-router)#network 10.0.0.0
Router 1(config-router)#network 210.43.32.0
Router 1(config-router)#no auto-sum
Router 1(config-router)#end
Router 1#
```

2. Router 2 的配置

```
Router 2>enable
Router 2#conf t
Router 2(config)#interface fa0/0
Router 2(config-if)#ip address 192.168.0.254 255.255.255.0
Router 2(config-if)#no shut
Router 2(config-if)#interface fa0/1
Router 2(config-if)#ip address 10.0.0.2 255.255.255.0
Router 2(config-if)#no shut
Router 2(config-if)#router rip
Router 2(config-router)#v 2
Router 2(config-router)#net 10.0.0.0
Router 2(config-router)#net 192.168.0.0
Router 2(config-router)#net 172.16.0.0
Router 2(config-router)#no auto-sum
Router 2(config-router)#end
```

完成 Router1 和 Router2 的配置之后，在浏览器中输入 https://210. 43. 32. 254/sshvpn，就可以访问 WebVPN。按照提示登录站点，输入的 VPN 用户名和密码在 AAA-Server 服务器上设置。成功登录之后，下载 SSL VPN 客户端软件即可。

本章小结

本章主要介绍常见的广域网接入技术。9.1 节介绍了广域网的基本协议层次。9.2 节介绍了 DDN、ISDN、FR、PSDN 等四种常见的广域网技术。9.3 节介绍了常见的广域网协议，主要包括 X. 25 协议、ATM 协议、FR 协议、PPP 协议、PPPOE 协议、HDLC 协议等。9.4 节介绍了 DSL、HFC、光纤接入等流行的广域网接入技术。9.5 节介绍了 VPN 的部署，首先介绍了 VPN 的基本概念，VPN 网关的选购，企业 VPN 的部署方式，最后介绍了 Windows 下 VPN 的部署、IPSec VPN 和 SSL VPN 的部署过程。学习完本章，读者应该重点掌握 DSL、HFC、光纤接入等流行的广域网接入技术。掌握 VPN 网关的选购，掌握

Windows 下 VPN 的部署、IPSec VPN 和 SSL VPN 的部署过程。

习　　题

1. 简述广域网的基本体系结构。
2. 简述 B-ISDN 和 N-ISDN 技术的相关区别。
3. 简述 X.25 协议的基本层次及工作原理。
4. 简述 ATM 协议的基本层次及工作原理。
5. 简述 FR 协议的基本层次及工作原理。
6. 简述 PPP 协议和 PPPOE 协议的基本功能和区别。
7. 简述常见 xDSL 接入技术及其相关之间的区别。
8. 什么是 HFC 接入技术？简述其基本工作原理。
9. 常见的光纤接入技术有哪些？有什么优点？
10. 简述常见的三种 VPN 部署方案及其优缺点。
11. 简述选购 VPN 网关的基本指标。

第10章　网络工程的验收与管理维护

本章主要讲述如下知识点：

- 网络工程的布线验收；
- 网络工程的机房验收；
- 网络工程的文档验收；
- 网络工程的安全验收；
- 双绞线故障及其处理措施；
- 网卡故障及其处理措施；
- 集线器故障及其处理措施；
- 交换机故障及其处理措施；
- 路由器故障及其处理措施；
- 服务器的维护和安全处理；
- 常用网络命令。

10.1　计算机网络工程的验收测试

网络工程的验收主要包括布线线路的验收、机房的验收、服务的验收和相关文档的验收四部分。在工程的验收过程中，存在着很多不同的标准，用户可以根据实际需求按照签订的合同进行相关的验收过程。

10.1.1　布线线路的验收

网络工程在正式投入使用前，需进行严谨的测试后才能确认验收，按照设计方案，需要认真细致地查找布线过程中的隐患并及时将其排除。测试内容包括回波损耗、近端串扰/同级远端串扰、衰减、电缆长度、传播延迟与偏差、衰减/串扰比、确定错接、短路、开路、接反和线对分离等，要求形成完整的测试报告和文档。

1. 布线线缆的性能测量

线路敷设工作完成以后，需要检查网络的传输速度是否达到网络产品的标称值，一个施工质量不好的布线，将会在传输速度上大打折扣。

注重对布设好的网线进行全方位检测。对于规模较大、传输速率要求较高的机房网络进行测试时，必须通过专用测试工具检查点对点连接的整体信号衰减情况，如果信号衰减过大，那么施工质量肯定是不过关的。要测试所有的线对之间的近端串扰，其中，最坏的线对组合必须满足最小的性能指标要求。

近端串扰故障常见于链路中的接插件部位，由于端接时工艺不规范，比如接头部分末端双绞部分超过推荐的长度(15mm)，造成了电缆绞距被破坏，从而导致在这些位置产生过高的串扰。当然串扰不仅仅发生在接插件部位，一段不合格的电缆，同样会导致近端串扰。

2. 线路标识要规范清晰

布线标识工作贯穿于布线的建设、使用及维护过程中，清晰的标识便于日后增加设备和日常维护。劣质的标识将会带来无穷的麻烦，一旦没有标识或使用了不恰当标识，都会付出高昂的维护费用。

1）选择适当的标识位置

机房布线需对五个部分进行标识：线缆(电信介质)、通道(走线槽/管)、空间(设备间)、端接硬件(电信介质终端)和接地。五者的标识相互联系，又互为补充，每种标识的方法及使用的材料又各有特点。标识要求清晰、醒目，让人一眼就能注意到，便于维护。配线架和面板的标识除了清晰、简洁易懂外，还要美观。比如线缆标识，一是在线缆的两端标识，二是在线缆中间每隔一段距离的标识，三是在维修口、接合处、牵引盒处的标识。

2）选择适当的标识材料

线缆的标识，尤其是跳线的标识要求使用带有透明保护膜(带白色打印区域和透明尾部)的耐磨损、抗拉的标签材料，像乙烯基这种适合于包裹和伸展性的材料最好。这样的话，线缆的弯曲变形以及经常的磨损处才不会使标签脱落或字迹模糊不清。另外，套管和热缩套管也是线缆标签的很好选择。面板和配线架的标签要使用连续的标签，材料以聚树酯为好，可以满足外露的要求。

3. 网络线缆连接的验收

网络线缆连接的验收包括如下几方面：

机房和设备安装点内的各类电缆布线应合理、走线清楚，电缆标志应明确，在电缆上应标明线路的起点和终点，在电缆连接的配线架上应指明连接何处的信息点；若网络设备连接线缆与电源平行走线时，电源线与网络设备连接线至少保持30cm的距离，防止交流电对网络传输的干扰，保持网络运行的稳定和可靠。缆线布放应整齐合理，布放的缆线应绑扎，松紧适度，每条均应做标记。

10.1.2 机房的验收

机房是网络工程的主要组成部分，机房的验收主要包括如下几方面的问题。

1. 机房配套设施的验收

(1) 机房主体结构的耐久性、抗震性和耐火性等特性要与其功能相适应；火灾报警、消防系统、疏散照明设备和安全出口标志要规范统一，消防系统应设有不少于两个二氧化碳或卤代烷灭火器。

(2) 按照机房建筑面积计算空调系统功率，检测评估空调的制冷能力和余量，以机房室内温度为23±2℃，湿度为45%～65%左右配备空调系统。

(3) 机房辅助监视设备。根据不同的使用目的，可配备自动火灾报警器、监视摄像机、温湿度传感器、红外线传感器、漏水传感器等设备，以便及时发现异常情况。

2. 机房供电的验收

根据机房内网络设备的功耗，考察是否采用滤波、稳压、稳频以及不间断电源系统等防护措施，机房应有单相220V±10V和三相380V±10V，频率为50Hz±1Hz的接入电源，并且可以接入备用电源，机房内设备应通过UPS供电，在市电中断情况下，可供电不小于半小时。

机房内设备或系统对外所连的电源线、信号线等都应安装具有防雷电、防静电、防过压等保护器件。进入机房的线路应全线采用电缆埋地或穿金属管埋地引入，当难以全线埋设电缆或穿金属管敷设时，允许用长度不小于 15m 的金属铠装电缆或全塑电缆穿金属管埋地引入，两头金属外护套要良好接地，使到机房设备的雷电流减小、静电释放、过电压降低。

机房内应分别设置维修和测试用电源插座，两者应有明显区别标志。机房内防静电地板下部的低压配电线路，宜采用铜芯屏蔽导线或铜芯屏蔽电缆；防静电地板下部的电源线，应尽可能远离计算机信号线，并避免并排敷设，当不能避免时，应采取相应的屏蔽措施。

3. 机房接地线的验收

为保证机房设备安全，机房设备必须具有良好接地。接地线主要作用是：防雷、防静电、防过压、防反击电压。设备接地(直流工作接地)电阻应小于 1Ω；交流保护接地电阻(防雷接地)应小于 4Ω；屏蔽地接地电阻应小于 1Ω，设备电源输入端、外线引入端必须加装防雷设备。机房内的设备一般不会被直击雷击中，但当雷电击中远端线路时，所引起的雷电冲击波可经线路入侵到机房设备，其幅值一般可达几千伏乃至几十千伏，这样高能量的冲击波是计算机等电子设备难以承受的。

为了防止雷电波、设备运行产生的静电、对外引接线的过压、电源线的浪涌等侵入机房内，造成人员伤亡或设备损坏，机房接地系统应设计成一个等电位准"法拉第笼"结构。机房防雷、动力、安全和计算机共用一个接地网，接地网的网络系统下引线利用建筑物主钢筋笼，钢筋笼上下连接点应焊牢，上端与楼顶避雷装置焊接、下端与接地网焊接、中间与环形接地母线焊接，如此形成一个电气上连通的"笼式"接地系统，接地电阻一般应小于 1Ω。

4. 机房设备及其安装验收

网络设备及系统安装应至少符合以下要求：

设备尽量避免安装在振动、潮湿、易受机械损伤、有强磁场干扰和有强腐蚀性气体的地方，如无法避免，须有相应的防护措施；设备布置保证适当的维护间距；设备排列应整齐，利于通风散热。所有的网络设备都做好了设备名称、子网地址、IP 地址分配等的文档记录，有明确的标记；正确配置各种网络设备的参数、协议；能实现新网络与其他原有网络的集成及互联。

10.1.3　网络工程相关文档的验收

在完成网络工程之后，整理工程资料是不可缺少的重要环节，也是日后网络维护管理的重要依据。收集整理的资料包括机房布线规划图纸、装潢图纸、专用接头连接图等资料。对机房布线全面标记和检测完毕后，应该重新整理机房布线规划图，并在上面做出正确的标记，完善布线资料，便于日后对机房设备、线路进行管理、使用及维护。

网络系统验收需提交的主要文档包括：

(1) 网络系统技术方案；

(2) 设备验收报告；

(3) 网络系统实施总结报告；

(4) 网络系统测试报告；

(5) 用户手册；

(6) 随机技术资料，设备技术文档及仪表说明书、图纸等；

(7) 工程主机网络系统维护手册；

(8) 拓扑图、机房设备布局及布线图、机房供电分配使用资料、线(电)路配线资料、设备之间连接图等；

(9) 网络设备安装配置手册、系统参数配置表、IP 地址资源分配表、网络技术操作规程等。

10.1.4 网络工程的安全验收

网络系统的安全验收主要包括对接入用户的鉴别、授权的功能，防止未授权用户对网络资源的非法使用等相关方面的检查等。要求网络系统的各种设备应提供符合有关规定的安全控制手段，如设备具有系统口令设置、信息加密等手段。网络工程的安全性测试，要求构建的网络达到以下功能要求。

1. 可靠性

可靠性是网络信息系统能够在规定条件下和规定的时间内完成规定的功能的特性。可靠性是系统安全的最基本要求之一，是所有网络信息系统的建设和运行目标。可靠性用于保证在人为或者随机性破坏下系统的安全程度。

2. 可用性

可用性是网络信息可被授权实体访问并按需求使用的特性。可用性是网络信息系统面向用户的安全性能。可用性应满足身份识别与确认、访问控制、业务流控制、路由选择控制、审计跟踪等要求。

3. 保密性

保密性是网络信息不被泄露给非授权的用户、实体或过程，或供其利用的特性。即防止信息泄露给非授权个人或实体，信息只为授权用户使用的特性。保密性主要通过信息加密、身份认证、访问控制、安全通信协议等技术实现，它是在可靠性和可用性基础之上，保障网络信息安全的重要手段。

4. 完整性

完整性是网络信息未经授权不能进行改变的特性。即网络信息在存储或传输过程中保持不被偶然或蓄意地删除、修改、伪造、乱序、重放、插入等破坏和丢失的特性。完整性是一种面向信息的安全性，它要求保持信息的原样，即信息的正确生成和正确存储和传输。

5. 不可抵赖性

不可抵赖性也称作不可否认性，在网络信息系统的交互过程中，确信参与者的真实同一性，即所有参与者都不可能否认或抵赖曾经完成的操作和承诺。利用信息源证据可以防止发信方否认已发送信息，利用递交接收证据可以防止接收方事后否认已经接收的信息。

6. 可控性

可控性是对网络信息的传播及内容具有控制能力的特性。

10.2　网络工程的常见故障

本节主要讲述常见网络工程的故障。

10.2.1　软件系统故障

在市场上很难找到一个 100%稳定且安全的软件系统。网络协议、网络操作系统、网络应用软件等都存在安全缺陷,这本身就是网络软件故障的根源。

1. 网络协议的问题

目前网络中最为常见的协议体系结构为 TCP/IP,这种结构比较简单,层次较少,但是它对协议本身的体系和层次的划分不很清晰,最初只是一个简单的工业标准而被采用,它的流行出现了很多问题。

1) TCP/IP 协议本身的缺陷

由于 TCP/IP 协议的固有缺陷,导致基于 TCP/IP 协议运作过程的网络攻击层出不穷。拒绝服务攻击(DOS)、TCP 劫持等问题实际上都是由于 TCP/IP 协议本身引起的。TCP/IP 协议使用范围太广,所以在很长一段时间内,无法解决协议体系结构本身的问题。

2) IPv4 地址枯竭问题

互联网的急剧膨胀,导致 IPv4 地址基本上枯竭了,在这种情况下,基于代理或者拨号的网络访问和接入方式发展起来,这种网络服务的网络管理方式较为混乱,地址的盗用和复用问题很难解决,无数的个域网(PAN)的发展,使得网络故障的概率大大增加。

随着下一代互联网技术和 IPv6 的发展,IP 地址的枯竭问题将得到解决,但是 IPv4 向 IPv6 的过渡有一个过程,如何实现平滑的升级,是摆在业界的主要问题。

2. 网络操作系统的故障

网络操作系统的故障是网络管理人员最为头痛的问题。网络操作系统的故障主要体现在如下几方面。

1) 网络操作系统的性能问题

网络操作系统要实现作业的分配、设备资源的管理和分配、内存的管理和分配等工作,网络的速度瓶颈主要来源于设备 I/O 和 CPU 之间。尽管很多操作系统厂商强调,自己开发系统的性能有多高,实际上 I/O 的调度一直是很难解决的问题。调度性能无法改善就可能导致在大量访问同时进行时出现故障。

2) 网络操作系统的漏洞

网络操作系统的设计故障通常被称为漏洞,修补漏洞的过程称为打补丁。针对漏洞的修补程序称之为补丁。操作系统漏洞一旦被别有用心的人员利用,可能就造成系统的入侵,另外很多病毒也是针对系统漏洞实现攻击的。

就 Windows 系列的网络操作系统而言,其漏洞层出不穷,这就要求网络管理人员,关注其官方站点,及时下载对应的补丁程序。一般中文版系统的补丁发布时间相对推后一些,所以建议服务器操作系统最好使用英文版。从网络故障的分析来看,很多由于系统漏洞引起的攻击故障都不是由于最新漏洞造成的,而是由于被发布很早的漏洞没有得到修补造成的。

目前,很多安全类软件都带有系统漏洞扫描等功能,采用这种方式实现漏洞的及时修补较为方便。另外，针对微软的 Windows 系列，在大型站点上，构建 WSUS（Windows Server Update Service）服务器实现漏洞修补最好。

注意：*补丁程序也不是万能的，可能在修补当前漏洞的时候引入了新的漏洞。所以时常关注系统的官方站点公告是明智的选择。*

10.2.2 人为或者配置错误故障

网络故障中，人为的或者配置不当导致的故障占很大比例。其主要表现如下几方面：

1. 制度上的问题

实际上在很多问题中，人的问题最难处理，网络管理也一样，首先要实现如何对网络管理中人的管理。很多网络由于制度上的疏忽，往往在人员管理上非常模糊，制度不清，责任不明，这种网络管理本身就是失败的。

部分网络管理人员本身的安全意识较差，导致系统管理口令泄露或者丢失；部分网络管理中不对管理人员划分权限，实现资源的自由访问；部分网管人员懒惰，对已经不在本部门工作的网络管理人员仍然保留访问的用户名和口令，往往问题就出现了。还有一种可能就是心怀不满情绪的工作人员的故意操作，这些都能造成网络故障。对网络管理而言，一套完善而人性化的制度，是十分关键的。

2. 软件配置的问题

软件配置的故障主要包括操作系统的配置错误、网络协议的配置故障和网络应用软件的配置故障。

1）操作系统的配置错误

操作系统的配置错误主要包括系统的安装问题、磁盘的类型设置问题、相关设备的驱动程序安装问题、用户的账户设置问题等。

2）网络协议的故障

网络协议的故障主要包括协议的安装问题、相关协议参数的设置。协议是网络通信的关键要素，如果没有所需的协议，协议绑定不正确或协议参数设置错误，将直接导致网络出现故障。

协议配置中最容易出现问题的是 TCP/IP 协议的设置。解决 TCP/IP 协议设置问题的一般思路为：检查故障计算机的默认网关、DNS 服务器和子网掩码的设置是否正确，然后查看其他计算机的连接设置，将故障计算机的相关设置修改为与之相同，再进行故障排除。

网络应用范围大，各种由于配置引起的故障也有所不同，管理人员必须养成记录网络故障的习惯，在排除故障后写出排除故障日志，以便为日后实现网络管理打下坚实的基础。

3）网络服务安装故障

在局域网中，除了协议以外，往往需要安装一些重要的服务。例如，要在 Windows 系统中共享文件和打印机，就需要安装 Microsoft 文件和打印共享服务。解决此类问题的一般思路为：根据故障现象和提示安装相关服务（装机系统光盘内有相关服务），若安装后还无法使用，就需要检查是否与其他服务或应用程序有冲突。

4）网络用户安装故障

不同的网络服务应安装相应的网络用户,否则网络服务将不能正常使用。例如,在Windows 系统中,如果是对等网中的用户,只要使用系统默认的"Microsoft 友好登录用户"即可。如果用户需要登录 Windows NT 域,就需要安装"Microsoft 网络用户"。

10.2.3　病毒、黑客问题

计算机病毒是指编制或者在计算机程序中插入的破坏计算机功能或者破坏数据,影响计算机使用并且能够自我复制的一组计算机指令或者程序代码。计算机病毒是人为制造的程序,它的运行是非法入侵。

目前流行的木马和蠕虫病毒是最为流行的网络病毒,网络是病毒最活跃的地方,由于病毒引起的网络软件和硬件故障的案例层出不穷,这样对病毒的防治表现得尤为重要。病毒技术和反病毒技术都在同步提高,然而目前还没有一个很好的病毒彻底处理的机制,这对网络管理来说,防范重于一切,防毒重于杀毒。当然安装一款优秀的杀毒软件和防火墙是必要的。

黑客是指非法入侵别人的计算机系统,进行恶意的系统修改和破坏的人员。随着网络技术的发展,黑客技术已经不再神秘了,网络上大量的黑客教程和黑客类软件的出现,给所有想学习黑客技术的人员提供了机会,一个略懂计算机的人员都有可能使用黑客软件实现网络攻击。这样对网络管理提出了新的挑战。

黑客或者网络病毒入侵关键的网络设备,例如交换机、路由器等,将对实际的网络造成巨大的破坏,所以,对网络管理而言,核心设备的安全是至关重要的。

10.2.4　硬件故障

硬件故障主要包括如下几方面。

1. 设备故障

设备故障是指网络设备本身出现问题。如网线制作或使用中出现问题,造成网络不通。在一般硬件故障中,网线的问题占其中很大一部分。另外,网卡、集线器和交换机的接口甚至主板的插槽都有可能损坏造成网络不通。有时网络服务时间过长,路由器的温度太高也可以引起网络故障,所以,一般发现设备故障后,首先应该重新启动一次系统,然后再检查错误。

2. 设备冲突

设备冲突是困扰计算机用户的难题之一。计算机设备都是要占用某些系统资源的,如中断请求、I/O 地址等。网卡最容易与显卡、声卡等关键设备发生冲突,导致系统工作不正常。一般情况下,如果先安装显卡和网卡,再安装其他设备,发生网卡与其他设备冲突的可能性就小些。

3. 设备驱动问题

设备驱动问题严格来说应该算是软件问题,不过由于驱动程序与硬件的关系比较大,所以也将其归纳为硬件问题。主要问题是出现不兼容的情况,如驱动程序、驱动程序与操作系统、驱动程序与主板 BIOS 之间不兼容等。

10.2.5　网络故障

网络故障就是网络不能提供服务,局部的或全局的网络功能不能实现。网络故障总体可分为硬件故障与软件故障，即所谓的物理故障与逻辑故障。

网络软件故障是指由于运行在网络上的软件问题，或者由于网络配置不当，病毒感染等逻辑错误引起的网络故障。逻辑故障中最常见的情况就是配置错误。配置错误可能是相关网络设备的参数设定不当，例如交换机的 VLAN 设置不当，主机的 IP 地址设置错误，路由器的端口参数错误，路由协议的配置不当引起路由环路等问题。

网络硬件故障主要指的是由于网络设备的硬件系统固有问题或者由于长时间运转设备老化等引起的故障。通常由于设备或线路损坏、插头松动、线路受到严重电磁干扰等都可能造成网络硬件故障。

10.2.6　故障排除的基本步骤

网络故障的检测过程比修复网络故障本身的难度要大得多，对于网络管理而言，迅速地查出故障所在，并确定发生的原因，确立清晰的排障思路，并作为经验把成功的排障过程记录下来是进行网络故障排除的关键步骤。

网络故障诊断以网络原理、网络配置和网络运行的知识为基础，从故障的实际现象出发，以网络诊断工具为手段获取诊断信息，沿着 OSI 七层模型从物理层开始依次向上进行，逐步确定网络故障点，查找问题的根源，排除故障，恢复网络的正常运行。

常见的网络排障思路如下：

(1) 识别并描述故障现象。

(2) 制定诊断方案，列举可能导致故障的原因。

(3) 认真做好每一步测试和观察，每改变一个参数都要确认其结果，确定问题是否解决。如果没有解决，继续下去，直到故障排除。

网络故障中，类型最为丰富，处理难度最大的属软件故障。由于网络的使用范围在不断扩展，各种不同类型的软件出现在网络的频度不断增加，可以说很难找到一个十全十美的网络软件，软件的缺陷很有可能造成网络故障。网络目前成为病毒传播的主要环境，处于网络中的设备和软件都有可能遭受网络病毒的感染和攻击，黑客技术的平民化趋势也导致了网络攻击风险的增加，因此这对网络的安全维护提出了更高的要求。

10.3　双绞线故障

双绞线是最常见的网络传输介质，它的故障主要包括如下几方面。

1. 错误线序引起的故障

双绞线是局域网常用的传输介质，由具有保护层的 4 对 8 根铜导线组成，为降低信号的干扰，每线对按一定缠绕密度互相绞绕在一起。双绞线使用 RJ-45 接头实现网络设备的连接。

按 EIA/TIA568 标准，制作双绞线分为 EIA/TIA568A 和 EIA/TIA568B 两个类型。568A 的排列顺序为白绿、绿、白橙、蓝、白蓝、橙、白棕、棕。568B 的排列顺序为白橙、橙、白绿、蓝、白蓝、绿、白棕、棕。

一般用于连接相同设备的端口需要采用交叉线方式，即线缆一端使用 568A 顺序，另一端采用 568B 顺序；用于连接不相同设备的端口，需要采用直通线方式，即两端都采用 A 顺序或 B 顺序。如果网络连接不能正常通信，首先就要考虑是否是线缆制作出现问题。

注意：此类故障主要出现在初次组装的网络中，如果网络以前运行是正常的，线缆没有更换，现在出现故障问题，就不可能是线缆制作导致的故障。

2. 双绞线接触不良故障

随着使用时间的增加，网络中的线缆会老化，尤其是面向桌面的局域网线缆，可能经常拉动，这会导致网线接触不良的问题时有发生。另外，购买的线缆质量太差，或线缆的连接水晶头质量差都可能导致网线接触不良。

网线接触不良，就会出现数据堵塞，从而造成死机。因此当软件和硬件都找不出问题时，就应检查网线是否有问题。当使用了劣质双绞线时，其数据传输速率达不到网络数据传输的要求，就会发生运行速度慢或因数据堵塞容易死机的故障。

3. 近端串扰

当用 5 类双绞线做网线时，应确保线对始终不分开。按 EIA/TIA568 标准，当将双绞线固定到连接器（水晶头）上时，用户绕开线对的长度不应超过 13mm。如果安装在连接器上的线对中两根线松开长度过长，则会导致额外的串扰，在线路上将产生错误的信息，影响系统的正常运行。

4. 双绞线的连接距离

双绞线的标准连接长度是 100m，但在 5 类和超 5 类双绞线投入市场后，一些网络设备制造商在自己产品的宣传资料中称自己的双绞线的实际连接距离可以超过 100m，一般能够达到 103～150m 左右。从理论上讲，确实有一些公司（如美国通贝（T&B）等）的双绞线可以在长度超过 100m 的状态下工作，同时最高能够达到 100Mbps（5 类）或 155Mbps（超 5 类）的最高数据传输率。但值得注意的是，即使一些双绞线能够在大于 100m 的状态下工作，但通信能力将会大打折扣，甚至可能影响网络的稳定性。

10.4　网卡故障

网卡故障是最常见的硬件设备故障，常见的网卡故障由以下问题引起。

1. 网卡松动

由于温度变化、振动及插槽与网卡尺寸配合等原因，可能出现网卡松动，网卡与插槽接触不良，从而造成网络不通。这时网卡指示灯（LED）不发光，通过 ping 命令测试本机或网络中其他计算机的 IP 地址均发回响应失败的信息，但网卡的驱动程序正常。打开机箱，将网卡重新插好即可。

注意：如果多次出现网卡松动情况，说明此插槽容易造成网卡松动，则应更换插槽。

2. 网卡驱动程序故障

驱动程序直接指挥着硬件设备的运行，是否正确安装了网卡驱动程序，直接影响着网卡性能。由于杀毒和非正常关机等原因，可能造成网卡驱动程序的损坏。如果网卡驱动程序损坏，网卡不能正常工作，网络也 ping 不通，但网卡指示灯发光。这时可通过“控制面板”的“系统”中的“设备管理器”选项，查看网卡驱动程序是否正常，如果“网络适配器”中显示的网卡图标上标有一黄色“!”，说明此网卡驱动程序安装不正常，必须在 Windows 环境下将网卡设备和驱动程序都删除，然后将网卡的最新驱动程序安装到系统中。驱动程序安装完成后，再进行一次网络连接测试，检查故障是否能被排除。

注意：目前一般的网卡驱动程序都内置在操作系统中，不需要单独安装，而最新版本的驱动程序可能包含更多的功能，能更准确、高效地将网络性能发挥出来。要确保下载的驱动程序与网卡的型号一致，尽量不用相近的网卡驱动程序代替。

3. 网卡冲突

由于在主板上插入多块网卡或其他相关的 PCI 卡设备，这样就有可能引起端口冲突，这样网卡就不能正常工作，尤其是采用双网卡做路由等相关配置实验。检查网卡是否出现冲突，首先查看网卡的驱动程序是否安装正常，打开设备管理器，找到网络适配器选项，双击对应的网卡设备出现网卡属性窗口，切换到对应的资源选项卡下，查看设备是否出现冲突。如果设备出现冲突，应该重新安装设备并设置对应的中断地址。图 10-1 展示了查看网卡是否出现冲突的窗口。

4. 网络参数设置引起的故障

网卡参数设置是否正确也影响着网卡的正常工作。在设置网卡参数时，应查看相关协议是否已经安装，IP 地址、DNS 服务器、网关地址等参数是否设置正确。如果希望网卡支持局域网共享传输，还必须正确安装“Microsoft 网络客户端”以及“Microsoft 网络的文件和打印机共享”项目。以上设置或配置均在如图 10-2 所示的对话框中完成。

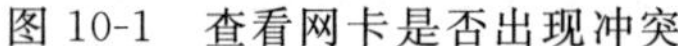
图 10-1　查看网卡是否出现冲突

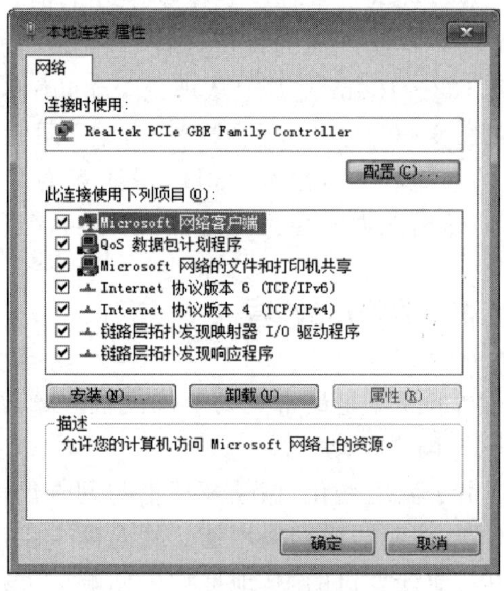

图 10-2　“本地连接属性”对话框

在网卡参数的设置中，TCP/IP 协议的参数设置尤为重要，参数设置对话框如图 10-3 所示。如果网络是通过局域网接入等方式接入，则必须设置 IP 地址、子网掩码、默认网关、相关的 DNS 服务器地址等相关参数；如果网络是通过拨号等方式接入，则选择“自动获得 IP 地址”和“自动获得 DNS 服务器地址”。

10.5　集线器故障

集线器是用于小型局域网的网络设备，常见的集线器故障包括如下几方面。

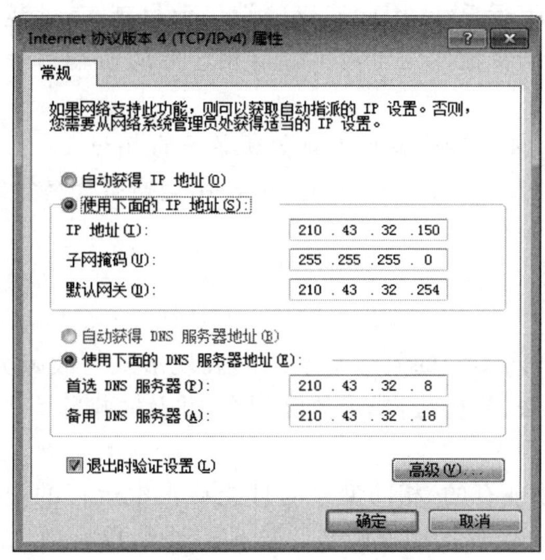

图 10-3　设置 IP 地址

1. 集线器电源问题

此故障一般表现为集线器电源指示灯显示微弱或不亮，通过此集线器连接的设备之间均不通等。由于电源的长时间运行，设备本身可能已经损坏，由此需要更换。

2. 集线器接口故障

由于频繁的插拔网线，可能导致接口老化、接触不良或者损坏。出现这种情况，可以通过集线器各接口对应的指示灯或者和此端口连接的网卡指示灯判断。在保证网卡和网线正常之后，如果指示灯时灭时亮或者不正常，则可以判断是此故障引起。也可以通过网络线路测试仪检测此故障。另外要查看，是否是由于制作线序错误和水晶头老化引起的故障。

3. 集线器级联故障

级联是在网络中增加用户数的一种方法，但要求集线器提供可级联的端口，此端口上常标有 Uplink 或 MDI 的字样，用此端口与其他集线器进行级联。如果没有提供专门的端口，而必须要进行级联时，连接两个集线器的双绞线在制作时必须采用交叉线方式连接。如果线缆制作错误就会出现问题。如果设置了集线器的级联，要注意级联方式是否正确，如果是连接错误，则会导致集线器之间的设备无法连通或者网络传输速度很慢。

4. 集线器连接的网络距离故障

集线器用于小范围的局域网使用。一般的，在采用集线器的 10Mbps 网络中最多可级联四级，使网络的范围扩展到最大 600m。但当网络从 10Mbps 升级到 100Mbps 或新建一个 100Mbps 的局域网时，只允许对两个 100Mbps 的集线器进行级联，而且两个 10Mbps Hub 之间的连接距离不能大于 5m，所以 100Mbps 局域网在使用集线器时最大距离为 205m。如果实际连接距离不符合以上要求，网络将无法连接。

5. 网络带宽故障

集线器属于共享带宽设备，它有最大带宽限制，如果网络需求带宽超过了集线器提供的最大带宽，则网络冲突的概率将增大，使网络速度变慢。

一般的集线器，随着连接计算机数量的增加，网络速度就会下降。由于连接在集线器上的所有站点均争用同一个上行总线，因此连接的端口数目越多，就越容易造成冲突。同时，发往集线器任一端口的数据将被发送至与集线器相连的所有端口上，端口数过多将降低设备有效利用率。

一般地，一个10Mbps集线器所管理的计算机数不宜超过15个，一个100Mbps集线器所管理的计算机数不宜超过25个。如果超过，应使用交换机代替集线器。

10.6 交换机故障

交换机的故障多种多样，不同的故障有不同的表现形式。故障分析时要通过各种现象灵活运用排除方法如对比法、替换法，找出故障所在，并及时排除。

1. 对比法

所谓对比法，就是利用现有的、相同型号的且能够正常运行的交换机作为参考对象，和故障交换机之间进行对比，从而找出故障点。这种方法简单有效，尤其是系统配置上的故障，只要简单地对比一下就能找出配置的不同点。

2. 替换法

这是最常用的方法，也是在维修计算机中使用频率较高的方法。替换法是指使用正常的交换机部件来替换可能有故障的部件，从而找出故障点的方法。它主要用于硬件故障的诊断，但需要注意的是，替换的部件必须是相同品牌、相同型号的同类交换机才行。

10.6.1 交换机硬件故障

硬件故障主要指交换机电源、背板、模块、端口等部件的故障，可以分为以下几类。

1. 电源故障

由于外部供电不稳定，或者电源线路老化或者雷击等原因导致电源损坏或者风扇停止，从而不能正常工作。由于电源缘故而导致机内其他部件损坏的事情也经常发生。如果面板上的Power指示灯是绿色的，就表示是正常的；如果该指示灯灭了，则说明交换机没有正常供电。这类问题很容易发现，也很容易解决，同时也是最容易预防的。

针对这类故障，首先应该做好外部电源的供应工作，一般通过引入独立的电力线来提供独立的电源，并添加稳压器避免瞬间高压或低压现象。如果条件允许，可以添加UPS不间断电源来保证交换机的正常供电，有的UPS提供稳压功能，而有的没有，选择时要注意。在机房内设置专业的避雷措施，避免雷电对交换机的损坏。现在有很多做避雷工程的专业公司，实施网络布线时可以考虑。

2. 端口和模块故障

端口故障是最常见的硬件故障，无论是光纤端口还是双绞线的RJ-45端口，在插拔接头时一定要小心。如果不小心把光纤插头弄脏，可能导致光纤端口污染而不能正常通信。交换机由很多模块组成，如堆叠模块、管理模块(也叫控制模块)、扩展模块等，如果插拔模块时不小心、搬运交换机时受到碰撞，或电源不稳定等情况都可能导致模块故障的发生。

在排除此类故障时，首先确保交换机及模块的电源正常供应，然后检查各个模块是否插在正确的位置上，最后检查连接模块的线缆是否正常。在连接管理模块时，还要考虑它是否采用规定的连接速率，是否有奇偶校验，是否有数据流控制等因素。连接扩展模块时，需要检查是否匹配通信模式，如使用全双工模式还是半双工模式。如果确认是模块故障，应送修或更换。

3. 线缆故障

其实这类故障从理论上讲，不属于交换机本身的故障，但电缆故障经常导致交换机系统或端口不能正常工作，例如，接头接插不紧，线缆制作时顺序排列错误或不规范，线缆连接时应用交叉线却使用了直连线，光缆中的两根光纤交错连接，错误的线路连接导致网络环路等。

10.6.2　交换机软件故障

1. 系统错误

交换机系统是硬件和软件的结合体。在交换机内部有一个可刷新的只读存储器，它保存的是这台交换机的网络操作系统(IOS)。一般的交换机都为用户提供刷新网络操作系统的机会。系统错误可能来自操作系统自身的漏洞，也可能来自用户的更新。因此，应及时给交换机的软件系统打补丁。

2. 配置不当

交换机可以通过配置实现不同的功能，如使用 VLAN 技术等。由于不同厂商的产品、甚至同一厂商的不同系列的产品有着不同的配置方式和命令，因此错误的配置将导致交换机不能正常服务。这类故障有时很难发现，如果不能确保用户的配置有问题，可以先将交换机系统恢复到默认的出厂配置，然后再重新进行配置。

3. 病毒和其他因素

由于病毒或黑客攻击等情况的存在，可能导致交换机故障。一般地，由于病毒或者黑客攻击引起的交换机死机、端口广播风暴等问题都特别突出。所以做好防范攻击和设备安全问题是十分关键的，对于可配置的交换机来说，注意及时安装设备 IOS 补丁程序是必要的。

10.7　路由器故障

路由器是网络的核心设备之一，关注路由器的安全性，是保证网络安全的首要任务。

10.7.1　路由器硬件故障

1. 电源故障

这种故障问题表现为当打开路由器的电源开关时，路由器前面板的电源灯不亮，风扇也不转动，如果出现这种状况，则应首先检查电源系统，查看供电插座是否有电流，电压是否正常。如果供电正常，就查看电源线是否损坏、松动，电源线有所损坏就更换一条，松动了就重新插好。

如果电源线检查完好后故障仍然没有排除，就要检查是否是路由器的电源保险断了，如果是，就将其更换，若问题仍未解决，就只能把路由器送修。

2. 路由器部件损坏故障

出现这类故障的部件通常是接口卡，常表现为两种情况：一种情况是把有问题的部件插到路由器上时，系统的其他部分都可以正常工作，但却不能正确识别插上去的部件，这种情况多数是因为所插的部件本身有问题。另一种情况就是所插部件可以被正确识别，但在正确配置之后，接口不能正常工作，出现这种情况往往是因为存在其他物理故障。

此类故障问题的解决方法是：先要确认是以上哪一种情况，然后用相同型号的部件替换怀疑有问题的部件。

3. 路由器散热或兼容性故障

路由器开始接入网络时正常，但是使用了一段时间之后，网速开始下降，频频断线。当出现网速下降的现象时，用手感觉路由器的表面温度，如果感觉很烫手，就说明频繁断线的原因是硬件散热问题，最好考虑更换一个新设备，也可以把路由器放在散热条件比较好的地方，情况会有所好转。如果设备温度没有异常，就很有可能是路由器和ISP的局端设备不兼容，此时的解决办法就只能是换用其他型号的路由器了。

4. 硬件配置低引起的故障

CPU利用率过高和系统内存余量太小等情况都将直接影响路由器所提供的网络服务的质量。通常情况下，网络管理系统都由专门的管理进程不断地检测路由器的关键数据，并及时给出报警。解决CPU利用率过高和系统内存余量太小这种故障，只需要企业相关人员对路由器设备进行升级、扩大内存等就可以了。

10.7.2 路由器软件故障

路由器软件故障可能由路由器软件系统本身的漏洞引起，也可能由人为的错误配置引起。

1. 系统软件损坏

路由器的系统软件往往有许多版本，每个版本支持的功能有所不同，如果当前版本的系统软件不支持某些功能而导致路由器部分功能的丧失，那么进行相应的软件升级就可以实现路由器的全部功能。系统软件损坏的处理方法是，把有问题的软件部分重新写一遍。

2. 无法进行系统软件升级

如果出现不能完成升级系统软件程序的情况，一般是因为所要升级的软件内容超过了NVRAM的容量，此时应对NVRAM进行升级，这样不但可以扩充NVRAM的容量，也可以对里面的数据进行更新。

3. 人为故障

人为故障是指由于管理人员的疏忽或操作错误，或是黑客和别有用心人员的恶意操作而导致网络连接错误等现象。这情况多表现为线路不通，网络无法建立连接。若出现这种情况，就要检测传输线路是否使用正确的电缆与端口。

4. 网络配置故障

由于管理人员进行了错误的网络配置，使得网络不能正常运行。通常的路由器配置文件可以分为以下几部分：管理员部分（路由器名称、口令、服务、日志）、端口部分（地址、封装、带宽、度量值开销、认证）、路由协议部分（IGRP/EIGRP、OSPF、RIP、BGP）、流量管理部分（访问控制列表、团体）、路由原则部分（路由映射），特殊的接入部分（主控台、远程登录、拨号）等，此类故障首先应判断故障所处的位置，然后考虑如何排除故障。

10.7.3 路由器诊断命令

Cisco ISO操作系统软件提供了一组功能丰富的命令，可以用来进行故障查找与排除，问题诊断和性能检测。路由器诊断命令大致可以分为两类：show 命令和 debug 命令，同时还包含一组用于连接这两类命令的 clear 命令。

1. show 命令

1）show version 命令

show version 命令显示了路由器的许多有用信息，在解决网络故障时，通常应从这个命令开始收集数据。命令的输出信息包括 IOS 的版本、路由器持续运行的时间、最近一次重启动的原因、路由器主存的大小、共享存储器的大小、闪存的大小、IOS 映像的文件名以及路由器从何处启动等信息。图 10-4 显示了采用 show version 命令后路由器的显示信息。

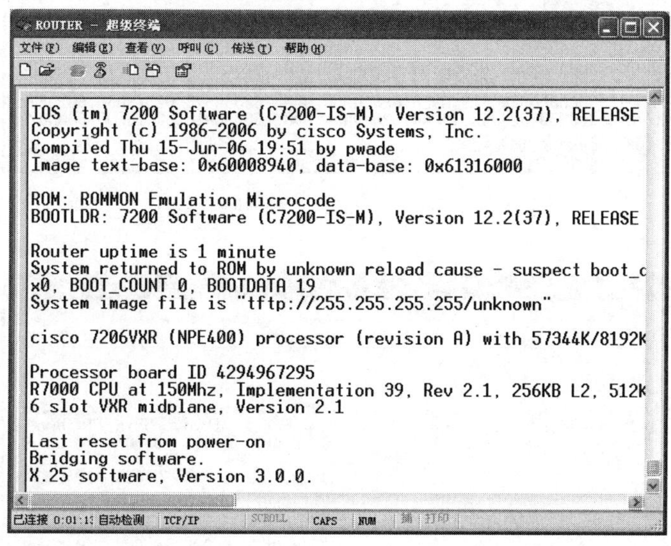

图 10-4　show version 命令执行结果

2）show memory 命令

如果路由器的多个接口同时丢失报文，则可能是路由器内存不足或 CPU 过载。用户可以使用 show memory 命令检查内存利用率；使用 show memory free 命令，可以看到可用内存的碎片。图 10-5 显示了采用 show memory 命令后路由器的显示信息。

注意：路由器中存在一定数量的内存碎片是正常的。虽然并没有一个很严格的界限划分内存碎片的可接受程度，但是可用块的大小至少应不小于可用内存的一半。用户可以通过重新启动路由器解决内存碎片问题。

3）show process cpu 命令

使用 show process cpu 命令检查 CPU 利用率。可以使用该命令检查路由器的 CPU 是否过载，此命令将显示路由器 CPU 的利用率以及路由器中不同进程的 CPU 占用率。图 10-6 展示了 show process cpu 命令的执行结果。

4）show process memory 命令

show process memory 命令用来显示路由器可用内存的一般信息，以及每一个进程所占用的内存空间的详细信息。图 10-7 展示了 show process memory 命令的执行结果。

5）show stack 命令

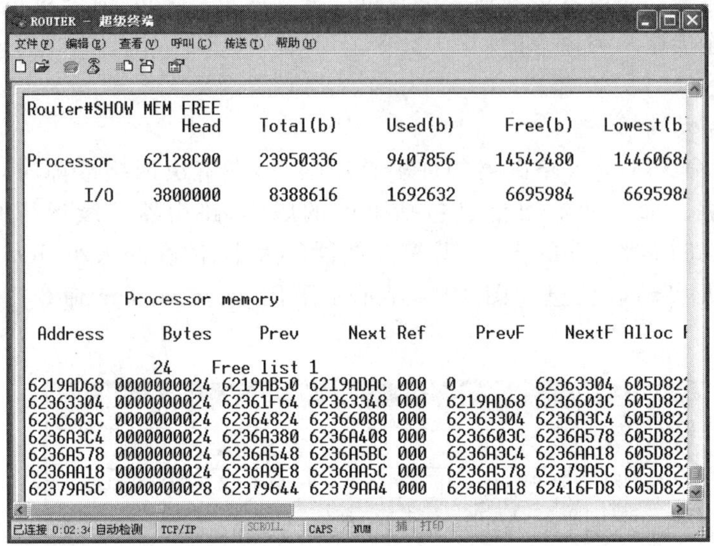

图 10-5 show memory 命令执行结果

```
ROUTER - 超级终端
文件(F) 编辑(E) 查看(V) 呼叫(C) 传送(T) 帮助(H)

Router>EN
Router#show process cpu
CPU utilization for five seconds: 0%/0%; one minute: 0%; five minute
 PID Runtime(ms)   Invoked      uSecs    5Sec    1Min    5Min TTY Proce
   1           0         1          0  0.00%   0.00%   0.00%   0 Chunk
   2           0        48          0  0.00%   0.00%   0.00%   0 Load
   3           0        24          0  0.00%   0.00%   0.00%   0 Exec
   4         116        24       4833  0.00%   0.02%   0.00%   0 Check
   5           0         1          0  0.00%   0.00%   0.00%   0 Pool
   6           0         2          0  0.00%   0.00%   0.00%   0 Timer
   7           0         2          0  0.00%   0.00%   0.00%   0 Seria
   8           0        26          0  0.00%   0.00%   0.00%   0 ALARM
   9          24       243         98  0.00%   0.00%   0.00%   0 EnvMo
  10           0         1          0  0.00%   0.00%   0.00%   0 OIR H
已连接 0:04:1 自动检测 TCP/IP SCROLL CAPS NUM 捕 打印
```

图 10-6 show process cpu 命令执行结果

show stack 命令用于跟踪路由器的堆栈，提供路由器临时重新启动的原因。如果由于错误而导致重新启动，堆栈记录将在输出的末尾显示。为了抽取与故障相关的信息，堆栈记录需要解码。如果路由器由于临时重启动而完全崩溃，则相应的错误消息将包含在 show version 命令的输出中。这一工作通常由 Cisco TAC 工程师完成。图 10-8 展示了 show stack 命令的执行结果。

6）show ip interface brief

show ip interface brief 将显示每一个路由器接口的 IP 地址信息以及第二层的状态信息，图 10-9 展示了此命令的一个应用实例。

其他与端口对应协议的相关信息可以通过相应命令属性获得，如 show ipx interface

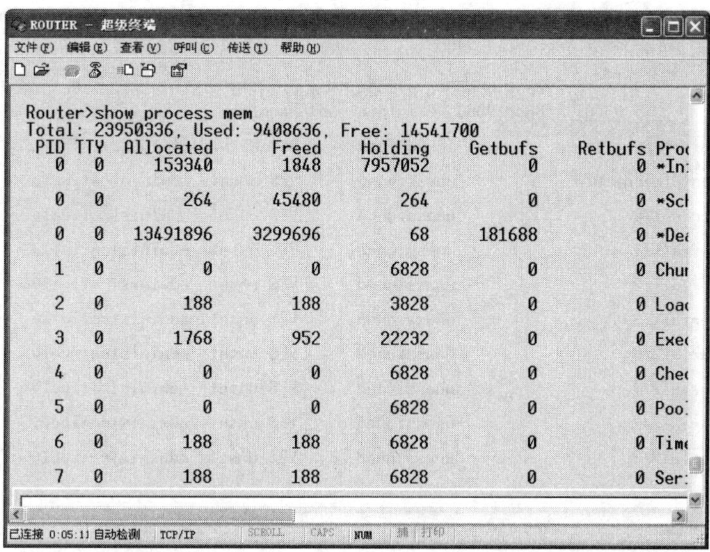

图 10-7　show process memory 命令执行结果

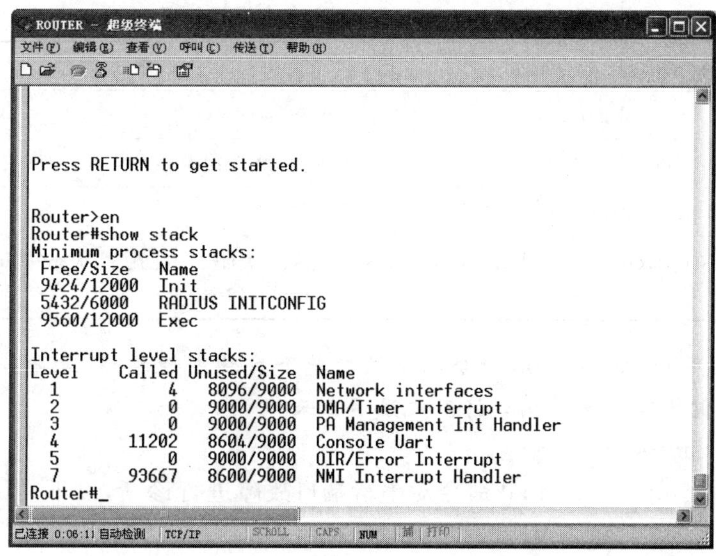

图 10-8　show stack 命令的执行结果

brief。

7）show interface ethernet 命令

对于以太端口故障的诊断，可以使用 show interfaceeth ernet 命令，以下是诊断以太端口 0 的命令：

```
router#show int ethernet 0
```

表 10-1 展示了通过运行此命令后显示的相关信息。

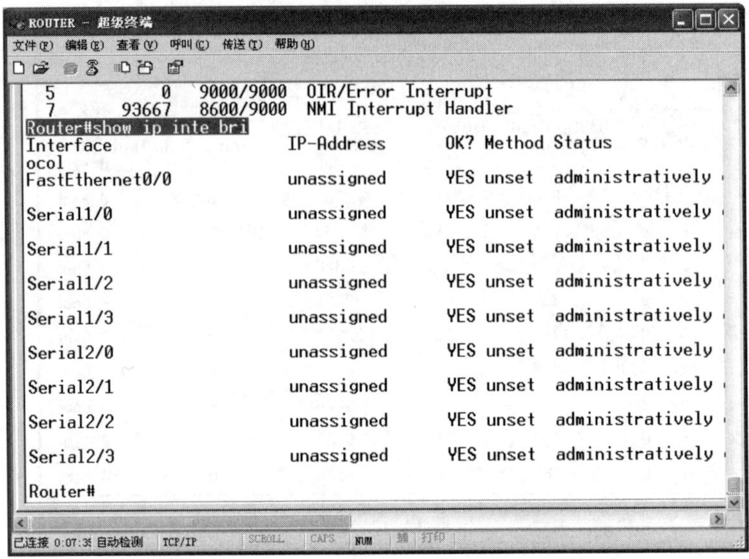

图 10-9　show ip interface brief 命令

表 10-1　show int ethernet0 命令提示信息

提示信息	表示状态
Ethernet 0 is up,line protocol is up	端口正常
Ethernet 0 is up,line protocol is down	连接故障,路由器未接到 LAN 上
Ethernet 0 is down, line protocol is down (disable)	接口故障
Ethernet 0 is administratively down, line protocol is down	接口被人为关闭(可在配置状态中 interface_mode 删去 shutdown 命令)

注意:可以使用 show version 命令测试端口是否有物理性故障,此命令将显示物理性正常的端口,而出现物理故障的端口将不被显示出来。

8) show interface serial 命令

可以使用 show interface serial 命令对串行端口故障进行诊断,以下是诊断串行端口 0 的命令:

```
router#show int serial 0
```

表 10-2 展示了通过此命令显示的相关信息。

表 10-2　show int serial 0 命令提示信息

提示信息	表示状态
Serial 0 is up, line protocol is up	正常
Serial 0 is up, line protocol is down	端口无物理故障,但上层协议未通(IP、IPX、X25 等,请查看路由器的配置命令,检查地址是否匹配)
Serial 0 is down, line protocol is disable	端口出现物理性故障,只有更换端口

续表

提示信息	表示状态
Serial 0 is down, line protocol is down	DCE 设备(MODEN/DTU)未送来载波/时钟信号,请与电信部门联系
Serial 0 is administratively down, line protocol is down	接口被人为关闭,可在配置状态中 interface_mode 下去掉 shutdown 命令

9) show protocol

使用 show protocol 命令可以显示路由器运行的协议信息以及路由这些协议的每一个接口的地址信息,如图 10-10 所示。

图 10-10　show protocol 命令

2. debug 命令

Cisco IOS 软件中包含大量的调试命令,这些命令可以在路由器正常工作或发生网络故障时获得在路由器中交换的报文和帧的详细信息。调试命令可以减少用户对协议分析仪的需求,但它仅能捕获通过过程交换的报文,并且会明显增加处理器的负载。调试命令针对故障排除,监视时最好不要使用这些命令。

1) debug serial interface 命令

debug serial interface 命令是直接与路由器接口和传输介质类型相关的调试命令。使用 undebug all 命令可以关闭所有的调试。

2) debug ip rip

debug ip rip 命令用于显示 RIP 调试信息。在调试开始时,并没有清空路由器表,因为路由器每隔 30 秒自动进行一次 RIP 更新,因此不需要强制更新。在获得了足够的调试信息后应关闭所有的调试。

3. ping 命令

ping 是最常使用的故障诊断与排除命令，它由一组 ICMP 回应请求报文组成，如果网络正常运行将返回一组回应应答报文。ICMP 消息以 IP 数据包传输，因此如果接收 ICMP 回应应答消息，则表明第三层以下的连接都工作正常。

Cisco 的 ping 命令不但支持 IP 协议，而且支持大多数其他桌面协议，如 IPX 和 AppleTalk 协议。

1）"ping IP 地址"命令

"ping IP 地址"命令既可以在用户模式下执行，也可以在特权模式下执行。正常情况下，命令会发送回 5 个回应请求，5 个惊叹号表明所有的请求都成功接收到了响应。输出中还包括最大、最小和平均往返时间等信息。图 10-11 展示了此命令的一个应用实例。

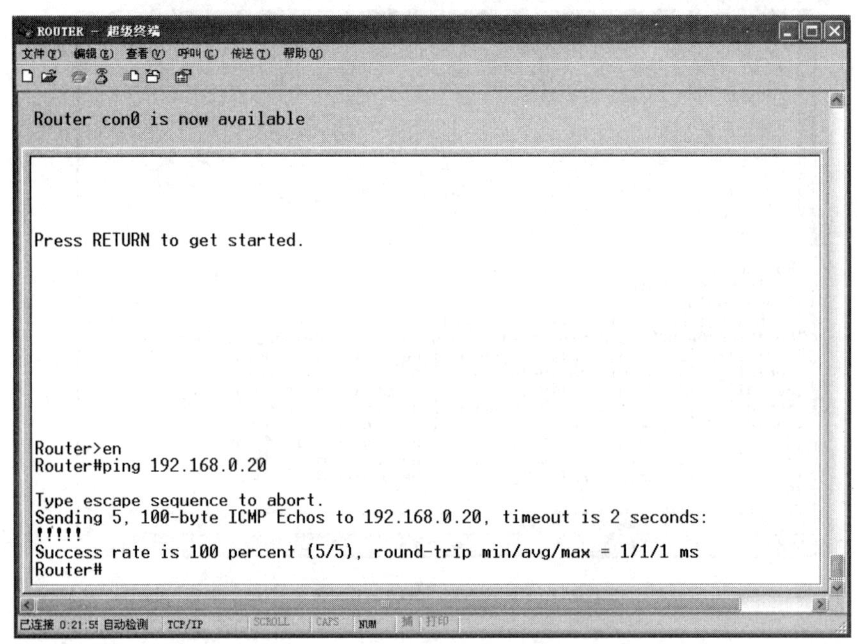

图 10-11 "ping IP 地址"命令

2）"ping IPX 地址"命令

"ping IPX 地址"命令只能在运行 IOS v8.2 及其以上版本的路由器上执行。用户模式下的"ping IPX"命令通常仅用于测试 Cisco 路由器接口。在特权模式下，用户可以 ping 特定的 Novell 工作站。

3）"ping apple Appletalk 地址"命令

"ping apple Appletalk 地址"命令使用 Apple Echo Protocol（AEP）以确认 AppleTalk 节点之间的连通性。需要注意的是，目前的 Cisco 路由器仅对以太网接口支持 AEP。命令的格式为"ping apple Appletalk 地址"。

4）扩展的 ping 命令

在特权执行模式下，扩展的 ping 命令适用于任何一种桌面协议。它包含更多的功能属性，因此可以获得更为详细的信息。通过这些信息可以分析网络性能下降的原因，而不只是服务丢失的原因。扩展的 ping 命令的执行方式也是输入 ping。然后路由器提示各种不同的属性。图 10-12 展示了采用扩展 ping 命令的运行方式。

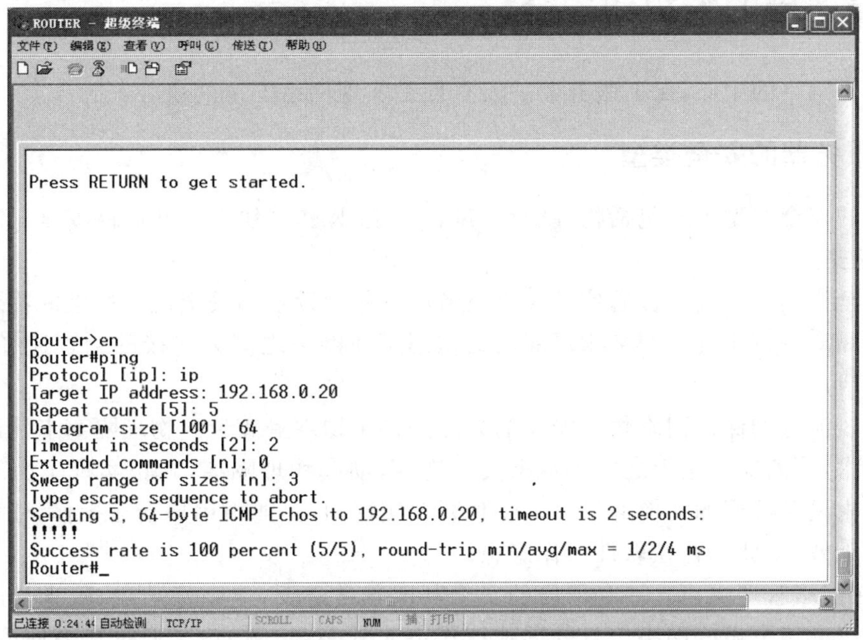

图 10-12　扩展的 ping 命令

4. trace 命令

trace 命令提供路由器到目的地址的每一跳的信息，它通过控制 IP 报文的生存期(Time to Live，TTL)字段实现。TTL 等于 1 的 ICMP 回应请求报文将被首先发送。路径上的第一个路由器将会丢弃此报文并发送回标识错误消息的报文。错误消息通常是 ICMP 超时消息，表明报文顺利到达路径的下一跳；或端口不可达消息，表明报文已经被目的地址接收，但不能向上传送到 IP 协议栈。

为了获得往返延迟时间的信息，trace 发送 3 个报文并显示平均延迟时间，然后将报文的 TTL 字段加 1 并发送 3 个报文。这些报文将到达路径的第二个路由器上，并返回超时错误或端口不可达消息。反复使用这一方法，不断增加报文的 TTL 字段的值，直到接收到目的地址的响应消息。

图 10-13 展示了运行 trace 命令的一个实例。

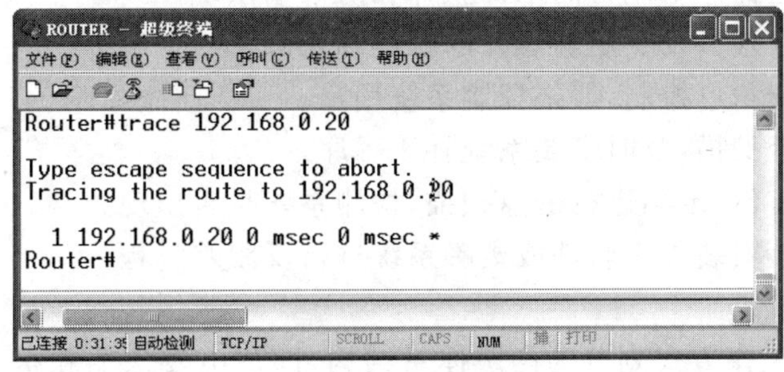

图 10-13　trace 命令

10.8 服务器的维护和安全

服务器是网络的中心,保证服务器的安全性是实现网络安全的核心。

10.8.1 服务器的安全类型

服务器的安全类型主要包括物理安全、逻辑安全、操作系统安全和联网安全。

1. 物理安全

物理安全指网络系统中各通信计算机设备以及相关设备的安全性。通常的物理安全使用网络物理隔离设备实现。网络物理隔离的作用是使网络之间无连接的物理途径,内网的信息不能外泄。

目前比较流行的保证网络物理安全的方法是采用物理隔离卡。物理隔离卡使用双硬盘物理隔离技术,隔离器与主板之间无数据交换途径,彻底物理隔离,真正实现了网络隔离和数据隔离。内网和外网的切换通过手动物理开关实现,且只能由用户自己操作,任何软件的操作方法都无效,因此不存在软件操作隐患。

另外,在网络管理中建立一套严格的安全制度非常必要,应做好防盗、防火措施。在非常机密的网络环境下做好网络信息的屏蔽工作也非常必要,例如,在无线网络环境中,为防止信息的窃取,在网络中安装屏蔽层等。

2. 逻辑安全

逻辑安全是指通过软操作方式实现网络安全的措施,通常是用户通过安装杀毒软件、系统补丁,关闭服务、端口,加密等多种方式实现网络安全的过程。逻辑安全包括信息完整性、保密性和可用性。保密性是指信息不泄露给未经授权的人,完整性是指计算机系统能够防止非法修改及删除数据和程序,可用性是指系统能够防止非法独占计算机资源和数据,合法用户的正常请求能及时、正确、安全地得到服务或回应。

3. 操作系统安全

在网络服务中,网络操作系统的安全关系到网络整体性能的构造。每一种网络操作系统都采用了一些安全策略,并使用了一些常用的安全技术。目前,很难找到一个完全安全的网络操作系统。就微软的 Windows NT 系列操作系统而言,关注系统的漏洞,升级系统文件,为系统打补丁是非常必要的。操作系统安全应注意以下几方面:

(1) 为操作系统选择一个优秀的杀毒软件和防火墙系统。

(2) 为操作系统管理员设置足够强壮的账号和密码。

(3) 对系统进行分角色控制,严格控制系统用户。

(4) 定期进行系统扫描,及时安装系统补丁程序。

(5) 对系统进行备份,定期进行磁盘扫描,检测系统是否出现异常。

(6) 可以在系统上安装外壳软件或蜜罐系统进行反跟踪过程。

4. 联网安全

网络可以按照其工作方式划分为两级体系结构,即把由发送端和接收端组织的网络称为资源子网,把由中间的链路机构成的网络称为通信子网,因此联网的安全性就体现在内部网络安全和外部网络安全两个方面。

内部网络的安全性表现在不向外部网络发送非安全数据(如病毒等),对来自外部网络的攻击有一定的防御能力,保护联网资源不被非授权使用。外部网络安全指的是通过数字加密等方式认证数据的机要性与完整性,保证数据通信的可靠性。

10.8.2　服务器的安全威胁

服务器的安全威胁包括物理安全和逻辑安全,物理威胁是人为地对设备造成破坏;逻辑威胁是由相关操作或配置引起的,服务器软件系统本身的漏洞也可能造成安全威胁。

1. 物理威胁

物理威胁可能来源于外界的有意或无意的破坏。物理威胁有时可以造成致命的系统破坏,如系统的硬件设施遭到严重破坏。另外一套严格的防范措施也是必要的。

物理威胁的防比治更加重要,然而在网络维护中很多物理威胁往往被忽略,例如,网络设备被盗等。另外在更换设备时,进行系统信息的销毁也十分重要,例如,在更换磁盘时,必须做格式化处理,因为反删除软件很容易获取磁盘上删除的文件。

2. 系统漏洞造成的威胁

1) 端口威胁

端口威胁是系统漏洞威胁的一个重要方面。一般的操作系统都有很多端口是开放的,在用户上网时,网络病毒和黑客可以通过这些端口连接到用户的机器上。潜在的端口开放相当于给系统开了一个后门,病毒和网络攻击者可以通过开放的端口入侵系统。

为防止端口产生的威胁,用户应使用端口扫描软件查看系统已经开启的服务端口,并将不安全的端口关闭,在 WindowsNT 系统下用户应扫描并关闭的端口有 TCP135、139、445、593、1025 端口和 UDP135、137、138、445 端口,以及一些流行病毒的后门端口,如 TCP2745、3127、6129 端口,远程服务访问端口 3389 都应关闭。

2) 不安全服务

操作系统的部分服务程序不需要进行系统的安全认证服务就可以登录,这些程序一般都是基于 UDP 协议的,由于它的无认证服务导致系统很容易被病毒和网络攻击者控制。因此,此类服务在使用完毕后应立即停止,否则将造成系统不可挽回的损失。例如,基于 UDP 协议的 TFTP 服务就是一种不安全的服务,它是不经过认证的网络服务方式,一旦安装并开启了此服务,就相当于提供了一个和 FTP 类似的服务功能,唯一不同的是,它访问网络根本就不需要认证。

3) 配置和初始化

对于某些系统,同时提供认证和匿名两种服务方式,所以如何区分服务方式,如何进行系统服务的初始化配置非常关键。例如,FTP 服务器默认就提供了匿名访问方式,到底是否提供给用户,应该根据实际情况选择。一些不同的服务系统本身对服务方式的提供,也有不同的观点,比如 IIS 服务器中默认是禁止目录浏览的,而 Apache 系统中默认就可以实现目录浏览,所以必须根据网络需求选择。

3. 身份鉴别威胁

1) 假冒

假冒的身份鉴别通常是用一个模仿的程序代替真正的程序登录界面,设置口令圈套,以窃取口令。一般是在用户的机器上运行后门软件或修改用户的 DNS 服务器地址,当用户登录真正的站点时，后门软件自动地导向它自己的站点（这个网站的界面和真正站点的界面基本相同），一旦用户登录此假冒网站，密码就可能被窃取。

黑客可以使用很多技巧来破解登录口令；以超长字符串使口令加密算法失效。另外，许多系统内部也存在用户身份鉴别漏洞，有些口令过于简单或长期不更改，甚至存在许多不设口令的账户，为非法侵入敞开了大门。

2）密码暴力破解

按照密码学的观点，任何密码都可以被破解出来，任何密码都只能在一段时间内保持系统的安全性，这就提示用户账号和密码足够强壮才能保持系统的安全性。在常见的口令破解中，先按照密码字典破解常用字符，因此，如果用户名和密码相同，密码使用常见的字符、词组、单独的数字（如电话号码、区号）等就很容易被破解，一个强壮的密码应是一些无关的字符的组合，并在长度和类型上应都有要求，例如，字母和数字的组合，并且字母有大小写的区分等。

10.8.3 服务器安全管理

服务器的安全管理项目太多，服务器可能随时都受到来自网络的攻击，作为网络管理人员，必须在日常的管理中积累经验，实现服务器安全管理。下面介绍常见的服务器安全管理措施。

1. NTFS 文件系统

NTFS 是微软 WindowsNT 内核的系列操作系统支持的、一个特别为网络和磁盘配额、文件加密等管理安全特性设计的磁盘格式。

在 NTFS 文件系统中，用户可以为任何一个磁盘分区单独设置访问权限，把敏感信息和服务信息分别放在不同的磁盘分区。这样即使黑客通过某些方法获得服务文件所在磁盘分区的访问权限，还需要突破系统的安全设置才能进一步访问到保存在其他磁盘上的敏感信息。

2. 服务器备份

备份是为了在系统遇到人为或自然灾难时，能够通过备份内容对系统进行有效的灾难恢复。备份不仅仅是保存原有资料的一个副本，管理也是备份的重要组成部分。为防止不能预料的系统故障或用户的非法操作，必须对系统进行安全备份，不仅要对系统每月进行一次备份，还应对修改过的数据每周进行一次备份。同时，应将修改过的重要系统文件存放在不同的服务器上，以便出现系统崩溃时（通常是硬盘出错）将系统恢复到正常状态。

3. 服务和端口的设置

服务器操作系统在安装的时候会启动一些不需要的服务，这会占用系统的资源，也增加了系统的安全隐患。例如，可以关闭节假日期间不用的服务器，另外，还要关闭不必要的 TCP 端口。

4. 入侵检测系统

入侵检测系统（Intrusion-Detection System，IDS）是一种对网络传输进行即时监视，在发现可疑传输时发出警报或采取主动反应措施的网络安全设备。与其他网络安全设备的不同之处在于，IDS 是一种积极主动的安全防护技术。IDS 提供了企业防御保护的另一道防线，它使得网络在面临攻击或信息遭滥用时立即做出报警。

5. 防火墙

防火墙是由软件和硬件设备组合而成，在内部网和外部网之间、专用网与公共网之间构造的保护屏障。

防火墙对流经它的网络通信进行扫描，这样能够过滤一些攻击，以免其在目标计算机上被执行。防火墙还可以关闭不使用的端口，以及禁止特定端口的流出通信，封锁特洛伊木马。还可以使用防火墙禁止来自特殊站点的访问，从而防止来自不明入侵者的所有通信。

10.9　常用网络命令

在计算机网络中，存在许多功能强大的网络命令，熟练掌握这些命令对计算机网络十分关键，通过这些命令，用户可以深刻理解相关协议的工作过程并实现测试。

10.9.1　ipconfig 命令

该命令用于显示所有当前的 TCP/IP 网络配置值、刷新动态主机配置协议 DHCP 和域名系统 DNS 的设置。

1. 无参数

使用不带参数的 ipconfig 命令，可以显示所有适配器的 IP 地址、子网掩码、默认网关。图 10-14 展示了不带参数的 ipconfig 命令运行结果。

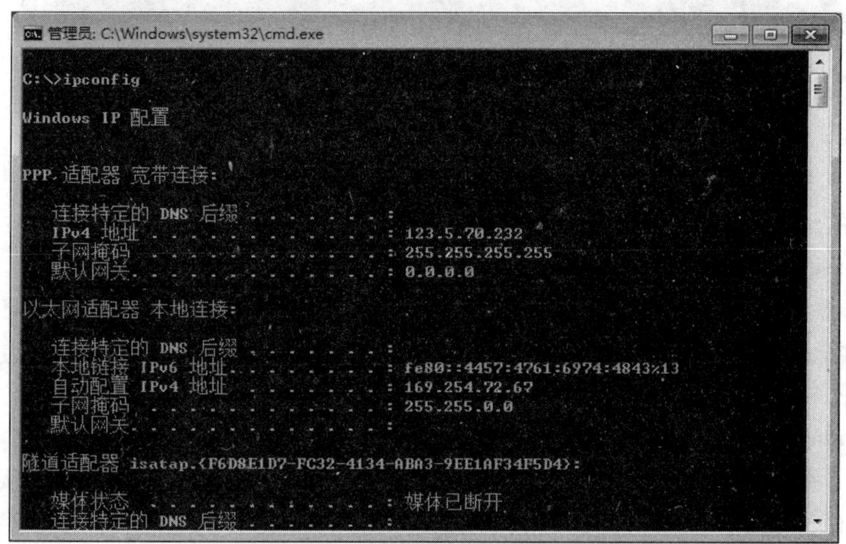

图 10-14　不带参数的 ipconfig 命令

2. -all 参数

使用 all 参数，ipconfig 能为 DNS 和 WINS 服务器显示它已配置且所要使用的附加信息，并且显示内置于本地网卡中的物理地址。如果 IP 地址是从 DHCP 服务器租用的，ipconfig 将显示 DHCP 服务器的 IP 地址和租用地址预计失效日期。图 10-15 展示了使用 all 参数的运行结果。

图 10-15　使用 all 参数的 ipconfig 命令

3. -renew 参数

-renew 参数用于更新特定适配器的 DHCP 配置，该参数仅在具有配置为自动获取 IP 地址的网卡的计算机上可用。

4. -release 参数

-release 参数发送 DHCP Release 消息到 DHCP 服务器，以释放特定适配器的当前 DHCP 配置并丢弃 IP 地址配置。该参数可以禁用配置为自动获取 IP 地址的适配器的 TCP/IP。

5. flushdns 参数

flushdns 参数清理并重设 DNS 客户解析器缓存的内容。可以使用该参数从缓存中丢弃否定性缓存记录和任何其他动态添加的记录。图 10-16 展示了使用 flushdns 参数的运行结果。

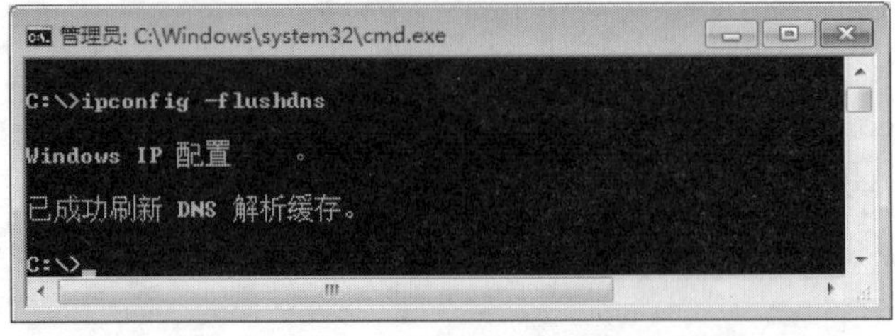

图 10-16　flushdns 参数的使用

6. displaydns 参数

displaydns 参数显示 DNS 客户解析器缓存的内容，包括从本地主机预装载的记录以及由计算机解析的名称查询而获得的资源记录。DNS 客户服务在查询配置的 DNS 服务器之前使用这些信息快速解析被频繁查询的名称。图 10-17 展示了使用 displaydns 参数的运行结果。

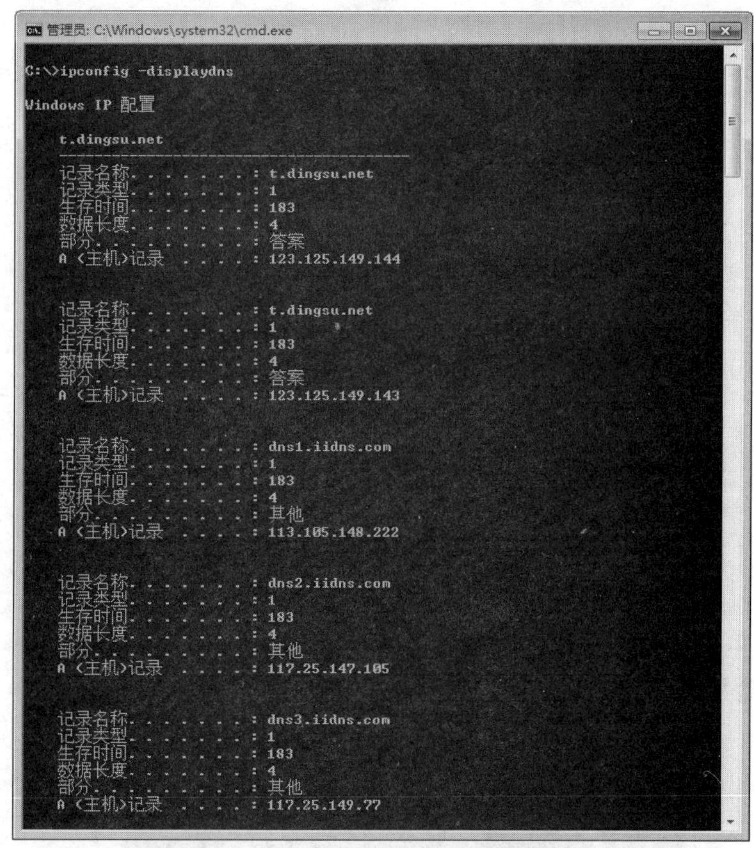

图 10-17　displaydns 参数的运行结果

7. registerdns 参数

registerdns 参数初始化计算机上配置的 DNS 名称和 IP 地址。通过使用该参数对失败的 DNS 名称注册进行疑难解答，解决客户和 DNS 服务器之间的动态更新问题。

8. showclassid 参数

showclassid 参数显示指定适配器的 DHCP 类别 ID。要查看所有适配器的 DHCP 类别 ID，可以使用通配符 * 代替所有适配器 ID 类别。该参数仅在具有配置为自动获取 IP 地址的计算机上可用。

9. setclassid 参数

配置特定适配器的 DHCP 类别 ID。要设置所有适配器的 DHCP 类别 ID，可以使用通配符 * 代替所有适配器 ID 类别。该参数仅在具有配置为自动获取 IP 地址的计算机上可用。如果未指定 DHCP 类别 ID，则会删除当前类 ID。

10.9.2 ping 命令

ping 命令通过向计算机发送 ICMP 回应报文并且监听该报文的返回，以校验与远程计算机或本地计算机的连接情况。可以使用 ping 实用程序测试计算机名和 IP 地址，通过对方返回的 TTL 值大小，粗略判断目标主机的系统类型。

1. 无参数

无参数的 ping 命令返回四条 ICMP 报文。图 10-18 展示了无参数的 ping 命令执行结果。

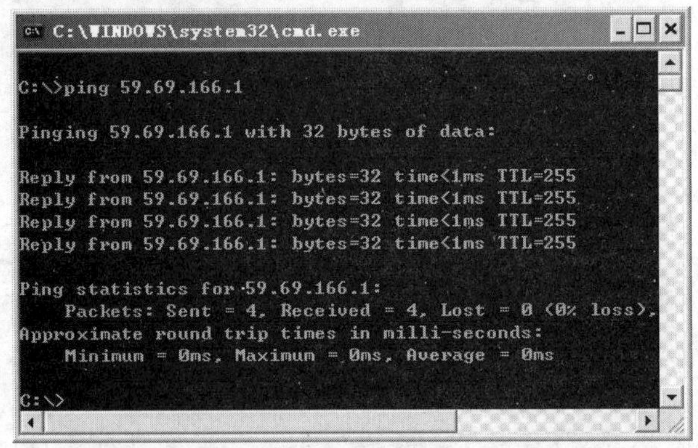

图 10-18　无参 ping 命令执行结果

2. -t 参数

-t 参数表示不停地发送 ICMP 报文给目标主机，直到用户按 Ctrl+C 键中断操作。图 10-19 展示了-t 参数的 ping 命令执行结果。

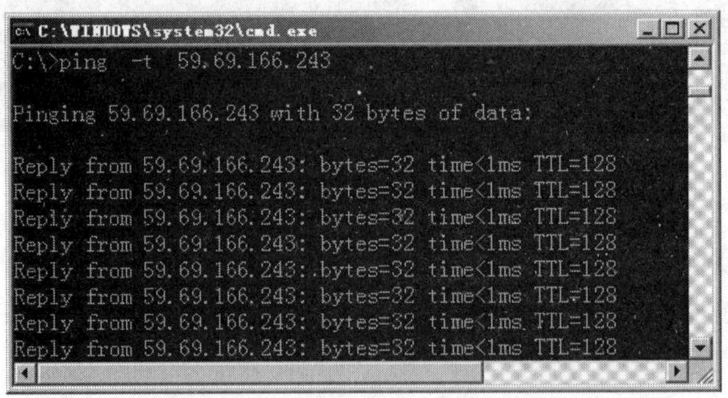

图 10-19　t 参数的 ping 命令执行结果

3. -a 参数

-a 参数用于解析要测试的计算机 Netbios 名称，图 10-20 展示了-a 参数的 ping 命令执行结果。

4. n Count 参数

发送 Count 指定的 ICMP 数据包。在默认情况下，只发送四个 ICMP 数据包，通过该参数可以自己定义发送的个数。可以通过 Ctrl+C 键中断。图 10-21 展示了 n Count 参数的 ping 命令执行结果。

```
C:\>ping -a 59.69.166.243

Pinging shangwan-unzx16 [59.69.166.243] with 32 bytes of data:

Reply from 59.69.166.243: bytes=32 time<1ms TTL=128
Reply from 59.69.166.243: bytes=32 time<1ms TTL=128
Reply from 59.69.166.243: bytes=32 time<1ms TTL=128
Reply from 59.69.166.243: bytes=32 time<1ms TTL=128

Ping statistics for 59.69.166.243:
    Packets: Sent = 4, Received = 4, Lost = 0 (0% loss),
Approximate round trip times in milli-seconds:
    Minimum = 0ms, Maximum = 0ms, Average = 0ms

C:\>
```

图 10-20　a 参数的 ping 命令执行结果

```
C:\>ping -n 1800 59.69.166.243

Pinging 59.69.166.243 with 32 bytes of data:

Reply from 59.69.166.243: bytes=32 time<1ms TTL=128
Reply from 59.69.166.243: bytes=32 time<1ms TTL=128
Reply from 59.69.166.243: bytes=32 time<1ms TTL=128
Reply from 59.69.166.243: bytes=32 time<1ms TTL=128
Reply from 59.69.166.243: bytes=32 time<1ms TTL=128
Reply from 59.69.166.243: bytes=32 time<1ms TTL=128
Reply from 59.69.166.243: bytes=32 time<1ms TTL=128
Reply from 59.69.166.243: bytes=32 time<1ms TTL=128
```

图 10-21　n count 参数的 ping 命令执行结果

5. l Count 参数

采用 l Count 参数定义 ICMP 数据包的大小。在默认的情况下，Windows 的 ping 发送的数据包大小为 32B，最大限制在 65 500B。图 10-22 展示了 l count 参数的 ping 命令执行结果。

```
C:\>ping -l 6890  59.69.166.243

Pinging 59.69.166.243 with 6890 bytes of data:

Reply from 59.69.166.243: bytes=6890 time<1ms TTL=128
Reply from 59.69.166.243: bytes=6890 time<1ms TTL=128
Reply from 59.69.166.243: bytes=6890 time<1ms TTL=128
Reply from 59.69.166.243: bytes=6890 time<1ms TTL=128

Ping statistics for 59.69.166.243:
    Packets: Sent = 4, Received = 4, Lost = 0 (0% loss),
Approximate round trip times in milli-seconds:
    Minimum = 0ms, Maximum = 0ms, Average = 0ms

C:\>
```

图 10-22　l count 参数的 ping 命令执行结果

6. 其他参数

- -F 参数：在数据包中发送“不要分段”标志。一般用户所发送的数据包都会通过路由分段再发送给对方，加上此参数以后路由就不会再分段处理。
- -I TTL 参数：指定 TTL 值在对方的系统里停留的时间，此参数帮助用户检查网络运转情况。
- -V Tos 参数：将“服务类型”字段设置为 tos 指定的值。
- -R 参数：在“记录路由”字段中记录传出和返回数据包的路由，通过此参数就可设定探测经过的路由个数。
- -S Count 参数：指定 Count 确定的跃点数的时间戳，该参数不记录数据包返回所经过的路由，最多也只记录 4 个。
- -J Host-List 参数：利用 Host-List 指定的计算机列表路由数据包。连续计算机可以被中间网关分隔，IP 允许的最大数量为 9。
- -K Host-List 参数：利用 Host-List 指定的计算机列表路由数据包。连续计算机不能被中间网关分隔，IP 允许的最大数量为 9。
- -W Timeout 参数：指定超时间隔，单位为毫秒。

10.9.3 net 命令

net 命令是 Windows 操作系统提供的强大的网络操作命令，可以使用 net 命令实现对远程主机的操控。

1. net view 命令

该命令用于显示域列表、计算机列表或指定计算机的共享资源列表。命令格式：net view [Computername|Domain[:Domainname]]、输入不带参数的 net view 显示当前域的计算机列表。Computername 指定要查看其共享资源的计算机。Domain[:Domainname]指定要查看其可用计算机的域。图 10-23 展示了 net view 命令的执行结果。

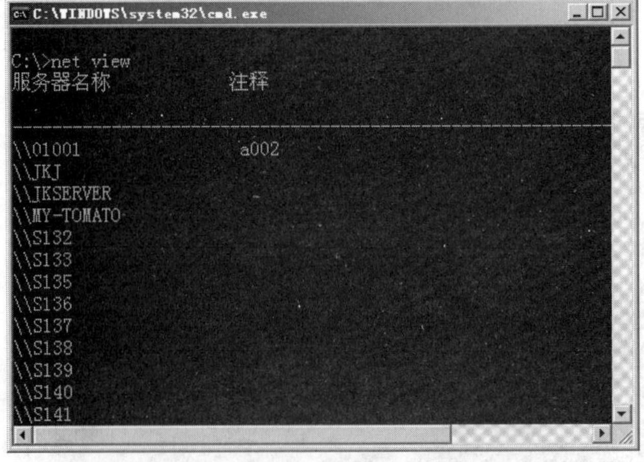

图 10-23 net view 命令的执行结果

2. net user 命令

该命令用于添加或更改用户账号或显示用户账号信息。命令格式：net user

[Username [Password | *] [Options]] [/Domain]。输入不带参数的 net user 查看计算机上的用户账号列表。Username 添加、删除、更改或查看用户账号名。Password 为用户账号分配或更改密码。* 提示输入密码。Domain 在计算机主域的主域控制器中执行操作。图 10-24 展示了 net user 命令的执行结果。

图 10-24　net user 命令执行结果

3. net use 命令

该命令用于连接计算机或断开计算机与共享资源的连接，或显示计算机的连接信息。命令格式：net use [Devicename | *] [Computernamesharename[Volume]] [Password | *]] [/User:[Domainname]Username] [[/Delete] | [/Persistent:{Yes | No}]]。输入不带参数的 net use 列出网络连接。Devicename 指定要连接的资源名称或要断开的设备名称，Computernamesharename 服务器及共享资源的名称，Password 访问共享资源的密码，* 提示输入密码，user 指定进行连接的另外一个用户，Domainname 指定另一个域，Username 指定登录的用户名，Home 将用户连接到其宿主目录，Delete 取消指定网络连接，/Persistent 控制永久网络连接的使用。

4. net time 命令

该命令用于使计算机的时钟与另一台计算机或域的时钟同步。命令格式：net time [Computername | /Domain[:Name]] [/Set]。Computername 要检查或同步的服务器名，/Domain[:Name]指定要与其时间同步的域，Set 使本计算机时钟与指定计算机或域的时钟同步。图 10-25 展示了 net time 命令的一次执行结果。

图 10-25　net time 命令的执行结果

5. net share 命令

该命令用于创建、删除或显示共享资源。命令格式：net Share Sharename=Drive:Path

[/Users:Number | /Unlimited][/Remark:"Text"]。输入不带参数的 net Share 显示本地计算机上所有共享资源的信息。Sharename 是共享资源的网络名称，Drive:Path 指定共享目录的绝对路径。Users:Number 设置可同时访问共享资源的最大用户数。Unlimited 不限制同时访问共享资源的用户数。Remark:"Text "添加关于资源的注释，注释文字用引号引住。图 10-26 展示了 net share 命令的一次执行结果。

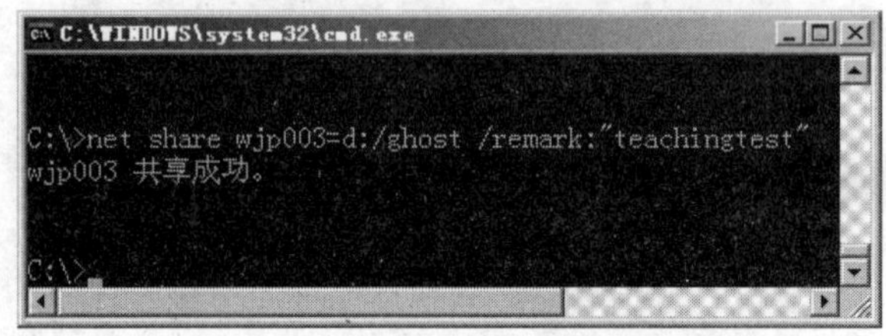

图 10-26　net share 命令的执行结果

6. net session 命令

该命令用于列出或断开和本地计算机连接的客户端会话。命令格式：net session [Computername][/Delete]。输入不带参数的 net session 显示所有与本地计算机会话的信息。Computername 标识要列出或断开会话的计算机。Delete 结束会话并关闭本次会话期间计算机的所有进程。图 10-27 展示了 net session 命令的执行结果。

图 10-27　net session 命令的执行结果

7. net send 命令

该命令用于向网络的其他用户、计算机或通信名发送消息。命令格式：net send {Name | * | /Domain[:Name] | /Users} Message。Name 指定要接收发送消息的用户名、计算机名或通信名，* 将消息发送到组中所有名称，Domain[:Name]指定将消息发送到计算机域中的所有名称，users 将消息发送到与服务器连接的所有用户，Message 作为消息发送的文本。

8. net print 命令

该命令用于显示或控制打印作业及打印队列。命令格式：net print [Computername] Job# [/Hold | /Release | /Delete]。Computername 指共享打印机队列的计算机名；Job# 指在打印机队列中分配给打印作业的标识号；Hold 指使用 Job# 时，在打印机队列中使打印作业等待；Release 指释放保留的打印作业；Delete 指从打印机队列中删除打印作业。

9. net name

添加或删除消息名(有时也称别名),或显示计算机接收消息的名称列表。

命令格式:net name [Name [/Add | /Delete]]。输入不带参数的 net name 列出当前使用的名称,Name 指定接收消息的名称,Add 将名称添加到计算机中,Delete 从计算机中删除名称。

10. 其他命令及其作用

- net start:启动服务,或显示已启动服务的列表。命令格式为 net start service。
- net pause:暂停正在运行的服务。命令格式为 net pause service。
- net continue:重新激活挂起的服务。命令格式为 net continue service。
- net stop:停止 Windows nt 网络服务。命令格式为 net stop service。
- net statistics:显示本地工作站或服务器服务的统计记录。命令格式为 net statistics [Workstation | Server]。

10.9.4 tracert 命令

tracert 命令显示用于将数据包从源端传递到目标端的 IP 路由器过程,并显示经过每个跃点所需时间。通常使用 tracert 命令检查到达的目标 IP 地址的路径并记录结果。如果数据包不能传递到目标,tracert 命令将显示成功转发数据包的最后一个路由器。

(1) tracert 命令加载要探测的主机的 IP 地址或域名进行解析。图 10-28 显示 tracert 的一次跟踪过程。由于在本地网段内,所以一次就可以跳转到目标地址。

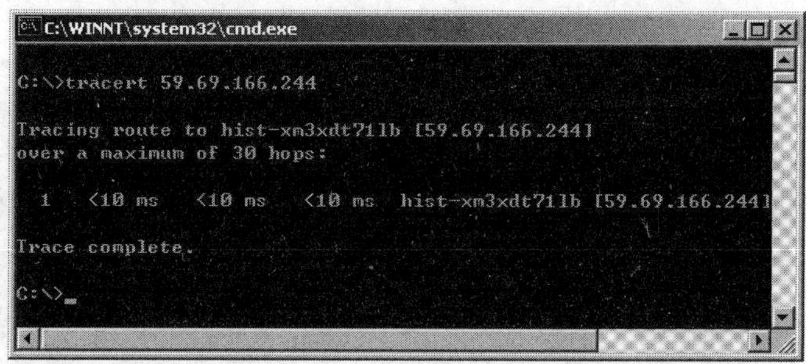

图 10-28 tracert 跟踪过程

(2) 其他相关参数。

- -d:指定不将 IP 地址解析到主机名称。通过使用-d 选项,将更快地显示路由器路径。
- -H Maximum_Hops:指定跃点数以跟踪到称为 Target_Name 主机的路由。
- -J Host-List:指定 tracert 数据包所采用路径中的路由器接口列表。
- -W Timeout:等待 timeout 为每次回复所指定的毫秒数。
- Target_name:指定目标主机的名称或 IP 地址。

10.9.5 netstat 命令

netstat 命令的功能是显示网络连接、路由表和网络接口信息。它用来检测网络上的连接情况,可以告知用户所有的连接及其详细的端口。用户使用该命令实现实时监控,可以很清晰地排除网络上所有非法进程和用户连接。netstat 命令可以显示与 IP、TCP、UDP 和 ICMP 协议相关的统计数据。

1. -a 参数

该参数用于显示所有的网络连接情况，图 10-29 展示了采用 netstat -a 对当前网络实现的监控情况。

```
C:\WINNT\system32\cmd.exe

C:\>netstat -a

Active Connections

  Proto  Local Address           Foreign Address        State
  TCP    hist-xm3xdt71lb:echo    hist-xm3xdt71lb:0      LISTENING
  TCP    hist-xm3xdt71lb:discard  hist-xm3xdt71lb:0      LISTENING
  TCP    hist-xm3xdt71lb:daytime  hist-xm3xdt71lb:0      LISTENING
  TCP    hist-xm3xdt71lb:qotd    hist-xm3xdt71lb:0      LISTENING
  TCP    hist-xm3xdt71lb:chargen  hist-xm3xdt71lb:0      LISTENING
  TCP    hist-xm3xdt71lb:ftp     hist-xm3xdt71lb:0      LISTENING
  TCP    hist-xm3xdt71lb:smtp    hist-xm3xdt71lb:0      LISTENING
  TCP    hist-xm3xdt71lb:nameserver  hist-xm3xdt71lb:0      LISTENING
  TCP    hist-xm3xdt71lb:domain  hist-xm3xdt71lb:0      LISTENING
  TCP    hist-xm3xdt71lb:nntp    hist-xm3xdt71lb:0      LISTENING
  TCP    hist-xm3xdt71lb:epmap   hist-xm3xdt71lb:0      LISTENING
  TCP    hist-xm3xdt71lb:microsoft-ds  hist-xm3xdt71lb:0      LISTENI
  TCP    hist-xm3xdt71lb:printer  hist-xm3xdt71lb:0      LISTENING
  TCP    hist-xm3xdt71lb:563     hist-xm3xdt71lb:0      LISTENING
  TCP    hist-xm3xdt71lb:637     hist-xm3xdt71lb:0      LISTENING
```

图 10-29　netstat -a 命令的使用

2. -r 参数

该参数用于统计路由信息，图 10-30 展示了对路由信息的统计过程。

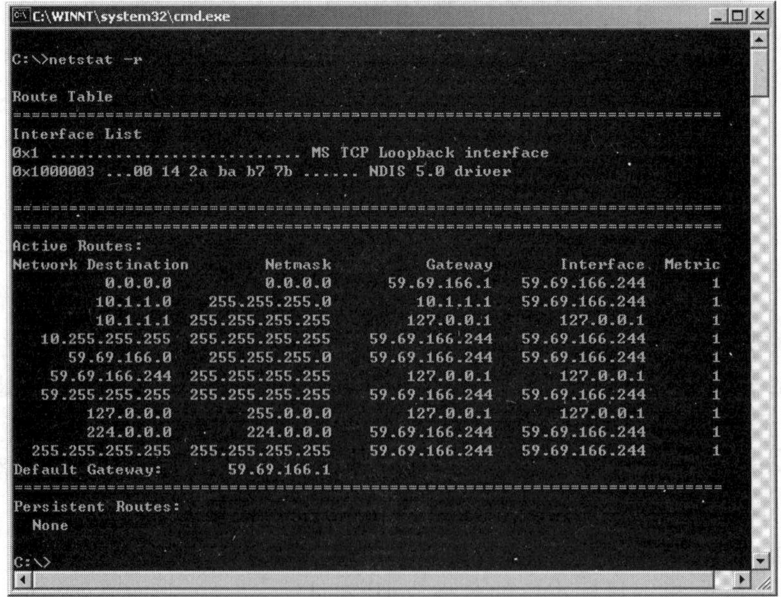

图 10-30　路由信息统计

3. -e 参数

该参数用于统计以太网的信息，图 10-31 展示了实现对当前以太网的信息统计过程。

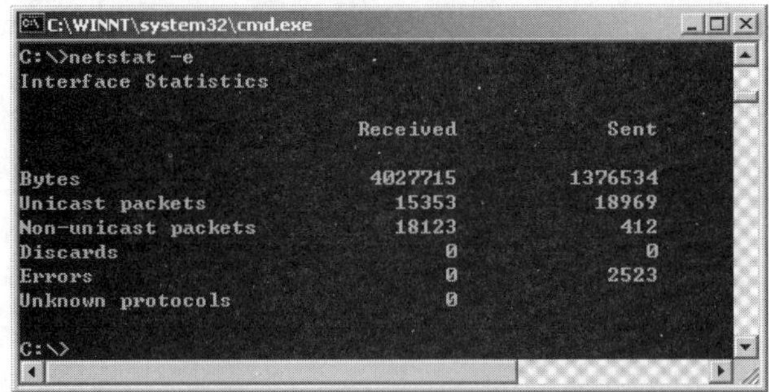

图 10-31 以太网信息统计

4. -p protocal 参数

该参数用于显示协议对应的连接统计。协议的类型为 TCP、UDP、TCPv6、UDPv6。图 10-32 展示了对 TCP 相关连接的统计过程。

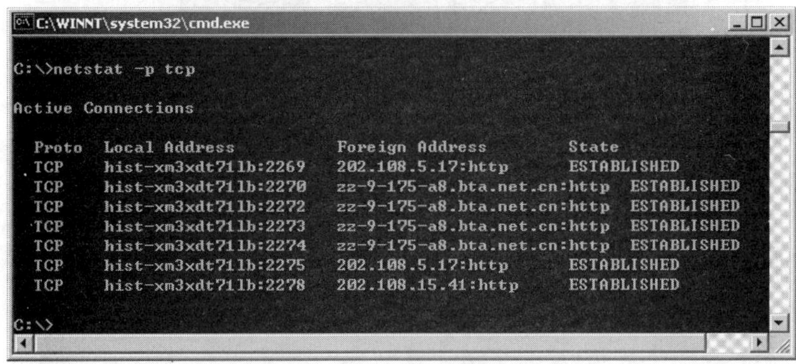

图 10-32 TCP 连接统计

5. -s 参数

该参数用于统计所有协议信息包括 IP、ICMP、TCP、UDP 等。运行结果如图 10-33 所示。

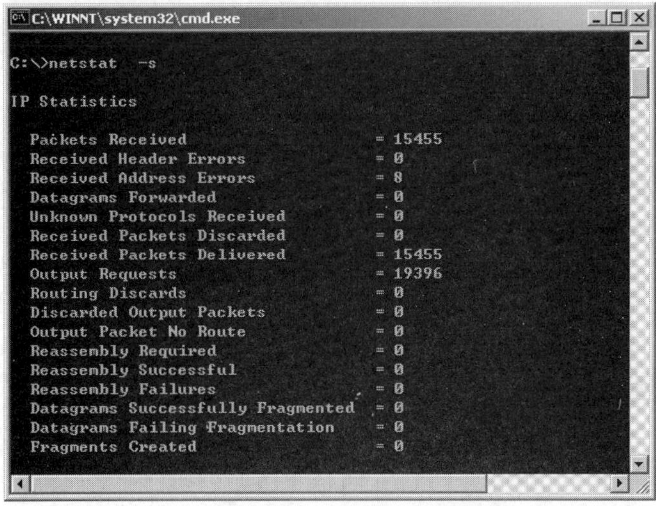

图 10-33 所有协议信息的统计

10.9.6 nbtstat 命令

nbtstat 命令用于释放和刷新 NetBIOS 名称。nbtstat 提供关于 NetBIOS 的统计数据。用户通常使用 nbtstat 命令查看服务的相关情况,包括 netbios 名字表。

1. -n 参数

该参数显示寄存在本地的 NetBIOS 名称和服务程序,图 10-34 显示 nbtstat -n 命令的执行结果。

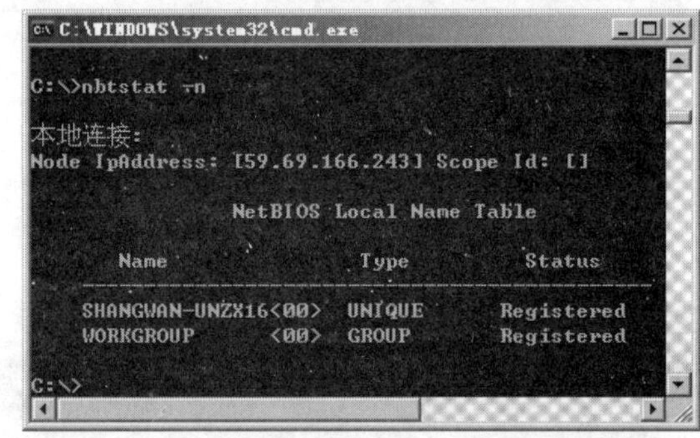

图 10-34 nbtstat -n 执行结果

2. -c 参数

该参数用于显示 NetBIOS 名字高速缓存的内容。NetBIOS 名字高速缓存用于存放与本计算机最近进行通信的其他计算机的 NetBIOS 名字和 IP 地址对。

3. -r 参数

该参数用于清除和重新加载 NetBIOS 名字高速缓存。

4. -a 参数

该参数用于显示另一台计算机的物理地址和名字列表,所显示的内容就像对方计算机自己运行 nbtstat -n 一样。图 10-35 显示 nbtstat -a 命令的执行结果。

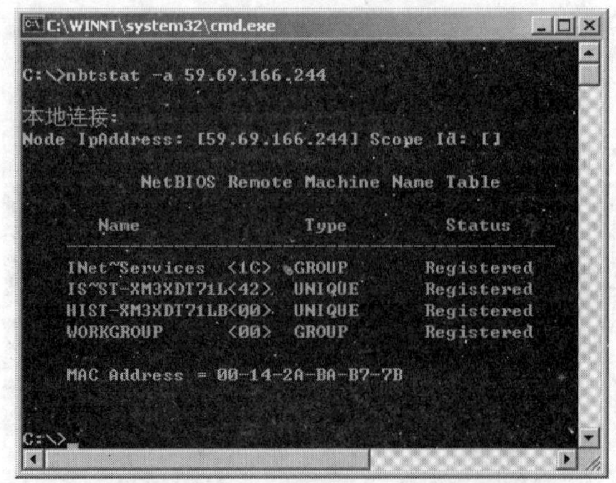

图 10-35 nbtstat -a 命令的执行结果

10.9.7　netsh 命令

netsh 是 Windows 操作系统提供的命令行脚本实用工具，它允许用户在本地或远程显示或修改当前正在运行的网络配置。为了存档、备份或配置其他服务器，netsh 可以将配置信息保存在文本文件中。

1. 备份网络配置

（1）使用命令 netsh dump >c:\Netconfig. txt 把当前网络配置信息备份到 c:\netconfig. txt 文件下。操作如图 10-36 所示。

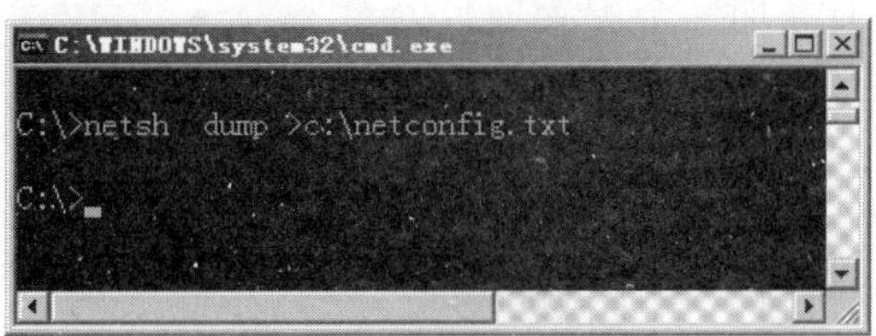

图 10-36　用 NETSH 备份网络配置

（2）命令完成后，发现在 C 盘下出现 netconfig. txt 文件，各项的详细配置信息都在里面，当然如果只要备份 IP 配置，可以输入 netsh interface IP dump >c:\netconfig. txt，图 10-37 展示了打开后的配置文件。

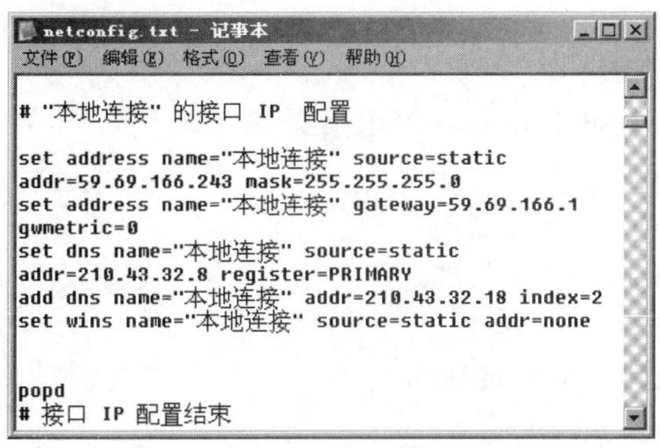

图 10-37　备份好的网络配置文件

2. 恢复网络配置

在进行网络设置调整时，如果发生了操作错误，或者服务器网络出现故障，可以利用备份快速恢复网络设置。例如把刚才的备份文件恢复，可以使用 netsh exec c:\netconfig. txt。

3. IP 地址配置

下面列出了基本的一些配置命令，当然可以直接把这些配置命令写在记事本里，保存为 bat 文件格式。要配置的时候双击即可执行。

```
netsh interface IP Set Address "本地连接" DHCP
netsh interface IP Set Address "本地连接" Static 192.168.1.11 255.255.248.0 192.168.
0.1 1
netsh interface IP Set Address Name="本地连接" Source=DHCP   //自动获取 IP 地址
netsh interface IP Set DNS name="本地连接" Source=DHCP       //自动获取 DNS
```

```
netsh interface IP Set DNS "本地连接" static 192.168.0.1 primary
                                                        //设置首选 DNS 为 192.168.0.1
netsh interface IP Set DNS "本地连接" Static None          //清除 DNS 列表
```

4. netsh 命令的其他参数

在输入 netsh 命令后显示 netsh 命令的所有参数，netsh 命令非常强大，其他参数供用户自己去了解。

- Aaaa：更改到 'netsh aaaa' 上下文。
- Abort：丢弃在脱机模式下所做的更改。
- Add：在项目列表上添加一个配置项目。
- Alias：添加一个别名。
- BrIDge：更改到 'netsh brIDge' 上下文。
- Bye：退出程序。
- Commit：提交在脱机模式中所做的更改。
- Delete：在项目列表上删除一个配置项目。
- DHCP：更改到 'netsh DHCP' 上下文。
- Diag：更改到 'netsh diag' 上下文。
- Dump：显示一个配置脚本。
- Exec：运行一个脚本文件。
- Exit：退出程序。
- Help：显示命令列表。
- Interface：更改到 'netsh Interface' 上下文。
- Ipsec：更改到 'netsh IPsec' 上下文。
- Offline：将当前模式设置成脱机。
- Online：将当前模式设置成联机。
- Popd：从堆栈上打开一个上下文。
- Pushd：将当前上下文放入堆栈。
- Quit：退出程序。
- Ras：更改到 'netsh ras' 上下文。
- Routing：更改到 'netsh routing' 上下文。
- Rpc：更改到 'netsh rpc' 上下文。
- Set：更新配置设置。
- Show：显示信息。
- Unalias：删除一个别名。
- Wins：更改到 'netsh wins' 上下文。

10.9.8 at 命令

at 命令用于在网络上进行计划安排、任务管理和工作事务处理。

(1) 定时启动远程主机上的某个程序。操作完成后，系统提示新加了一份作业，并且给该任务编号。例如 at \\59.69.166.243 23:00 c:\test.bat 表示在使用该命令当日，在

23:00 定时启动 IP 地址为 59.69.166.243 的计算机上的 c:\test.bat 文件；例如 at \\59.69.166.243　23:00 /every:一，二　c:\test.bat 表示在每周的周一和周二 12:00 定时启动 IP 地址为 59.69.166.243 上的 c:\test.bat 文件。

(2) 删除对方计算机上已经定义的任务，执行操作时系统提示，是否要删除所有的操作，输入 y 字符即可。如果不定义编号，将删除所有参数。

例如 at \\59.69.166.243 1 /delete /yes 表示删除 IP 地址为 59.69.166.243 的计算机上编号为 1 的任务；例如 at \\59.69.166.243 /delete 表示删除 IP 地址为 59.69.166.243 的计算机上的所有任务。

(3) 定时关机，例如 at \\59.69.166.243　21:00　shutdown -s -t　30 表示在 21:00 点，关闭 IP 地址为 59.69.166.243 的计算机，关机时延设置为 30 秒。

(4) 定时提醒，例如 at　\\59.69.166.243 12:00　net send　hello，表示在 12:00 点，采用 net send 命令给网络上的 IP 地址为 59.69.166.243 的计算机发送 hello 消息。

本章小结

本章主要讲述网络工程的验收和管理维护过程。其中 10.1 节主要讲述计算机网络工程的验收测试，包括布线线路的验收、机房的验收、相关文档的验收及其安全验收；10.2 节主要讲述网络工程的常见故障，包括软件系统故障、人为或者配置错误故障、病毒、黑客问题、硬件故障、网络故障及其故障排除的基本步骤；10.3 节讲述了双绞线故障；10.4 节讲述了网卡故障；10.5 节讲述了集线器故障；10.6 节讲述了交换机故障，包括交换机硬件故障和软件故障；10.7 节讲述了路由器故障，包括路由器硬件故障、软件故障及其相关的诊断命令；10.8 节讲述了服务器的维护和安全，包括服务器的安全类型、服务器的安全威胁及安全管理；10.9 节讲述了常用网络命令的使用，包括 ipconfig 命令、ping 命令、net 命令、tracert 命令、netstat 命令、nbtstat 命令、netsh 命令和 at 命令。学习完本章，读者应该重点掌握网络工程验收的主要内容及其步骤，掌握常见网络故障的排除方法。

习　题

1. 网络工程的验收主要包括哪几个方面的内容？
2. 网络工程的安全验收主要要求达到哪几个标准？
3. 网络工程的软件故障主要是由哪几类问题所导致的？
4. 网络工程的硬件故障主要包括哪几种问题？
5. 简述网络故障排除的基本方法和步骤。
6. 简述双绞线的常见错误问题及其处理方法。
7. 简述常见的路由器诊断命令及其用法。
8. 服务器的安全类型主要包括哪几个方面？
9. 简述 ping 命令的基本作用和相关参数的用法。
10. 简述 tracert 命令的基本作用和相关参数的用法。
11. 简述采用 netsh 命令实现 IP 地址自动配置的基本步骤。
12. 简述 netstat 命令的基本作用及其相关参数的使用方法。

参 考 文 献

1. 王建平，连惠杰，周俊平. Windows Server 网络服务配置与管理. 北京：清华大学出版社，2012.
2. 王建平，李怡菲. 计算机网络仿真技术. 北京：清华大学出版社，2012.
3. 王相林. 网络工程设计与应用. 北京：清华大学出版社，2011.
4. 王建平. 计算机组网技术——基于 Windows Server 2008. 北京：人民邮电出版社，2011.
5. 王建平. 计算机网络基础. 哈尔滨：哈尔滨工业大学出版社，2010.
6. 王建平. Windows Server 组网技术. 北京：清华大学出版社，2010.
7. 张殿明，徐涛，李永前，等. 网络工程规划与设计. 北京：清华大学出版社，2010.
8. 王建平，李晓敏. 网络设备配置与管理. 北京：清华大学出版社，2010.
9. 王建平，姚玉钦. 实用网络工程技术. 北京：清华大学出版社，2009.
10. 王建平. 网络安全与管理. 西安：西北工业大学出版社，2008.
11. 王建平. ASP 动态网页设计. 长沙：国防科技大学出版社，2008.
12. 王建平. 网络设备管理. 长沙：国防科技大学出版社，2008.
13. 王建平. 计算机网络技术与实验. 北京：清华大学出版社，2007.
14. 王建平，张宝剑，王军涛. 通信原理. 北京：人民邮电出版社，2007.
15. 王建平，张宝剑，朱坤华. 计算机网络技术基础与实例教程. 北京：电子工业出版社，2006.